网络系统应用

李海龙　韦素媛　叶霞　李卉　编著

国防工業出版社
·北京·

内容简介

本书围绕“计算机网络系统”的应用，以网络系统连接作为网络应用的硬件基础，经典服务作为网络应用的软件基础，网络信息检索作为网络应用“点”的延伸，Web2.0、云计算、社会性网络服务 SNS、物联网、移动互联网等新技术作为网络应用“面”的拓展，以网络安全和管理作为网络应用的保障。内容新颖，难易适中，雅俗共赏。在介绍经典网络应用服务的基础上，重点关注网络应用领域的最新发展。

本书可以作为各类高校“网络应用”相关课程的教材，也可以作为计算机网络用户和非计算机专业工程技术人员查阅的一本工具书。

使用本书作为教材的单位，可以和作者联系索取课件等教学资源：lhlmm@163.com。

图书在版编目(CIP)数据

网络系统应用/李海龙，韦素媛，李卉编著. —北京：国防工业出版社，2012.1(2015.2 重印)
ISBN 978-7-118-07802-2

Ⅰ.①网... Ⅱ.①李...②韦...③李... Ⅲ.①计算机网络-网络系统 Ⅳ.①TP393

中国版本图书馆 CIP 数据核字(2011)第 272735 号

※

国防工业出版社出版发行
(北京市海淀区紫竹院南路 23 号 邮政编码 100048)
北京奥鑫印刷厂印刷
新华书店经售

*

开本 787×1092 1/16 印张 16¾ 字数 416 千字
2015 年 2 月第 1 版第 2 次印刷 印数 4001—5500 册 定价 35.00 元

国防书店：(010)88540777 发行邮购：(010)88540776
发行传真：(010)88540755 发行业务：(010)88540717

前　言

正如比尔·盖茨1997年在全球计算机技术博览会上所说，“网络才是计算机。”在信息技术高速发展的今天，很难再找到游离于网络之外的信息系统。计算机网络技术的每一次创新，无不带动了人们生活方式的巨大变革。近年来，随着网络应用新技术不断出现，网络应用已成为计算机网络领域中增长速度最快的一个领域。随着一些新的分布式应用及其多样软件形式的出现，一些专家认为，计算机网络的应用层可以看作一个基于因特网之上的大规模分布式应用。

国内专门讨论计算机网络应用方面的著述很多，但对于非计算机专业工科的读者而言，经常有三大不足：一是太难，二是太简单，三是太偏重娱乐。本书扼要但并不粗略地介绍了计算机网络的基础概念，以网络系统连接作为网络应用的硬件基础，经典服务作为软件应用基础，搭建了计算机网络知识的基本框架。在此基础上深入探讨了目前网络应用领域的新兴领域，包括Web2.0、云计算、社会性网络服务（SNS）、物联网、移动互联网等新技术。并在网络信息检索和网络安全和管理两个领域进行了深入的专题讨论。全面而不失重点，选题范围适用于较广泛层次的读者。

本书内容共分为6章。

第1章从计算机网络的软硬件基本概念开始，介绍了一般意义上的计算机网络、网络互连、传输媒体等基础知识。传输媒体主要介绍了最为常见的双绞线和光纤两种线缆。

第2章介绍以太网、无线局域网、网络扩展连接和因特网的接入技术四部分网络连接相关的技术内容，并以一个有线无线混合局域网组建的实例，具体展示了实现这些连接的简单过程。

第3章对域名服务、文件传输服务、WWW服务、电子邮件服务、DHCP服务等经典的网络服务基本概念、工作原理和服务构建方法进行了介绍。

第4章在阐述网络信息资源、网络信息检索基础知识的基础上，讨论了搜索引擎、网络数据库检索、专用查询工具、网络信息检索策略技巧等内容。

第5章以Web2.0、云计算、物联网和移动互联网为典型代表，对近年来出现的网络应用新技术进行了详尽的介绍。

第6章系统地介绍了网络安全基础和安全体系，从网络攻击和网络安全防护两方面对网络安全涉及到的具体技术进行了深入的讨论，并详细地介绍了开展网络安全研究的实验环境配置方法和Windows XP用户安全上网的设置方法。

本书第1、2章由李海龙编写，第3、6章由韦素媛编写，第4章由叶霞编写，第5章由李卉编写。在编写过程中，得到了第二炮兵工程大学杨百龙教授的热情帮助，作者单位许多同事也为本书提供了许多资料和宝贵的建议，在此表示衷心的感谢！

希望本书能为读者学习网络应用知识提供有益的帮助。不当之处，恳请指正。

李海龙

2011年11月

目　录

第1章　计算机网络基础知识

在计算机网络领域，近几年一个最大的特征就是网络的服务和应用程序发展迅猛。网络应用新技术层出不穷，网络应用的层次不断深入。要掌握这些技术，首先要学习计算机网络的一些基本概念。本章围绕计算机网络的发展历程、软硬件结构、网络互联、传输媒体等基础知识展开介绍，给读者一个轮廓性的基础认识。

1.1　计算机网络发展概述

计算机网络的历史，甚至可以追溯到 1940 年 9 月。贝尔实验室的 George Stibitz 打算演示后来被称为“贝尔实验室模型 1 号”的庞大机器，设备离会场太远，就在会场外的过道里安放一个电传(Teletype)终端，让与会者通过这台电传机来转达自己的指令。就这样，用一种间接的方式，可以使用远在 370 千米以外的计算机。1951 年，美国麻省理工学院成立了著名的林肯实验室，研究“远距离预警”网络，它的名字也叫“智者”。“智者”是第一个真正实时的人机交互作用的网络系统，它能接收网络上各个结点传送过来的数据，能够按照键入的指令来处理这些数据。1952 年，“智者”系统投入使用，成为当时远距离访问的一个典型。从此，“智者”一类的网络就不断涌现。到了 20 世纪 60 年代，已经开始广泛应用于军队、机场和银行等系统中。这类网络的共同特点就是在中心有一台大型计算机，用来存储和处理数据，其他终端通过一定的方式(比如，电缆或者电话线)连通这个数据中心。尽管这些网络按照当时的标准是高水平的，但是，这种“中央控制式”的网络从一开始就先天不足：只要摧毁这种网络的中心控制，就可以摧毁整个网络。冷战的背景，让美国人不得不考虑自己这种军事通信网络的安全。这种需求，直接催生了基于分散控制思想的“分布式网络”。

这一时期，有三个不同的研究小组，在互相完全独立研究的情况下，得出了远距离网络通信必须通过“分组交换”来实现的相同结论。这些小组包括 1961 年至 1967 年，Leonard Kleinrock 领导的麻省理工学院；1962 年至 1965 年，P.巴伦领导的兰德公司；1964 年至 1967 年，D.W.戴维斯领导的英国国家物理实验室。基于此，美国国防部远景规划局 DARPA(Defense Advanced Research Project Agency)1969 年在加州大学和斯坦福研究院建立了最早的分组交换网 ARPANET，成为真正意义上的计算机网络。

现在人们普遍比较认可 Andrew S. Tanenbaum 教授给出的计算机网络定义：“计算机网络是通过同一种技术相互连接起来的一组自主计算机的集合”。之所以要强调“自主”，就是强调在网络中每台计算机的地位都是对等的，没有控制和受控的概念。

1983 年的 1 月 1 日，TCP/IP 协议完全取代网络控制协议 NCP，成为互联网上的所有主机之间共同的协议。1986 年，美国国家基金会建立了国家科学基金网 NSFNET。并以此作为因特网(Internet)的基础，实现同其他网络的连接。然后 ARPANET 也划分成 ARPANET 和 MILNET，当 MILNET 和 NSFNET 实现连接后，就正式采用了因特网的名称，其他联邦部门的计算机网也相继并入因特网。1990 年，ARPANET 正式退出历史舞台。1994 年 5 月，中国正式接入因特网，截至 2011 年 6 月底，中国网民规模达到 4.85 亿。

以上是远距离通信网络的发展，计算机网络发展史上很值得一说的，还有局域网的出现和发展。局域网技术的产生是在 20 世纪 60 年代，当时的美国夏威夷大学为了把 Ohau 岛上的 IBM360 计算机与分布在其他岛上以及海洋船上的终端、读卡机连接起来，研制了一个称为 ALOHA 系统的无线计算机通信网络。1972 年，美国加州大学研制了 NEWHALL 环，称为 DCS(Distributed Computer System)分布计算机系统。1973 年出现了第一个总线争用结构的实验性 Ethernet 网络，该网络借鉴了夏威夷大学 ALOHA 网络的有关技术。1974 年，英国剑桥大学计算机实验室建立了剑桥环。1977 年，日本京都大学研制成功了以光纤为传输介质的局域网络。到 20 世纪 80 年代初期，多种类型的局域网络纷纷出现，越来越多的制造商投入到局域网络的研制潮流中，其中有 Xerox(施乐)、DEC 和 Intel 公司 3 家联合研制的第二代 Ethernet 网络，Zilog 公司推出的 Z-net 网，Corvus 公司和 Intel 公司研制的 Omninet 网，Cromemco 公司研制的 C-net 网等。美国、日本和西欧一些国家的大学投入了相当大的力量研究局域网络。同时，各种先进的网络组件，如传播介质和转接器件也不断出现，连同高性能的计算机一起构成了局域网的基本硬件基础。由于新技术和新器件不断出现。所以局域网也被赋予更强的功能和生命力。到了 20 世纪 80 年代末期，先后推出了 3+open、Novell 和 LAN Manager 等性能优异、极具代表性的局域网络。到了 20 世纪 90 年代，由于集线器技术的发展，局域网的发展也上了一个台阶，出现了交换式以太网、高速局域网和虚拟局域网，其性能更优，应用更广。

20 世纪 90 年代计算机网络的发展，主要是因特网应用的发展。特别是 WWW 服务的出现，它将因特网带入了世界上数以百万计的家庭和企业。1998 年第一个 P2P 程序的出现，宣告互联网诞生了新的应用模式。进入 21 世纪，Web2.0 的理念与相关技术日益成熟，推动了互联网的变革与应用的创新。底层网络的能力增长也极为迅速。基于 DWDM 技术的光传输，系统，带宽不久就能达到 10Tbit/s 的数量级。无线局域网技术(WLAN)和第三代移动通信技术(3G)的发展，更是极大拓展了网络的接入和应用范围。

2011 年 2 月 3 日，全球 IPv4 地址总库完全耗尽，五大区域地址分配机构(RIR)的分库，将在 2011 年—2015 年相继耗尽。各国已加快 IPv6 的部署，下一代互联网，已经离我们不远。

1.2 计算机网络的组成和结构

研究结构之前，首先给读者区别两个概念：Internet 和 internet。首字母大写的 Internet 比较通用的称呼叫做因特网，本书也统一采用这种叫法。首字母小写的 internet 也表示一种计算机网络，叫做互联网，许多专用网即属于互联网。“inter-”这个词缀的含义是相互之间，internet 就是网络和网络的互连(本书将 internet 翻译作专有名词“互联网”，但讨论网络互相连接的行为时，使用了“互连”一词。“互联”和“互连”的区别仅是一个翻译习惯问题，英文都是 internetworking)，是一种“网络的网络”，即所谓互联网。事实上，因特网就是最大的、遍布全球的互联网。所以讨论计算机网络的组成和结构，就以因特网为讨论对象。

1.2.1 计算机网络的硬件组成

用过 Google Earth 的读者一定很熟悉，如果将地图放大到一定程度，就会看到建筑、公路和河流的细节。如果将地图缩小到一定程度，就会看到国家和国家“拼接”的界线。同样的道理，如果将镜头深入到计算机网络的细节，就会看到一般意义上计算机网络的硬件构成，包括连接设备、用户设备和传输媒体。但如果站在宏观的角度去观察包括因特网在内的任何互联网，就会看到如图 1-1 所示的互联网结构：通过路由器将各种不同的网络连接在一起。这些网络的规模、技术各有区别，但它们都平等地互连在一起，构成了一个更大的“网络的网络”。图 1-1 用不同的网络云来表示了这些网络的异构。用户使用计算机或其他智能设备，利用各种接入手段，接入到其中的一个网络。

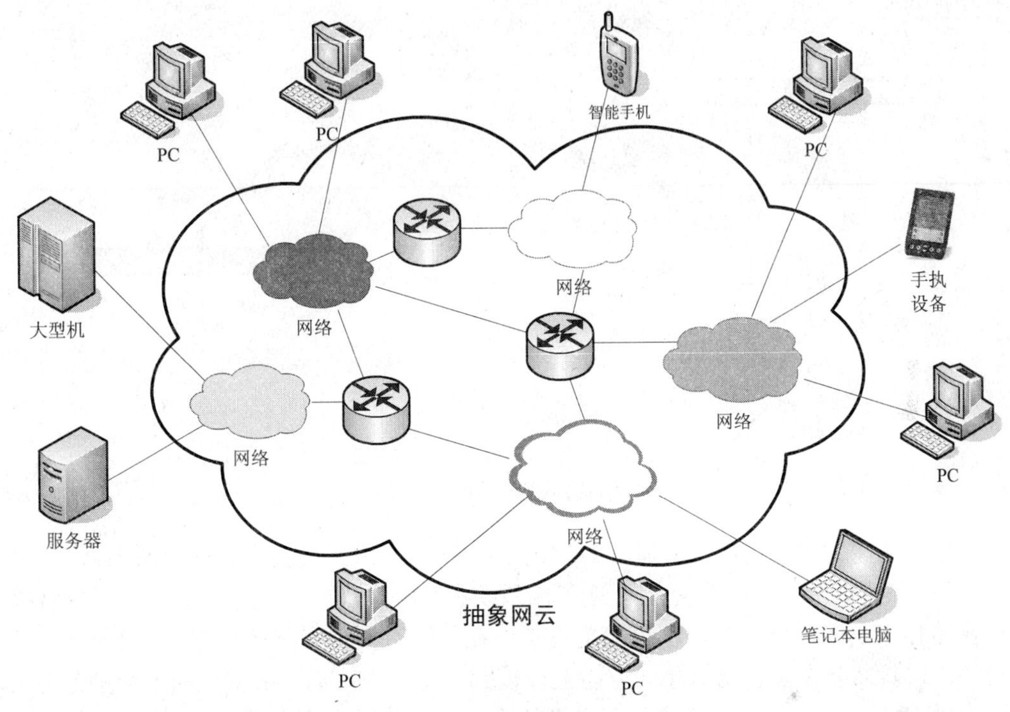

图 1-1　互联网的结构

在因特网中，与因特网相连的计算机通常被称为端系统(End System)，它们在图 1-1 中位于边缘。因特网的端系统包括了计算机、便携机、PDA(Personal Digital Assistance)、智能手机，甚至一些智能的家用设备。端系统也称为主机(Host)，主机有时又被进一步划分为两类：客户机(Client)和服务器(Server)。这两个概念其实原本是两个软件的概念：客户和服务器都是指通信中所涉及的两个应用进程。因特网利用“客户—服务器方式”来描述进程之间服务和被服务的关系。客户是服务请求方，服务器是服务提供方。但是由于客户程序经常运行于桌面 PC、便携机和 PDA 等主机上，常被称为客户机。服务器程序常运行于一些可持续工作、功能强大的主机上，用于发布 Web 页面、流媒体、转发电子邮件等，这些主机就经常被称为服务器。所以，客户机和服务器便约定俗成地成了硬件概念。

那些提供用户接入的网络称为 ISP(Internet Service Providers)。不同的 ISP 提供了各种不同类型的网络接入，包括拨号调制器接入、以 XDSL 为典型的住宅宽带接入、高速局域网接入和无线接入。许多文献中常给这些将端系统接到其边缘路由器的物理链路起了一个名字叫做接入网(Access Network)。

依照计算机系统之间互连距离和网络分布地域范围，这些网络经常被划分为局域网(Local Area Network，LAN)，城域网(Metropolitan Area Network，MAN)和广域网(Wide Area

Network，WAN)。但是随着技术的发展，这种划分的界限开始模糊。起初，当网络的作用距离不同时，由于信道的不同，网络采取了不同的技术来实现对数据的传输。局域网由于作用距离较小，用户数量和传输出错率都比较小。所以一些涉及传输可靠性的技术并不需要和远距离传输一样复杂。而远距离传输则不同，通常需要借鉴传统的电信技术手段来实现。远程的两个局域网需要互连时，就通过与其他跨度比较大的远距离传输网络相连接来实现，如图1-2 所示。在图中，用一个笼统的“网云”来表示这样一个远距离的传输。这个网云，可能是某种特定的广域网，也可能跨接了好几种广域网。

图 1-2　远程局域网的连接

接下来将注意力集中到图 1-1 和图 1-2 中的抽象网云。网云事实上就是由路由器和各种网络所组成的一个网状的网络，正是它互连了端系统和“端局域网”。通常，将它称为网络核心。其连接在拓扑上是四通八达的，不可能也不需要在每一对发送方和接收方之间都铺设专用的传输线路，这就需要在多个站点相同方向上传输到一定的距离后，根据目的地址进行分支(转接)选择，再通向不同的站点。还有信号在传输介质上的衰减和所受到干扰，也需有一个中继结点来完成整形放大。完成这些任务都需要有交换操作。根据所传输信号内容的不同要求，需要相应的交换技术，交换技术的发展与通信和计算机网络技术的应用紧密联系。按照交换技术发展的顺序讲述，目前使用的交换技术：电路交换(Circuit Switching)、报文交换(Message Switching)、分组交换(Packet Switching)、信元交换(Cell Switching)。构建计算机网络的网络核心主要使用分组交换和信元交换。

电路交换过程类似于打电话，当用户需发送数据时，主叫方通过呼叫，由交换网完成被叫，就与它建立一条物理连接数据通路，在通话过程中一直独占该连接线路。通话结束，拆除连接时，由通信双方中任一方完成。在电路交换网络中，沿着端系统通信的路径，为端系统之间通信所提供的资源(缓存、链路传输速率)在通信会话期间将会被预留。它的特点是适合发送一次性大批量的信息。由于建立连接时间长，传递短报文时，效率较低。并且对通信双方在信息传输速率、编码格式、通信协议等方面完全兼容，这就限制了不同速率、不同编码格式、不同通信协议的双方用户进行通信。

分组交换是把电路交换和早期电报通信中所使用的报文交换的优点结合起来产生的一种交换技术。从概念上看，一个分组数据通信系统的硬件组成包括终端用户、分组交换网。其中，终端用户可以是计算机或一般输入/输出(I/O)设备，它们具有一定的数据处理和发送、接收数据的能力，通常称为数据终端设备 DTE(Data Terminal Equipment)。分组交换网由若干个分组结点交换机(Packet Switching Equipment，PSE)和连接这些结点的通信链路组成。与 DTE 对应的是数据电路终接设备(Data Circuit-terminating Equipment，DCE)。DCE 指的是 DTE-DTE 远程通信传输线路的终接设备；在物理上，如果传输线路是模拟通道，DCE 就是 MODEM；如果是数字通道，DCE 就是多路复用器或数字通道接口设备。它们提供信号变换、适配和编码功能，和 DTE 同属于用户设施。但是在功能结构上，DCE 属于网络部分，是分组交换机的延伸。

分组交换采用“存储—转发”技术。这种技术最早出现在报文交换。在报文交换中，当源站发送报文时，将目的地址添加在报文中，然后网络中的交换机将源站的报文接收后暂时存储在存储器中，再根据提供的目的地址，不断通过网络中的其他交换机选择空闲的路径转发，最后送到目的地址。这样就解决了不同类型用户之间的通信，并且不需要像电路交换那样在传输过程中长时间建立一条物理通路，而可以在同一条线路上以报文为单位进行多路复用，所以大大提高了线路的利用率。分组交换中所采用的“存储—转发”技术并不像报文交换那样以报文为单位进行交换，而是将报文划分成有固定格式的分组(Packet)进行交换、传输，一般为 1Kb～几 Kb，每个分组按一定格式附加源与目的地址，分组编号、分组起始、结束标志、差错校验等信息，以分组形式在网络中传输。当源 DTE 将分组传送至本地分组交换机后，本地分组交换机收到每个分组要求的转发信息，不管是否接通目的地址设备，都先存储起来，然后检查目的地址，在分组交换机保存的路由表中找到该目的地址规定的发送通路，分组交换机即按允许的最大发送速率转发该分组。同样，每个中转分组交换机均按此方式存储、转发每个分组，直到将分组送到目的地分组交换机，再由该分组交换机送达目的 DTE。

按上述方式传送的是分组交换中的数据报方式，一般适用于较短的单个分组的报文。其优点是传输可靠性高、传输延时小，由于分组交换机的存储器容量减小，所以提高了经济性。缺点是每个分组附加的控制信息多，增加了传输信息的长度和处理时间，增大了额外开销。

分组交换的另一种方式叫虚电路方式，它与数据报方式的区别主要是在信息交换之前，由源 DTE 向本地分组交换机发送一个特定呼叫请求的分组，其中含有目的 DTE 的地址及逻辑信道识别符，并由分组交换机 PSE 中转转发。若呼叫被目的 DTE 接受，则相应的响应“呼叫接受”予以应答，网络即发出一个“呼叫连通”给源 DTE，此时呼叫建立，在两台 DTE 之间建立一条称作虚电路的逻辑通路，信息就能在这条虚电路上传输，直到数据交换结束，虚电路被拆除，相应的逻辑信道识别符被释放。所以虚电路方式在每次通信时都有虚电路建立、数据传输和拆除三个阶段，类似于电路交换方式，但在网络中的传输是分组交换方式。这种方式对信息传输频率高、每次传输量小的用户不太适用，但由于每个分组头只需标出虚电路标识符和序号，所以分组头开销小，适用长报文传送。虚电路又可分为永久虚电路(Permanent Virtual Circuit，PVC)和交换式虚电路(Switch Virtual Circuit，SVC)。PVC 由网络提供者配置，一旦完成，这种虚电路即长期存在。SVC 则需要由两个远程端用户通过相应的控制协议来建立，在完成数据传输后被拆除。

信元交换技术是一种快速分组交换技术，它结合了电路交换技术延迟小和分组交换技术灵活的优点。信元是固定长度的分组，异步传输模式(Asynchronous Transfer Mode，ATM)采用信元交换技术，其信元长度为 53 字节。由于信元的长度更小，则交换所需的时延更少。

1.2.2 计算机网络的软件组成

计算机网络的软件构成主要包括有：网络操作系统软件、网络通信协议、网络工具软件、网络应用软件等。

(1) 网络操作系统软件：负责管理和调度计算机网络上的所有硬件和软件资源，使各个部分能够协调一致的工作。常用的网络操作系统有 Windows、Netware、Unix、Linux 等。

(2) 网络通信协议：计算机网络中的数据交换必须遵守事先约定好的规则。这些规则明确规定了所交换的数据格式以及有关的同步问题(同步含有时序的意思)。为进行网络中的数据交换而建立的规则、标准或约定即网络协议(Network Protocol)，简称为协议。网络协议包括以下三个要素：①语法：数据与控制信息的结构或格式；②语义：需要发出何种控制信息，完成何种动作以及做出何种响应；③同步：事件实现顺序的详细说明。常用的网络通信协议有 TCP/IP 簇、SPX/IPX、NetBEUI 协议等。

(3) 网络工具软件：用来扩充网络操作系统功能的软件。如网络浏览器、网络下载软件、网络数据库管理系统等。

(4) 网络应用软件：基于计算机网络应用而开发出来的用户软件。如民航售票系统、远程物流管理软件、订单管理软件、酒店管理软件等。

通常提到计算机网络的协议，总是和体系结构的概念分不开。计算机网络的体系结构(Architecture)是计算机网络的各层及其协议的集合。这里说的“层”是一种在计算机网络中所使用的方法。通过分层将庞大而复杂的问题，转化为若干较小的局部问题。这些较小的局部问题就比较容易研究和处理。每相邻层间有一接口，下层通过接口向上层提供某种服务，完成特定功能，同时还对上层屏蔽实现该功能的具体过程，使上层可以只简单地使用下层提供的服务而不必关心其具体的实现细节；上层又在其下层提供的服务基础上，向更高层提供更高级的服务。于是，通过接口，各层协议之间能高效地相互作用，协同解决整个通信问题。这种化整为零的思想对计算机网络的研究起到了很大的促进作用。计算机网络大都按层次结构模型去组织计算机网络协议。例如，IBM 公司的系统网络体系结构 SNA。而影响最大、功能最全、发展前景最好的网络层次模型，是国际标准化组织(ISO)所建议的“开放系统互连(OSI)”基本参考模型。它由物理层、数据链路层、网络层、运输层、会话层、表示层和应用层七层组成。各层的一些典型服务、标准和协议如下：

- 应用层(Application Layer)：Http，DNS，Telnet，SMTP，FTP；
- 表示层(Presentation Layer)：ASCII，EBCDIC，QuickTime，MPEG，GIF，JPG，TIFF；
- 会话层(Session Layer)：ZIP，NFS，SQL；
- 运输层(Transport Layer)：TCP，SPX，UDP，NBP，OSI transport protocol；
- 网络层(Network Layer)：IP，IPX，BGP，OSPF；
- 链路层(Datalink Layer)：HDLC，PPP；
- 物理层(Physical Layer)：RS232，RS449。

通俗地理解，OSI 模型将一系列复杂的计算机通信问题分解为七类，分别进行研究。而且，这些分工的特点是“越往上离接受应用服务的用户越近，越往下离机器越近”。

在计算机网络的分层模型中还有一个很重要的概念——“封装”(Encapsulation)，封装是在数据前加上报头或者将数据包在首尾里面的过程。封装在 OSI 参考模型的每层上都会出现。来自每层的完整的数据包将插入到下一个层的数据字段中，并且加入另外一个报头。在偶然情况下，层会将一个数据信元(包括前一层的报头)分开为多个部分，更小的数据信元，并且每个更小的数据信元用较低协议层的新报头进行封装。这个过程帮助控制数据流，因为不同的网络允许通过的最大传输单元(Maximum Transmission Unit，MTU)不尽相同。当接收到数据时，接收结点上的对应层在把数据传送到下一个层之前，重新装配数据字段。随着数据逐渐在目的地的模型上向上移动，逐渐将分段拼装到一起。图 1-3 显示了数据在各层之间传递时进行封装和拆封的这一过程。

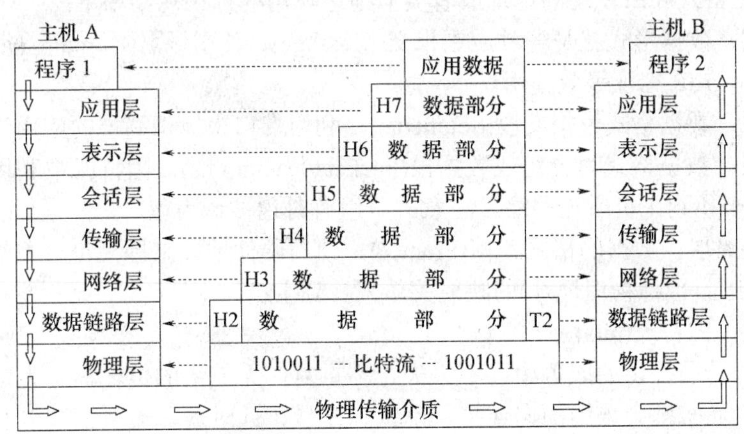

图 1-3　数据在各层之间的传递过程

需要注意的是，法律上的国际标准 OSI 并没有得到市场的认可。而非国际标准 TCP/IP 却获得了最广泛的应用。TCP/IP 常被称为事实上的国际标准。TCP/IP 事实上并没有严格的层次体系结构，它们只是在因特网中广泛使用的一系列协议。在设计之初并不具有像 OSI 模型那样强的模型指导作用。所以通常将之称为 TCP/IP 协议簇而不是体系结构。如果用分层的思想去描述 TCP/IP 协议簇，会发现它的层次只有四层：高层应用、传输层、网际层、网络接口层。严格意义上的层只有两层：在传输层对高层应用提供可靠的(通过 TCP 协议)和不可靠的(通过 UDP 协议)数据传输服务(这里提到的可靠服务，下文再展开讨论)；在网际层通过 IP 及其相关协议来屏蔽下层各种网络的不同，实现网络的互连。为了便于理解并能够和实际网络中的现状接轨，一些学者提出了一种五层协议的网络体系结构。所谓五层协议的网络体系结构是为便于学习计算机网络原理而采用的综合了 OSI 七层模型和 TCP/IP 的四层模型而得到的五层模型。五层协议的体系结构见图 1-4 所示。

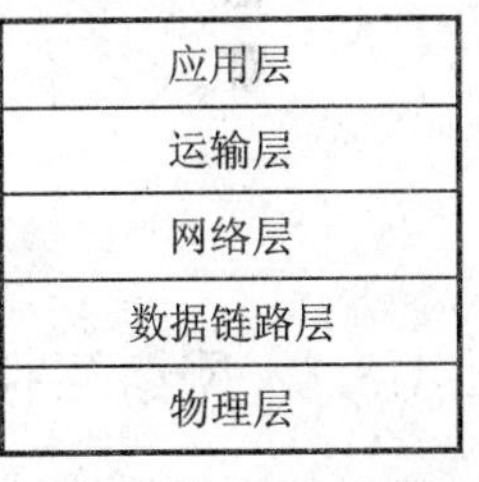

图 1-4　五层协议的参考模型

在这种五层协议的参考模型中，各层的主要功能如下：

(1) 应用层：应用层确定进程之间通信的性质以满足用户的需要。应用层不仅要提供应用进程所需要的信息交换和远地操作，而且还要作为互相作用的应用进程的用户代理(User Agent)，来完成一些为进行语义上有意义的信息交换所必需的功能。

(2) 运输层：任务是负责主机中两个进程间的通信。因特网的运输层可使用两种不同的协议。即面向连接的传输控制协议 TCP 和无连接的用户数据报协议 UDP。

(3) 网络层：网络层负责为分组选择合适的路由，使源主机运输层所传下来的分组能够交付到目的主机。

(4) 数据链路层：数据链路层的任务是将在网络层交下来的数据报组装成帧(Frame)，在两个相邻结点间的链路上实现帧的无差错传输。

(5) 物理层：物理层的任务就是透明地传送比特流。“透明地传送比特流”指实际电路传送后比特流没有发生变化。物理层要考虑用多大的电压代表“1”或“0”，以及当发送端发出比特“1”时，接收端如何识别出这是“1”而不是“0”。物理层还要确定连接电缆的插头应当有多少根针脚以及各个针脚如何连接。

各层的数据格式和所使用的地址或者类似地址作用的标识总结如下：

(1) 应用层：数据形式就是各种应用报文(Message)，使用域名(Domain Name)来表示网站和主机的名字，与 IP 地址等效使用。

(2) 运输层：数据格式为报文段(Segments)，利用端口来标识高层的应用进程。

(3) 网络层：数据格式为分组或数据报(Packets/Datagrams)，因特网中利用每个主机唯一的合法 IP 地址来找到主机所在网络。注意：分组有时也被译为包。

(4) 数据链路层：数据的格式为帧(Frames)，使用硬件地址来标识每台主机，并利用主机 IP 地址与硬件地址(也称物理地址)的映射关系来找到主机。

(5) 物理层：比特流(bits)。

通常，在每一层提供的服务中，不丢失、不重复、无差错的传输称之为可靠服务。为了实现可靠服务，通常都会采用面向连接、确认、序号、计时器、流量控制以及拥塞控制等机制来实现。而实现这些机制就需要付出硬件、软件方面的代价。传统的电话网络就设计成一种非常可靠的网络。用户使用非常廉价的电话机就能够享受到清晰的通话质量。电信网负责保证可靠通信的一切措施，因此电信网的结点交换机复杂而昂贵。但这种网络的脆弱性也是显而易见的，一旦电信网的关键结点遭到摧毁，整个通信系统就会瘫痪。

因特网当初的设计思想则不同：网络尽量简单，而智能尽可能放在网络以外的用户端。在计算机网络中，用户所使用的端系统是装载了协议栈的计算机。可靠通信由用户终端中的软件(即 TCP)来保证。所以在层次结构的参考模型中，四层以上的功能都在网络之外的端系统中。技术的进步使得网络出错的概率越来越小，因而让主机负责端到端的可靠性不但不会给主机增加负担，反而能够使更多的应用在这种简单的网络上运行，大大简化了网络层的结构。

1.3 网络互联

1.3.1 网络互联问题

制定体系结构的目的就是为了规范计算机网络的发展，但是实际上，不论是广域网还是局域网都存在着大量的异构网络。各层运行着各种不同的协议。Andrew S. Tanenbaum 教授将网络的这些不同总结为 12 点：

(1) 网络所提供的服务不同：有面向连接的服务，也有不连接的服务；

(2) 协议不同：比如 IP、IPX、SNA、ATM、MPLS、AppleiTalk 等；

(3) 编址方式不同：局域网所采用的地址通常都是平面的，而广域网所采用的地址通常是有层次的；

(4) 多播和广播的支持：有的网络支持，有的不支持；

(5) 分组大小：每个网络都有自己的 MTU 限制；

(6) 服务质量 QoS(Quality of Service)：不支持或者采用不同的种类；

(7) 错误处理：可能会是可靠的、有序的，以及无序的递交；

(8) 流量控制：滑动窗口、速率控制，或者其他控制手段，也可能干脆无控制；

(9) 拥塞控制：漏桶、令牌桶、RED、抑制分组等；

(10) 安全性：隐私规则、加密等；

(11) 一些参数：不同的超时值、流规范等；

(12) 记费方式：按连接时间、按分组、按字节，或者根本不记费。

要实现这些异构网络的连接，首先需要的就是互连的设备。通常来说，这些设备工作于不同的层次。而严格意义上的互连只发生在网络层，也就是说只有见到碰到网络层的设备，才认为是两个网络的互连。网络层以下的设备只是实现网络内部的拓展或者信号的中继。网络层以上的设备则是为了实现高层协议的转换。

这些工作于不同层次的设备总结如下：

(1) 高层：网关(Gateway)，用来实现协议转换。例如传输层网关可以转换 TCP 连接和 SNA 连接，而应用层网关可以翻译消息的语义；

(2) 网络层：路由器(Router)，用来实现转发分组和路由选择等网络互连任务；

(3) 数据链路层：网桥(Bridge)、交换机(Switch)，实现局域网的拓展；

(4) 物理层：中继器(Repeater)、集线器(Hub)完成信号的放大转发。

注意：由于历史的原因，许多有关 TCP/IP 的文献将网络层使用的路由器称为网关。尤其是微软的 Windows 操作系统中，配置 TCP/IP 的属性时，需要配置的网关，实际上指的就是对外互连的路由器地址。

1.3.2 IP 网及相关技术

1. IP 网与 IP 协议

因特网的网际层，使用 IP 协议来屏蔽这些异构网络下层通信技术的不同。互连起来的各种物理网络的异构性本来是客观存在的，但是利用 IP 协议就可以使这些性能各异的网络让端用户看起来好像是一个统一的网络。通常，使用 IP 协议的互连网络常简称为 IP 网。对于端系统而言，看不见互连的各具体的网络异构细节，就好像在一个网络上通信一样。

IP 协议提供无连接的数据报传输机制。IP 协议是点到点的，核心问题是寻径。它向上层提供统一的 IP 数据报，使得各种物理帧的差异对上层协议不复存在。

TCP/IP 体系中与 IP 协议配套使用的还有三个协议：地址解析协议(Address Resolution Protocol，ARP)、逆地址解析协议(Reverse Address Resolution Protocol，RARP)、因特网控制报文协议(Internet Control Message Protocol，ICMP)。

图 1-5 表示了这三个协议和 IP 协议的关系。在这一层中，ARP 和 RARP 画在最下面，因为 IP 经常要使用这两个协议。ICMP 画在这一层的上部，因为它要使用 IP 协议。

IP 是 TCP/IP 协议簇中最为核心的协议。所有的 TCP、UDP、ICMP 及 IGMP 数据都以 IP 数据报格式传输。IP 数据报以一个头部开始，后跟数据区。一个数据报的数据长度不固定，数据报的大小取决于发送数据的应用。大小可变的数据报使得 IP 可以适应各种应用。但是，采用较大的数据报可以获得更高的效率。目前，已经有两种 IP 版本成为标准，它们分别是 IPv4 和 IPv6，后者是前者的升级。目前网络正处在 IPv4 与 IPv6 的过渡期。

2. IPv4 的报文

IPv4 报文首部包括一个 20 字节的固定部分和一个可变长度的可选部分，如图 1-6 所示。

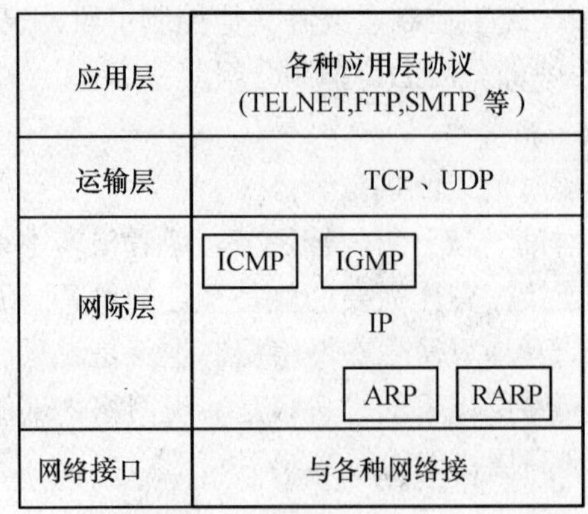

图 1-5　IP 及其配套协议

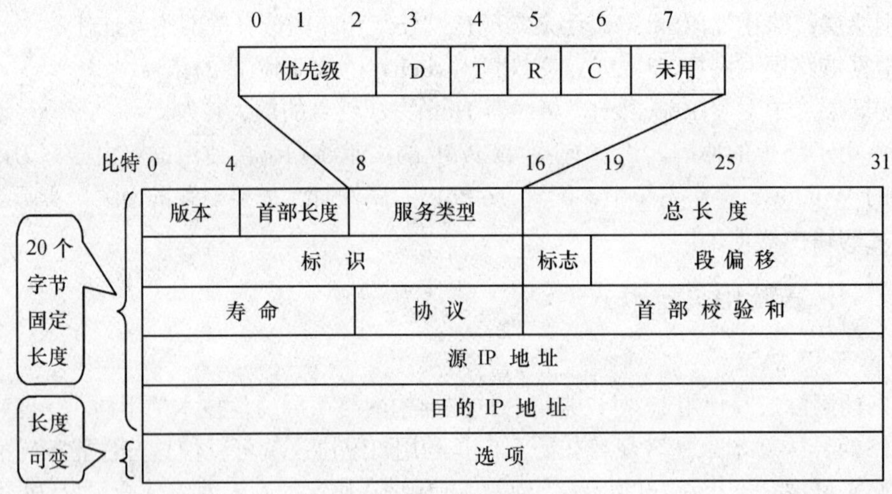

图 1-6　IPv4 的报文首部格式

(1) 版本(Version)：说明数据报属于哪一个协议版本，以便可以在运行不同版本协议的机器之间进行版本转换。IPv4 和 IPv6 即在此标示，当该域值为 4 时，表示为 IPv4。

(2) 首部长度(IHL)：说明包头的长度(单位：4 字节)，最小为 5，最大为 15。故头部最长为 60 字节，即可选部分最大为 40 字节。该域值变化 1，表示包头长度变化 32 个字节。此外，对于有些可选项，例如记录分组已经走过路由的源路由选项，40 字节就显得太短了。

(3) 服务类型(Type of Service)：允许主机告诉子网它需要什么类型的服务，可能是可靠程度和传输速率的各种组合。例如，对数字话音要求快速传递；而对文件传输无差错比快速更重要。该域中，左起 3 位为优先级(Precedence)字段，从 0(正常)到 7(网络控制分组)。后跟三个标识(Flag)位分别表示延迟、吞吐量和可靠性，它们允许主机指明在以上三项指标中它最关心什么。最后两位没有定义。理论上，这些字段允许路由器在吞吐量大而时延长的卫星链路和吞吐量小而时延短的租用线路之间进行选择。实际上，目前的路由器都不支持服务类型字段。

(4) 总长度(Total Length)：指头部和正文部分的长度之和，最大为 65535 字节(目前允许这一上限，但将来的千兆位网络将要求更长的数据报)。

(5) 标识(Identification)：用来让目的主机确定新到达的分段(Fragment)属于哪一个数据报。同一数据报的所有分段包含相同的标志值。

(6) 标志(Flag)：标志字段占 3bit。目前只有两个低位有意义。

标志字段中的最低位记为 MF(More Fragment)。MF=1 即表示后面还有分段的数据报。MF=0 表示这已是若干数据报段中的最后一个。

标志字段中间的一位记为 DF(Don't Fragment)。只有当 DF=0 时才允许分段。

(7) 片偏移量(Fragment Offset)：告知本分段在当前数据报的位置。除了最后一个分段以外，一个数据报的所有分组必须是 8 字节的倍数，即 8 字节为一个基本分段单位。该域有 13 位，所以每个数据报最多有 8192 个分段，数据报长度最大可达到 65536 字节，比总长度域的最大值大 1 个字节。

(8) 生存期 TTL(Time to Live)：是用来限制分组寿命的计数器，最长生存期为 255s。该域在每条链路上都必须递减。若在某个路由器中排了长时间的队，则要以倍数递减。实际上，它只计算链路上的时间。当该域减为 0 时，就将这一分组丢弃，并向源主机发送告警分组。

(9) 协议(Protocol)：告诉网络层把收到的数据报送给哪一个传输层进程，可能是 TCP，也可能是 UDP 或其他。协议编号在整个 Internet 中是全局唯一的，定义参考 RFC 1700。

(10) 首部校验和(Header Checksum)：只验证 IP 分组头。每条链路中该域都必须重新计算，因为至少有一个域(生存期域)的值是一直在变化的。前面提到过了，每个路由器都会把收到数据报的 TTL 值减 1。

(11) 源地址(Source Address)和目的地址(Destination Address)：指明发送数据报的源地址和目的地址。

(12) 选项(Options)：用来提供一种余地，使协议的后来版本可以包含原有设计中没有的信息，也可以使试验者能尝试他的新想法。选项域的长度是可变的，每个选项都以一个字节表明内容。某些选项还跟有一个字节的选项长度字段，其后是一个或多个数据字节。选项域以 4 个字节的倍数来安排。目前定义了 5 种选项。

3. IP v4 编址

IP 报文所使用的地址是 IP 地址。所谓 IP 地址就是给每一个连接在因特网上的主机分配一个唯一的 32bit 地址。在 IPv4 中 IP 地址由 4 个字节组成，被表示成用“.”隔开的 4 组 10 进制数，每个数最大为 255。这种表示方法被称为点分十进制表示法，即将每个字节值用十进制数表示。例如 IP 地址 11001000.01100100. 01100100.00000001 的点分十进制表示为 200.100.100.1。IP 地址被分成两部分，按层次结构组成：第一部分是网络号，第二部分是主机号。分组从一个路由器传到另一个路由器就是一跳(Hop)，它就是这样经过若干跳，最后到达目的网络。在那里，路由器将它送到目的主机。

IP 地址的最初编码是分类的。尽管目前的用法是无类的，这里，还是按照分类的编址方式来讨论目前的地址结构，而且这种结构偶尔还在用。在分类编址方式中，有 5 类地址，如图 1-7 所示，分别是 A 类到 E 类：

(1) A 类地址，有 8 位网络号，网络号的开头 1 位是 0，后面是 24 位主机地址。因此一个 A 类地址的网络可以有 $2^{24}-2$ 个主机。之所以要减 2 是因为：主机地址部分为 0 时，代表了该主机所在的网络号，主机地址部分全部是 1 代表了广播地址。这两个值都不能代表单个主机地址，因此，总主机个数上要减去 2。

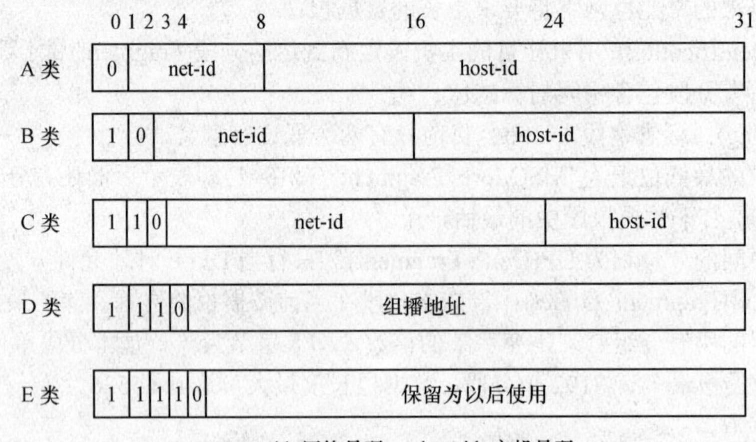

图 1-7　IP 地址的 5 种类型

(2) B 类地址，有 16 位网络号，网络号的开始 2 位是 10，后面是 16 位主机号，因此一个 B 类网络可有 $2^{16}-2$ 个主机。

(3) C 类地址，有 24 位网络号，网络号的开始 3 位是 110，后面是 8 位主机号，因此一个 C 类网络可有 256−2=254 个主机。

(4) D 类地址，地址的开始 4 位是 1110，这是组播地址，将在后面讨论。

(5) E 类地址，以 1111 开头，这类地址保留为以后用。

在 IP 地址的使用中，有一些具有特殊意义的保留地址，总结如下。

1) 0.0.0.0

严格说来，0.0.0.0 已经不是一个真正意义上的 IP 地址了。它表示的是这样一个集合：所有不清楚的主机和目的网络。这里的“不清楚”是指在本机的路由表里没有特定条目指明如何到达。对本机来说，它就是一个“收容所”，所有不认识的“三无”人员，一律送进去。如果你在网络设置中设置了默认网关，那么 Windows 系统会自动产生一个目的地址为 0.0.0.0 的默认路由。

2) 255.255.255.255

限制广播地址。对本机来说，这个地址指本网段内(同一广播域)的所有主机。如果翻译成人类的语言，应该是这样：“这个房间里的所有人都注意了！”这个地址不能被路由器转发。

3) 127.0.0.1

127.0.0.1～127.255.255.254 范围内的地址称为环回地址。最常用于测试的环回地址是 127.0.0.1。表示“自己”。在 Windows 系统中，这个地址有一个别名“Localhost”。寻址这样一个地址，是不能把它发到网络接口的。除非出错，否则在传输介质上永远不应该出现目的地址为“127.0.0.1”的数据包。

4) 224.0.0.1

组播地址，注意它和广播的区别。从 224.0.0.0 到 239.255.255.255 都是这样的地址。224.0.0.1 特指所有主机，224.0.0.2 特指所有路由器。这样的地址多用于一些特定的程序以及多媒体程序。如果你的主机开启了 IRDP(Internet 路由发现协议，使用组播功能)功能，那么你的主机路由表中应该有这样一条路由。

5) 169.254.x.x

如果主机使用了DHCP功能自动获得一个IP地址，那么当你的DHCP服务器发生故障，或响应时间太长而超出了一个系统规定的时间，Windows系统会为你分配这样一个地址。如果你发现你的主机IP地址是一个诸如此类的地址，很不幸，十有八九是你的网络不能正常运行了。

6) 10.x.x.x、172.16.x.x～172.31.x.x、192.168.x.x

私有地址，这些地址被大量用于企业内部网络中。一些宽带路由器，也往往使用192.168.1.1作为默认地址。私有网络由于不与外部互连，因而可能使用随意的IP地址。保留这样的地址供其使用是为了避免以后接入公网时引起地址混乱。使用私有地址的私有网络在接入Internet时，要使用地址翻译(NAT)，将私有地址翻译成公用合法地址。在Internet上，这类地址是不能出现的。

对一台网络上的主机来说，它可以正常接收的合法目的网络地址有三种：本机的IP地址、广播地址以及组播地址。

对于分类的IP地址，总结以上的约定，可得到表1-1所列的使用范围。

表1-1 IP地址的使用范围

网络类别	最大网络数	第一个可用的网络号码	最后一个可用的网络号码	每个网络中的最大主机数
A	126	1	126	16777214
B	16382	128.1	191.254	65534
C	2097150	192.0.1	223.255.254	254

从表中可以看出，A类和B类网络所拥有的地址数会造成极大的地址浪费。而实际上32位的IP地址，其地址空间一直面临耗尽的危机。目前，有两种方法来解决这一危机(当然，这两种方法的出现，也有路由等其他方面的原因)。

1)子网划分

子网划分简化了地址管理，它是一种划分地址空间的方法。可以定义一个包含有许多不同物理网段的网络。子网划分就是在分类编址的基础上，在主机号字段再进行层次结构编址。原来的主机号字段变成两部分，两级的IP地址变成为三级的IP地址：网络号，子网号，主机号。划分子网后每个子网中的最大主机数量，与前面分类IP编址计算每个网络中最大主机数量的方法相同，为2^n-2。但是每个分类网络划分的子网数，最新的计算方法是2^k(k是子网号位数)，RFC1878指出，将全0和全1子网排除在外的做法已经过期。但建议还是采用2^k-2的方法进行规划。以免在使用遗留软件的网络中导致问题。针对具体网络的子网划分，以满足用户需要的主机数和子网数为原则。

每个网络地址对应使用一个32位的“子网掩码”。子网掩码一般被指定为前面有n个1，后面跟有$32-n$个0。子网掩码的写法也使用点分十进制表示法，例如，255.255.255.0等，它的二进制表示为：11111111.11111111.11111111.00000000。子网掩码的使用方法是：用掩码中的1所对应的bit位来表示网络号和子网号，其中的0对应的bit位来表示主机号。从本质上讲，掩码真正起作用的是其中的1或0的个数，而不是它们所处的位置。使用1和0连续写在一起的方法更方便理解和易于使用，所以掩码的写法都约定俗成这样写。

对于分类的IP编址，默认的子网掩码分别为：A类255.0.0.0，B类255.255.0.0，C类255.255.255.0。

2) 无类域间路由

无类域间路由 CIDR(Classless Inter Domain Routing)将子网掩码的思想扩展成可变长的子网掩码。CDIR 只保留一个子网所需要(大约)的地址数，这样更有效地利用了地址空间。在 CDIR 方式中，一组有公共前缀地址的主机可以组成一个超网，这个公共前缀就当成这个超网的网络号。例如，4 个 C 类网络 192.0.8.*，192.0.9.*，192.0.10.*和 192.0.11.* 共 1024 个地址，它们有公共的前缀 192.0.8，对应的子网掩码是 255.255.252.0。另一个子网可能对应前缀 192.0.2，还有一个子网可能对应前缀 192.0.5。为了识别正确的子网，路由选择按最长匹配前缀的原则进行搜索。例如如果目的地址是 192.0.9.123，路由器会找到它所属的子网是 192.0.8。

在给一个部门分配一组 IP 地址时，若给部门内的每个主机都分配一个不同的 IP，也许一组 IP 地址是不够的。但是，可能会出现这样的情况，同时连到 Internet 上的机器只有很少的几台，因此，可以采用临时分配 IP 地址的方法来共享一组 IP 地址 (这样的一个例子是 ISP，它有许多用户，但每次只有几个用户登录使用 Internet)。动态主机配置协议 DHCP(Dynamic Host Configuration Protocol)就是为了这个目的而出台的(RFC2131)。在 DHCP 协议中，需要 IP 地址的主机用它的 MAC 地址广播一个 DHCP discover 分组，DHCP 服务器用一个 DHCP offer 分组进行应答，应答分组中包括没被使用的 IP，主机在得到的 IP 地址中选择一个，并用 DHCP request 分组广播它的选择，被选定的服务器用 DHCP ack 进行确认。分配出的 IP 地址有生命期，必须定期刷新以保持它的有效性。当主机完成任务后，发送一个 DHCP release 分组释放占用的 IP 地址，否则当超过生命期后，地址自动被释放。

4. 数据报转发

一个数据报沿着源地址到目的地址的一条路径穿过因特网，中间会经过很多路由器。路径上的每个路由器收到这个数据报时，从头部取出目的地址。然后用路由表中每一项的子网掩码和目的地址逐比特与运算，依此决定数据报该发往的下一跳(Next Hop)。然后路由器将此数据报转发给下一跳，该下一跳可能是最终目的地，也可能是另一个路由器。为了使对下一跳的选择高效而且便于理解，每个路由器用路由表(Routing Table)来保存路由信息。当一个路由器启动时，需对路由表进行初始化，而当网络的拓扑发生变化或某些硬件发生故障时，必须更新路由表。路由表中每一项包含三个信息：第一，每一项的目的地(Destination)域只包含目的地网络的网络前缀；第二，每项中有一个附加域包含了一个网络掩码(Address-mask)，这个掩码决定了目的地中的哪些位对应着网络前缀；第三，当下一跳域指的是一个路由器时，将使用一个 IP 地址。一个典型的路由表还应包含一个默认路由，即一个对应于所有未在表中列出的目的地的项。

图 1-8 是一个由四个网络和三个路由器组成的互联网。路由器 R_1 的路由表列出了到达四个网络的路由。这里的记法“/24”表示掩码的前缀位数。对于网络 210.10.10.0/24 和 20.10. 0.0/16 而言，与 R_1 直接相连，属于直接交付。网络 100.10.0.0/16 和 192.10.10.0/24 则需要通过其他路由器实现间接交付。路由表的生成是通过管理员配置或者路由协议产生的。相关内容，本书后续章节会陆续涉及。

5. 地址转换与封装

用户平时使用的是易于记忆的主机名(域名)，因此，需要在主机名和 IP 地址之间进行转换。

若要将网络层中传送的数据报交给目的主机，必须知道该主机的硬件地址。因此必须在 IP 地址和主机的硬件地址之间进行转换。

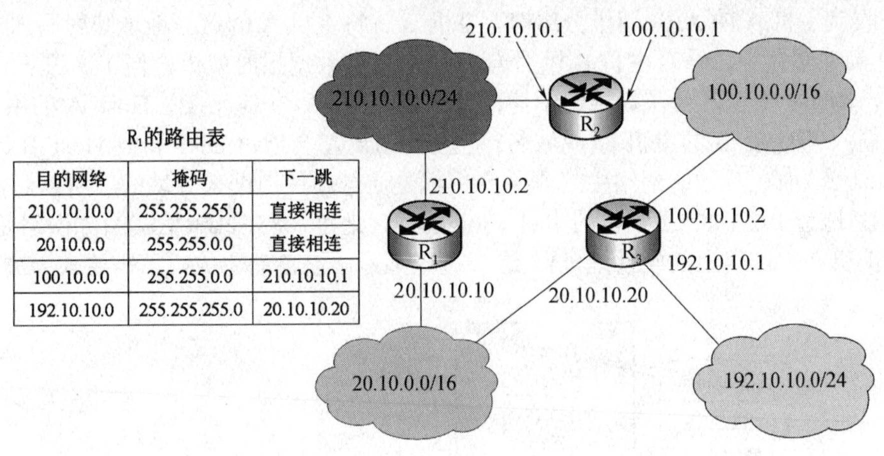

目的网络	掩码	下一跳
210.10.10.0	255.255.255.0	直接相连
20.10.0.0	255.255.0.0	直接相连
100.10.0.0	255.255.0.0	210.10.10.1
192.10.10.0	255.255.255.0	20.10.10.20

图 1-8　路由表

在 TCP/IP 体系中都有这两种转换的机制：

1) 域名与 IP 地址的转换

对于较小的网络，可以使用 TCP/IP 体系提供的叫做 Hosts 的文件来进行从主机名字到 IP 地址的转换。文件 Hosts 上有许多主机名字到 IP 地址的映射，供主叫主机使用。

对于较大的网络，则在网络中的几个地方放有域名系统(Domain Name System，DNS)服务器。上面分层次放有许多主机名字到 IP 地址转换的映射表。主叫主机自动找到 DNS 服务器来完成这种转换。当然，域名系统 DNS 属于应用层软件。

2) IP 地址到硬件地址的转换

IP 地址到硬件地址的转换由地址转换协议 ARP 来完成。由于 IP 地址有 32bit，而局域网的硬件地址(也称 MAC 地址)是 48bit，因此它们之间不是一个简单的转换关系。此外，经常会因为开关机或更换网卡而导致网络中硬件地址不固定。所以在计算机中应当存放一个从 IP 地址到硬件地址的转换表，且能够经常动态更新。地址转换协议 ARP 很好地解决了这些问题。在每一个主机的网卡上维持一个 ARP 高速缓存(ARP cache)，里面有 IP 地址到硬件地址的映射表，这些都是该主机目前知道的一些地址。当主机 A 欲向本局域网上的主机 B 发送一个 IP 数据报时，就先在其 ARP 高速缓存中查看有无主机 B 的 IP 地址。如有，就可查出其对应的硬件地址，然后将该数据报发往此硬件地址。

也有可能查不到主机 B 的 IP 地址的项目。这可能是主机 B 才入网，也可能是主机 A 刚刚加电，其高速缓存还是空的。在这种情况下，主机 A 就自动运行 ARP，按以下步骤找出主机 B 的硬件地址。

(1) ARP 进程在本局域网上广播发送一个 ARP 请求分组，上面有主机 B 的 IP 地址。

(2) 在本局域网上的所有主机上运行的 ARP 进程都收到此 ARP 请求分组。

(3) 主机 B 在 ARP 请求分组中见到自己的 IP 地址，就向主机 A 发送一个 ARP 响应分组，上面写入自己的物理地址映射。

(4) 主机 A 收到主机 B 的 ARP 响应分组后，就在其 ARP 高速缓存中写入主机 B 的 IP 地址到硬件地址的映射。

在很多情况下，当主机 A 向主机 B 发送数据报时，很可能以后不久主机 B 还要向主机 A 发送数据报，因而主机 B 也可能要向主机 A 发送 ARP 请求分组。为了减少网络上的通信量，主机 A 在发送其 ARP 请求分组时，就将自己的 IP 地址到硬件地址的映射写入 ARP 请求分组。

当主机 B 收到主机 A 的 ARP 请求分组时，主机 B 就将主机 A 的这一地址映射写入主机 B 自己的 ARP 高速缓存中。这对主机 B 以后向主机 A 发送数据报时就更方便了。

例如，图 1-9 中有两台在局域网中通信的主机 Host_A 与 Host_B，Host_A 的用户发送数据报时，输入了 Host_B 的主机名(或域名)，主机 Host_A 会通过 DNS 得到 Host_B 的 IP 地址为 192.168.1.2。而在具体的网络中找到某台主机是通过硬件地址来寻址的。所以还需要 ARP 来实现从 IP 地址 192.168.1.2 到目的主机 48bit 的硬件地址 085E2B3CEE0A(如网络是广域网，则转换出主机在广域网上的硬件地址)。这一过程都是协议自动完成，不需要人为的参与。

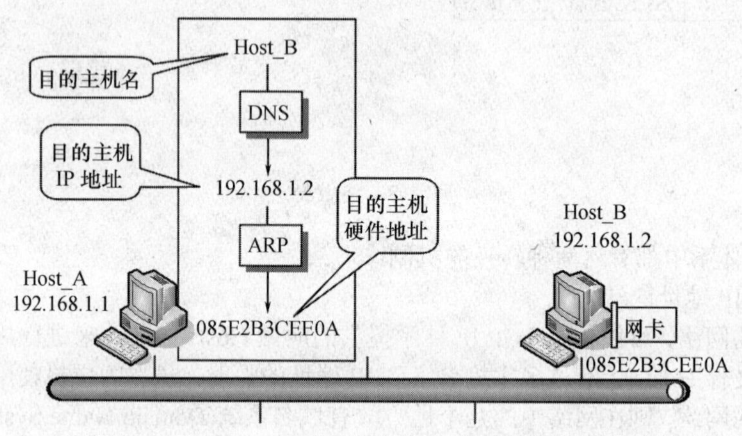

图 1-9 因特网中各“地址”的转换

以上考虑的是两台通信的主机在同一局域网中时的情况。而在因特网或者互联网中通信时，当主机或路由器处理一个数据报时，首先选择数据报发往的下一跳 N，然后通过物理网络将数据报传送给 N。但是，物理网络并不了解数据报格式或因特网寻址。相反，每种物理网络定义了自己的帧格式和物理寻址方案，硬件只接收和传送那些符合特定帧格式以及使用特定的物理寻址方案的包。另外，由于因特网包含异构网络，穿过当前网络的帧格式与前一个网络的帧格式可能是不同的。

为了解决上述问题，引入了封装(Encapsulation)技术。即将一个 IP 数据报封装进一个帧中，这时整个数据报被放进帧的数据区。物理网络像对待普通帧一样对待包含一个数据报的帧。事实上，硬件不会检测或改变帧的数据区内容。

由于网络层可能有多种协议而不仅仅是 IP 协议，因此必须在帧头中设置类型域，以此向接收方说明帧类型。这样，当帧到达接收方，接收方就能根据它的类型域值获知帧中含有一个 IP 数据报。

此外，帧同样要有一个目的地址，它需要根据数据报中的 IP 地址，经过路由选择和地址解析后获得。它实际上是从收到数据报的主机到目的 IP 地址的路径中下一跳主机的硬件地址。需要指出，硬件地址就是在单个网络内部对一个计算机进行寻址所使用的地址。例如在图 1-10 中，主机 H_1 向 H_2 发送数据报，尽管经过了三个网络和两个路由器，但在 IP 层抽象的互联网上只能看到 IP 数据报。源地址 IP_1 和目的地址 IP_2 始终不变，两个路由器的 IP 地址并不出现在 IP 数据报的首部中。路由器只根据目的站的 IP 地址的网络号进行路由选择。在具体的物理网络的链路层只能看见帧而看不见 IP 数据报，而是经过封装的帧，帧中的物理地址随着转发的网络不同而不断变化。

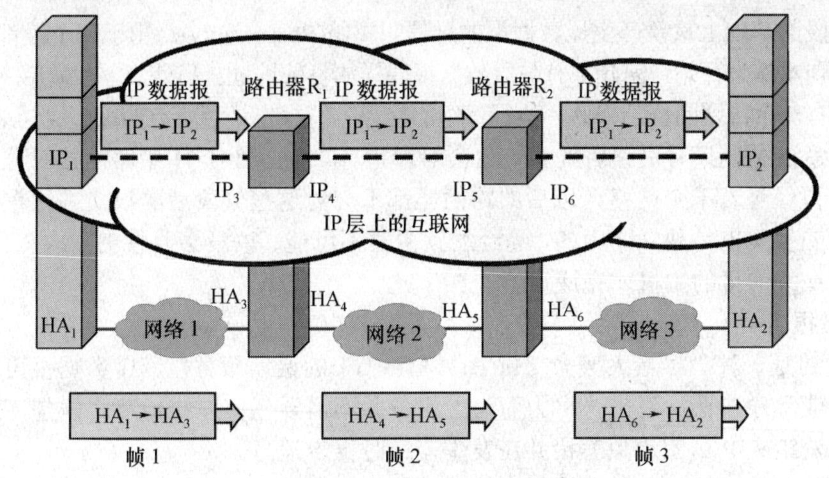

图 1-10　从不同层次看 IP 报与数据帧、IP 地址与硬件地址

当帧到达下一跳时，接收软件从帧中取出数据报，然后丢弃这一帧。如果数据报必须通过另一个网络转发时，就会产生一个新的帧。由于每个网络可能使用一种不同于其他网络的硬件技术，因此帧的格式也相应地不同。当数据报要通过一个物理网络时，会被封装进这个网络所对应的帧中。主机和路由器只在内存中保留了整个数据报而没有多余的帧头信息。当数据报通过一个物理网络时，才会被封装进一个合适的帧中。帧头的大小依赖于相应的网络技术。例如，如果网络 1 是一个以太网，则帧 1 有一个以太网头部。类似地，如果网络 2 是一个 FDDI 环，则帧 2 有一个 FDDI 头部。

转发所经过的每一个物理网络都规定了一帧所能携带的最大数据量。这一限制称为最大传输单元(Maximum Transmission Unit，MTU)。物理网络在设计上不能接收传输数据量大于 MTU 的帧。因而一个数据报必须小于或等于一个网络的 MTU。在因特网中，包含各种异构的网络，它们的 MTU 各不相同，因此会导致一些问题。特别是由于一个路由器可能连着不同 MTU 值的多个网络，能从一个网上接收数据报并不意味着一定能在另一个网上发送此数据报。例如，图 1-11 中，一个路由器连接了两个网络，这两个网络的 MTU 值分别为 1500 和 1000。

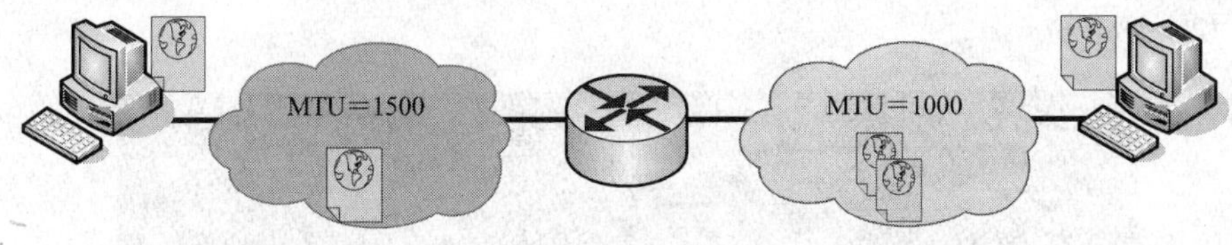

图 1-11　数据报的分段

为此，人们提出分段(Fragmentation)技术来解决这一问题。当一个数据报的尺寸大于将发往网络的 MTU 值时，路由器会将数据报分成若干较小的段(Fragment)，然后再将每段独立地进行发送。

在对一个数据报分段时，路由器使用相应网络的 MTU 和数据报头部尺寸来计算每段所能携带的最大数据量以及所需段的个数，然后生成这些段。路由器先为每一段生成一个原数据报头部的副本作为段的头部，然后单独修改其中的一些域，以记住自己属于哪一个原始数据报的哪一部分。图 1-11 中路由器根据下一个网络的 MTU 值，对所收到报文进行了分段。

在所有段的基础上重新产生原数据报的过程叫重组(Reassembly)。由于每个段都以原数据报头部的一个副本作为开始，因此都有与原数据报同样的目的地址。另外，含有最后一块数据的段在头部设置有一个特别的位，因此，执行重组的接收方能报告是否所有的段都成功地到达。

需要注意的是，只有最终目的主机才会对段进行重组。图 1-11 中路由器对分组进行分段后，即使是再经过若干个网络，以后的路由器都不会对这些分段后的报文进行重组。事实上这些分段后的报文也是独立路由的，途经的路由器不可能、也没必要收集到这些分段的报文。所以，只有最终的目的主机才完成重组的工作。

6. 差错报告

IP 定义的是一种“尽最大努力交付(Best Effort)”的通信服务，其中数据报可能被丢失、重复、延迟或乱序传递。看来“尽力而为”服务并不需要任何差错检测。但是，这种服务并不是不关心差错。IP 试图避免差错并在发生差错时报告消息。

发现校验差错时的处理非常简单：数据报必须立即丢弃，而不作进一步的处理。接收者无法相信数据报头部中的任何域，因为接收者不知道哪一位被改变了。甚至也不能发一个出错消息给发送者，因为报头中的源地址同样也是不可信的。同样，接收者也不能转发被损坏的数据报，因为它也不能相信报头中的目的地址。因此，接收者除了将被损坏的数据报丢弃外别无选择。

某些差错是可以被报告的。例如，网中的一些物理路径出错，导致网络无法连通等。TCP/IP 协议系列包含了一个专门用于发送差错报文的协议，这一协议就叫因特网控制报文协议(Internet Control Message Protocol，ICMP)。该协议对 IP 的标准执行是必要的。两个协议相互依赖：IP 在发送一个差错报文时要用到 ICMP，而 ICMP 利用 IP 来传递报文。ICMP 协议有 Ping 和 Traceroute 两个典型的应用：

1) Ping

Ping 是 ICMP 协议的最常见应用程序，可以用来测试目的主机是否可到达。它使用 ICMP 回应请求和回应应答报文来实现。当调用 ping 程序时，它发送一个包含 ICMP 回应请求的报文给目的地，然后等待一段很短的时间。如果没有收到应答，则重新传送请求。如果重传的请求仍没有收到应答(或收到一个 ICMP 目的不可达报文)，Ping 报告该远程机器为不可达。

在操作系统中，安装了 TCP/IP 协议后就可以使用 Ping 命令。Windows 中该命令的一般格式如图 1-12 所示。

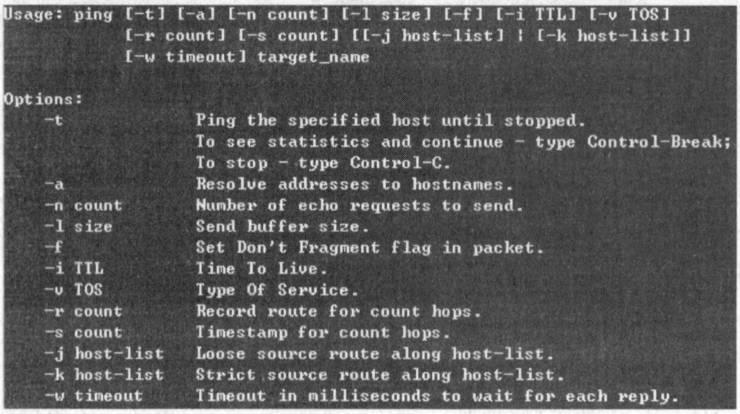

```
Usage: ping [-t] [-a] [-n count] [-l size] [-f] [-i TTL] [-v TOS]
            [-r count] [-s count] [[-j host-list] | [-k host-list]]
            [-w timeout] target_name

Options:
    -t             Ping the specified host until stopped.
                   To see statistics and continue - type Control-Break;
                   To stop - type Control-C.
    -a             Resolve addresses to hostnames.
    -n count       Number of echo requests to send.
    -l size        Send buffer size.
    -f             Set Don't Fragment flag in packet.
    -i TTL         Time To Live.
    -v TOS         Type Of Service.
    -r count       Record route for count hops.
    -s count       Timestamp for count hops.
    -j host-list   Loose source route along host-list.
    -k host-list   Strict source route along host-list.
    -w timeout     Timeout in milliseconds to wait for each reply.
```

图 1-12 ping 命令的格式

图中相关参数的说明如表 1-2 所列。

表 1-2　ping 命令的参数说明

参数	说　明
-t	持续 Ping 指定的计算机，直到中断
-a	将地址解析为计算机名
-n count	发送 count 指定的 ECHO 数据包数。默认值为 4
-l size	发送包含由 size 指定数据量的 ECHO 数据包。默认为 32 字节；最大值是 65527
-f	在数据包中发送“不要分段”标志。数据包就不会被路由器分段
-i TTL	将“生存时间”字段设置为 TTL 指定的值
-v TOS	将“服务类型”字段设置为 TOS 指定的值
-r count	在“记录路由”字段中记录传出和返回数据包的路由。count 可以指定最少 1 台，最多 9 台计算机
-s count	指定 count 指定的跃点数的时间戳
-j host-list	利用 host-list 指定的计算机列表路由数据包。连续计算机可以被中间路由器分隔(路由稀疏源)IP 允许的最大数量为 9
-k host-list	利用 host-list 指定的计算机列表路由数据包。连续计算机不能被中间路由器分隔(路由严格源)IP 允许的最大数量为 9
-w timeout	指定超时间隔，单位为 ms
target_name	目标计算机的地址或名称

2) Traceroute

远端主机上的 ICMP 软件应答该回应请求报文。按照协议只要收到回应请求，ICMP 软件必须发送回应应答。为了避免一个数据报沿着一个路由环永久循环，接到数据报的每一个路由器都要将该数据报头部中的生存时间(TTL)计时器减 1。如果计时器到零了，路由器会丢弃这一数据报，并向源主机发回一个 ICMP 超时错误。

路由跟踪程序(Traceroute)被用来发现前往目的结点的路径上的所有路由器。该程序简单地发送一系列的数据报并等待每一个响应：在发送第一个数据报之前，将它的生存时间置为 1。第一个路由器收到这一数据报会将生存时间减 1，显然就会丢弃这一数据报，并发回一个 ICMP 超时报文。由于 ICMP 报文是通过 IP 数据报传送的，因此路由跟踪可以从中取出 IP 源地址，也就是去往目的地的路径上的第一个路由器的地址。得到第一个路由器的地址之后，路由跟踪会发送一个生存时间为 2 的数据报。第一个路由器将计时器减 1 并转发这一数据报，第二个路由器会丢弃这一数据报并发回一个超时报文。类似的，一旦跟踪路由程序收到距离为 2 的路由器发来的超时报文，它就发送生存时间为 3 的数据报，然后是 4，等等。

在 Windows 中使用该程序的命令是 Tracert 命令，其一般格式如图 1-13 所示。

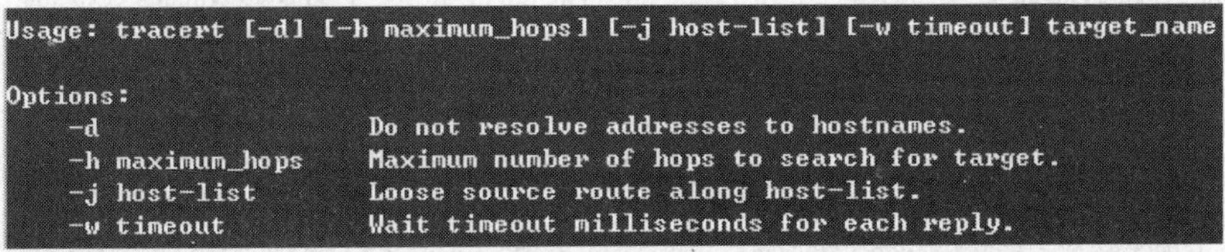

图 1-13　tracert 命令的格式

相关参数的说明如表 1-3 所列。

表 1-3　Tracert 命令的参数说明

参数	说明
-d	指定不将地址解析为计算机名
-h maximum_hops	指定搜索目标的最大跃点数
-j computer-list	指定沿 computer-list 的稀疏源路由
-w timeout	每次应答等待 timeout 指定的微秒数
target_name	目标计算机的地址或名称

7. 从 IPv4 到 IPv6

IPv4 地址已经耗尽，私有地址只能部分缓解地址紧缺问题，同时私有地址不利于安全、某些应用受到限制，向 IPv6 过渡是必然之路。为了应对 IP 地址的更新换代，以免出现地址资源“青黄不接”的状况。

IPv6 地址可用八个以冒号分隔开的 16 位十六进制地址段表示。对于使用的十六进制数字 A、B、C、D、E 和 F 不区分大小写。与 IPv4 不同，IPv6 地址串格式不是固定的。IPv6 地址串的记法采用以下原则：

(1) 每个地址段的前导 0 是可选的，例如：09C0 等价于 9C0，而 0000 等价于 0；

(2) 一组或多组 0 可以省略为“::”。地址中只能含有一个“::”；

(3) 未指定的地址一律写作“::”，因为地址中只含有 0。

通常使用“::”可减小地址长度。比如，FF01:0:0:0:0:0:0:1 将变为 FF01::1。这种格式与 IPv4 的 32 位点分十进制标记法有显著不同。IPv6 地址的主要类型称为单播，单播将数据包发送到具有唯一地址的特定设备。组播将数据包发送到组内的所有设备。任播将数据包发送到组内任何一个分配有任播地址的设备。

一个 IPv6 地址可以将一个 IPv4 地址内嵌进去，并且写成 IPv6 形式和平常习惯的 IPv4 形式的混合体。目前常用的方法是 IPv4 映像地址。IPv4 映像地址布局如图 1-14 所示。

例如地址::ffff:192.168.0.1，其实就是地址 0000:0000:0000:0000:0000:ffff:c0a8:0001 的另外一种写法。

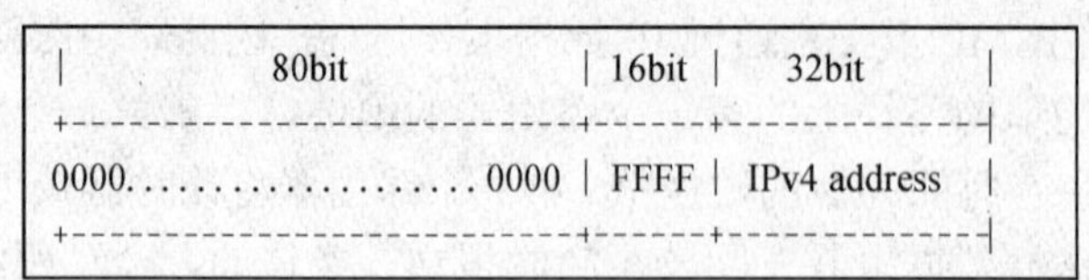

图 1-14　IPv4 映像地址布局

与 IPv4 相比，IPv6 具有以下几个优势：

(1) IPv6 具有更大的地址空间。IPv6 地址是一个 128 bit 的二进制数值，它提供 3.4×10^{38} 个 IP 地址。

(2) IPv6 使用更小的路由表。IPv6 的地址分配一开始就遵循聚类的原则，这使得路由器能在路由表中用一条记录表示许多子网，大大减小了路由表的长度，提高了路由效率。

(3) IPv6 增加了增强的组播支持以及对流的支持，这使得网络上的多媒体应用有了长足发展的机会，为服务质量控制提供了良好的网络平台。

(4) IPv6 加入了对自动配置的支持。这是对 DHCP 协议的改进和扩展，使得局域网的管理更加方便和快捷。

(5) IPv6 具有更高的安全性和移动性。在使用 IPv6 网络中用户可以对网络层的数据进行加密并对 IP 报文进行校验，极大地增强了网络的安全性。移动性允许移动网络设备在网络中随意变换位置。可使移动设备无需中断建立的网络连接即可移动。IPv4 则不支持这种移动性。移动性是 IPv6 的独有功能。

对于 IPv4 向 IPv6 技术的演进策略，业界提出了许多解决方案。特别是 IETF 组织专门成立了一个研究此演变的研究小组 NGTRANS，已提交了各种演进策略草案，并力图使之成为标准。纵观各种演进策略，主流技术大致可分如下几类：

(1) 双协议栈。双协议栈方法就是在网络设备上同时配置 IPv4 和 IPv6。这两个协议栈在同一台设备上运行，这样 IPv4 和 IPv6 就能够并存。具有双协议栈的结点称作“IPv6/v4 结点”，这些结点既可以收发 IPv4 分组，也可以收发 IPv6 分组。

(2) 隧道。隧道技术是将一种协议的数据包封装在另一种协议中。例如，可将 IPv6 数据包封装在 IPv4 协议中。在 IPv6 网络与 IPv4 网络间的隧道入口处，路由器将 IPv6 的数据分组封装入 IPv4 中，IPv4 分组的源地址和目的地址分别是隧道入口和出口的 IPv4 地址。在隧道的出口处再将 IPv6 分组取出转发给目的结点。

(3) 代理和转换。利用协议转换设备在相互通信的 IPv6 结点与 IPv4 结点间提供协议转换服务，协议转换服务包括网络层、传输层和应用层的“协议翻译”。通常在应用层时，协议转换服务器称其为应用代理网关。

1.4 传输媒体

通常，计算机网络的传输媒体分为有线网络与无线网络两大类。对于有线网络，目前，广泛使用的主要有两类，一类是使用铜介质的双绞线，另一类是使用玻璃介质的光纤。

1.4.1 双绞线

双绞线(Twist-Pair)是综合布线工程中最常用的一种传输介质。双绞线采用了一对互相绝缘的金属导线互相绞合的方式来抵御一部分外界电磁波干扰。把两根绝缘的铜导线按一定密度互相绞在一起，可以降低信号干扰的程度。双绞线的名字也是由此而来，如图 1-15 所示。双绞线一般由两根 22～26 号绝缘铜导线相互缠绕而成，实际使用时，双绞线是由多对双绞线一起包在一个绝缘电缆套管里的。典型的双绞线有四对的，也有更多对双绞线放在一个电缆套管里的。这些通常称之为双绞线电缆。在双绞线电缆(也称双扭线电缆)内，不同线对具有不同的扭绞松开长度，一般地说，扭绞松开长度在 38.1cm～14cm 内，按逆时针方向扭绞。相临线对的扭绞松开长度在 12.7cm 以上，一般扭线越密其抗干扰能力就越强，与其他传输介质相比，双绞线在传输距离、信道宽度和数据传输速度等方面均受到一定限制，但价格较为低廉。

双绞线特别适用于较短距离的信息传输。在传输期间，信号的衰减比较大，并且产生波形畸变。采用双绞线的局域网的带宽取决于所用导线的质量、长度及传输技术。只要精心选择和安装双绞线，就可以在有限距离内达到每秒几百万位的可靠传输速率。当距离很短，并且采用特殊的电子传输技术时，传输速率可达 100Mb/s～155Mb/s。

图 1-15　双绞线

双绞线产品主要的品牌有如下几个：安普(AMP)、朗讯(Lucent)、丽特(NORDX/CDT)、西蒙(Siemon)、IBM。

双绞线可以从四个方面进行分类：

(1) 双绞线按其绞线对数可分为 2 对，4 对，25 对(如 2 对的用于电话，4 对的用于网络传输，25 对的用于电信通信大对数线缆)。

(2)按是否有屏蔽层可分为：屏蔽双绞线(Shielded Twisted Pair，STP)与非屏蔽双绞线(Unshielded Twisted Pair，UTP)两大类。

由于利用双绞线传输信息时要向周围辐射，信息很容易被窃听，因此要花费额外的代价加以屏蔽。屏蔽双绞线电缆的外层由铝泊包裹，以减小辐射，但并不能完全消除辐射。屏蔽双绞线价格相对较高，安装时要比非屏蔽双绞线电缆困难。类似于同轴电缆，它必须配有支持屏蔽功能的特殊联结器和相应的安装技术。但它有较高的传输速率，100m 内可达到 155Mb/s。

另外，非屏蔽双绞线电缆具有以下优点：

- 无屏蔽外套，直径小，节省所占用的空间；
- 重量轻、易弯曲、易安装；
- 将串扰减至最小或加以消除；
- 具有阻燃性；
- 具有独立性和灵活性，适用于结构化综合布线。

(3)按频率和信噪比可分为 1 类线到 7 类线。常见的有 3 类线，5 类线，超 5 类线，以及较新的 6 类线，前者线径细而后者线径粗，型号如下：

1 类线：主要用于传输语音(1 类标准主要用于 20 世纪 80 年代初之前的电话线缆)，不同于数据传输。

2 类线：传输频率为 1MHz，用于语音传输和最高传输速率为 4Mb/s 的数据传输，常见于使用 4Mb/s 规范令牌传递协议的旧的令牌网。

3 类线：指目前在 ANSI 和 EIA/TIA568 标准中指定的电缆，该电缆的传输频率为 16MHz，用于语音传输及最高传输速率为 10Mb/s 的数据传输，主要用于 10BASE-T。

4 类线：该类电缆的传输频率为 20MHz，用于语音传输和最高传输速率为 16Mb/s 的数据传输，主要用于基于令牌的局域网和 10BASE-T/100BASE-T。

5 类线：该类电缆增加了绕线密度，外套一种高质量的绝缘材料，传输频率为 100MHz，用于语音传输和最高传输速率为 10Mb/s 的数据传输，主要用于 100BASE-T 和 10BASE-T 网络。这是最常用的以太网电缆。

超 5 类线：超 5 类具有衰减小，串扰少，并且具有更高的衰减与串扰的比值(ACR)和信噪比(Structural Return Loss)、更小的时延误差，性能得到很大提高。超 5 类线主要用于千兆位以太网(1000Mb/s)。

6 类线：该类电缆的传输频率为 1MHz～250MHz，6 类布线系统在 200MHz 时综合衰减串扰比(PS-ACR)应该有较大的余量，它提供 2 倍于超 5 类的带宽。6 类布线的传输性能远远高于超 5 类标准，最适用于传输速率高于 1Gb/s 的应用。6 类与超 5 类的一个重要的不同点在于：改善了在串扰以及回波损耗方面的性能，对于新一代全双工的高速网络应用而言，优良的回波损耗性能是极重要的。6 类标准中取消了基本链路模型，布线标准采用星形的拓扑结构，要求的布线距离为：永久链路的长度不能超过 90m，信道长度不能超过 100m。

(4) 按线缆连接方法可分为直通线缆(Straight-through Cable)、交叉线缆(Crossover Cable)、反转线缆(Rollover Cable 也称控制台线缆)。

直通线用于连接：

① 交换机/集线器←→路由器；

② 交换机/集线器←→主机(PC 或 SERVER)。

直通线只使用 1，2，3，6 引脚，2 端的连接方法按照相应标准一一对应。有关标准的细节，本书综合布线相关部分内容会详细进行介绍。

交叉线用于连接：

① 交换机←→交换机；

② 集线器←→集线器；

③ 路由器←→路由器；

④ 主　机←→主　机；

⑤ 交换机←→集线器；

⑥ 主　机←→路由器。

交叉线只使用 1，2，3，6 针脚，两端使用不同的标准：1 连 3，2 连 6，3 连 1，6 连 2。

反转线用于连接：主机与路由器或者交换机的控制台端口(Console Serial Port)，采用 1 到 8 针脚，2 端全部相反对应。

EIA/TIA-568 标准规定了双绞线的连接线序。有关这些标准的内容，以及双绞线的性能指标及其测试，本书将在“综合布线”相关内容中进行详细的介绍。

1.4.2 光纤

光纤即光导纤维，是一种细小、柔韧并能传输光信号的介质，一根光缆中包含有多条光纤。20 世纪 80 年代初期，光缆开始进入网络布线。与铜质介质相比，光纤具有一些明显的优势。因为光纤不会向外界辐射电子信号，所以使用光纤介质的网络无论是在安全性、可靠性，还是网络性能方面都有了很大的提高。

1. 光纤的通信原理

光纤通信的主要组成部件有光发送机、光接收机和光纤，在进行长距离信息传输时还需要中继机。通信中，由光发送机产生光束，将表示数字代码的电信号转变成光信号，并将光信号导入光纤，光信号在光纤中传播，在另一端由光接收机负责接收光纤上传出的光信号，并进一步将其还原成为发送前的电信号。为了防止长距离传输而引起的光能衰减，在大容量、远距离的光纤通信中每隔一定的距离需设置一个中继机。在实际应用中，光缆的两端都应安装有光纤收发器，光纤收发器集成了光发送机和光接收机的功能，既负责光的发送也负责光的接收。

2. 光纤的结构

光纤和同轴电缆相似，只是没有网状屏蔽层。中心是光传播的玻璃芯。在多模光纤中，芯的直径是 15μm～50μm，大致与人的头发粗细相当。而单模光纤芯的直径为 8μm～10μm。芯外面包围着一层折射率比芯低的玻璃封套，以使光纤保持在芯内。再外面的是一层薄的塑料外套，用来保护封套。光纤通常被扎成束，外面有外壳保护。纤芯通常是由石英玻璃制成的横截面积很小的双层同心圆柱体，它质地脆，易断裂，因此需要外加一保护层。

陆地上的光纤通常埋在地下 lm 处。在靠近海岸的地方，越洋光纤外壳被埋在沟里。在深水中，它们处于底部。

3. 光纤通信的特点

与铜质电缆相比较，光纤通信明显具有其他传输介质无法比拟的优点。

(1) 传输信号的频带宽，通信容量大；信号衰减小，传输距离长；抗干扰能力强，应用范围广。

(2) 抗化学腐蚀能力强，适用于一些特殊环境下的布线。

(3) 原材料资源丰富。

当然，光纤也存在着一些缺点：如质地脆，机械强度低；切断和连接中技术要求较高等，这些缺点也限制了目前光纤的普及。

4. 光纤分类

根据传输点模数的不同，光纤分为单模光纤和多模光纤两种(“模”是指以一定角速度进入光纤的一束光)。单模光纤采用激光二极管(LD)作为光源，而多模光纤采用发光二极管(LED)作为光源。多模光纤的芯线粗，传输速率低、距离短，整体的传输性能差，但成本低，一般用于建筑物内或地理位置相邻的环境中；单模光纤的纤芯相应较细，传输频带宽、容量大、传输距离长，但需激光源，成本较高，通常在建筑物之间或地域分散的环境中使用。单模光纤是当前计算机网络中研究和应用的重点。

5. 光缆及其应用

因光纤具有数据传输速率高(可达几千兆比特每秒)，传输距离远(无中继传输距离达几十至上百千米)等特点，所以它在远距离的网络布线中得到了广泛应用。目前光缆主要用于集线器到服务器的连接以及集线器到集线器的连接，但随着千兆位局域网应用的不断普及和光纤产品及设备价格的不断趋于大众化，光纤将很快被人们接受。尤其是随着多媒体网络的日益成熟，光纤到桌面也将成为网络发展的一个趋势。

光纤通常会标上 Core/Cladding 的值作为规格，有时还会标上 Coating 值。局域网布线中一般使用 62.5/125μm、50/125μm、100/140μm 规格的多模光纤和 8.3/125μm 规格的单模光纤。

在实际应用中多使用光缆而不是光纤，因为光纤只能单向传输信号，所以如果想要组成全双工系统，就必须得要有两根光纤组成。一根用于发送数据，另一根用于接收数据，如图 1-16 所示。布线中直接使用的是光缆，一根光缆由多根光纤组成，外面再加上保护层。局域网中的光纤产品主要包括光纤跳线、布线光缆(包括室内光纤和室外光纤两类)和光纤连接器等。

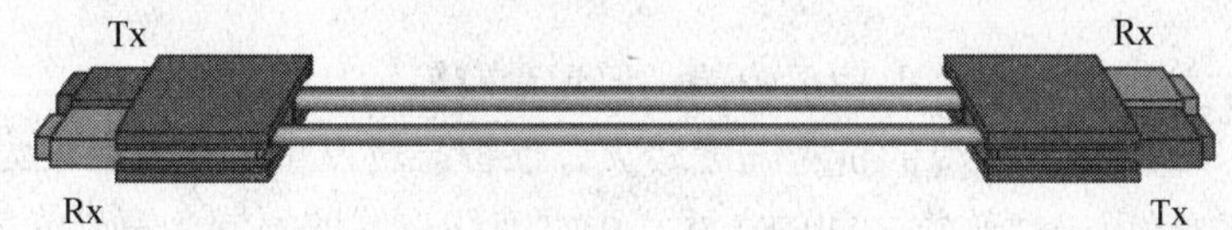

图 1-16　两根光纤实现全双工通信

1) 光纤跳线

光纤跳线是指与桌面计算机或设备直接相连接的光纤，以方便设备的连接和管理，如图 1-17 所示。光纤跳线也分为单模和多模两种，分别与单模和多模光纤连接。

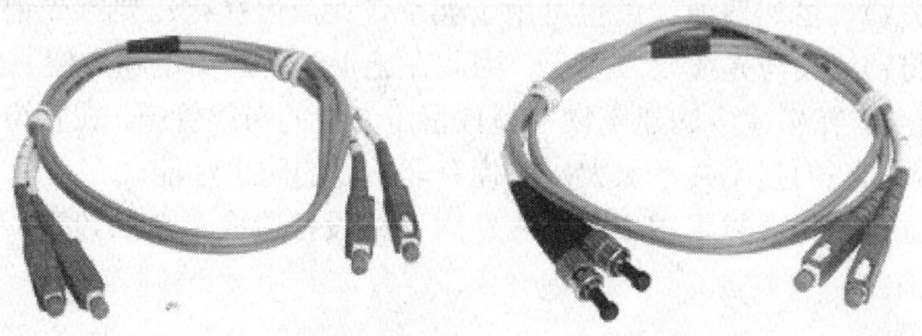

图 1-17　光纤跳线

2) 层绞式光缆和中心管式光缆

层绞式光缆的金属或非金属加强件位于光缆的中心，容纳光纤的松套管围绕加强件排列，如图 1-18 所示。而中心管式光缆的松套管位于光缆的中心位置，金属或非金属加强件围绕松套管排列，如图 1-19 所示。

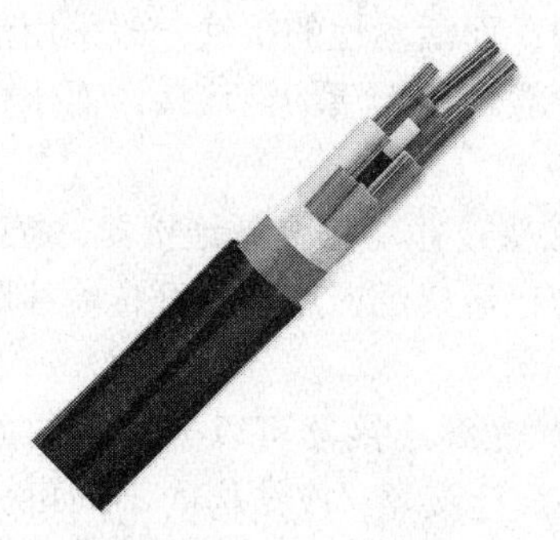

图 1-18　层绞式光缆

图 1-19　中心管式光缆

层绞式光缆具有耐水解特性和较高的强度，管内充以特种油膏，对光纤有保护作用；加强芯处于缆芯中央位置，松套管以适当绞合节距围绕加强芯层绞，通过控制光纤余长和调整绞合节距，可使光缆具有很好的抗拉性能和温度特性：松套管和加强芯间用缆膏填充绞合在一起，保证了松套管和加强芯间的防水性能；光缆的径向和纵向防水由多种措施保证；根据不同的要求，有多种抗侧压措施。

而中心管式光缆具有很好的机械性能和温度特性：松套管材料本身具有良好的耐水解性能和较高的强度，管内充以特种油膏，对光纤起到了保护作用；两根平行钢丝保证光缆的抗拉强度；直径小、重量轻、容易铺设。

3) 室外光缆

室内光缆的抗拉强度较小，保护层较差，但重量较轻，且较便宜。

与室内光缆相比，室外光缆的抗拉强度较大，保护层较厚重，并且通常为铠装(金属皮包裹)。室外光缆主要适用于建筑物之间的布线。根据布线方式的不同，室外光缆又分为直埋式光缆、架空式光缆和管道式光缆三种。

(1) 直埋式光缆。直埋式光缆在布线时需要在地下开挖一定深度(约 lm 左右)的沟，用于埋设光缆。直埋式光缆布线简单易行，施工费用较低，目前在光缆布线中较常使用。直埋式光缆通常拥有两层金属保护层，并且具有很好的防水性能。

(2) 架空式光缆。当地面不适宜开挖或无法开挖(如需要跨越河道布线)时，可以考虑采用架空的方式架设光缆。虽然普通光缆也可用于架空作业，但往往需要预先铺设承重钢缆。自承式架空式光缆将钢绞线与光缆合二为一，因此在施工时更加简单和方便。

(3) 管道式光缆。在新建成的建筑物中都预留了专用的布线管道，在管道布线中多使用管道式光缆。管道式光缆的强度并不太大，但拥有非常好的防水性能。

由于金属加强件往往会将雷击引入室内，对网络设备造成致命的毁损，所以，许多光缆采用了非金属加强件。

4) 光纤连接器

对于普通用户来说，虽然光纤的端接和跳线的制作都非常困难，但光纤网络的连接却较为容易。只要连接设备(集线器、交换机或网卡)具有光纤连接接口，就可使用一段已制作好的光纤跳线进行连接，连接方法和双绞线与网卡及集线器的连接相同。然而，与双绞线不同，光纤的连接器具有多种不同的类型，而不同类型的连接器之间又无法直接进行连接。

(1) 光纤连接器的作用。光纤链路的连接可以分为永久性连接和活动性连接两种。在永久性连接中大多采用熔接法、粘接法或固定连接器来实现；而活动性的接续一般采用活动连接器来实现。许多中小型局域网用户和网络的边缘连接一般都属于活动性连接，而永久性连接一般由专业网络公司完成。

在活动性连接中需要使用光纤活动连接器(俗称活接头)，也称为光纤连接器。通过光纤连接器，可以连接两根光纤或光缆以及相关的设备，目前已经广泛应用在光纤传输线路、光纤配线架、光纤测试仪器和仪表中。

(2) 光纤连接器的分类和特点。根据不同的标准，光纤连接器可以分为不同的类型。如按传输媒介的不同可分为单模光纤连接器和多模光纤连接器；按结构的不同可分为 FC、SC、ST、D4、DIN、Biconic、MU、LC 和 MT 等各种型式；按连接器的插针端面可分为 FC、PC(UPC)和 APC；按光纤芯数分有单芯、多芯。在实际应用过程中，按照光纤连接器结构的不同来区分。

FC、SC、ST 和 LC 的连接方式是主要的传统的光缆链路连接方式，目前仍然在大量使用。这些光缆的连接方式简单方便，所连接的每条光缆都是可以独立使用的。

① **FC 型光纤连接器：**FC 是 Ferrule Connector 的缩写，其外部加强采用金属套，紧固方式为螺丝扣，如图 1-20 所示。最早，FC 类型的连接器，采用的陶瓷插针的对接端面是平面接触方式。此类连接器结构简单，操作方便，制作容易，但光纤端面对微尘较为敏感。后来，该类型连接器有了改进，采用对接端面呈球面的插针(PC)，而外部结构没有改变，使得插入损耗和回波损耗性能有了较大幅度的提高。

② **SC 型光纤连接器：**SC 型光纤连接器外壳呈矩形，所采用的插针与耦合套筒的结构尺寸与 FC 型完全相同，如图 1-21 所示。其中插针的端面多采用 PC 型或 APC 型研磨方式；紧固方式是采用插拔销闩式，不需旋转。此类连接器价格低廉，插拔操作方便，抗压强度较高，安装密度高。

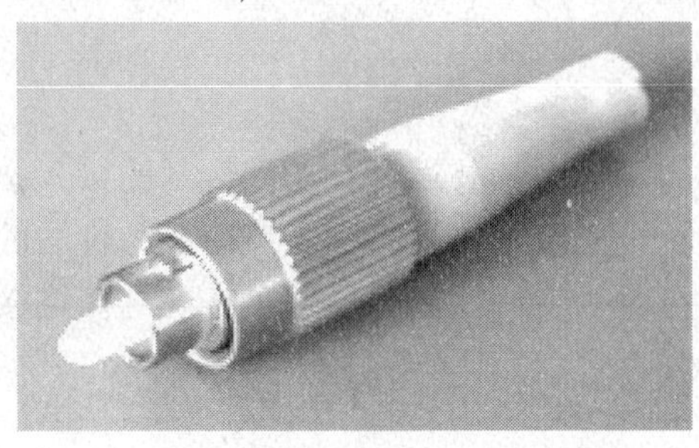

图 1-20　FC 连接头

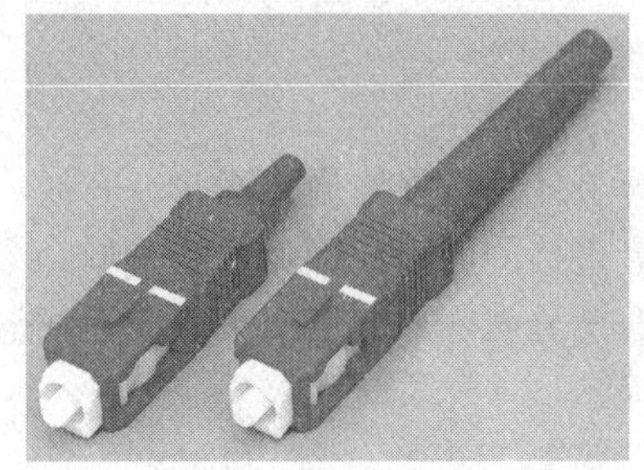

图 1-21　SC 连接头

③ **ST 型光纤连接器：**ST 型光纤连接器外壳呈圆形，所采用的插针与耦合套筒的结构尺寸与 FC 型完全相同，如图 1-22 所示。其中插针的端面多采用 PC 型或 APC 型研磨方式。紧固方式为螺丝扣。此类连接器适用于各种光纤网络，操作简便，且具有良好的互换性。

④ **LC 型光纤连接器：**LC 型光纤连接器是为了满足用户对更小、成本更低、使用更简便的光纤连接系统日益增长的需求而研制的。LC 型光纤连接器使配线架、墙板和配线间上要求的空间降低了 50%。由于采用 RJ-45 型插头，LC 型光纤连接器特别适合满足水平主干电缆到桌面的需求。LC 型光纤连接器如图 1-23 所示。

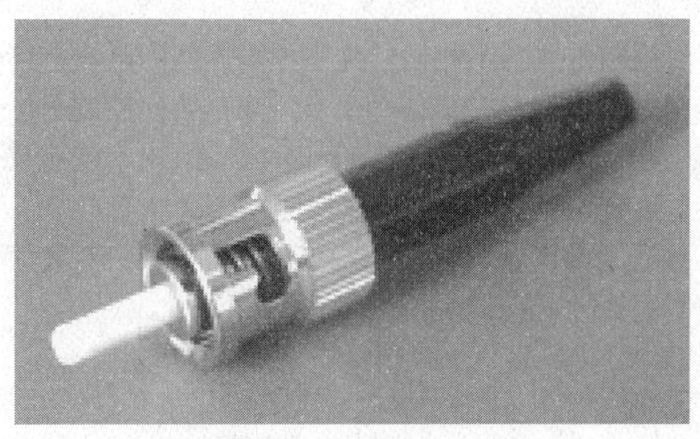

图 1-22　ST 连接头

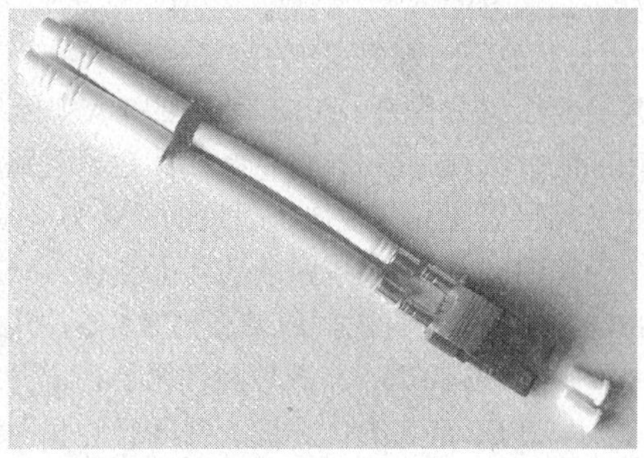

图 1-23　LC 光纤

第 2 章　计算机网络的连接技术

对于计算机网络用户而言，有线、无线形式的局域网拓扑以及针对因特网的接入技术，就是最直接的网络连接。本章主要介绍以太网、无线局域网、网络扩展连接和因特网的接入技术四部分内容。并以一个有线无线混合局域网组建的实例，具体展示了实现这些连接的简单过程。

2.1　局域网技术

局域网是短距离内的计算机通信网，它并不存在路由选择问题，因而它不涉及网络层，只需考虑最低的两层。从低两层的角度出发，可以将网络的信道分为两类链路：采用点到点连接的链路和广播信道。点到点链路常用于远距离的传输，而广播信道则常用于局域网中。在所有广播网络中，关键的问题是：当通信媒体的使用产生竞争时，如何分配信道的使用权。一般来说，媒体共享技术大体上可分为两大类：一种是利用频分复用、时分复用、波分复用、码分复用等方法实现的静态信道分配的方法；另外一种是动态信道分配，即通过协议来控制通信媒体的访问。所有传统的静态分配方法均不能有效地处理通信的突发性，所以必须采用动态信道分配。

然而由于局域网的种类繁多，其媒体访问控制方式各不相同，为了使局域网的数据链路层不至于过分复杂，IEEE 802 的 LAN 标准将数据链路层分成两个子层，媒体访问控制子层(Medium Access Control，MAC)和逻辑链路控制子层(Logical Link Control，LLC)。由此使得数据链路层更容易实现向上提供的服务与介质、拓扑等因素无关的统一特性。

IEEE 制定的局域网的 802 标准被 ANSI 接受为美国国家标准，被 ISO 作为国际标准(称为 ISO8802 标准)，目前 IEEE 已经制定的局域网标准有十多个，主要的标准如下：

- IEEE 802.1A：局域网体系结构，并定义接口原语；
- IEEE 802.1B：寻址、网间互连和网络管理；
- IEEE 802.2：描述逻辑链路控制(LLC)协议，提供 OSI 数据链路层的上部子层功能，以及介质接入控制(MAC)子层与 LLC 子层协议间的一致接口；
- IEEE 802.3：描述 CSMA/CD 介质接入控制方法和物理层技术规范；
- IEEE 802.4：描述令牌总线网标准；
- IEEE 802.5：描述令牌环网标准；
- IEEE 802.6：描述城域网 DQDB 标准；
- IEEE 802.7：描述宽带局域网技术；
- IEEE 802.8：描述光纤局域网技术；
- IEEE 802.9：描述综合话音/数据局域网(IVD LAN)标准；
- IEEE 802.10：描述可互操作局域网安全标准(SILS)，定义提供局域网互连的安全机制；

- IEEE 802.11：描述无线局域网标准；
- IEEE 802.12：描述交换式局域网标准，定义 100Mb/s 高速以太网按需优先的媒体访问控制协议 100VG-ANYLAN；
- IEEE 802.14：描述交互式电视网(包括 Cable Modem)；
- IEEE 802.15：描述无线个人区域网(WPAN)；
- IEEE 802.16：描述宽带无线接入；
- IEEE 802.17：描述弹性分组环；
- IEEE 802.18：描述无线规章(Technical Advisory Group，TAG)。
- IEEE802.1 标准规定局域网的低三层的功能如下：

逻辑链路控制(LLC)子层：提供一个或多个服务访问点，以复用的形式建立多点—多点之间的数据通信连接，并包括寻址、差错控制、顺序控制和流量控制等功能。

媒体访问控制(MAC)子层：具体管理通信实体接入信道而建立数据链路的控制过程。

物理层：与 OSI/RM 的物理层相对应，但所采用的具体协议标准的内容直接与传输介质有关。

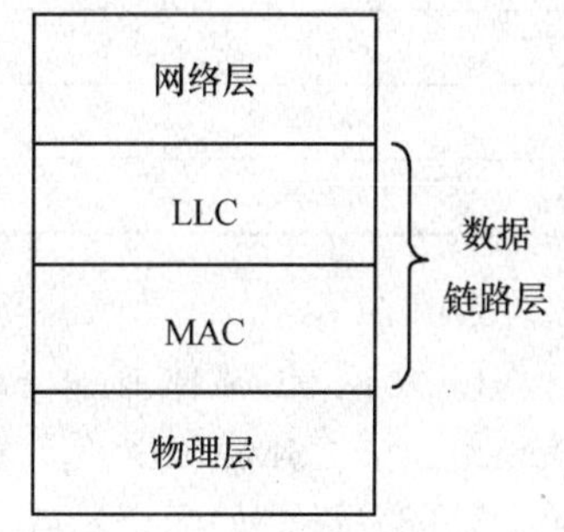

图 2-1　局域网的数据链路层

由图 2-1 可见，MAC 子层和 LLC 子层合并在一起，近似等效于 OSI 参考模型中的数据链路层。LLC 子层协议与局域网的拓扑形式和传输介质的类型无关，它对各种不同类型的局域网都是适用的。然而，MAC 子层协议却与网络的拓扑形式及传输介质的类型直接相关，其主要作用是媒体访问控制和对信道资源的分配。对于局域网中所采用的动态媒体接入控制通常有两种，一种是随机接入，一种是受控接入。

2.1.1　以太网

2.1.1.1　以太网概述

以太网是目前使用最为广泛的局域网，最早的试验型以太网由 Xerox(施乐)公司在 20 世纪 70 年代中期开发的，它是在 2.94Mb/s 传输速率的基带粗同轴电缆上工作。当时人们认为"电磁辐射是可以通过发光的以太来传播的"，故命名为以太网。此后，Xerox 得到 DEC 和 Intel 公司的支持，三家公司一起参加标准和器件的开发工作。在整个 20 世纪 80 年代中以太网与 PC 机同步发展，其传输速率自 20 世纪 80 年代初的 10Mb/s 发展到 20 世纪 90 年代的 100Mb/s，而且目前已出现了 1Gb/s 和 10Gb/s 的以太网产品。以太网支持的传输介质从最初的同轴电缆发展到双绞线和光缆。

传统以太网(DIX)的核心思想是在共享的公共传输媒体上以半双工(Half Duplex，网络的站点在同一时刻要么发送数据，要么接收数据，而不能同时发送和接收)传输模式工作。随着以太网技术的发展，交换型和全双工(Full Duplex，是指在发送数据的同时也能够接收数据)以太网的出现，克服了传统以太网的共享公共传输媒体和半双工传输的弱点，实现了站点独占传输媒体并同时收发数据的功能。

自从以太网技术由共享发展到交换后，星形结构、交换与高带宽三大因素形成了与传统以太网大不相同的现代以太网技术。进入 21 世纪以来，IT 界已经不再寻找替代以太网的技术，转而寻找增强以太网的功能和将它扩展到新领域的途径。目前的以太网不仅在物理层(包括拓扑结构、传输速率和传输媒体)，而且在数据链路层上与原来的传统以太网 DIX 标准有了很大的变化。现代以太网组网功能已经大大地超越了基本的以太网功能。

以太网主要技术及其对应的 IEEE 标准发展如表 2-1 所列。

表 2-1　以太网的主要标准

1982 年	10BASE5(DIX)	802.3	粗同轴电缆
1985 年	10BASE2	802.3a	细同轴电缆
1990 年	10BASE-T	802.3i	双绞线
1993 年	10BASE-F	802.3j	光纤
1995 年	100BASE-T	802.3u	双绞线
1997 年	全双工以太网	802.3x	双绞线、光纤
1998 年	1000BASE-EX	802.3z	光纤、屏蔽短双绞线
1999 年	1000BASE-T	802.3ab	双绞线
2002 年	10000BASE	802.3ae	光纤

2.1.1.2　以太网的帧长与传输距离

以太网的媒体接入控制基于 CSMA/CD(Carrior Sense Multipte Access /Collision Detection)，CSMA/CD 是一种总线争用协议，争用协议一般用于总线网，每个站都能独立地决定帧的发送。如两个站或多个站同时发送，即产生冲突，同时发送的所有帧都会出错。每个站必须有能力判断冲突是否发生，如冲突发生，则应等待随机时间间隔后重发，以避免再次发生冲突。CSMA/CD 就是“先听后讲，边讲边听”，这种边发边监听的功能称为冲突检测。

源站点在发送数据帧之前，首先监听信道是否忙，如监听到信道上有载波信号，则推迟发送，直到空闲为止，这就是 CSMA。对传播时延小的网络，CSMA 可降低冲突次数，减少冲突时间，但对传播时延大的网络，CSMA 无多大价值。源站点监听到信道空闲后，就发送数据，并边发边监听，若监听到干扰信号，则表示检测到冲突，于是立即停止发送，并发一串阻塞信号增加冲突，以便网中其他站点均可知道冲突，然后准备重发冲突受损的帧。

如何估算所需的冲突检测时间呢？对基带总线而言，此时用于检测冲突的时间不会超过任意两站之间的最大传播时延的 2 倍。在 CSMA/CD 中，通过检测总线上是否存在信号以实现。

载波监听，发送站的收发器同时检测冲突，如果收发器电缆上的信号超过收发器本身发送信号的幅度就判断出冲突。

在 CSMA/CD 算法中，一旦检测到冲突，需要等待一段随机时间，然后再次使用 CSMA 方法传输。延迟时间采用一种称为二进制指数的退避算法实现。其算法过程如下：

① 对每个帧，当第一次发生冲突时，设置参数 $L=2$；

② 退避重发时间在 1～L 个时隙中随机抽取；

③ 当帧再次冲突时，L 加倍，即 $L=2L$；

④ 退避重发时间仍在 1～L 个时隙中随机抽取；

⑤ 当冲突 n 次，$L=2^nL$；

⑥ 设置一个最大重传次数，超过此值，不再重发，并报告出错。

此算法的效果是，不冲突或少冲突的帧重发的机会大，冲突多的帧重发的机会小。

对于图 2-2 所示的情况，主机 A、B 是总线上相距最远的两台主机。主机 A 在发送数据之前，检测到总线是空的。由于信号传播是有时延的，因此检测冲突也需要一定的时间。在主机 A 发送的帧传输到主机 B 的前一刻，B 开始发送帧。这样，当 A 的帧到达 B 时，B 检测到冲突，于是发送冲突信号。这样 A 能够检测到冲突的时间最大值就是传播时延的 2 倍，记为 2τ。也就是说，最先发送数据帧的站，在发送数据帧后至多经过时间 2τ 就可知道发送的数据帧是否遭受了碰撞。以太网的端到端往返时延 2τ 称为争用期，或碰撞窗口。经过争用期这段时间还没有检测到碰撞，才能肯定这次发送不会发生碰撞。

考虑一种特殊情况，假如主机 A 所发的数据帧很小。在 B 的冲突信号传输到 A 之前，A 的帧已经发送完毕，那么 A 将检测不到冲突而误认为已发送成功。所以以太网规定了最小帧长的限制，以 2τ 时间内所发送的数据长度作为最小帧长，即

$$L_{\min}=2\tau \cdot R \tag{2-1}$$

式中，$L_{\min}$ 表示最小帧长，R 表示以太网的传输速率。

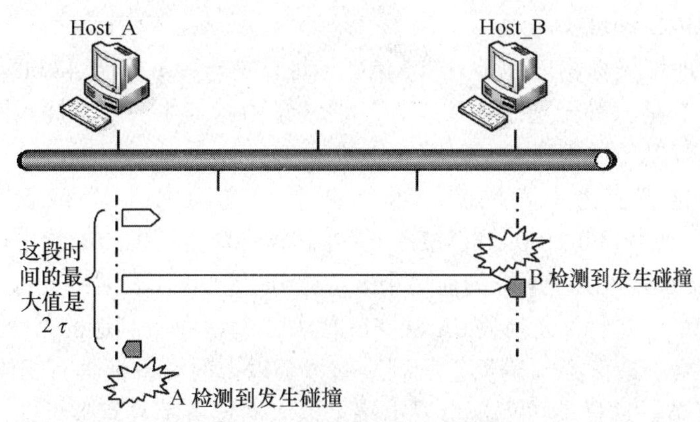

图 2-2 检测到冲突的时间最大值为 2τ

按照标准，10Mb/s 以太网采用中继器时，连接的最大长度是 2500m，最多经过 4 个中继器，据此取一个典型值，规定对 10Mb/s 以太网争用期的长度为 51.2 μs。对于 10Mb/s 以太网，在争用期内可发送的数据量为 $2\tau \cdot R$=51.2μs×10Mb/s=512 bit，即 64 字节，这就是以太网的最小帧长。如果某主机发送第一个帧的 64 字节仍无冲突，以后也就不会再发生冲突了，称此主机捕获了信道。

另一方面，由于信道是所有主机共享的，如果某个站发送特长的数据帧，则其他的站就必须等待很长的时间才能发送数据。为避免单一主机占用信道时间过长，规定了以太网帧的最大帧长为 1500 字节。保证每个站都能公平竞争接入到以太网。

从上面推导的过程可以看出，以太网的最小帧长与往返时延 2τ 的关系最为密切。而这个传播时延 τ，又是电磁波在传输媒体上所产生，而电磁波在传输媒体上的速度是恒定的。所以最小帧长就与传输距离(电缆长度)密切相关。若用 $D_{\max}$ 表示这个距离，c 表示电磁波的速率，则最小帧长的公式可以表示如下：

$$L_{\min}=2\tau \cdot R=2D_{\max} \cdot R/c \tag{2-2}$$

由式(2-2)可以定性地分析以太网进行速率升级时，电缆长度和最小帧长之间的变化关系。当速率 R 发生变化时，显然要保持公式(2-2)的平衡，要么调整 $D_{\max}$ 的值，要么调整 $L_{\min}$ 的值。

之所以不进行精确的定性分析，是因为往返时延并不仅仅只包括传播时延，还包括中继设备中所产生的处理时延。

2.1.1.3 以太网的MAC层

传统的以太网在具有广播特性的总线上实现了一对一的通信。总线上每一台工作的主机都能检测到源主机所发送的数据信号。但只有目的主机的地址与数据帧首部写入的地址一致，因此只有目的主机才接收这个数据帧。其他所有主机都检测到不是发送给自己的数据帧，因此就丢弃这个数据帧而不接收。

以太网的MAC层通过MAC地址和MAC帧的约定来实现针对“发往本站的有效帧”的接收。事实上，“发往本站的帧”包括以下三种帧：单播(Unicast)帧(一对一)、广播(Broadcast)帧(一对全体)、多播(Multicast)帧(一对多)。网卡从网络上每收到一个MAC帧就首先用硬件检查MAC帧中的 MAC 地址。如果是发往本站的帧则收下，然后再进行其他的处理。否则就将此帧丢弃，不再进行其他的处理。而“无效的MAC帧”则是不符合802.3标准规定的MAC帧。对于检查出的无效 MAC 帧，就简单地丢弃。以太网不负责重传丢弃的帧。

1. 以太网的MAC地址

局域网的硬件地址又称物理地址，或MAC地址，是一种6字节48 bit的标识符，而非严格意义上的“地址”，是一种无层次的“名字”。通常是由网卡生产厂家烧入网卡的EPROM(一种闪存芯片，通常可以通过程序擦写)。

MAC 地址通常表示为十六进制，每个 8 位组之间用“：”或者“-”隔开，如：08:00:20:0A:8C:6D 或 08-00-20-0A-8C-6D。在路由器或者交换机的配置中，也经常使用点分记法：0800.200A.8C6D。MAC地址的前三个8位组08:00:20代表网络硬件制造商的编号，它由IEEE分配，而后3位十六进制数0A:8C:6D代表该制造商所制造的某个网络产品(如网卡)的系列号。每个网络制造商必须确保它所制造的每个以太网设备都具有相同的前 3 个字节以及不同的后 3 个字节，这样就可保证世界上每个以太网设备都具有唯一的 MAC 地址。相同的前3个字节表示一组地址或者一个地址块，通常称之为机构唯一标识符OUI(Organizationally Unique Identifier)，由设备生产厂商向IEEE购买获得。一些常见的OUI如下：

- 00-00-00~00-00-09、00-00-AA—施乐公司
- 00-00-0C—CISCO公司
- 00-00-1B、00-00-08—NOVELL公司
- 02-60-8C—3COM公司

2. 以太网的MAC帧

以太网MAC帧格式有两种标准：DIX Ethernet V2 标准和IEEE的802.3标准，二者的区别比较细微。目前，最常用的 MAC 帧是以太网V2的格式，如图2-3所示。

以太网帧结构中各字段的含义如下：

1) 前同步码

包含了7个字节的二进制“1”、“0”间隔的代码，即1010……10共56位。当帧在介质上传输时，接收方就能建立起比特同步，因为在使用曼彻斯特编码的情况下，这种“1”、“0”间隔的传输波形为周期性方波。

2) 帧开始定界符(SFD)

它是1字节的10101011二进制序列，此码一过，表示一帧实际开始，以使接收器对实际帧的第一位定位。

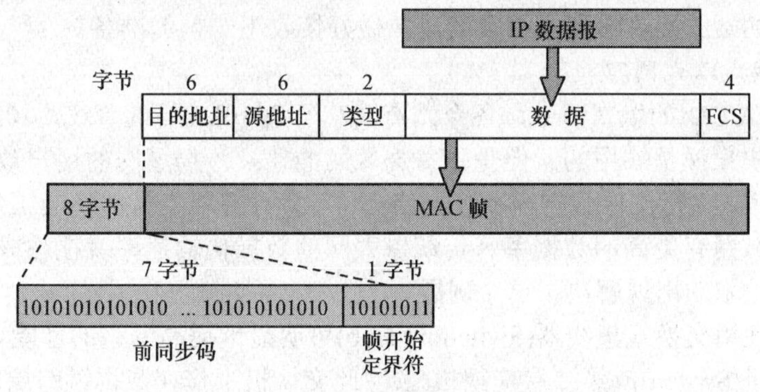

图 2-3　以太网的帧结构

3) 目的地址(DA)

它说明了数据帧所要发往目的主机的 MAC 地址。可以是一个单址——代表单个站、一个多址——代表一组站、或一个全地址——代表局域网上所有的站。当目的地址出现多址时，即表示该帧被一组站同时接收，称“组播”(Multicast)。当目的地址出现全地址时，即表示该帧被局域网上所有站同时接收，称“广播”(Broadcast)。以 DA 的最高位来判断是否单址，若最高位为“0”则表示单址，“1”表示多址或全地址，全地址还必须是 DA 为全“1”代码。

4) 源地址(SA)

它说明发送该帧的源主机 MAC 地址，与 DA 一样占 6 个字节。

5) 类型(TYPE)

共占 2 个字节。它说明了高层所使用的协议，例如可能是 IP 协议，也可能是 NOVELL 的 IPX 协议。

6) 数据(DATA)

它的范围处在 46 字节～1500 字节之间。注意到 46 字节最小帧长度是一个限制，目的是要求局域网上所有的站都能检测到该帧，即保证网络正常工作。如果高层协议的分组使数据段小于 46 个字节，则由有关软件把 DATA 填充到 46 字节最小长度。

7) 帧检验序列(FCS)

它处在帧尾，共占 4 字节，是 32 位冗余检验码(CRC)。检验范围除前导码、SFD 和 FCS 以外的所有帧的内容，即从 DA 开始至 DATA 完毕的 CRC 检验结果都反映在 FCS 中。当发送站发出帧时，边发送、边逐位进行 CRC 检验。最后形成一个 32 位 CRC 检验和填在帧尾 FCS 位置中一起在介质上传输。接收站接收后，从 DA 开始同样边接收边逐位进行 CRC 检验。最后接收站形成的检验和与帧的检验和相同，则表示介质上传输帧未被破坏。反之，接收站认为帧被破坏。接收站则会通过一定的机制要求发送站重发该帧。

了解了以太网的 MAC 帧，就可以将“无效的 MAC 帧”总结如下：

数据字段的长度与长度字段的值不一致；

帧的长度不是整数个字节；

用收到的帧检验序列 FCS 查出有差错；

数据字段的长度不在 46 字节～1500 字节之间。加上 MAC 帧的首尾长度，则有效的 MAC 帧长度为 64 字节～1518 字节之间。

以太网的 MAC 子层还规定了帧间最小间隔为 9.6μs，相当于 10Mb/s 以太网 96bit 的发送时间。一个站在检测到总线开始空闲后，还要等待 9.6μs 才能再次发送数据。这样做是为了使刚刚收到数据帧的站的接收缓存来得及清理，做好接收下一帧的准备。

2.1.1.4　交换式以太网

在采用 CSMA/CD 的以太网中，各个站点共享一条 10Mb/s 的总线，10Mb/s 的数据传输速率对大部分用户来说是够用的。但是随着局域网的普及，局域网的用户数量明显增加，多媒体技术广泛使用，大量图像数据需要在网络上传输。计算机支持的协同工作(CSCW)模式的出现，也要求局域网有更高的数据率。传统以太网的数据传输速率就往往成为整个系统的瓶颈。以太网交换技术的出现解决了这个问题。

在以太网中使用交换式集线器(Switching Hub)可明显地提高网络的性能。交换式集线器常称为以太网交换机(Switch)或第二层交换机(表明此交换机工作在数据链路层)。以太网交换机通常都有十几个端口。因此，以太网交换机实质上就是一个多端口的网桥，可见交换机工作在数据链路层。常见的交换机能给终端提供独占的带宽，都能自动建立、维护站表，并根据站表内容在输入和输出端口间建立交换通路。现代的交换机还能够提供更多的功能：信息流优先级、服务分类、虚拟网、远程监测(RMON)、自动流控制、内嵌网络管理代理等。核心交换机更是能提供动态资源预留、三层交换、基于策略管理等高级功能。

交换机的主要特点是：所有端口平时都不连通；当工作站需要通信时，交换机能同时连通许多对的端口，使每一对相互通信的工作站都能像独占通信介质那样，进行无冲突地传输数据；通信完成后就断开连接。

对于普通 10Mb/s 的共享式以太网，若共有 N 个用户，则每个用户占有的平均带宽只有总带宽(10Mb/s)的 N 分之一。在使用交换机时，虽然数据率还是 10Mb/s，但由于一个用户在通信时是独占而不是和其他网络用户共享传输介质的带宽，因此，对于拥有 N 对端口的交换机，其总容量就是 $N\times$10Mb/s。这点正是交换机的最大优点。

以太网交换机的每个端口都直接与主机相连，并且一般都工作在全双工方式。交换机能同时连通许多对端口，使每一对相互通信的主机都能像独占通信媒体那样，进行无碰撞地传输数据。以太网交换机由于使用了专用的交换结构芯片，其交换速率较高。从共享总线以太网或 10BASE-T 以太网转到交换式以太网时，所有接入设备的软件和硬件、网卡等都不需要作任何改动。此外，只要增加交换机的容量，整个系统的容量很容易扩充。图 2-4 说明了共享式以太网和交换式以太网的区别，这里假定使用的是 10Mb/s 以太网。

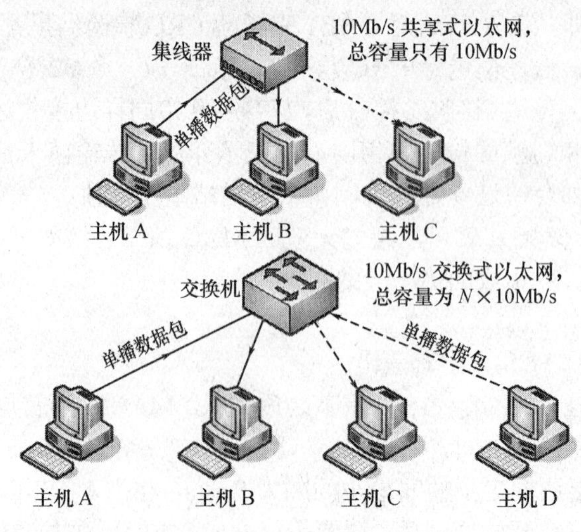

图 2-4　共享式以太网与交换式以太网的区别

可以看出，对于传统的共享式以太网，当主机 A 向主机 B 发送数据时，数据帧在整个网络广播。主机 C 也能收到主机 B 的数据帧，只不过因为目的地址不是自己的地址，才将这些数据帧丢弃(图中用实线和虚线表示了这一区别)。在特定时刻，整个网络只能有一个站发送数据。集线器的总容量只有 10Mb/s。

使用交换机的情况就不同了。当主机 A 向主机 B 发送数据时，主机 D 还可以向主机 C 发送数据。每一台计算机独占 10Mb/s 的传输资源，因而交换式以太网总的容量为 $N\times10$Mb/s，这里 N 是集线器拥有的端口对数。

2.1.1.5 高速以太网与以太网的发展

以太网自诞生以来的 20 年间，其速率和距离方面不断取得突飞猛进的发展：10Mb/s 以太网最终淘汰了 16Mb/s 的令牌环，100Mb/s 的快速以太网也使得曾经最快的光纤数字数据接口(FDDI)变成了历史。吉比特以太网和 10Gb/s 以太网的问世，使以太网的市场占有率进一步得到提高，使得 ATM 在城域网和广域网中的地位受到更加严峻的挑战。10Gb/s 以太网是 IEEE 802.3 标准在速率和距离方面的自然演进。10Gb/s 以太网将以太网已被证明的价值和经济性扩展到了城域网和广域网。而且，从综合布线的角度来看，实现以太网的升级也是件很容易的事情。

以太网从 10 Mb/s 到 10 Gb/s 的演进证明了以太网：可扩展的(10Mb/s～10Gb/s)；灵活的(多种传输媒体、全/半双工、共享/交换)；易于安装；稳健性好。总之，以太网经受了时间的考验，已成为使用最为广泛的网络，它已不仅仅被应用在局域网中，而且也被应用于城域网和广域网。

1. 100Mb/s 快速以太网

随着网络的发展，传统标准的以太网技术已难以满足日益增长的网络数据流量速度需求。在 1993 年 10 月以前，对于要求 10Mb/s 以上数据流量的 LAN 应用，只有光纤分布式数据接口(FDDI)可供选择，但它是一种价格非常昂贵的、基于 100Mb/s 光缆的 LAN。1993 年 10 月，Grand Junction 公司推出了世界上第一台快速以太网集线器 FastSwitch10 / 100 和网络接口卡 FastNIC100，快速以太网技术正式得以应用。随后 Intel、SynOptics、3COM、BayNetworks 等公司相继推出自己的快速以太网装置。与此同时，IEEE802 工程组亦对 100Mb/s 以太网的各种标准，如 100BASE-TX、100BASE-T4、MII、中继器、全双工等标准进行了研究。1995 年 3 月 IEEE 宣布了 IEEE802.3u 100BASE-T 快速以太网标准(Fast Ethernet)，就这样开始了快速以太网的时代。

快速以太网与原来在 100Mb/s 带宽下工作的 FDDI 相比具有许多的优点，最主要的体现在快速以太网技术可以有效地保障用户在布线基础实施上的投资，它支持 3、4、5 类双绞线以及光纤的连接，能有效地利用现有的设施。

快速以太网既有共享型集线器组成的共享型快速以太网系统，又有快速以太网交换器构成交换型以太网系统。在 100BASEFX 使用光缆作为介质的环境中，又充分发挥了全双工以太网技术的优势。10Mb/s 与 100Mb/s 自适应的特点保证了 10Mb/s 系统平滑地过渡到 100Mb/s 以太网系统。

当快速以太网工作于全双工方式下时无冲突发生，因此，不使用 CSMA/CD 协议。但是工作在半双工方式下时，仍然有冲突的问题。根据 $L_{\min}=2\tau\cdot R=2D_{\max}\cdot R/c$ 式(2-2)可以定性地推知，当速率 R 提高时，要么增加最小帧长 $L_{\min}$ 的值，要么减小最大电缆长度 $D_{\max}$ 的值，才能保证以太网的正常工作。快速以太网的 MAC 帧格式仍然是 802.3 标准规定的。保持最短帧长不变，将一个网段的最大电缆长度减小到 100 m。帧间的时间间隔从原来的 9.6μs 改为现在的 0.96 μs。

100Mb/s 快速以太网标准规定了三种不同的物理层标准：100BASE-TX 、100BASE-FX、100BASE-T4。

(1) 100BASE-TX：是一种使用 5 类数据级无屏蔽双绞线或屏蔽双绞线的快速以太网技术。它使用两对双绞线，一对用于发送，一对用于接收数据。在传输中使用 4B / 5B 编码方式，信号频率为 125MHz。符合 EIA586 的 5 类布线标准和 IBM 的 SPT 1 类布线标准。使用同 10BASE-T 相同的 RJ-45 连接器。它的最大网段长度为 100m。它支持全双工的数据传输。

(2) 100BASE-FX：是一种使用光缆的快速以太网技术，可使用单模光纤和多模光纤(62.5μm 和 125μm)。多模光纤连接的最大距离为 550m，单模光纤连接的最大距离为 3000m。在传输中使用 4B / 5B 编码方式，信号频率为 125MHz。它使用 MIC / FDDI 连接器、ST 连接器或 SC 连接器。它的最大网段长度为 150m、412m、2000m 或更长至 10km，这与所使用的光纤类型和工作模式有关，它支持全双工的数据传输。100BASE-FX 特别适合于有电气干扰的环境、较大距离连接、或高保密环境等情况下。

(3) 100BASE-T4：是一种可使用 3、4、5 类无屏蔽双绞线或屏蔽双绞线的快速以太网技术。它使用 4 对双绞线，3 对用于传送数据，1 对用于检测冲突信号。在传输中使用 8B / 6T 编码方式，信号频率为 25MHz，符合 EIA586 结构化布线标准。它使用与 10BASE-T 相同的 RJ-45 连接器，最大网段长度为 100m。

2. 1Gb/s 高速以太网技术

千兆位以太网使用和 10Mb/s、100Mb/s 以太网相同的以太网帧，最小帧为 64 字节，而且也可以工作在半双工模式下，它也使用 CSMA/CD 介质访问控制机制，为了解决在半双工模式下提供足够大的网络直径，千兆位以太网系统需要增加时间的预算，IEEE 802.3Z 委员会为千兆以太网重新定义了 MAC 层，采用载波扩展和帧突发来延长短帧在信道上的停留时间以达到扩大距离的方法，将短帧扩大到 512 字节。这样两个站点直接连到千兆以太网中继器上时才能提供 200m 的总网络直径。但补充扩展位增加了网络上的额外的开销。在实际应用中，采用全双工模式时，不使用 CSMA/CD 机制。

千兆位以太网的物理层主要标准如下：

(1) 1000BASE-SX。针对工作于多模光纤上的短波长(850nm)激光收发器而制定的 IEEE802.32E 标准，当使用 62.5 μm 的多模光纤时，连接距离可达 260m；当使用 50 μm 的多模光纤时，连接距离可达 550m。

(2) 1000BASE-LX。针对工作于单模或多模光纤上的长波长(1300nm)激光收发器而制定的 IEEE802.3z 标准，在使用 62.5 μm 的多模光纤时，连接距离可达 440m，使用 50 μm 的多模光纤时，连接距离可达 550m；在使用单模光纤时，连接距离可达 3000m。

(3) 1000BASE-CX。针对低成本、优质的屏蔽绞合线或同轴电缆的短途铜线缆而制定的 IEEE802.3z 标准，连接距离可达 25m。

(4) IEEE802.3ab。1000BASE-T 千兆位以太网物理层标准，它规定 100m 长的 4 对 5 类非屏蔽绞合线缆的工作方式。

3. 10Gb/s 以太网

2002 年 6 月 IEEE 标准协会批准了 10Gb/s 以太网的正式标准。此标准的全名是“10Gbit/s 工作的媒体接入控制参数、物理层和管理参数”。对 10Gb/s 以太网标准的制定起到了很大推动作用的另一个组织是10Gb/s以太网联盟(10GEA)。10GEA由网络界的著名企业创建，现已有一百多家企业参加，中国的著名通信产品制造商“中兴”和“华为”都是其成员。值得注意的是，随着以太网速率的不断提高，以太网的工作距离也随之增大。现在10Gb/s以太网的工作距离已经增大到40km。因此以太网不仅在局域网中占据了绝对优势，而且最近还进入了城域网和广域网的范围。

10Gb/s以太网最主要的特点有：

(1) 保留802.3以太网的帧格式；

(2) 保留802.3以太网的最大帧长和最小帧长；

(3) 只使用全双工工作方式，完全改变了传统以太网的半双工的广播工作方式；

(4) 只使用光纤作为传输媒体而不使用铜线；

(5) 使用点对点链路，支持星形结构的局域网；

(6) 10Gb/s以太网数据传输速率非常高，不直接和端用户相连；

(7) 创造了新的光物理媒体相关(PMD)子层。

10Gb/s以太网的媒体访问控制(MAC)子层较简单，因此这里只介绍10Gb/s以太网的物理层。10Gb/s以太网有两种不同的物理层：局域网物理层、广域网物理层(可选)。

这两种物理层的数据率并不一样。局域网物理层使用简单的编码机制在暗光纤(Dark fiber)和暗波长(Dark wavelength)上传送数据。而广域网物理层则需要增加一个SONET/SDH组帧子层，以便利用SONET/SDH作为第1层来传送数据。

10Gb/s以太网的物理层共有2个接口和4(或5)个子层。这些接口和子层的主要功能如下：

(1) 协调子层(RS)用来将MAC子层的术语和10Gb/s媒体无关接口(XGMII)的术语进行转换。

(2) 10Gb/s媒体无关接口(XGMII，这里的“X”在罗马数字中表示10)用来使10Gb/s以太网下面不同的几个物理层对上面的MAC子层透明。在IEEE 802.3ae标准中定义的XGMII由4个并行的数据通道组成，每个通道宽度为一个字节，其数据速率为312.5Mb/s，因此总的数据传输速率为4×8×312.5=10000Mb/s，正好是l0Gb/s。

(3) 物理编码子层(PCS)是802.3ae物理层的一个子层，用来对数据进行编码(在发送数据时)和解码(当接收数据时)。

(4) 物理媒体连接(PMA)子层是802.3ae物理层的一个子层，向PCS子层提供与媒体无关的方法，以支持使用面向串行比特的物理媒体。

(5) 物理媒体相关(PMD)子层是802.3ae物理层的一个子层，定义物理层信令和媒体相关接口(MDI)，以及所支持的媒体类型。需要指出的是，PMD子层是光信号子层，其主要功能是进行光信号的发送和接收，而PMD以上的各层都使用电信号。

(6) 广域网接口子层(WIS)是802.3ae物理层的一个子层，仅在广域网物理层中使用，它处在PCS子层和PMA子层之间。广域网接口子层的作用就是进行SONET/SDH组帧。

(7) 媒体相关接口(MDI)用来将PMD子层和物理层的光缆相连接。

10Gb/s以太网能够使用多种光纤媒体。这些光纤媒体的型号具体表示方法为：IOGBASE-[媒体类型][编码方案][波长数]，或更加具体些表示为：IOGBASE-[E/L/S][R/W/X][4]。

在光纤媒体表示方法的媒体类型中，S为短波长(850nm)，用于多模光纤在短距离(约为35m)传送数据；L为长波长(1310nm)，用于在校园网的建筑物之间或大厦的楼层间进行数据传输，当使用单模光纤时可支持10 km的传输距离，而在使用多模光纤时，传输距离为300m；

E 为特长波长(1550nm)，用于广域网或城域网中的数据传送，当使用 1550nm 波长的单模光纤时，传输距离可达 40km。

在光纤媒体的表示方法的编码方案中，X 为局域网物理层中的 8B/1OB 编码，R 为局域网物理层中的 64B/66B 编码，W 为广域网物理层中的 64B/66B 编码(简化的 SONET/SDH 封装)。

最后的波长数可以为 4，使用的是宽波分复用(WWDM)。在进行短距离传输时，WWDM 要比密集波分复用(DWDM)便宜得多。如果不使用波分复用，则波长数就是 1，并且可将其省略。

例如：10GBASE-LX4 表示使用 1310nm 波长的光纤，在局域网物理层中使用 8B/10B 编码，共有 4 个波长；IOGBASE-EW 则表示使用 1550nm 波长的光纤，在广域网物理层中使用 64B/66B 编码，并且只采用一个波长串行传输。

由于 10Gb/s 以太网的出现，以太网的工作范围已经从局域网(校园网、企业网)扩大到城域网和广域网，从而实现了端到端的以太网传输。这种工作方式有以下好处：以太网是一种经过证明的成熟技术，无论是因特网服务提供者(ISP)还是端用户都很愿意使用以太网；以太网的互操作性也很好，不同厂商生产的以太网都能可靠地互操作；在广域网中使用以太网时，其价格大约只有 SONET 的五分之一和 ATM 的十分之一；以太网能够适应多种传输媒体，如铜缆、双绞线以及各种光缆，使具有不同传输媒体的用户在进行通信时不必重新布线；端到端的以太网连接方式使帧的格式全都是以太网的格式，而不需要再进行帧的格式转换，简化了操作和管理。但是，以太网和现有的其他网络，如帧中继或 ATM 网络，仍然需要有相应的接口才能进行互连。

目前在城域网的应用中，10Gb/s 以太网有着特殊的意义。由于广域网广泛地使用了 DWDM 技术，因此因特网主干网的带宽已成倍地增长。但作为企业网或校园网到主干网之间的衔接网络，城域网的发展却有些滞后。这是因为现在的城域网基本上都使用 SONET/SDH 和 ATM 技术，其价格相当昂贵。这就使得城域网在许多情况下成为用户接入到因特网的“瓶颈”。于是有了“主干网供过于求”(Backbone Glut)的说法，表现为因特网的许多主干网的利用率相当低。当 10Gb/s 以太网应用于城域网时，无论是因特网服务提供者还是因特网用户，都能够在经济上得到明显的好处。单模光纤的 10Gb/s 以太网可将数据传送 40km，这对城域网很合适。

2.1.2 无线局域网

无线局域网(Wireless Local-Area Network，WLAN)是计算机网络与无线通信技术相结合的产物，利用无线电波作为传输媒介。无线局域网利用了无线多址信道的一种有效方法来支持计算机之间的通信，并为通信的移动化、个性化和多媒体应用提供了可能。也就是说，无线局域网就是在不采用传统缆线的同时，提供以太网或者令牌网络的功能。

与传统有线局域网相比，无线局域网使用便利、配置灵活、适应性较强、安装维护方便。无线局域网的通信范围不受环境条件的限制，网络的传输范围大大拓宽，最大传输范围可达到几十千米。在有线局域网中，两个站点的距离在使用铜缆时被限制在 500m，即使采用单模光纤也只能达到 3000m，而无线局域网中两个站点间的距离目前可达到 50km，距离数千米的建筑物中的网络可以集成为同一个局域网。

此外，无线局域网的抗干扰性强、网络保密性好。对于有线局域网中的诸多安全问题，在无线局域网中基本上可以避免。而且相对于有线网络，无线局域网非常容易扩展，它的组建、配置和维护较为容易，一般计算机工作人员都可以胜任网络的管理工作。

但目前无线局域网还不能完全脱离有线网络，它只是有线网络的补充，而不是替换。与有线网络相比，无线局域网的网络产品昂贵，网络设备一次性投入费用较高，组网成本较大。另外，无线局域网的传输速率慢，与有线以太网可实现 1Gb/s 以上的传输速度相比，还有相当大的差距。

2.1.2.1 无线局域网的组网方式

无线局域网的组网方式一般可分为两种，即有固定基础设施的 WLAN 和无固定基础设施的 WLAN。有固定基础设施的无线局域网以无线接入点(Access Point，AP)为中心，所有用户数据都要经过无线 AP 转发，这种类型又被称为“Infrastructure”结构。无固定基础设施的无线局域网以对等方式组成网络，没有无线 AP 设备，所有结点地位平等，彼此间可直接通信，数据转发通过结点的多跳传递完成。

1. 有固定基础设施

有固定基础设施的无线局域网由无线网卡、无线接入点、计算机和有关设备组成。在一个典型的无线局域网环境中，有一些进行数据发送和接收的设备，称为接入点(AP)。通常，一个 AP 能够在几十至上百米的范围内连接多个无线用户。在同时具有有线和无线网络的情况下，AP 可以通过标准的 Ethernet 电缆与传统的有线网络相连，作为无线网络和有线网络的连接点。无线局域网的终端用户可通过无线网卡等访问网络。

根据使用环境的不同，无线局域网可分为室内无线局域网和室外无线局域网。

1) 室内无线局域网

在室内应用下，无线局域网作为有线局域网的补充，与有线局域网并存。由于无线局域网的价格比有线局域网高，故在室内环境下，无线局域网在以下应用情况可发挥其无线的优点：大型办公室、车间；超市、智能仓库；临时办公室、会议室；证券市场等。

室内无线局域网一般有两种形式：独立的无线局域网和非独立的无线局域网。

独立的无线局域网指整个网络都使用无线通信的情形，如图 2-5 所示。通过一台或几台 AP 独立组网，网络中所有结点均通过 AP 接入网络，实现数据的传送和接收。

图 2-5 室内独立无线局域网

非独立的无线局域网通常作为有线网络的补充和扩展。在这种配置下，多个 AP 通过线缆连接在有线网络上，以使无线用户能够访问网络的各个部分。非独立的无线局域网如图 2-6 所示。

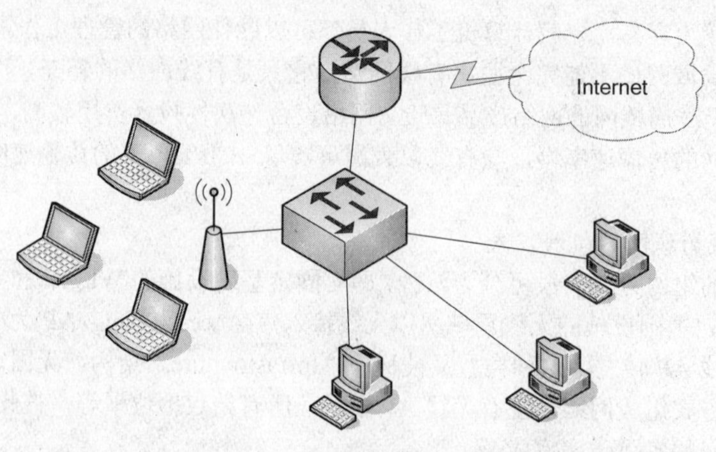

图 2-6 非独立的无线局域网

2) 室外无线局域网

在难于布线的室外环境下，无线局域网可充分发挥其高速率、组网灵活的优点。尤其在公共通信网不发达的状态下，无线局域网可作为区域网(覆盖范围几十公里)使用。比如：城市建筑群间通信；学校校园网络；工矿企业厂区自动化控制与管理网络；城市交通信息网络；矿山、水利、油田等区域网络；野外勘测等流动网络；军事网络等。

无线局域网在室外主要有以下几种结构：点对点型、点对多点型、混合型。

(1) 点对点型。该类型常用于两个固定的位置之间，是无线联网的常用方式，使用这种联网方式建成的网络，优点是传输距离远，传输速率高，受外界环境影响较小。典型应用是通过无线来连接两个固定的有线局域网络。

该方案解决两个远程互连的问题。它可以将相距 50km 以内的两个局域网进行互连，如图 2-27 所示。如超过 50km 可通过中继方式来实现互连。

图 2-7 点对点型的室外无线局域网

(2) 点对多点型。该类型常用于有一个中心点，多个远端点的情况下。其最大优点是组建网络成本低、维护简单；其次，由于中心使用了全向天线，设备调试相对容易。该种网络的缺点也是因为使用了全向天线，波束的全向扩散使得功率大大衰减，网络传输速率低，对于较远距离的远端点，网络的可靠性不能得到保证。

这种方案是由一个中心点可同时对若干个外围分支点，它主要用于有多个工作站或局域网互连，如图 2-8 所示。

(3) 混合型。混合型用于所建网络中有远距离的点、近距离的点，还有建筑物或山脉阻挡的点。在组建这种网络时，综合使用上述几种类型的网络方式，对于远距离的点采用点对点方式，近距离的多个点采用点对多点方式，有阻挡的点采用中继方式。

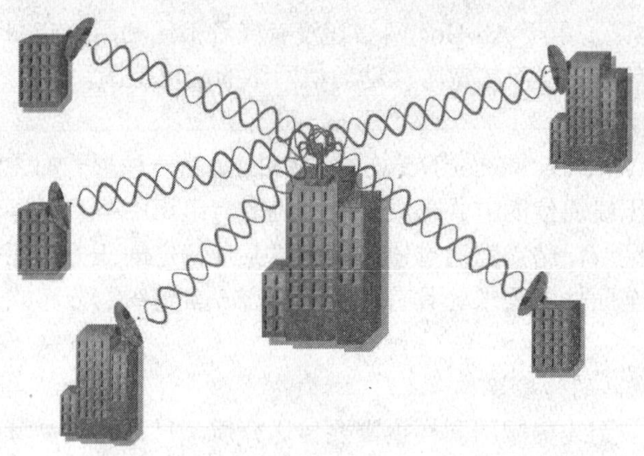

图 2-8　点对多点型的室外无线局域网

2. 无固定基础设施

无固定基础设施的无线局域网即通常所称的自组织网络(Ad-Hoc Network)。自组织无线局域网是一种对等模型的网络，它的建立是为了满足暂时需求的服务。自组织网络由一组有无线接口卡的无线终端组成。这些无线终端以相同的工作组名、扩展服务集标识号(ESSID)和密码以对等的方式相互连接，不需要 AP 的参与，构成一种特殊的无线网络应用模式，达到相互连接，资源共享的目的。在 WLAN 的覆盖范围之内，进行点对点或点对多点之间的通信。

无固定基础设施的无线局域网通常独立组网。由于其结构的特殊性，常应用于军事及自然环境较为恶劣的特殊场合。

1) Ad-Hoc 网络

Ad-Hoc 网络中所有结点地位平等，不需要任何固定基础设施，采用分布式管理和无线通信的方式，具有较强的抗毁性。主要应用于在偏远地区或无固定基站的情况下组网的需求，如军事、抢险抗灾、紧急救援、临时会议等场合。如图 2-9 所示为一个简单的 Ad-Hoc 网络。

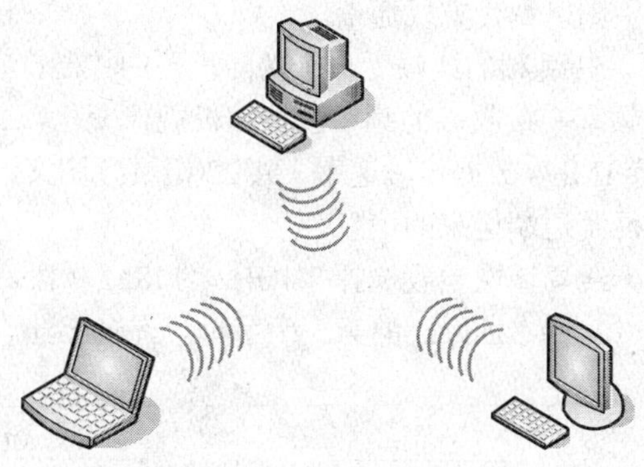

图 2-9　Ad-Hoc 网络

Ad-Hoc 网络环境下，在结点的无线通信覆盖范围内，任意两个结点均可直接通信。当通信的源结点和目的结点不在直接通信范围之内时，它们可以通过中间结点转发报文实现数据通信。Ad-Hoc 网络使用公用广播信道，媒体访问控制(MAC)协议采用载波监测多址接入

(CSMA)的多址接入协议。由于 Ad-Hoc 网络在没有或者不便利用现有网络基础设施的情况下提供了一种通信支撑环境，从而拓宽了移动通信网络的应用范围。

2) 无线传感器网络

无线传感器网络(Wireless Sensor Network，WSN)是另一种形式的无线网络，它由大量无线传感器结点，通过无线通信的方式形成一个多跳的自组织网络，可以部署在自然环境极为恶劣的地区或是战场区域，结点间通过协作来完成某项特定的任务，能够满足军事信息获取的实时性、准确性和全面性的需求。具有可快速部署、自组织、分布式、隐蔽性强和可靠性高的特点。

2.1.2.2 无线局域网的传输媒体

与有线网络一样，无线局域网同样也需要传送介质。只是无线局域网采用的传输媒体不是双绞线或者光纤，而是红外线或者无线电波。采用无线电波作为无线局域网的传输介质是目前应用最多的，这主要是因为无线电波的覆盖范围较广，应用较广泛，所以无线电波成为无线局域网最常用的无线传输媒体。

传输方式涉及无线局域网采用的传输媒体、选择的频段及调制方式。目前无线局域网采用的传输媒体主要有两种，即微波与红外线。无线局域网的物理层传输关键技术主要应用直序扩频 DSSS、跳频扩频 FHSS 和红外线方式。

1) 扩展频谱方式

在扩展频谱方式中，数据基带信号的频谱被扩展到几倍至几十倍再被搬移至射频发射出去。扩展频谱方式传输数据时，抗干扰能力强，传输稳定，数据安全性较高。扩频通信系统扩展的频谱越宽，处理增益越高，抗干扰能力越强。

扩展频谱方式可分为直序扩频(Direct Spectrum Spread Spectrum， DSSS)和跳频扩频(Frequency Hopping Spread Spectrum，FHSS)两种。

直序扩频 DSSS 技术，就是使用具有高码率的扩频序列，在发射端扩展信号的频谱，而在接收端用相同的扩频码序列进行解扩，把展开的扩频信号还原成原来的信号。DSSS 局域网可在很宽的频率范围内进行通信，支持 1Mb/s～2Mb/s 数据传输速率，在发送和接收端都以窄带方式进行，而传输过程中则以宽带方式通信。

跳频扩频 FHSS 技术，其跳频的载频受一个伪随机码的控制，在其工作带宽范围内，其频率按随机规律不断改变频率。接收端的频率也按随机规律变化，并保持与发射端的变化规律一致。FHSS 局域网支持 1Mb/s 数据传输速率，共 22 组跳频图案，包括 79 个信道，输出的同步载波经调解后，可获得发送端送来的信息。

采用扩展频谱方式的无线局域网一般选择 2.4GHz 的 ISM 频段，如图 2-10 所示，这里 ISM 分别取自 Industrial、Scientific 及 Medical 的第一个字母。许多工业、科研和医疗设备辐射的

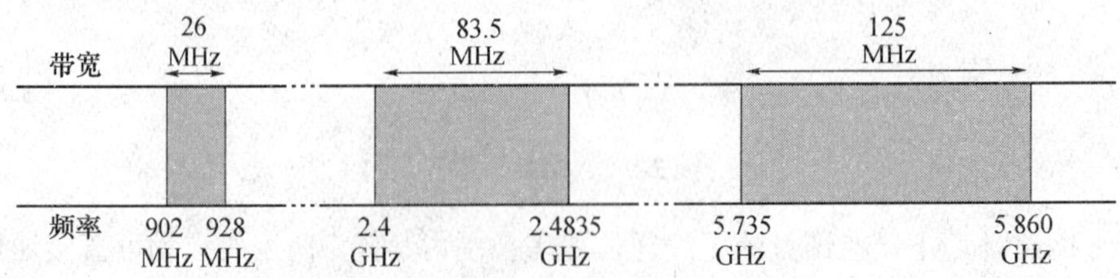

图 2-10 ISM 频段

能量集中于该频段。欧美日等国家的无线管理机构分别设置了各自的ISM频段，例如，美国的ISM频段由902MHZ～928MHZ，2.4GHz～2.484GHz，5.725GHz～5.850GHz 3个频段组成。如果发射功率及带外辐射满足美国联邦通信委员会(FCC)的要求，则无需向FCC提出专门的申请即可使用这些ISM频段。

2) 红外线方式

红外线局域网采用波长为850nm～950nm(小于1μm)的红外线作为传输媒体，有较强的方向性，受太阳光的干扰大。红外线支持1Mb/s～2Mb/s数据传输速率，适于近距离通信。作为无线局域网的传输方式，红外线方式的最大优点是这种传输方式不受无线电干扰，且红外线的使用不受国家无线管理委员会的限制。然而，红外线对非透明物体的透过性极差，这导致传输距离受限制。

3) 窄带调制方式

在窄带调制方式中，数据基带信号的频谱不作任何扩展即被直接搬移到射频发射出去。与扩展频谱方式相比，窄带调制方式占用频带少，频带利用率高。采用窄带调制方式的无线局域网一般选用专用频段，需要经过国家无线电管理部门的许可方可使用。当然，也可选用ISM频段，这样可免去向无线电管理委员会申请。但带来的问题是，当临近的仪器设备或通信设备也在使用这一频段时，会严重影响通信质量，通信的可靠性无法得到保障。窄带微波调制方式主要用于无线广域网的传输。

2.1.2.3 无线局域网的标准

WLAN标准主要针对物理层和媒体访问控制层(MAC)，涉及到所使用的无线频率范围、空中接口通信协议等技术规范与技术标准。在WLAN迅猛发展的同时，WLAN的标准之争也成为众多厂商和运营实体非常关注的一个话题，究竟WLAN最终会采取哪种技术作为主流标准直接影响到企业今后的决策走向。在众多的标准中，人们知道最多的是IEEE(美国电子电气工程师协会)802.11系列标准，此外制定WLAN标准还有ETSI(欧洲电信标准化组织)提出的标准有HiperLan和HiperLan2，HomeRF工作组的两个标准是HomeRF和HomeRF2，另外还有“蓝牙特别兴趣组织”(Bluetooth Special Interest Group，BSIG)，简称蓝牙SIG的蓝牙技术标准。IEEE 802.11标准由很多子集构成，它详细定义了WLAN中从物理层到MAC层(媒体访问控制层)的通信协议。

1. IEEE 802.11 系列标准

1) IEEE 802.11

802.11是IEEE于1997年制定的一个无线局域网标准，主要用于解决办公室局域网和校园网中用户与用户终端的无线接入，业务主要限于数据存取，传输速率最高只能达到2Mb/s。由于它在传输速率和传输距离上都不能满足人们的需要，因此，IEEE小组又相继推出了802.11b和802.11a两个新标准，前者已经成为目前的主流标准，而后者也被很多厂商看好。

2) IEEE 802.11b

IEEE802.11b又称为Wi-Fi，采用2.4GHz直接序列扩频技术，最大数据传输速率为11Mb/s，无须直线传播。可根据信号强弱把数据传输速率降低为5.5Mb/s、2Mb/s和1Mb/s带宽。使用范围在室外最大为300m，室内有障碍的情况下为100m。802.11b使用与以太网类似的连接协议和数据包确认，来提供可靠的数据传送和网络带宽的有效使用。

纵观现在的市场，IEEE 802.11b技术在性能、价格各方面均超过了蓝牙、HomeRF等技术，逐渐成为无线接入以太网应用最为广泛的标准。由于IEEE 802.11b技术的不断成熟，在全球范围内正在兴起无线局域网应用的高潮。但是各个厂商自行设计和生产的无线局域网设备往往只能和其配套的伙伴产品相互兼容，而无法与其他设备互联互通。为了解决IEEE802.11b无线产品的兼容性，由厂商组成了一个非赢利组织Wi-Fi联盟，称为无线以太网协会(WECA)，发起针对基于IEEE 802.11b标准的无线局域网产品的Wi-Fi认证。凡是通过其兼容性测试的产品，都被准予打上"Wi-Fi CERTIFIED"标记。用户在选购IEEE 802.11b无线产品时，最好选购有 Wi-Fi 标记的产品，以保证产品之间的兼容性。到目前为止，WECA会员已增加到150多个，全球已有370个产品获得了Wi-Fi认证。

IEEE 802.11b+是增强型IEEE802.11b标准，由TI(美国德洲仪器)公司提出，理论速度是原来的2倍，传输速率最高22Mb/s，向下兼容IEEE802.11/b。

3) IEEE 802.11a

802.11a扩充了标准的物理层，工作在5GHz频段上，传输速率最大可达54Mb/s，采用正交频分复用(OFDM)的独特扩频技术，可提供25Mb/s的无线ATM接口和10Mb/s的以太网无线帧结构接口，以及 TDD/TDMA 的空中接口，并支持语音、数据、图像业务。可以满足室内、室外的各种应用场合。

802.11a与802.11b两个标准都存在着各自的优缺点，802.11b的优势在于价格低廉，但传输速率较低(最高为11Mb/s)；而802.11a优势在于传输速率快(最高可达54Mb/s)，且受干扰少，但价格相对较高。另外，802.11a与802.11b工作在不同的频段上，因而不能工作在同一个AP的网络里，从而802.11a与802.11b互不兼容。

4) IEEE 802.11g

为了解决上述问题，进一步推动无线局域网的发展，2003年，802.11工作组批准了802.11g标准。802.11g工作在2.4GHz频段，采用OFDM调制技术，使数据传输速率最大达到56Mb/s。IEEE802.11g标准其实是一种混合标准，它既能适应传统的802.11b标准，也能够达到802.11a标准的数据传输率。IEEE802.11g 标准能够与 802.11b 的 Wi-Fi 系统互相连通，共存在同一AP的网络里，保障了后向兼容性。这样原有的WLAN系统可以平滑地向高速无线局域网过渡，延长了IEEE802.11b产品的使用寿命，降低用户的投资。

IEEE 802.11g+是一种完全兼容于802.11g的无线技术，最大传输速率可达108Mb/s。动态108Mb/s模式能同时连接混合环境当中的802.11b、802.11g和108Mb/s设备，允许无线网络的多结点应用不同的协议(例如802.11b和108Mb/s)，以适应每个结点尽可能高的传输速率。

5) IEEE 802.11i

IEEE 802.11i对WLAN的MAC层进行了修改与整合，定义了严格的加密格式和鉴定技术，以改善WLAN的安全性。主要包括两项内容：Wi-Fi保护访问(WPA)和强健安全网络(RSN)，并于2004年初开始实行。

6) IEEE 802.11e

IEEE 802.11e标准在MAC层增加了服务质量保证(QoS)，对现有的802.11b和802.11a无线标准提供多媒体支持，保证所有WLAN无线广播接口的服务质量保证机制，同时完全向后兼容。

7) IEEE 802.11n

IEEE 802.11n全面改进了802.11标准，采用MIMO空分多路技术和OFDM技术相结合，将数据传输速率提高到108Mb/s以上，最高传输速率可达500Mb/s，甚至更高。802.11n协议为双频工作模式(包含2.4GHz和5GHz两个工作频段)，能与现有的Wi-Fi标准广泛兼容。支持 802.11e 的 QoS 标准。能够为无线 HDTV 传输以及企业和零售业用户所处的密集无线网络环境提供超高速数据流，支持 PC、消费电子设备和移动平台等装置。

8) IEEE 802.11s

IEEE 802.11s 标准负责管理无线主干连接，创建网格网络(无线 Mesh 网)，从而使部分接入点无须直接连接到有线网络中。IEEE802.11s 标准的目标是使接入点能够成为无线路由器，将流量转发给邻近的接入点并进行一系列的多级跳式传输。802.11b 网络中两个相邻很近的结点间进行通信，必须经过接入点 AP，但 Mesh 设备可以直接通信，不需要接入点。无线 Mesh 网络具有较高的可靠性，它可以自动绕过故障结点，可以自行调节来实现流量负载平衡和性能优化。802.11s 标准的关键在于判断如何防止与客户端的流量发生干扰和冲突。

2. WLAN 标准的兼容

802.11a 和 802.11b 分别工作在不同频段(802.11a 工作在 5GHz，而 802.11b 工作在 2.4GHz)，采用不同调制方式(802.11a 采用 OFDM，而 802.11b 采用 CCK 方式)。一个采用 802.11b 标准设备工作站进入一个 802.11a 标准的小区中(其 AP 结点采用 802.11a 的标准设备)，无法与 AP 结点进行联系。因此，其必须更换为同样标准的网络设备，才能正常工作。这就是由不同物理层标准，引起的网络兼容性问题。

为了解决上述问题，使不同标准的网络设备可以更为自由的移动，出现了一种无线局域网的优化方式："双频多模"的工作方式。如同有线网的发展进程，现在有线网络主要工作在多模方式下，例如 10Mb/s 与 100Mb/s 混合的局域网加速了有线网络的发展，成为有线局域网的主要工作方式。

所谓"双频"产品，是指可工作在 2.4GHz 和 5GHz 的自适应产品。也就是说，可支持 802.11a 与 802.11b 两个标准的产品。由于 802.11b 和 802.11a 两种标准的设备互不兼容，用户在接入支持 802.11a 和 802.11b 的公共无线接入网络时，必须随着地点的变化而更换无线网卡，这给用户带来很大的不便。而采用支持 802.11a/b 双频自适应的无线局域网产品就可以很好地解决这一问题。双频产品可以自动辨认 802.11a 和 802.11b 信号并支持漫游连接，使用户在任何一种网络环境下都能保持连接状态。54Mb/s 的 802.11a 标准和 11Mb/s 的 802.11b 标准各有优劣，但从用户的角度出发，这种双频自适应无线网络产品，无疑是一种将两种无线网络标准有机融合的解决方案。随着 802.11g 标准的诞生，双频产品随后也将该标准融入其中，成为全方位的无线网络解决方案。而这种可与三个标准互连的产品叫做"双频三模"产品，也称双频多模(Dual Band and Multimode，WLaN)。"双频三模"，顾名思义，就是运行在两个频段，支持三种模式(标准)的产品。即同时支持 802.11a/b/g 三个标准自适应的无线产品，通过该产品，可实现目前大多数无线局域网标准的互连与兼容。可使用户顺畅地高速漫游于 802.11a/b/g 标准的无线网络中，横跨于三种标准之上。

3. WLAN 标准小结

IEEE 802.11 系列标准是推进无线局域网发展的基础，虽然当前无线局域网产品仍以 802.11b(Wi-Fi)为主，但为了追求更高速度、更安全、以及服务质量保证的无线通信环境，新的标准不断被提出。IEEE 802.11 常用标准列举如下：

- 802.11 传输标准，最大传输速率 2Mb/s，1997 年提出。
- 802.11a 传输标准，工作于 5GHz 频段，最大传输速率 54Mb/s，1999 年提出。
- 802.11b 传输标准，工作于 2.4GHz 频段，最大传输速率 11Mb/s，1999 年提出。
- 802.11b+ 增强型 802.11b 标准，工作于 2.4GHz 频段，最大传输速率 22Mb/s，向下兼容 802.11/b。

- 802.11d 多国漫游标准，2001 年提出。
- 802.11e 服务质量保证(QoS)，2005 年提出。
- 802.11f 接入点第二层漫游协议，2003 年提出。
- 802.11g 传输标准，工作于 2.4GHz 频段，最大传输速率 54Mb/s，2003 年提出。
- 802.11g+ 增强型 802.11g 标准，动态自适应兼容，最大传输速率可达 108Mb/s。
- 802.11h 用于 802.11a 的动态频谱管理技术，2003 年提出。
- 802.11i 加强安全性，2004 年提出。
- 802.11j 在日本使用的传输标准，工作于 4.9GHz 至 5GHz 频段，2004 年提出。
- 802.11k 无线电资源管理标准，2002 年提出。
- 802.11n 传输标准，工作于 5GHz 频段，最大传输速率 500Mb/s，2009 年由 IEEE 批准。
- 802.11r 快速漫游标准，2006 年提出。
- 802.11s 接入点无线 Mesh 网标准，2006 年提出。

2.1.2.4 无线局域网的安全

由于无线局域网采用公共电磁波作为载体，更容易受到非法用户入侵和数据窃听。无线局域网必须考虑的安全因素有三个：信息保密、身份验证和访问控制。为了保障无线局域网的安全，主要有以下几种技术：

1) 物理地址(MAC)过滤

每个无线工作站的无线网卡都有唯一的物理地址，类似以太网物理地址。可以在接入点 AP 中建立允许访问的 MAC 地址列表，MAC 地址不在清单内的用户，AP 将拒绝其接入请求。如果 AP 数量很多，还可以实现所有 AP 统一的无线网卡 MAC 地址列表。现在的 AP 也支持无线网卡 MAC 地址的集中 Radius 认证。这种方法要求 MAC 地址列表必须随时更新，可扩展性差。

2) 服务集标识符(SSID)匹配

将一个无线局域网分为几个需要不同 SSID(Service Set Identifier)验证的子网，只有通过 SSID 验证的用户才可以进入相应的子网络，防止未被授权的用户进入本网络。这样就可以允许不同的用户群组接入，并区别限制对资源的访问。

3) 有线等效保密(WEP)

WEP(Wired Equivalent Privacy)协议是由 802.11 标准定义的，用于在无线局域网中保护链路层数据。WEP 使用 40 位钥匙，采用 RSA 开发的 RC4 对称加密算法，在链路层加密数据。WEP 加密采用静态的保密密钥，各无线工作站使用相同的密钥访问无线网络。WEP 也提供认证功能，当加密机制功能启用，客户端要尝试连接上 AP 时，AP 会发出一个 Challenge Packet 给客户端，客户端再利用共享密钥将此值加密后送回存取点以进行认证比对，如果正确无误，才能获准存取网络的资源。40 位 WEP 具有很好的互操作性，所有通过 Wi-Fi 组织认证的产品都可以实现 WEP 互操作。现在的 WEP 一般也支持 128 位的钥匙，能够提供更高等级的安全加密。

4) 虚拟专用网络(VPN)

VPN(Virtual Private Networking)是指在一个公共的 IP 网络平台上通过隧道以及加密技术保证专用数据的网络安全性，它主要采用 DES、3DES 以及 AES 等技术来保障数据传输的安全。对于安全性要求更高的用户，可将 VPN 安全技术与 IEEE802.11b 安全技术结合起来，这是目前较为理想的无线局域网络的安全解决方案。

5) Wi-Fi 保护访问(WPA)

WPA(Wi-fi Protected Access)技术是在 2003 年正式提出并推行的一项无线局域网安全技术，将成为代替 WEP 的无线加密技术。WPA 是 IEEE 802.11i 的一个子集，其核心就是 IEEE 802.1x 和 TKIP(Temporal Key Integrity Protocol) 。新一代的加密技术 TKIP 与 WEP 一样基于 RC4 加密算法，且对现有的 WEP 进行了改进，在现有的 WEP 加密引擎中增加了密钥细分(每发一个包重新生成一个密钥)、消息完整性检查(MIC)、具有序列功能的初始向量、密钥生成和定期更新功能等算法，极大地提高了加密安全强度。

另外 WPA 增加了为无线客户端和无线 AP 提供认证的 IEEE 802.1x 的 RADIUS 机制。

2.2 网络扩展连接

网络的扩展连接，主要是对作用距离有限的局域网进行的扩展。在体系结构不同的层，使用不同的设备进行相应的扩展。

2.2.1 物理层的扩展

在物理层实现局域网的扩展主要通过中继器和集线器两种方式：

1. 利用中继器(Repeater)扩展局域网

中继器从信号放大的角度实现了以太网的扩展：扩展网络距离，将衰减信号经过归整并再生放大；实现粗同轴电缆以太网和细同轴电缆以太网的互连。IEEE802.3 标准最多允许四个中继器连接 5 个网段。假如使用粗同轴电缆构造一个以太局域网，每一段粗缆最大长度为 800m，则利用四个中继器可以将整个网络扩展到 4000m。

通过中继器虽然可以延长信号传输的距离、实现两个网段的互连，但并没有增加网络的可用带宽。如图 2-11 所示，网段 1 和网段 2 经过中继器连接后构成了一个单个的冲突域和广播域。

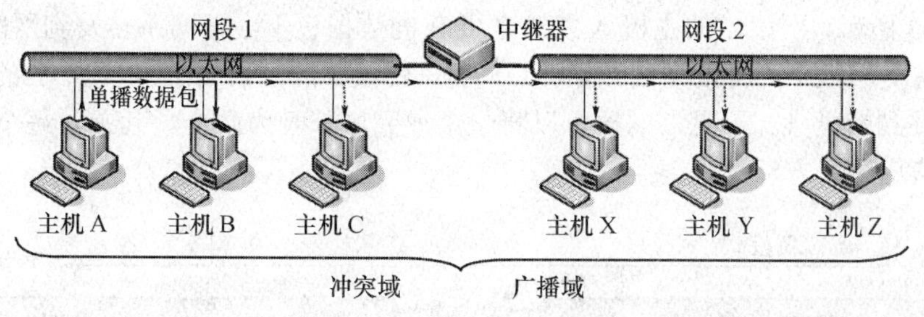

图 2-11 传统的总线型以太网

2. 利用集线器(Hub)扩展局域网

集线器实际上相当于多个端口的中继器。集线器通常有 8 个、16 个或 24 个等数量不等的端口。

集线器同样可以延长网络的通信距离，或连接物理结构不同的网络，但主要还是作为一个主机站点的汇聚点，将连接在集线器上各个端口上的主机联系起来使之可以互相通信。

如图 2-12 所示，所有主机都连接到中心结点的集线器上构成一个物理上的星形连接。但实际上，在集线器内部，各端口都是通过背板总线连接在一起的，在逻辑上仍构成一个共享的总线。因此，集线器和其所有端口所接的主机共同构成了一个冲突域和一个广播域。

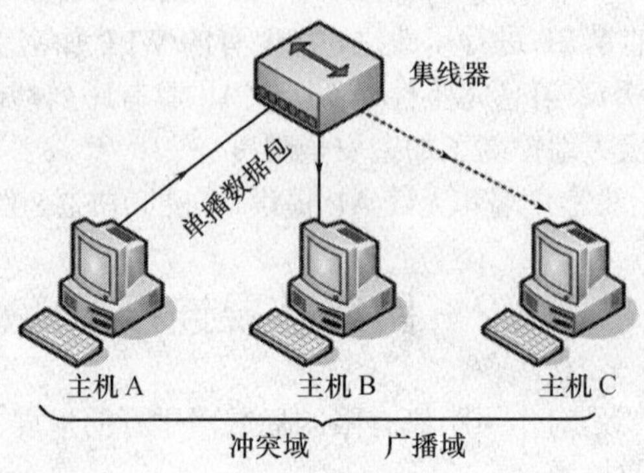

图 2-12　利用集线器扩展局域网

集线器使原来属于不同碰撞域的局域网上的计算机能够进行跨碰撞域的通信，扩大了局域网覆盖的地理范围。但是碰撞域增大了，总的吞吐量并未提高。如果不同的碰撞域使用不同的数据传输速率，那么就不能用集线器将它们互连起来。

2.2.2　数据链路层的扩展

在数据链路层扩展局域网主要使用网桥和交换机两种方式：

1. 利用网桥(Bridge)扩展局域网

网桥又称桥接器。和中继器相同的是，传统的网桥只有两个端口，用于连接不同的网段。和中继器不同的是，网桥具有一定的“智能”性，可以“学习”网络上主机的地址，并依照帧的 MAC 地址来完成帧的转发和过滤。

如图 2-13 所示，网段 1 的主机 A 发给主机 B 的数据包不会被网桥转发到网段 2。因为网桥可以识别这是网段 1 内部的通信数据流。同样，网段 2 的主机 X 发给主机 Y 的数据包也不会被网桥转发到网段 1。可见，网桥可以将一个冲突域分割为两个。其中，每个冲突域共享自己的总线信道带宽。

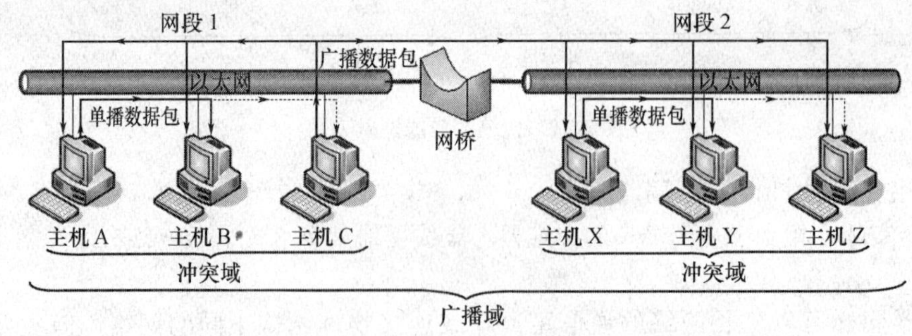

图 2-13　利用网桥扩展局域网

但是，如果主机 C 发送了一个目标是所有主机的广播类型数据包时，网桥要转发这样的数据包。网桥两侧的两个网段总线上的所有主机都要接收该广播数据包。因此，网段 1 和网段 2 仍属于同一个广播域。

所以从冲突检测的角度来看，网桥的一个端口和冲突域中的一个主机是对等的。换句话说，网桥的一个端口就接了一个冲突域。

2. 利用交换机(Switch)扩展局域网

交换机是通过为需要通信的两台主机直接建立专用的通信信道来增加可用带宽的。从这个角度上来讲，交换机相当于多端口网桥。

如图 2-14 所示，交换机为主机 A 和主机 B 建立一条专用的信道，也为主机 C 和主机 D 建立一条专用的信道。只有当某个端口直接连接了一个集线器，而集线器又连接了多台主机时，交换机上的该端口和集线器上所连的所有主机才可能产生冲突，形成冲突域。换句话说，交换机上的每个端口都是自己的一个冲突域。

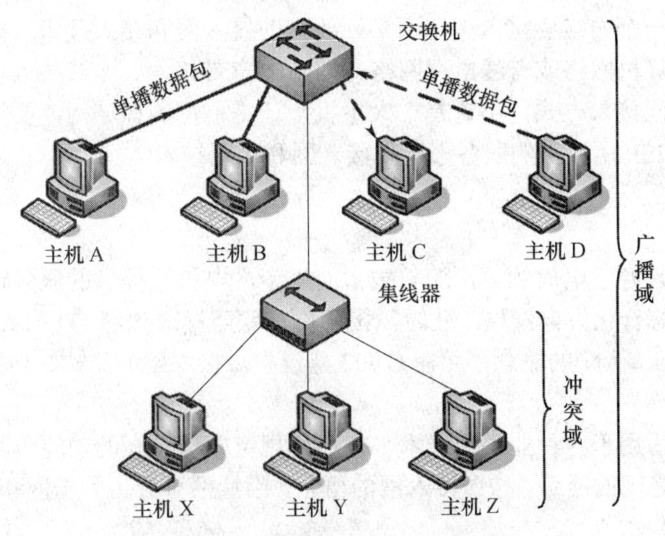

图 2-14 利用交换机扩展局域网

但是，交换机同样没有过滤广播通信的功能。如果交换机收到一个广播数据包后，它会向其所有的端口转发此广播数据包。因此，交换机和其所有端口所连接的主机共同构成了一个广播域。

2.2.3 网络层的互联

在物理层和链路层扩展局域网都只是在一个网络的内部所进行的扩展。而两个具有独立网络地址(IP 地址)的网络进行互连时则需要通过路由器来完成。此时，两个互连的网络是相互独立、相互对等的。

路由器(Router)工作在网络层，可以识别网络层的 IP 地址，有能力过滤第 3 层的广播消息。实际上，除非做特殊配置，否则路由器从不转发广播类型的数据包。因此，路由器的每个端口所连接的网络都独自构成一个广播域。如图 2-15 所示，如果各网段都是共享式局域网，则每网段自己构成一个独立的冲突域。

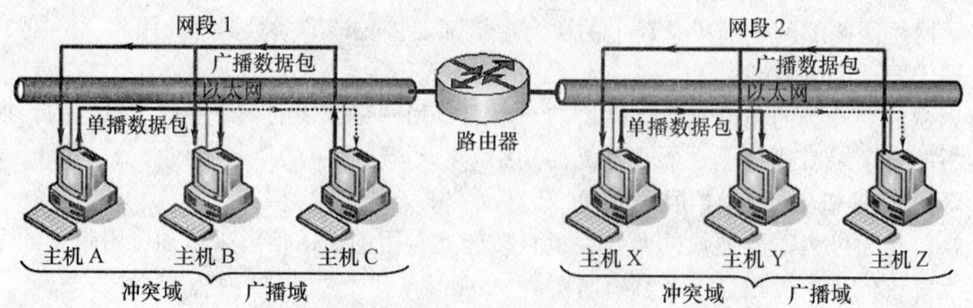

图 2-15　利用路由器来完成局域网间的互连

2.3　因特网的接入技术

一台计算机或一个网络要接入因特网必须要借助接入网和接入技术，接入网可以是公共数据通信网络、计算机网络或有线电视网络。ADSL 宽带接入、专线接入以及无线接入是目前比较常用的因特网接入方式，不论是个人主机，还是单位的局域网，要接入因特网，都可以根据实际需求和 ISP 所提供的服务来选择接入网和接入技术。

2.3.1　接入网

接入网的概念来源于电信领域，随着技术的进步，电信网提供的服务正逐步向数字化、宽带化、智能化和综合化方向发展，此时，国际电信联盟标准化部(ITU-T)正式提出了用户接入网(Access Network，AN)的概念，并在 G.902 建议中对接入网的结构、功能、接入类型、原理进行了规范。

接入网是一个适用于各种业务和技术，有严格规定并以较高的功能角度描述的网络，一般是指端局与用户之间的网络。按照接入网的概念，因特网可分为骨干网和接入网两个部分，如图 2-16 所示。

图 2-16　接入网与骨干网示意图

骨干网又称为主干网或核心网，是因特网的主体，通常基于光纤通信系统，采用高速传输网络、高速交换设备，能实现大范围(城市之间和国家之间)、远距离、高带宽、大容量的数据传输业务。接入网解决的是从因特网节点到每个用户终端的连接问题，即“最后一千米(Last Kilometers)”的问题。

骨干网和接入网共同影响着人们访问 Internet 的速度。从物理、技术、经济方面来看，这两种网络差异巨大，骨干网总是能够快速运用现代网络新技术、新设备，而接入网几十年来一直是双绞线主宰的落后局面。接入网的用户差异很大，业务量普遍偏低，缺乏规模经济，运行成本高，硬件设备也往往在路边或露天环境中运行，比中央机房恶劣得多，这些因素使得接入网运营商缺乏动力去更新设备或者采用新技术。直到近几年，光纤接入和无线接入技术在接入网的应用有所突破，才大大提高了接入网的带宽、容量及其综合服务水平。

2.3.2 宽带接入技术

宽带接入指的是传输速率比较高的接入方式。关于“宽带”实际上没有很严格的定义，有人认为接入速率超过 56Kb/s 就是宽带，美国联邦通信委员会 FCC 认为只有双向速率之和超过 200Kb/s 就是宽带，也有人认为速率达到 1Mb/s 以上才算宽带，实现视频点播的传输速率 512Kb/s 也被用于界定宽带和窄带，将速率低于 512Kb/s 的网络称为“窄带”网络，反之则归类于“宽带”网络。相对于传统网络(也称“窄带”网络)而言，宽带网络是具有较高通信速率和吞吐量的网络。宽带网络可分为宽带骨干网和宽带接入网两个部分，电信业所谓的宽带骨干网传输速率应达到 2Gbps 以上。

在电信网络的数字传输系统中最初是利用脉码调制(Pulse Code Modulation，PCM)体制为电话局之间的中继线上传送多路的电话。由于历史的原因，PCM 有两个不兼容的国际标准，即北美的 T1 标准和欧洲的 E1 标准，我国采用的是 E1 标准。不同标准的数据传输速率不统一，国际范围内的高速数据传输就很难实现。而且，各国的数字传输网络大都不是同步传输，当传输速率不断提高时，收发双方的同步问题就越来越突出。

为了解决这些问题，1988 年美国推出了一个数字传输标准，称为同步光纤网(Synchronous Optical Network，SONET)。ITU-T 在美国标准 SONET 的基础上制订出国际标准同步数字系列(Synchronous Digital Hierarchy，SDH)。SDH 适用于光纤传输的体系，也适用于微波和卫星传输的技术体制，已成为世界通用的光接口标准和新一代数字传输体制。

在 SDH 的基础上，可以建成一个灵活、可靠，能够进行远程监控管理的国家级电信传输网以及全球电信传输网，这就为有线宽带接入提供了条件。

SDH 标准的提出使得宽带网络可以采用光纤作为传输媒介。光纤最大的优点是带宽高，一根单模光纤的可用带宽达到 30000GHz，而同轴电缆的带宽不超过 1GHz，微波的带宽不超过 300GHz。光纤的高带宽使得各种宽带业务和多媒体业务成为可能。光纤的另一个优点是抗干扰性强，不易受外界干扰，误码率极低，从而延伸了传输距离，减少了中继站的建设，节省了投资成本。

引入光纤大大推进了接入网的发展，然而，过去投资布设的双绞线设施不可能在短时间内全部替换，因此，在一段时期内，双绞线和光纤会共同应用于网络，如何最大限度地发挥双绞线的带宽作用就是研究者要解决的问题。于是，20 世纪 90 年代初，一系列以双绞线为传输媒介的宽带接入技术纷纷出台，这些技术统称为 xDSL。DSL(Digital Subscriber Line)是数字用户专线的缩写，x 则表示不同的宽带方案。xDSL 是用数字技术对现有的模拟电话用户线进行改造，使它能够承载宽带业务。标准模拟电话信号的频带为 300Hz～3400Hz ，但用户线本身实际可通过的信号频率超过 1 MHz。xDSL 技术就把 0kHz～4kHz 低端频谱留给传统电话使用，而把原来没有被利用的高端频谱留给用户上网使用。表 2-2 是 xDSL 的几种类型。

表 2-2　xDSL 的几种类型

xDSL		对称性	下行带宽	上行带宽	极限传输距离
ADSL	Asynchronous DSL，非对称数字用户线	非对称	1.5Mb/s	64 Kb/s	4.6km~5.5km
			6Mb/s~8Mb/s	640 Kb/s~1 Mb/s	2.7km ~3.6km
HDSL(2 对线)	High speed DSL，高速数字用户线	对称	1.5Mb/s	1.5 Mb/s	2.7km ~3.6km
HDSL(1 对线)			780Kb/s	780 Kb/s	2.7km ~3.6km
SDSL	Single-line DSL，一对线的数字用户线	对称	384Kb/s	384 Kb/s	5.5km
		对称	1.5Mb/s	1.5 Mb/s	3km
VDSL	Very high speed DSL，甚高速数字用户线	非对称	12.96Mb/s	1.6Mb/s~2.3 Mb/s	1.4km
			25Mb/s	1.6Mb/s ~2.3 Mb/s	0.9km
			52Mb/s	1.6Mb/s ~2.3 Mb/s	0.3km
DSL(ISDN)	Integrated Services Digital Network，综合业务数字网用户线	对称	160 Kb/s	160 Kb/s	4.6km~5.5 km

另外，传统的有线电视网 CATV 也朝双向多业务的方向转变，开发宽带接入技术，除了提供有线电视业务之外，开始提供因特网接入服务。

在有线宽带技术发展的同时，3G、WMAN 和 WLAN 等的发展使无线宽带接入成为可能。在偏远或环境恶劣的地区，或者在接入终端频繁移动时，选择无线接入因特网更为合理。

随着宽带接入技术的发展，有线宽带和无线宽带接入技术将呈现比翼齐飞的态势，共同前进。

2.3.3　因特网有线接入方式

随着计算机网络技术的发展，使得各种以 IP 协议为基础的业务不仅能在计算机网络上，也能在电信网(数据通信网)和有线电视网上开展，而且在不同的网络上可以实现互通，这就为"三网合一"奠定了基础。同时，光技术的发展为综合传送各种业务信息提供了高带宽，保证了传输质量，卫星和光纤是三个网络都采用的传输手段。软件技术的发展，使得三个网络的终端设备都能够通过安装软件模块来满足各种用户需求。因此，计算机网络、电信网和有线电视网有机融合起来早就被人们预期为一种必然的趋势。

三大网络必须找到都认可的网络结构、技术标准和通信协议，才能实现融合。然而，技术并不是"三网合一"的决定性因素，由于管理、利益分配等非技术因素的存在，目前"三网合一"还没有实现。

在此，按照接入网属于三大网络中的哪一种，将用户接入因特网的方式分为三类：通过电信网接入因特网、通过计算机网络接入因特网、通过有线电视网接入因特网。

1. 通过电信网接入因特网

电信网实际上是由电信部门管理和运营的公共数据通信网。通过传统的公共交换电话网(Public Switched Telephone Network，PSTN)接入因特网时，需要用调制解调器 Modem 将入户电话线与计算机连接起来，通过拨号方式上网。通过 PSTN 接入因特网如图 2-17 所示。使用这种接入方式的缺点是如果只有一根入户电话线，上网时就不能打电话，打电话时就不能上网。

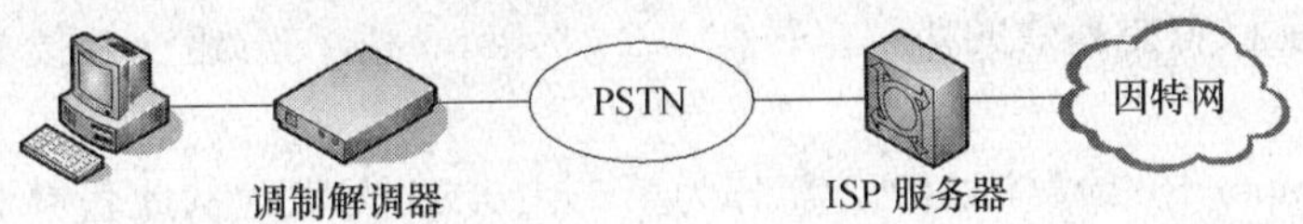

图 2-17　通过 PSTN 接入因特网示意图

20 世纪 70 年代，基于模拟信号传输的 PSTN 升级为全数字化网络，同时，为了能够将任何可数字化的信息(语音、视频、图像、图形以及文字等)直接传送到用户设备，电信业在国际电信联盟 ITU 的主持下，开发了综合业务数字网(Integrated Services Digital Network，ISDN)。1984 年，国际电报电话咨询委员会 CCITT(ITU 的前身)确定了 ISDN 最早的建议集。ISDN 将通过电话线连接建立的通信信道分成三种类型：B 信道，提供 64Kb/s 的速率来传送用户数据；D 信道，可用于传输信令信息或用户数据，不同业务的速率分别是 16Kb/s 或 64Kb/s；H 信道，提供比 B 信道更高的速率来传输用户数据。电信公司通常将 ISDN 的 B 信道和 D 信道组合成不同的速率接口提供给用户。

20 世纪 90 年代中期，ISDN 为用户提供因特网接入服务，用户可以使用一个 B 通道上网，而用另一个 B 通道打电话，或者用两个 B 通道共 128Kb/s 的速率接入因特网。在我国这种方式称为“一线通”。当时，与通过 PSTN 使用 56Kb/s 的 Modem 拨号接入因特网相比，通过 ISDN 接入因特网要方便得多，不但速率快，而且，只有一条入户电话线的用户可以在上网的时候不影响电话的使用。但是，好景不长，随着宽带技术 xDSL 的发展，用户可以以更低的价格获得更高的带宽，因此，通过 ISDN 接入因特网的方式始终没有在全球范围被广泛地应用。

随着电子技术和光纤技术的飞速发展，国际电信联盟 ITU 又提出了宽带综合业务数字网(Broadband-ISDN，B-ISDN)，而早期的 ISDN 被称为窄带综合业务数字网(Narrowband-ISDN，N-ISDN)。B-ISDN 与 N-ISDN 都有提供多种服务这一目标，除此之外，二者基本没有关系。

在 ISDN 将模拟的电信网升级为数字网的同时，其他的数据通信网络也纷纷出现，成为广域网技术发展的重要阶段。其中主要有数字数据网、X.25 分组交换网、帧中继、异步传输模式等。

数字数据网(Digital Data Network，DDN)是以光缆为主要传输媒介的数据传输基础网络，可为用户网络接入因特网提供租用数字线路的业务，而且有多种速率可以选择，一般不用于单个用户设备通过本地环路接入因特网。我国建成的 DDN 称为中国公用数字数据网 ChinaDDN。DDN 的速率可根据需要在 $N\times64$Kb/s(N=1～32)之间进行选择。它的优点是线路运行有保障，永久连接，而缺点是费用很高。通过 DDN 专线接入因特网如图 2-18 所示。

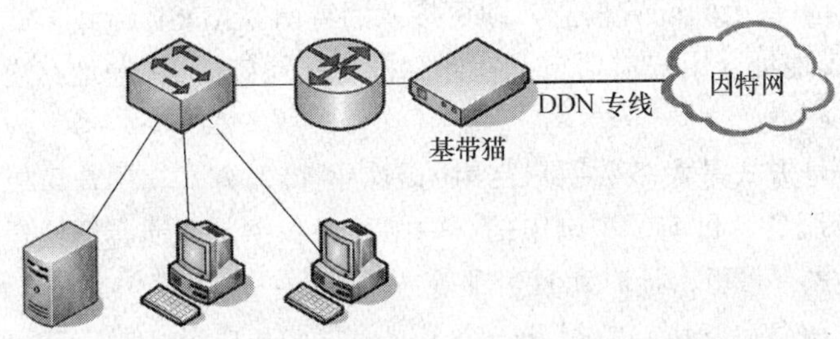

图 2-18　通过 DDN 专线接入因特网

X.25 标准是国际电报电话咨询委员会(CCITT，ITU 的前身)，在 1976 年提出了一种网络用户接口规范,按照 X.25 标准实现网络接口的分组交换网称为 X.25 分组交换网，它是最早的分组交换网。目前已有更高效的协议来替代 X.25 标准，高效的分组交换技术主要有帧中继和异步传输模式。

帧中继，(Frame Relay，FR)1992 年作为第二代 X.25 问世，从此获得了快速发展，并逐渐成为目前最成熟且廉价的广域网技术。FR 能够支持数据、语音、视频、多媒体以及各种需要服务质量(Quality of Service，QoS)的业务，这使得 FR 成为实现局域网互连、广域网接入并提供宽带业务的一种比较理想的选择。

异步传输模式(Asynchronous Transfer Mode，ATM)是 20 世纪 80 年代末 90 年代初出现的一种高速交换网络体系结构，是 B-ISDN 的核心网络交换技术。ATM 实现了在单一网络中混合传输多种业务，包括数据、语音以及视频等，而且，ATM 是目前最好的提供通信量管理和服务质量 QoS 的网络技术。但是，由于设备昂贵、协议复杂，以 ATM 为核心的 B-ISDN 也逐渐退出了市场。

总的来说，如果一个单位的局域网要接入因特网，可以通过 DDN 租用专线或帧中继网络等电信网来实现网络连接，这样可以获得高带宽，并保障各种业务的实现。但是，如果是个人的单台设备或个人区域网(Personal Area Network，PAN)要接入因特网，就不需要支付高昂的费用去选择 DDN 或帧中继网络，表 2-2 中的各种宽带接入技术是个人用户接入因特网的更好方式，其中 ADSL 是目前最常用的方式。

由于用户从因特网下载数据的数量比上传信息的数量大得多，因此，ADSL 标准中将上行和下行带宽定义为不对称的，下行带宽为 32Kb/s～6.4Mb/s，上行带宽为 32Kb/s～640Kb/s。上行指从用户到 ISP，而下行指从 ISP 到用户。通过提高调制效率得到了更高的数据率。例如 ADSL2 (G.992.3 和 G.992.4)标准中下行速率为 8Mb/s，上行速率为 800Kb/s。而 ADSL2+ (G.992.5)标准中下行速率为 16Mb/s(最大可达 25Mb/s)，上行速率为 800Kb/s。

ADSL 的极限传输距离与数据率以及用户线的线径相关，线径越细，信号传输衰减越大。同时，所能得到的最高数据传输速率与实际用户线上的信噪比也密切相关。ADSL 采用自适应调制技术使用户线能够传送尽可能高的数据率。

ADSL 在用户线(铜线)的两端各安装一个 ADSL 调制解调器。当 ADSL 启动时，两端的调制解调器就测试可用的频率、各子信道受到的干扰情况，以及在每一个频率上测试信号的传输质量。ADSL 不能保证固定的数据率。对于质量很差的用户线甚至无法开通 ADSL。

ADSL 接入因特网的方式有两种：专线方式和虚拟拨号方式。虚拟拨号方式并非真正的电话拨号，而是用户在计算机上运行一个专用客户端软件，通过身份认证后，获得包括一个动态 IP 地址在内的主机上网配置信息，即可接入因特网。ADSL 专线方式接入因特网的用户拥有一个固定的 IP 地址，用户需要自己在计算机上配置包括 IP 地址在内的网络信息，才能接入因特网。

ADSL 虚拟拨号方式是大多数用户常用的因特网接入方式，用户可以直接到当地的 ISP 咨询并办理 ADSL 服务。目前，中国电信、中国移动和中国联通等网络运营商都提供 ADSL 接入服务，计费方式有月租、计时和月封顶等方式。

办理了 ADSL 服务后，用户将得到一个上网用户名和口令，然后就可以将个人计算机、ADSL Modem 和入户电话线连起来了，物理连接方法如图 2-19 所示。一般分离器都集成在 ADSL Modem 中，因此，Modem 有一个 Line 口接从接线盒引出的入户电话线，Modem 的另一个 Phone 口接电话机，Modem 的以太网接口则是接计算机的。

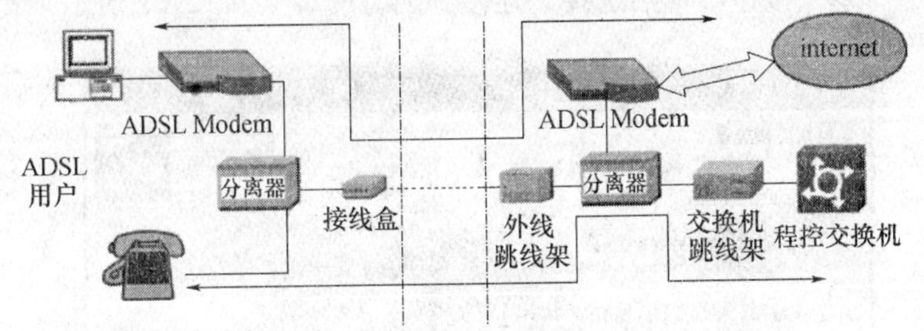

图 2-19　ADSL 虚拟拨号方式接入因特网物理连接示意图

计算机的以太网接口与 Modem 相连，需要安装网络驱动程序才能上网。安装好网卡驱动程序之后，需要安装 ADSL 虚拟拨号客户端软件，如果计算机的操作系统是 Windows XP，则无需安装拨号软件，只要按照下面的步骤就可以创建 ADSL 虚拟拨号连接。

(1) 选择“开始”→“程序”→“附件”→“通讯”→“新建连接向导”，如图 2-20 所示，则屏幕上会出现“新建连接向导”对话框，如图 2-21 所示。

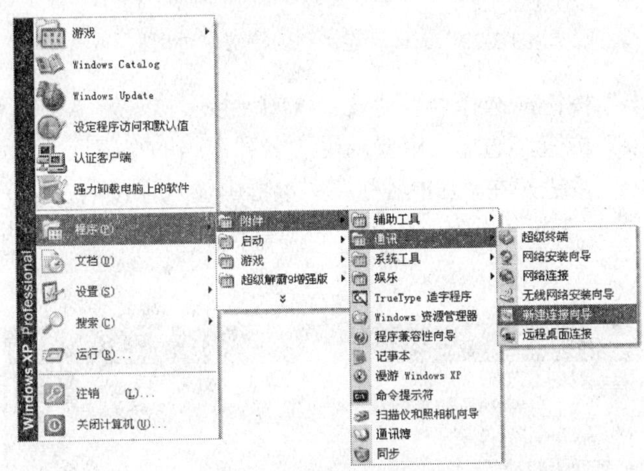

图 2-20　ADSL 虚拟拨号方式接入因特网配置

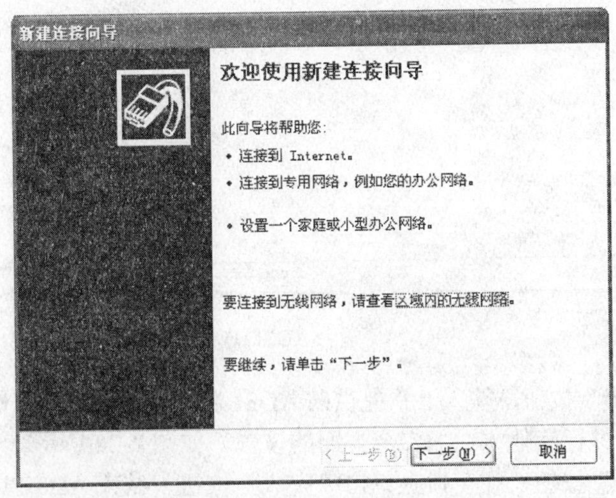

图 2-21　“新建连接向导”对话框

(2) 单击“下一步”按钮，然后选择“连接到因特网”，如图 2-22 所示。

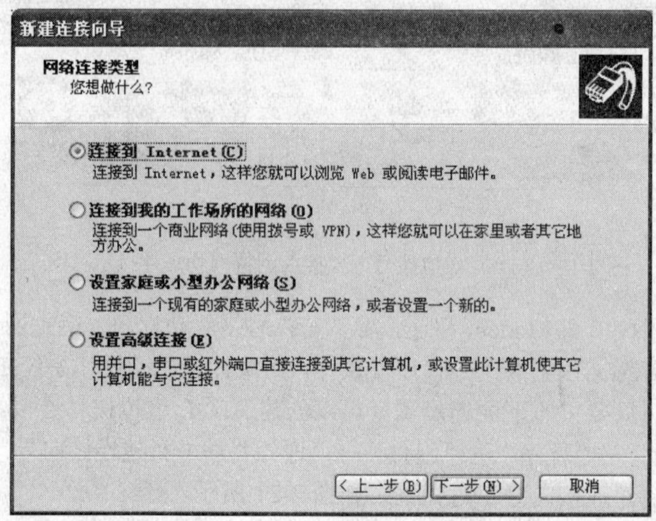

图 2-22　选择“连接到因特网”对话框

(3) 单击“下一步”按钮，选择“手动设置我的连接”。

(4) 单击“下一步”按钮，选择“用要求用户名和密码的宽带连接来连接”。

(5) 单击“下一步”按钮，在“ISP 名称”文本框中输入连接名，这个连接名是用户给自己计算机上的 ADSL 连接所起的名字，例如宽带 ADSL、电信 ADSL 或者联通宽带上网等，如图 2-23 所示。

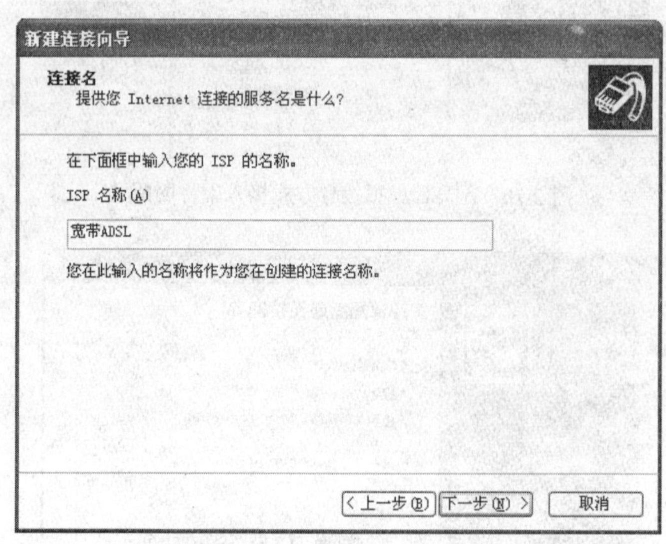

图 2-23　输入 ADSL 连接名

(6) 单击“下一步”按钮，输入 ISP 提供的 ADSL 账号(用户名)和密码，并根据向导的提示对这个 ADSL 连接进行其他方面如安全方面的设置，如图 2-24 所示。

(7)单击“下一步”按钮，在窗口上单击“完成”按钮，结束 ADSL 虚拟拨号接入设置，如图 2-25 所示。

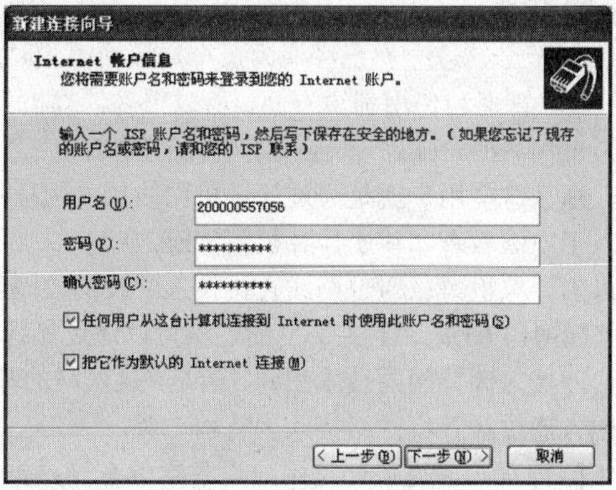

图 2-24　ADSL 账号信息设置

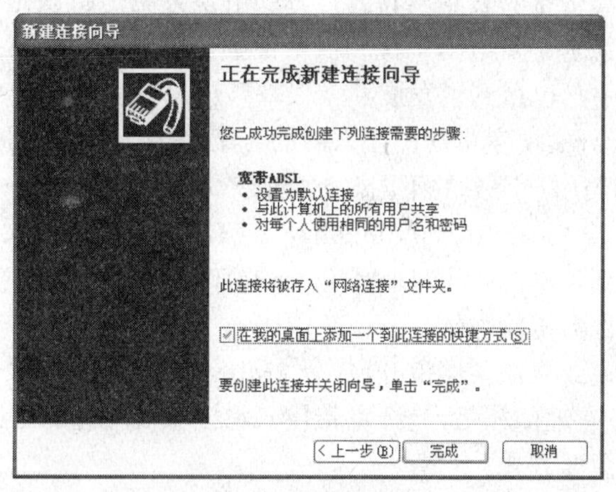

图 2-25　完成设置

完成结束 ADSL 虚拟拨号接入设置后，计算机的桌面上会出现名为“宽带 ADSL”的连接图标。

双击 ADSL 连接图标，出现 ADSL 连接对话框，如图 2-26 所示。输入用户名和密码，然后单击“连接”按钮，即可通过 ADSL 虚拟拨号上网了。连接成功后，屏幕右下角会出现网络已连接的图标。

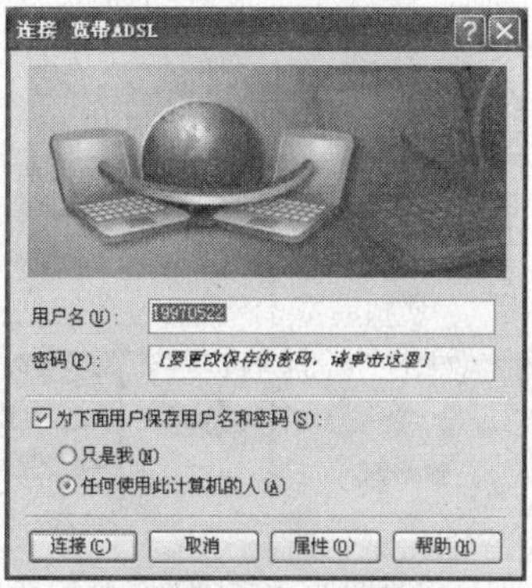

图 2-26　ADSL 连接对话框

2. 通过计算机网络接入因特网

从 20 世纪 80 年代发展至今，以太网已经成为每个局域网组建时的首先方案。因为以太网组建简单，设备价格低廉，管理和使用都很方便，所以很多计算机都迅速地接入了以太网。目前，全球企事业单位的 80%~90%的用户都连入了单位的局域网中，如果该局域网已经通过计算机网络接入因特网，那么这些用户就是通过计算机网络接入因特网。

我国很多高校都接入了中国教育和科研计算机网(CERNET)，大学的科技楼每个房间都安装了以太网接口，房间内的计算机可以通过网线直接接入学校的校园网，通过连接 CERNET 的校园网接入因特网。校园网与 CERNET 主干网的连接可以通过光纤或微波信道，采用的广域网技术也许与通过电信网接入因特网的技术相同，但是，接入网的基础设施属于 CERNET，因此，将这种接入方式归入通过计算机网络接入因特网一类。

通过计算机网络接入因特网的前提条件是用户设备附近有计算机网络的接入接口，也就是说建设网络基础设施时，需要从主干网设备到每个用户家庭都布设好网线。大家熟悉的铜芯网线不适合这种保障高带宽的长距离布线，好的解决方案是布设光纤。光纤通信具有通信容量大、质量高、性能稳定、防电磁干扰和保密性强等优点，它在数据传输网和交换网中都有广泛应用，在接入网中，也得到了发展。

FTTx 是一种通过光纤实现宽带居民接入网的方案，根据终点光网络单元(Optical Network Unit，ONU)所在位置和与用户距离的不同，光纤接入网可分为三类：光纤入户(Fiber To The Home，FTTH)；光纤入楼(Fiber To The Building，FTTB)，光纤进入大楼后就转换为电信号，然后用电缆或双绞线接到各户；光纤到小区(Fiber To The Curb，FTTC)，从小区路边到各用户可使用星形结构双绞线作为传输媒体。

目前光纤接入网正在或将在各城市开展，以 2Mb/s~10Mb/s 作为最低标准的光纤宽带网的接入正走进寻常百姓家。有理由相信，光纤宽带接入将会取代现有的电话拨号、ISDN 和 ADSL，成为未来接入因特网的主要方式。

3. 通过有线电视网接入因特网

光纤同轴混合网(Hybrid Fiber Coax，HFC)是在有线电视网(CATV)的基础上开发的一种居民宽带接入网。现有的 CATV 网是树形拓扑结构的同轴电缆网络，它采用模拟技术的频分复用对电视节目进行单向传输。HFC 网需要对 CATV 网进行改造，将原 CATV 网中主干部分改换为光纤，并使用模拟光纤技术。HFC 网具有比 CATV 网更宽的频谱，且具有双向传输功能，因此，提供的服务包括 CATV、电话、数据和其他宽带交互业务。HFC 如图 2-27 所示。

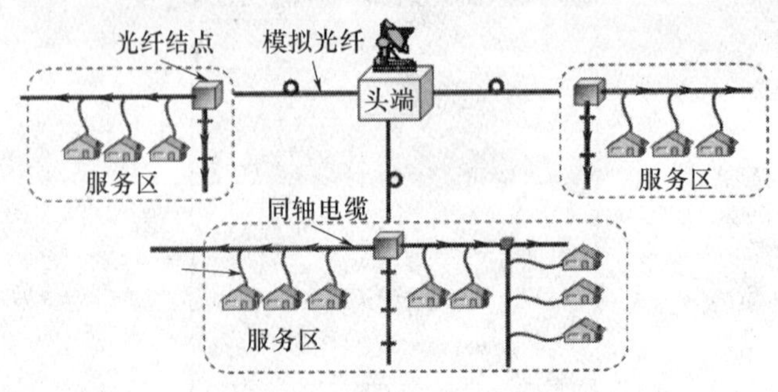

图 2-27 通过有线电视网接入因特网的示意图

HFC 将入网接口安装到每个用户家庭，通过有线电视网接入因特网就是用户计算机通过这个接口接入 HFC 网，从而接入因特网。

每个家庭要安装一个用户接口盒(User Interface Box，UIB)，UIB 提供三种连接，连接一是使用同轴电缆连接到机顶盒，然后再连接到用户的电视机；连接二是使用双绞线连接到用户的电话机；连接三是通过线缆接调制解调器 Cable Modem 连接到用户的计算机。连接图如图 2-28 所示，图中分离器即 UIB。

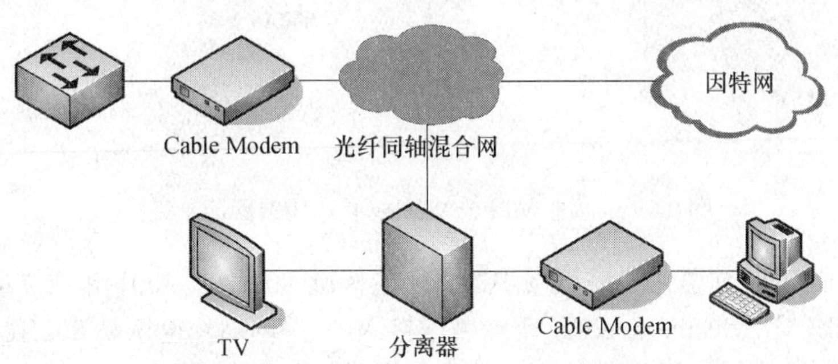

图 2-28 通过有线电视网接入因特网的示意图

用户计算机采用 Cable Modem 技术通过 HFC 上网的方式也称为“有线通”。HFC 网的 Cable Modem 比电话线上使用的调制解调器要复杂得多，并且不是成对使用，而是只安装在用户端。Cable Modem 连接方式可分为两种，对称速率型和非对称速率型。对称型连接上行速率和下行速率相同，都是 500Kb/s～2Mb/s。非对称型连接的下行速率一般是 3Mb/s～10Mb/s，最高可达 30Mb/s，上行速率为 0.2Mb/s～2Mb/s，最高可达 10Mb/s。

通过 HFC 接入因特网的优点是传输速率比较高，缺点是网络用户共同分享有限带宽，导致在电视信号使用高峰时段网络速率非常低。要将现有的 450 MHz 单向传输的 CATV 网改造为 750 MHz 双向传输的 HFC 网，还要将所有的用户服务区互连起来，而不是一个个 HFC 网的孤岛，需要投入大量资金和时间。因此，目前通过有线电视网接入因特网的方式还远远不如通过电信网或计算机网络接入因特网普遍。

2.3.4 因特网无线接入方式

前面谈的各种接入方式采用的都是有线传输媒介，随着无线通信技术的飞速发展，越来越多的人通过无线方式接入因特网。无线接入技术为用户固定的、便携的或移动的终端提供接入因特网服务，比有线接入技术更灵活，但是其数据传输速度相对较低。

根据无线接入网的类型同样可以将接入方式分为两类，即通过电信网接入因特网，或通过计算机网络接入因特网。

1. 通过 WiMax 接入因特网

通过计算机网络无线接入因特网一般是先接入无线局域网 WLAN(802.11)，然后通过无线城域网 WMAN(802.16)接入因特网，如图 2-29 所示。也可以直接通过 WMAN 接入因特网。

1997 年，IEEE 制定出 WLAN 的协议标准 802.11 系列，人们常常将凡使用 802.11 系统协议的 WLAN 称为 Wi-Fi(Wireless-Fidelity，意思是“无线保真度”)。

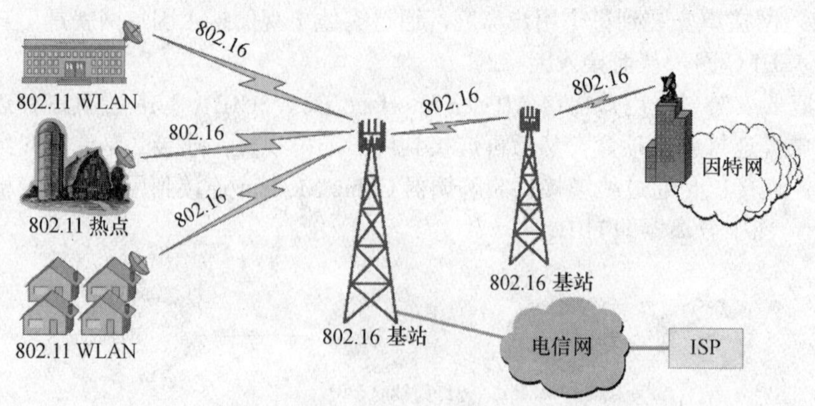

图 2-29　通过 WiFi 或 WiMax 接入因特网的示意图

2002 年，IEEE 通过了无线城域网 WMAN 的标准 802.16。2001 年成立的 WiMax(World Interoperability for Microwave Access，全球微波接入的互操作性)论坛是 802.16 技术的推动者，给通过 WiMax 的兼容性和互操作性测试的宽带无线接入设备颁发 WiMax 论坛证书。人们常常用 WiMax 表示 WMAN。

如同 2.3.3 节通过计算机网络接入因特网一样，如果一个 WLAN 已经接入因特网，其他计算机可以通过无线的方式加入该网络并访问因特网。建立无线连接后，桌面右下角会出现如图 2-30 所示的图标。

要将计算机加入到无线网络中，必须满足最基本的硬件要求——安装无线网卡。以太网卡一般都是内置的，而无线网卡有的是内置的，有的是外置的，内置网卡要插入主机的扩展槽，外置网卡则需插入计算机接口才能发挥作用。

接入不同的无线网络遵循的标准不一样，需要的无线网卡类型也不一样，即使它们外观上很像，也不能混用。

目前，许多公共服务场所提供无线接入服务，例如宾馆、饭店。这些场所的无线网络一般不设置安全机制，用户计算机搜索到无线接入点后，就可以直接接入该网络。而对于许多单位无线网络来说，为了保障网络安全或防止被非授权用户接入该网络，通常会启用网络密钥功能。启用网络密钥功能后，要接入该网络就必须提供密码，即如图 2-31 所示要经过身份认证。

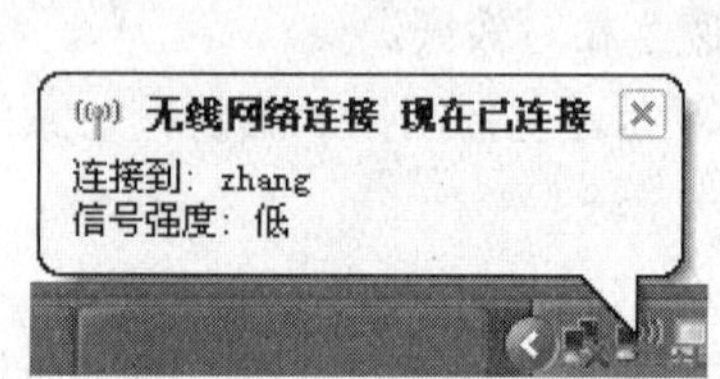

图 2-30　建立无线网络连接

图 2-31　无线网接入身份认证

2. 通过 3G 网络接入因特网

另一种无线接入因特网的方式是通过 3G(3rd-Generation)网络无线上网。

3G 网络指的是第三代移动通信网络。与一直服务于手机通信的 2G 网络相比，3G 网络在传输声音和数据的速度上有很大提升，它能够在全球范围内更好地实现无线漫游，并处理图像、音乐、视频流等多种媒体形式，提供包括网页浏览、电话会议、电子商务等多种信息服务。

1942 年美国女演员海蒂•拉玛和她的作曲家丈夫提出一种展布频谱技术(也称码分扩频技术)。1985 年，美国高通公司利用展布频谱技术开发出一个新的被称为码分多址(Code Division Multiple Access，CDMA)的通信技术，就是这个 CDMA 技术直接导致了 3G 的诞生。CDMA 是 3G 的基础原理，而展布频谱技术则是 CDMA 的基础原理。

在 CDMA 的技术基础上，国际电信联盟 ITU 确定了三个无线接口标准，分别是美国的 CDMA2000 标准、欧洲的 WCDMA 标准和中国的 TD-SCDMA 标准。CDMA 技术是 3G 的主流技术，国内的 3G 网络分别采用了 ITU 的三个无线接口标准，中国电信的 3G 标准是 CDMA2000，中国联通的 3G 标准是 WCDMA，中国移动的 3G 标准是 TD-SCDMA。

从 2G 网络过渡到 3G 网络需要一个过程，目前，通过 3G 网络接入因特网就处于一个过渡阶段，接入方式因运营商的不同而不同，有 GPRS 方式和 CDMA2000 1x 方式。选择不同的 3G 网络运营商就选择了不同的接入方式，也就需要配备相应的网卡。此外，还需要到 3G 网络运营商的营业厅购买专门上网的 CDMA SIM 卡或 GPRS SIM 卡，并插入网卡插槽中，如图 2-32 所示。将网卡连接计算机，安装驱动程序和客户端程序后，就可以上网冲浪了。

图 2-32　3G 网卡(左、右)及 SIM 卡(中)

无线接入因特网摆脱了有线接入方式中网线的限制，对于经常移动的设备来说更方便、更灵活，笔记本电脑、PDA、手机等上网终端都会直接配备无线网卡，或者支持无线网卡的接口。但是，从上网速度来说，无线接入的带宽总体上低于有线接入的带宽。不论是哪种因特网接入方式，无可置疑地是，随着技术的快速发展，人们上网越来越方便，网络服务越来越好。

2.4　有线无线混合局域网的组建案例

本节以二层交换机+无线路由器的形式，介绍一个简单的有线、无线混合局域网的组建过程实例。该例的组网方案，适用于规模较小、对移动办公有一定需求的小型办公网络。由于无线路由器既可提供 WLAN 接入，又拥有以太网 LAN 接口，实现与计算机、交换机或集线器的连接，从而实现无线与有线的融合。而且，由于无线路由具有宽带路由的功能，所以，也可为整个办公网络提供因特网连接共享。虽然本例仅涉及局域网内部的设置，但是读者可以依据自己的需要进行应用扩展。本例所用拓扑如图 2-33 所示。

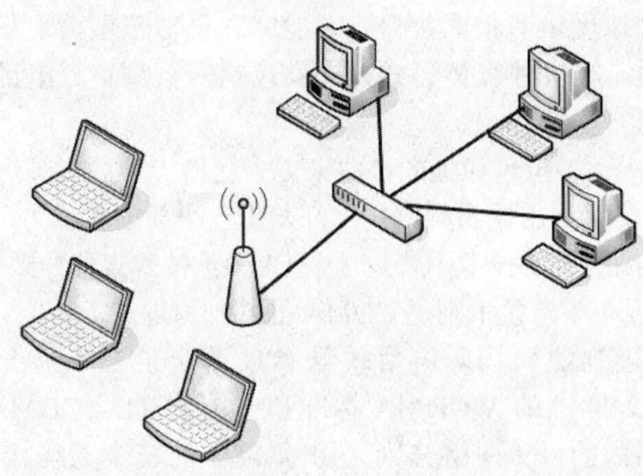

图 2-33　二层交换机+无线路由器组网拓扑

2.4.1　硬件设备的连接

组建图 3-1 的局域网络，使用的主要硬件设备有无线路由器、二层交换机、无线网卡和双绞线若干根。

无线路由器选用 ASUS(华硕)WL-500G-X 无线路由器，如图 2-34 所示。该无线路由器配备有四个以太网接口和一个广域网接口，是无线 AP 和宽带路由器的结合。支持 DHCP 客户端、支持 VPN、防火墙、支持 WEP 加密等，还具有网络地址转换(NAT)功能，可支持局域网用户的网络连接共享。可实现家庭无线网络中的因特网连接共享，实现 ADSL 和小区宽带的无线共享接入。在此局域网络的组建中，只用到其无线 AP 功能。它的以太网接口用于连接以太网交换机或者直接连接计算机(通常无线路由器集成了交换机的功能，但所提供的接口数量有限)，实现无线网络和有线网络的连接。

图 2-34　WL-500G-X 无线网络路由器

无线网卡选用 TP-LINK TL-WN620G USB 无线网卡，如图 2-35 所示。该无线网卡工作在 2.4GHz 频段，理论带宽 108Mb/s，支持 WEP 和 WPA 加密。为适应不同用户的需求，可以选择加密或不加密，以及不同的加密方式，为局域网提供安全保护。

1. 有线连接

所有设备的有线连接主要是无线路由器与交换机的连接(需要使用交换机时)，计算机与交换机的连接。需要接入因特网时，还有无线路由器广域网接口与宽带入户接口的连接。在线缆的选择问题上，由于 WL-500G-X 无线路由器具备 MDI/MDIX 自适应功能，所以无线路由器与以太网交换机连接时，使用直通线或者交叉线均可。但是交换机与计算机连接时，必须使用直通线。

2. 无线连接

由于无线设备的通信依赖于无线媒体，所以只需要正确连接好无线网卡即可。对于 USB 接口的无线网卡，只要将其插入其中一个 USB 接口即可。如图 2-36 所示。

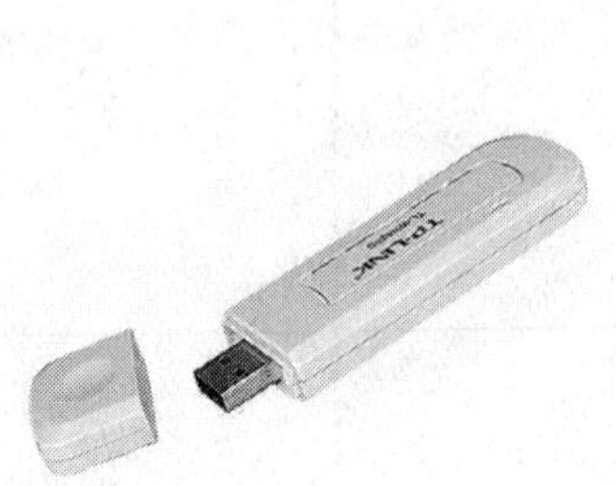

图 2-35　TP-LINK TL-WN620G USB 无线网卡

图 2-36　无线网卡与计算机连接

2.4.2　软件配置

硬件设备连接完成之后，就需要对其进行配置，完成软件互通。需要说明的是，在本例中，只涉及到二层交换机的基本功能，只要正确实现硬件连接，即可实现基本的通信功能。所以本例中不涉及交换机的配置。

1. 无线路由器客户端应用程序的安装

和普通应用程序的安装类似。该应用程序以方便快捷的方式为用户提供了对路由器的配置。包括 IP 地址、防火墙、DHCP 等，配置界面以网页的形式出现。一般来讲，不同的设备制造商会开发不同的客户端应用程序来实现此功能。本节以组网实例所选的 ASUS(华硕)WL-500G-X 无线网络路由器驱动安装为例。

(1) 在随机光盘上运行安装程序，出现如图 2-37 所示安装界面。选择“安装华硕无线路由器应用程序”进行安装。

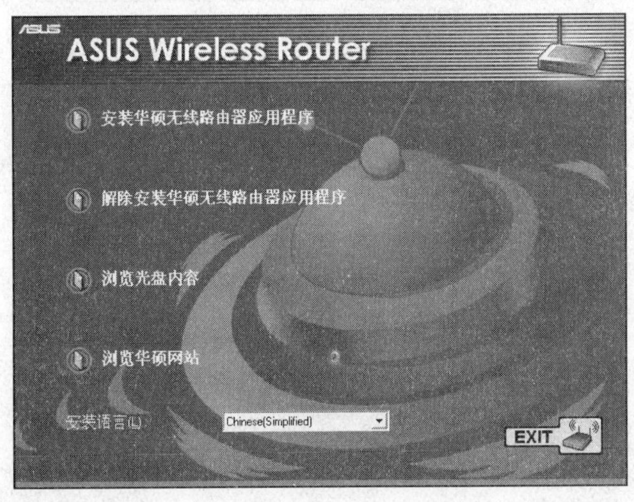

图 2-37　无线路由器应用程序启动界面

(2) 安装程序弹出如图 2-38 所示的窗口，单击“下一步”按钮继续。

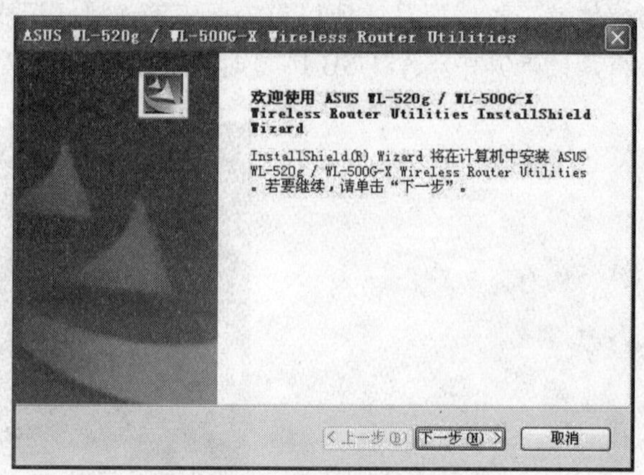

图 2-38　应用程序的安装过程

(3) 为应用程序选择安装路径，如果要为应用程序选择不同于默认路径的安装路径，如图 2-39 所示。单击路径编辑框右侧的“浏览”按钮，选择安装路径，完成后，单击“下一步”按钮。

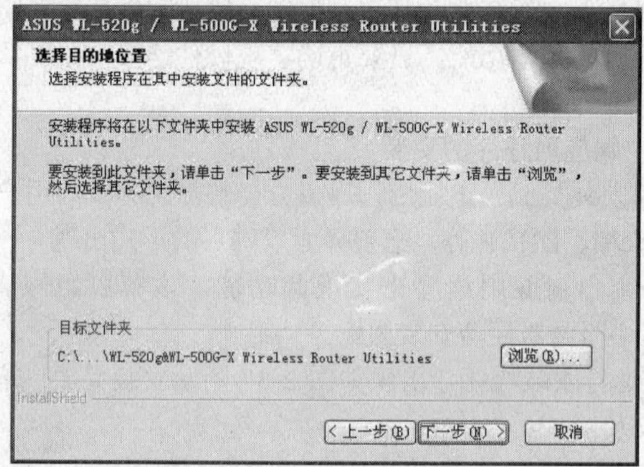

图 2-39　为安装程序选择路径

(4) 在图 2-40 所示的窗口上，选择一个程序文件夹并单击“下一步”按钮继续。

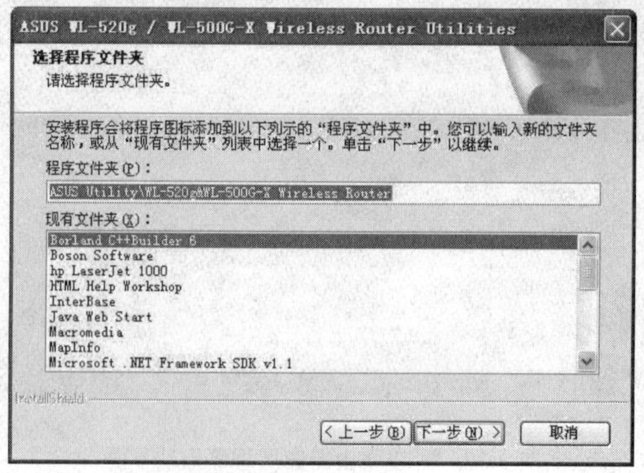

图 2-40　应用程序的安装过程

(5) 安装程序完成后，屏幕上会出现如图 2-41 所示的提示重启计算机的对话框。此时，选择“是，立即重新启动计算机”选项并单击“完成”按钮。计算机重新启动后，应用程序安装完成。用户即可通过应用程序对无线路由器进行配置。

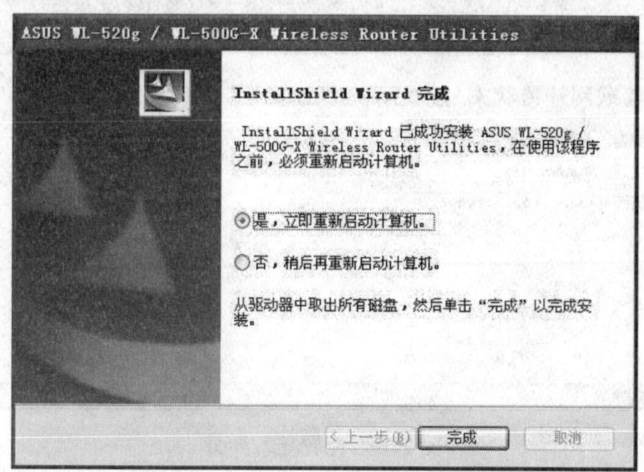

图 2-41　程序安装完成

2. 无线网卡驱动程序安装

无线网卡驱动程序的安装与其他硬件设备驱动的安装方式类似。根据制造商的不同，驱动的安装过程也有所不同，一般情况下，只需要按照设备的说明书逐步进行即可，这里不再赘述。

3. 无线路由器的配置

在无线路由器应用程序安装完成之后，会在开始菜单中建立相应的应用程序菜单。运行开始菜单中“ASUS Utility/WL-520g&WL-500G-X Wireless Router”菜单下的程序“Device Discovery”。弹出搜索窗口如图 2-42 所示。

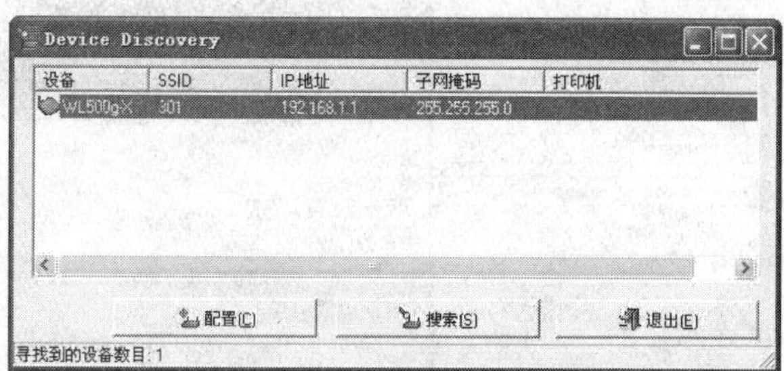

图 2-42　应用程序搜索无线设备

在本例所选的路由器自带应用程序中，程序可以自动搜索可用的无线设备，如图 2-42 的窗口所示，单击“配置”按钮进入下一步操作。无线路由器本身内嵌了 Web Server，可以直接明了地逐步进行参数配置。

此时，应用程序打开如图 2-43 所示的 Web 页面，ASUS 无线路由器的出厂设置 IP 为 192.168.1.1，不同的设备制造商对其产品的设置不同，具体可参见设备说明书。单击“登入”按钮登录配置界面。

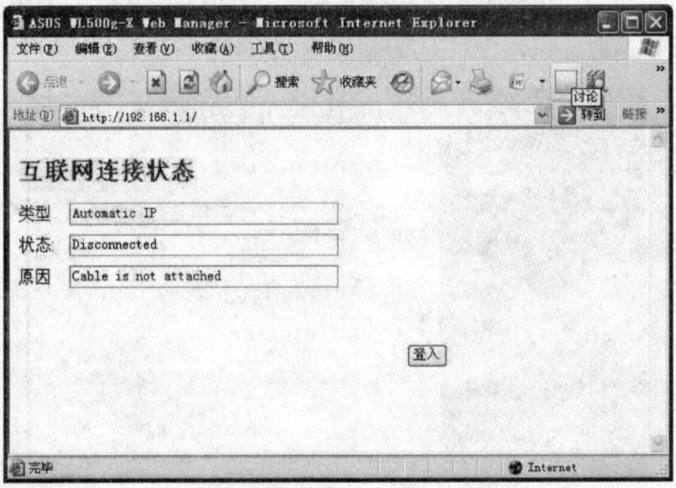

图 2-43　配置登入界面

登入无线路由器对其进行配置，需输入用户名和密码，如图 2-44 所示。ASUS 无线路由器出厂的用户名和密码均为“admin”。为方便用户配置，可选取“记住我的密码(R)”的单选框，以便下次登入时无需输入密码。单击“确定”按钮登录，系统弹出配置窗口。不同的路由器配置界面也不同，在此例中，系统的配置界面如图 2-45 所示窗口。在配置界面的左侧是一个树形目录，主要有主页、快速安装、无线、IP 设置等配置内容。页面的中间是各项配置的当前状态及具体参数的设置显示部分。

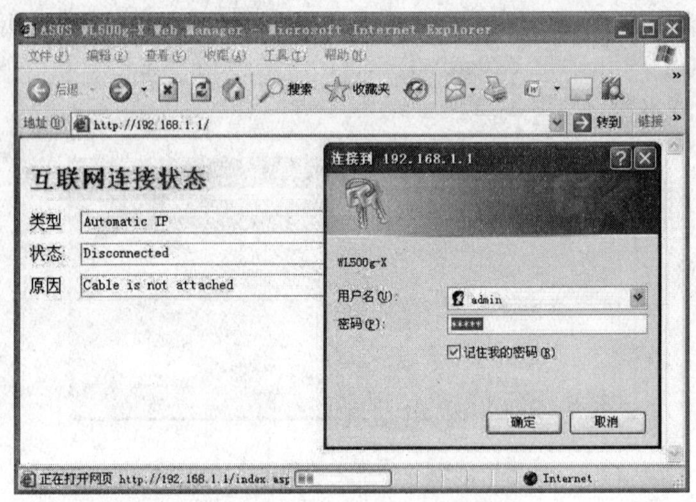

图 2-44　输入登入用户名和密码

首先，配置无线路由器的 AP 工作模式。

单击配置界面左侧“无线”菜单下的“无线桥接”选项，出现如图 2-45 所示的配置界面。AP 模式下拉菜单中提供了 AP 的三种工作模式，AP Only、WDS Only、Hybird。

AP Only 工作模式下，AP 作为单一的无线基站，和周围的无线终端组建一个无线局域网。WDS Only 工作模式下，AP 作为无线基站，只可以和其他无线基站进行桥接，组建范围更广的无线局域网络。Hybird 工作模式下，无线基站可同时发挥 AP Only 和 WDS Only 工作模式下的功能。在本例中，选择 AP 作为单一的无线基站。“频道”选项可以设置为“Auto”。

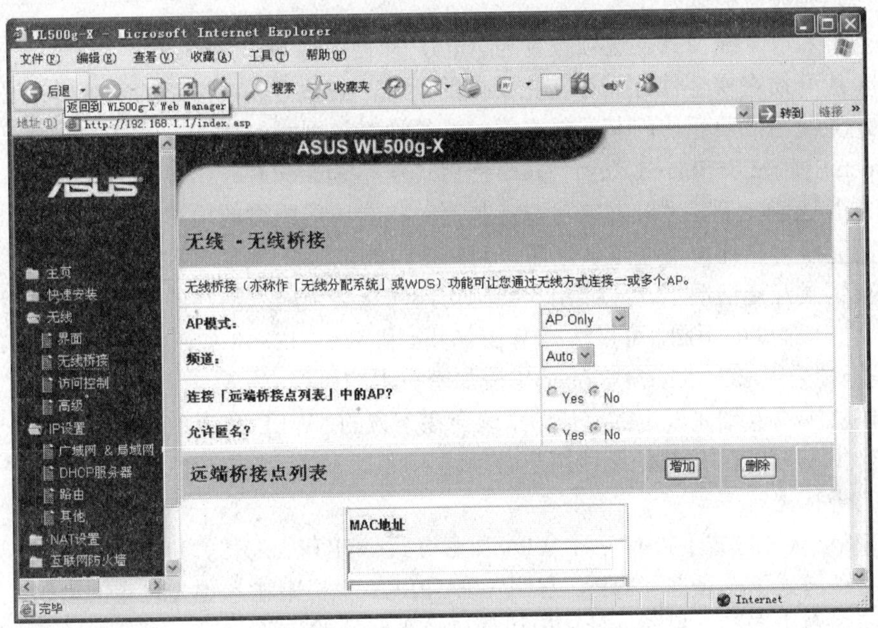

图 2-45　配置 AP 的工作模式

第二步，单击配置界面左侧“无线”菜单下的“界面”选项，出现如图 2-46 所示的配置界面，以对无线网络的标识以及加密认证方式进行配置。

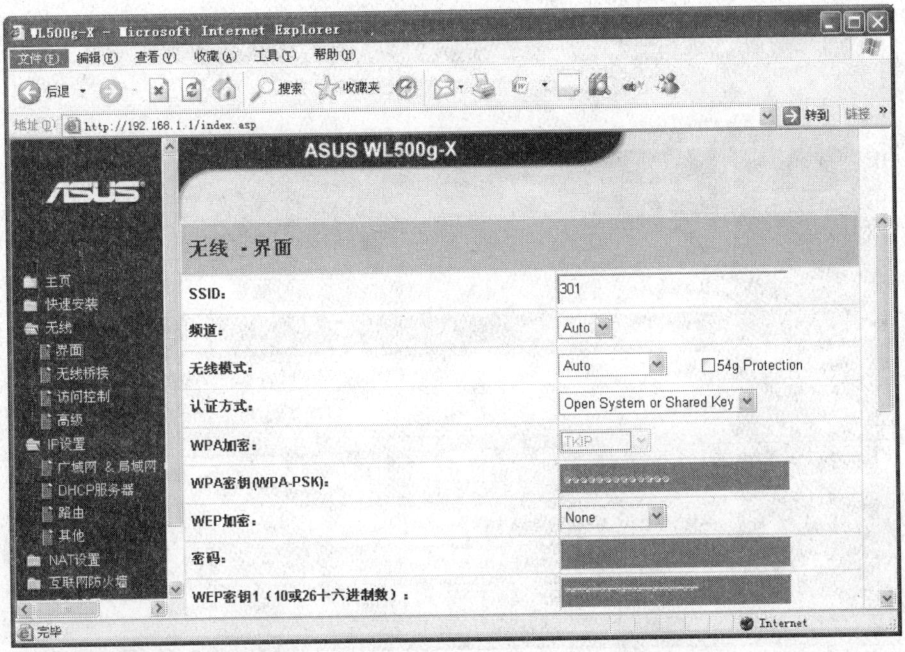

图 2-46　配置 AP 的 SSID 及加密认证方式

填写 SSID(Service Set Identification，即服务集标识符)名，也可称 AP 的标识符，用于标识无线网络。该项的长度最多为 32 个字符。当无线设备工作在 Ad-hoc 模式下时，同一网络内的设备必须使用相同的 SSID，才能互相访问；当无线设备工作在 Infrastructure 模式下时，网络由无线基站统一分配 SSID。

“频道”和“无线模式”选项设置为 Auto，以便兼容 802.11b/g 的网络。

鉴于无线介质在安全性方面存在先天性的不足，必须对无线网络的安全提供必要的保护措施。其他无线用户要想访问某无线网络，必须通过该网络的认证。认证方式有三种，开放式互连(Open System or Shared Key)、共享密钥式互连(Shared Key)、WAP-PSK。

开放式互连情况下，无线网络可以选择不对将要访问网络的用户进行限制，即任何想要访问网络的无线用户均可不通过认证而访问网络内的资源，因此，不推荐此种认证方式。

共享密钥式互连情况下，无线用户要想访问网络必须输入网络的共享密钥以通过网络的认证。根据加密强度的不同，可以选择 WEP-64bit 和 WEP-128bit 加密。WEP(Wired Equivalent Privacy)是一种采用 RC4(Rivest Cipher)串流加密技术的协议。

在密码栏中输入预先设定的密码，系统会在下方的“WEP 密钥 1(10 或 26 十六进制数)：”栏中自动产生 WEP 密钥，其他无线用户必须输入此 10 位或 26 位十六进制数的共享密钥才能对无线网络进行访问。

WAP-PSK 认证方式下，有三种 WPA 加密方式：TKIP、AES、TKIP+AES。

在此认证方式下，须在“WPA 密钥(WPA-PSK)：”栏中输入预先设定的密码。其他无线用户要访问该网络资源，需输入此密码以通过该无线网的认证。

第三步，IP 的配置。单击配置界面左侧“IP 设置”菜单下的“广域网和局域网”选项，进入 IP 配置界面。如图 2-47 所示的 IP 地址是对 AP 的 IP 地址的配置。接入无线局域网络的无线客户端必须配置与 AP 相同网段的 IP 地址才能获得该无线网络的访问权。在“LAN IP 设置”项下，编辑 IP 地址和子网掩码。

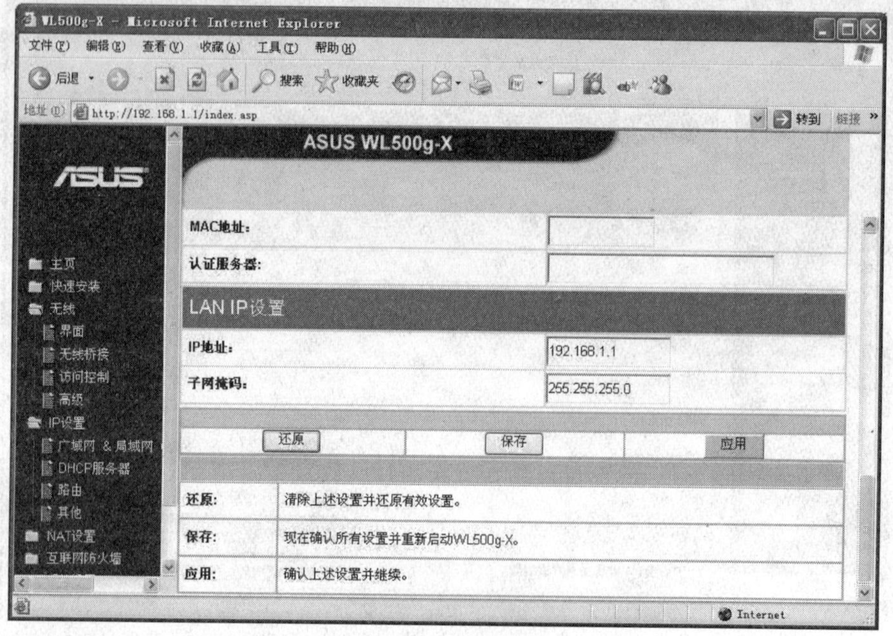

图 2-47　配置 AP 的 IP 地址

第四步，DHCP 服务器的配置。

单击配置界面左侧“IP 设置”菜单下的“DHCP 服务器”选项，进入 DHCP 服务器配置界面。如图 2-48 所示。

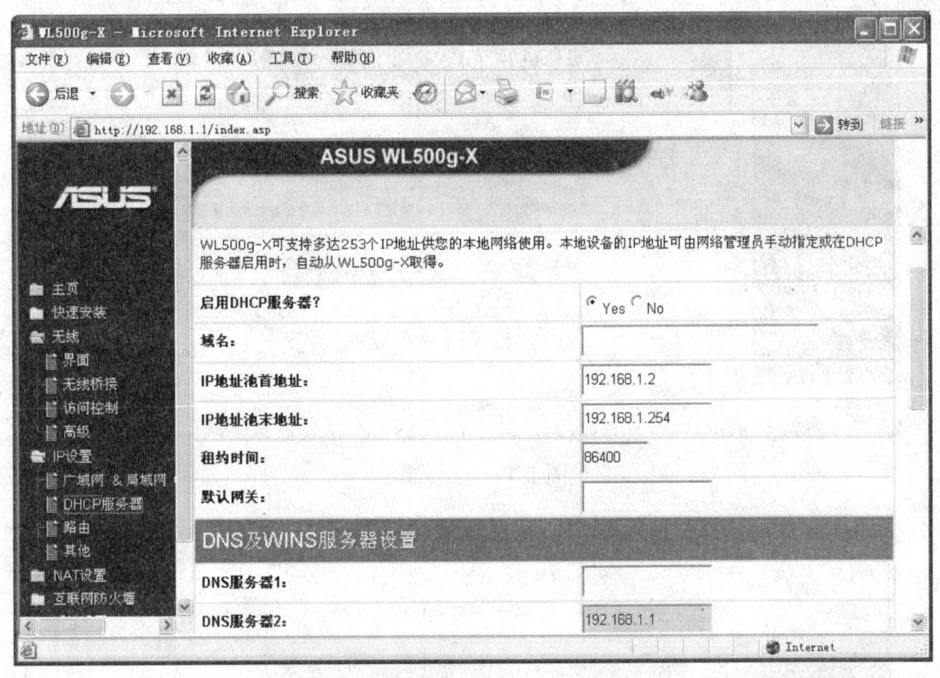

图 2-48　DHCP 服务器的配置

如果用户对无线客户端网卡的 IP 地址进行手动配置，这一步即可略去。所谓的 DHCP 即动态主机配置协议，它提供了一种机制，称为即插即用连网。这种机制允许主机加入新的网络并自动获取 IP 地址而无需手动分配。所以 DHCP 服务器的功能就是对接入无线网络的无线客户端进行 IP 地址分配。分配 IP 地址的范围称之为地址池。配置 DHCP 服务器时，需设定地址池的首尾 IP 地址，例如，可以对其进行如图 2-48 所示的设定，配置成功后，无线路由器将对连接入网络的无线客户端动态分配 192.168.1.2～192.168.1.254 之间的 IP 地址。由于从 DHCP 服务器得到的 IP 地址有一定的有效时间，称为租约时间(以秒为单位)，超过这个时间，无线客户端必须再向 DHCP 服务器续约 IP 地址。

对无线路由器完成以上设置之后，必须对所配置的参数进行保存。无线路由器再次启动的时候才能生效。单击页面下方的“保存”按钮，将会出现如图 2-49 所示的提示界面。

单击“保存并重新启用”按钮，对设置进行保存。系统会自动将配置的参数写入无线路由器，系统显示如图 2-50 所示的界面。

大约经过 20s 的时间，所配置的参数写入成功，无线路由器保存设置完成。

当然，对于接入因特网的用户，还需要在无线路由器中配置 ISP 提供的宽带用户名和口令。

4. 无线网卡的配置

无线网卡的配置主要是对其 TCP/IP 协议属性的配置。

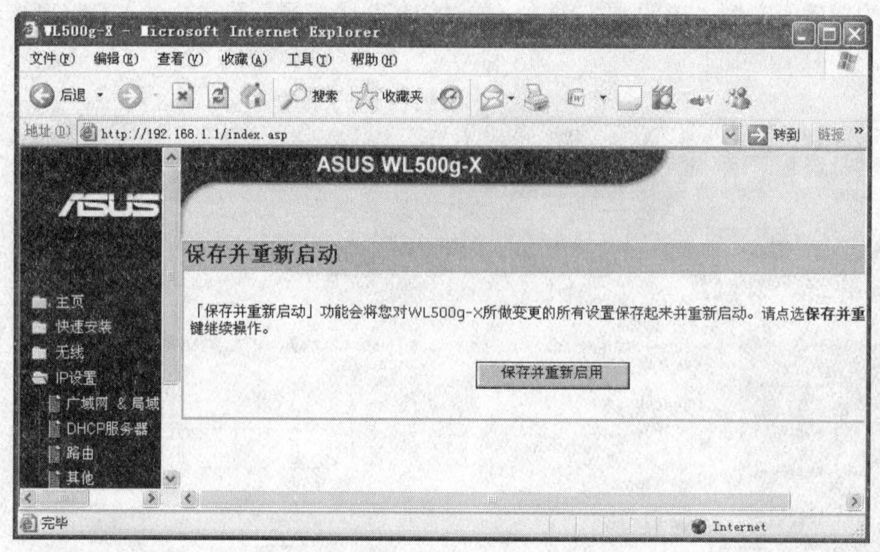

图 2-49　保存配置

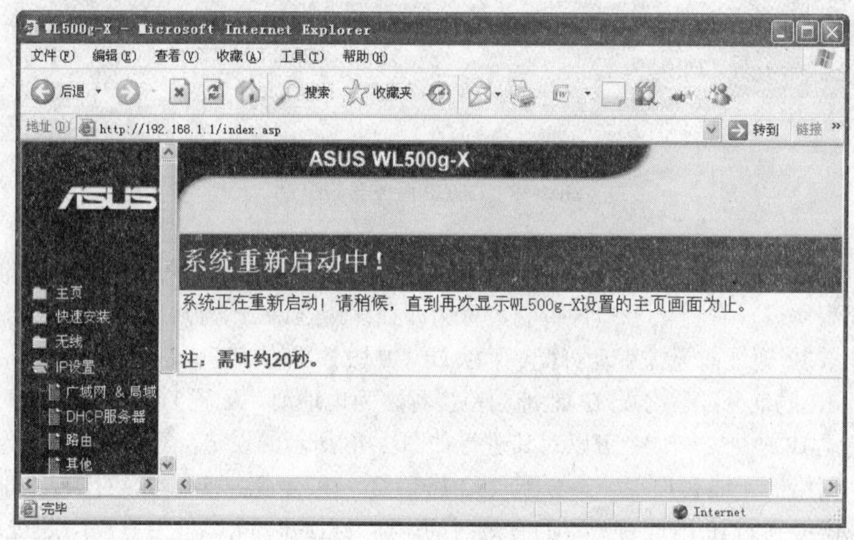

图 2-50　系统配置重启中

驱动程序安装完成之后，将无线网卡插入计算机的 USB 接口，系统会自动识别无线网卡找到无线网络连接。配置步骤如下：

单击“开始”菜单，选择“控制面板”，双击“网络连接”图标，进入网络连接界面。若无线网卡连接无误，界面上会出现“无线网络连接”的图标，双击“无线网络连接”的图标，系统显示“无线网络连接属性”窗口，如图 2-51 所示。为方便用户，可以勾选窗口下方的“连接后在通知区域显示图标”和“此连接被限制或无连接时通知我”单选框，系统会在 Windows 桌面的右下方状态栏内显示网络连接的状态。

双击“常规”选项卡中的“因特网协议(TCP/IP)”选项。系统显示“因特网协议(TCP/IP)属性”窗口，如图 2-52 所示。

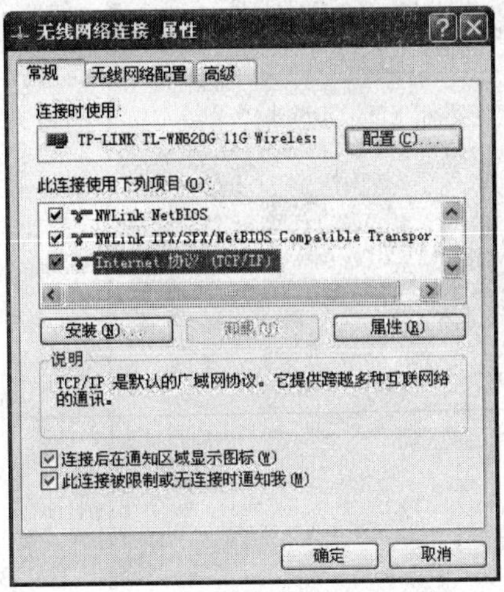

图 2-51　TCP/IP 协议属性配置

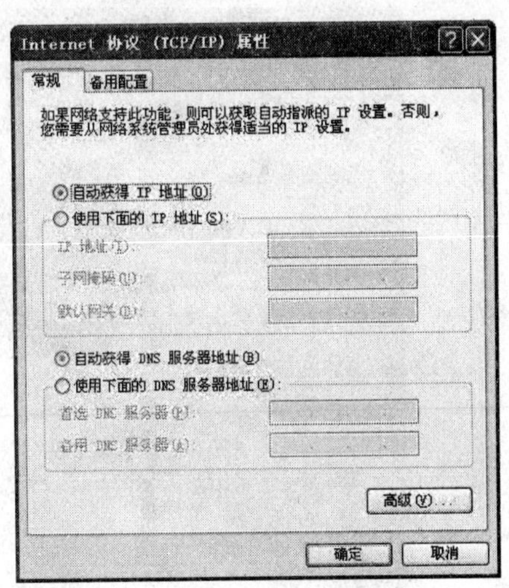

图 2-52　设置为自动获取 IP 地址

如果在 2.4.2.3 节中配置无线路由器时选择了 DHCP 服务器，则选中“自动获得 IP 地址(O)”及“自动获得 DNS 服务器地址(B)”选项。单击“确定”按钮完成对 TCP/IP 协议的设定。系统会自动搜寻附近的 DHCP 服务器，获得适当的 IP 地址。否则，选中“使用下面的 IP 地址(S)”选项，手动为无线网卡设置 IP 地址。如图 2-53 所示。

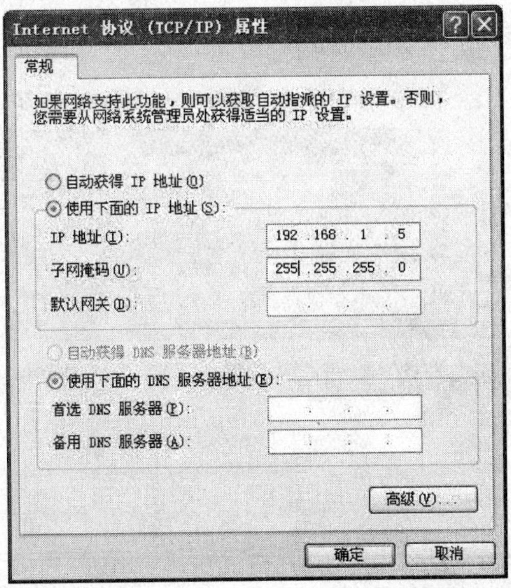

图 2-53　同一网段 IP 地址配置

输入 IP 地址后，单击“确定”按钮完成配置。

配置完成后，计算机会自动搜寻附近的无线网络，例如，在本例中找到如图 2-54 所示的无线网络。

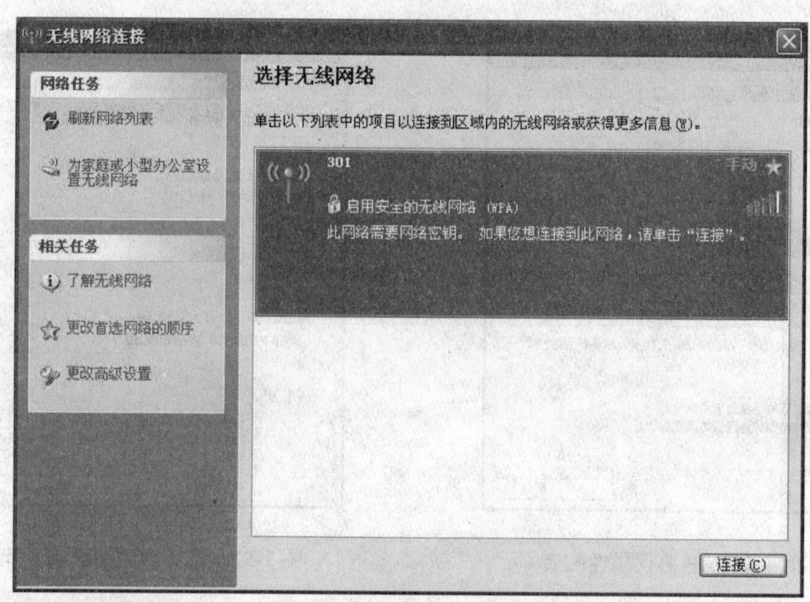

图 2-54　搜寻可用的无线网络

本例中，所设置的无线网络的 SSID 为 301，启用了 WPA 认证方式。用户要想访问该无线网络，单击右下角的“连接”按钮进行连接。如图 2-55 所示。

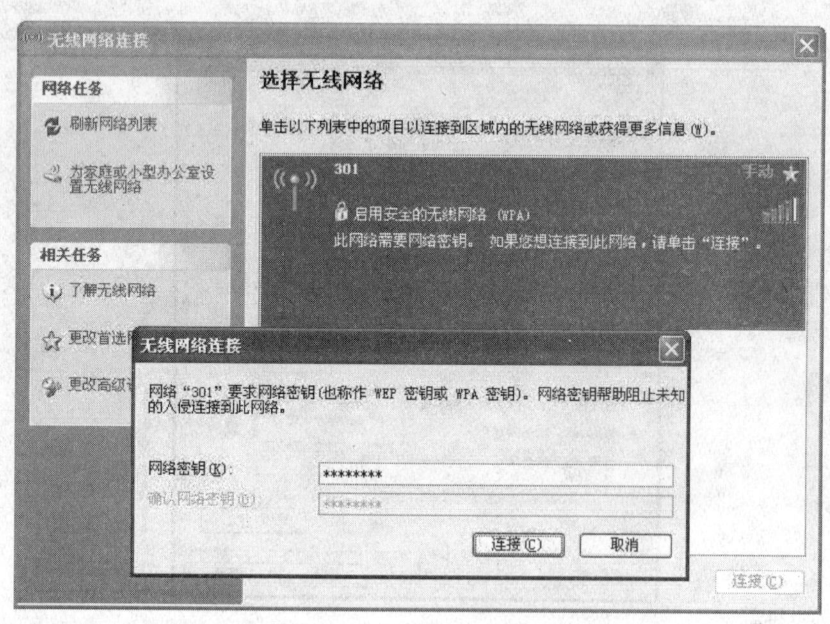

图 2-55　可用的无线网络需要输入认证密钥

由于无线路由器设置了 WPA 的认证方式，无线客户端需在输入该无线网络的网络密钥之后，单击“连接”按钮进行连接。此时，系统自动连接可用的无线网络，如图 2-56 所示。

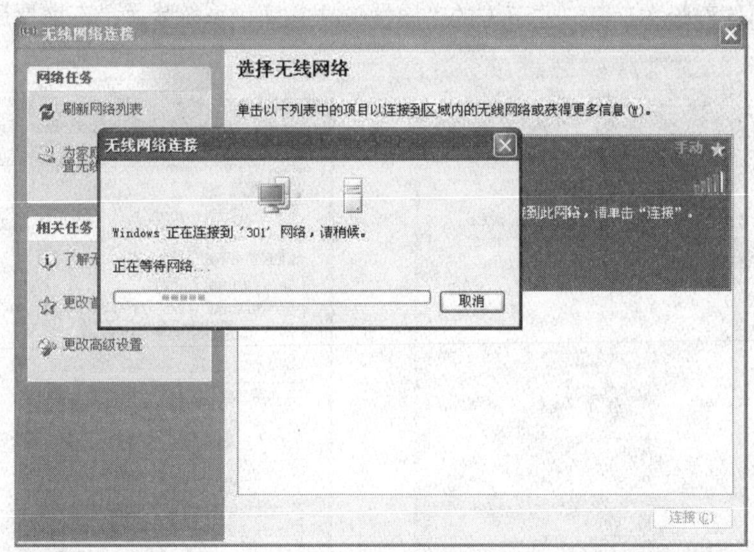

图 2-56　正在连接无线网络

计算机自动对搜寻到的无线网络进行连接，如果网络密钥正确，将认证成功。无线客户端会登入无线网络。如图 2-57 所示，系统已连接到 SSID 为 301 的无线网络。

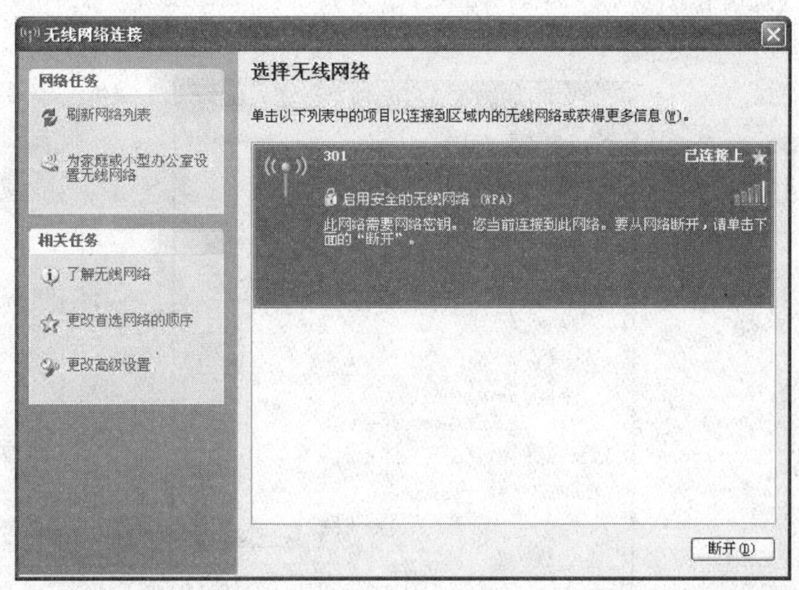

图 2-57　无线网络连接成功

5. 以太网卡的配置

在连接好以太网卡之后，即将以太网卡插入主板上的 PCI 插槽并安装其驱动程序之后(以太网卡驱动程序的安装与无线网卡相同，这里不再赘述)，要对以太网卡进行配置，对以太网卡的配置主要是对其 IP 地址的配置。配置方法同无线网卡的配置方法相似。

单击"开始"菜单，选择"控制面板"，双击"网络连接"图标，进入网络连接界面。双击“本地连接”图标。系统显示“本地连接状态”窗口。如图 2-58 所示。

单击“本地连接状态”窗口左下方的“属性(P)”按钮，系统显示“本地连接属性”窗口。如图 2-59 所示。

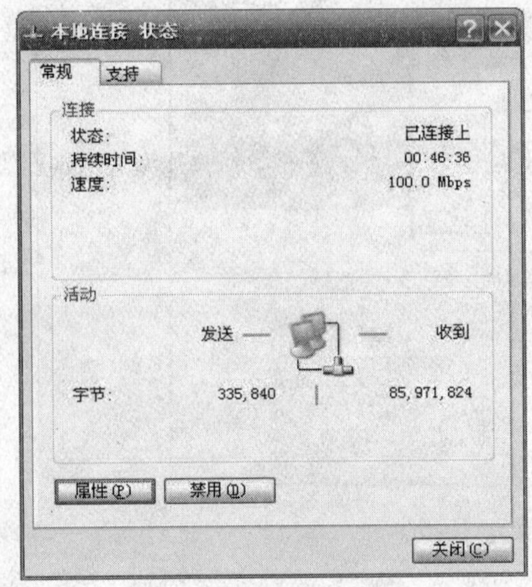

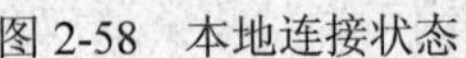
图 2-58　本地连接状态

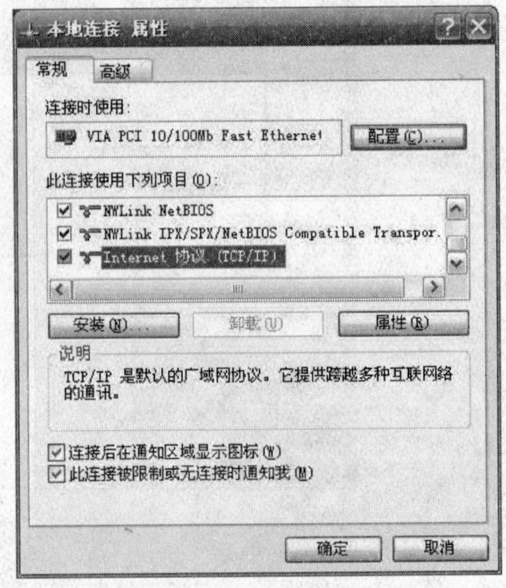

图 2-59　本地连接属性

在“常规”选项卡下，双击“因特网协议(TCP/IP)”选项，系统显示“因特网 协议(TCP/IP)属性”窗口。如图 2-60 所示。

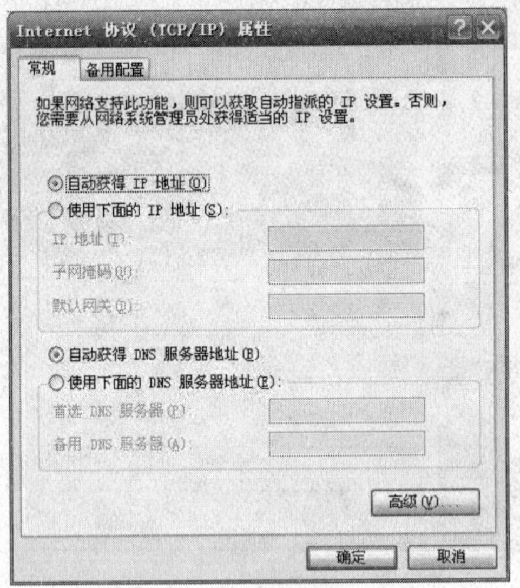

图 2-60　因特网协议(TCP/IP)属性

如果已将无线路由器设置为 DHCP 服务器，则只需选中自动获取 IP 地址及 DNS 服务器的单选框。否则，手动设置与其他主机在同一网段的 IP 地址。方法与无线网卡的配置相同。

第 3 章　经典网络服务

Internet 针对各种各样的应用需求提供了丰富的服务，其中，域名服务、文件传输服务、WWW 服务、电子邮件服务、DHCP 服务等被一代又一代 Internet 用户所熟悉和使用，本章将对这些经典的网络服务的基本概念、工作原理和服务构建方法进行介绍。

3.1　DNS 服务

3.1.1　DNS 服务的基本概念

由于 IP 地址不便于记忆，从 1985 年起，在 IP 地址的基础上开始向用户提供域名系统 DNS(Domain Name System)服务，即用字符名称来识别网上的计算机，用字符为计算机命名。

Internet 采用层次结构的命名树作为主机的名字，并使用分布式的域名系统 DNS 将域名与 IP 地址进行对应和解析，使得用户可以方便地用域名去访问一台计算机，而路由器基于该域名对应的 IP 地址进行数据包转发。

1. 域名

Internet 中用 IP 地址为每台设备做标记，用来区分这些设备。但是，用数字形式的 IP 地址难以理解和记忆，因此，为了方便用户，可以用一个字符型的名字来表示主机的地址。这个名字称为域名 DN(Domain Name)，它是由域名系统 DNS 来管理的。

在 Internet 中，每台计算机一定要分配一个 IP 地址，而域名并不是必须的。一个域名唯一对应一个 IP 地址。一般情况下，作为服务器的计算机需要申请域名，其 IP 地址与域名一一对应。

对于用户，可以等价地使用域名或 IP 地址。路由器是根据 IP 地址来转发 IP 数据包的，如果用户使用域名访问一台计算机，那么，这个通信信息在封装成 IP 数据报之前，域名必须转换成 IP 地址。域名和 IP 地址的转换是由 DNS 系统中的域名服务器来实现的。

域名的一般结构是：计算机主机名.机构名.网络名.顶级域名，从右到左用“.”隔开的各部分分别称为顶级域名、二级域名、三级域名等。例如域名 www.pku.edu.cn，代表中国(cn)教育科研网(edu)上的北京大学网(pku)内的 WWW 服务器。

DNS 的域名空间是由树状结构组织的分层域名组成的集合，如图 3-1 所示。域名空间树最上面的“.”是无名的根域，这个域只是用来定位，并不包含任何信息。根域之下就是顶级域名 TLD(Top Level Domain)，由 Internet 网络信息中心 InterNIC 管理。顶级域名之下是二级域名，通常是由 InterNIC 授权给其他单位或组织自己管理的。

顶级域名分为三两类：

(1) 国家和地区顶级域名 nTLD：适用于除美国以外的其他国家和地区，示例如表 3-1 所示。

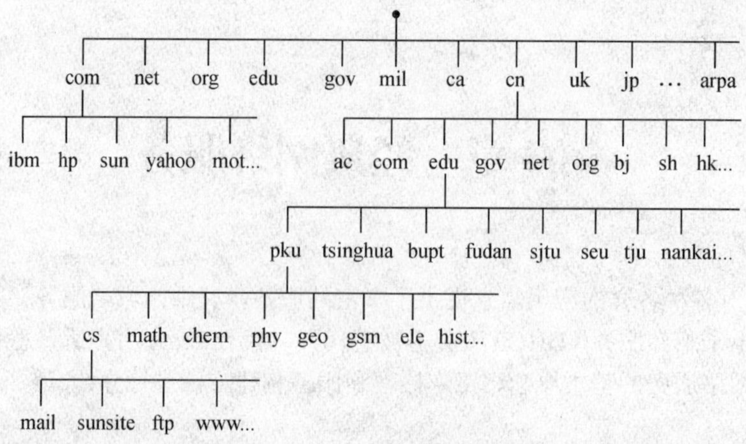

图 3-1　DNS 树状结构的域名空间

表 3-1　国家和地区顶级域名

名 称	含 义	名 称	含 义	名 称	含 义	名 称	含 义
cn	中国	hk	中国香港	tw	中国台湾	ca	加拿大
jp	日本	ru	俄罗斯联邦	th	泰国	de	德国
it	意大利	uk	英国	sg	新加坡	kr	韩国
ca	加拿大	au	澳大利亚	cl	智利	fr	法国
za	南非	in	印度	be	比利时	se	瑞典

(2) 基础结构域名(infrastructure domain)：只有一个.arpa，用于反方向域名解析，因此又称为反向域名。

(3) 通用顶级域名 gTLD：如表 3-2 所示。

表 3-2　通用顶级域名

名 称	含 义	名 称	含 义	名 称	含 义	名 称	含 义
com	商业机构	net	Internet 网络	aero	航空运输企业	museum	博物馆
edu	教育部门	int	国际组织	biz	公司和企业	pro	自由职业者
gov	政府部门	org	其他非盈利机构	coop	合作团体	info	适用于各种情况
mil	军事部门			name	个人		

中国 Internet 网络信息中心 CNNIC 是我国的域名管理机构，负责二级域 cn 的域名分配和管理，我国的三级域名分为机构域名和行政区域名两类，机构域名如表 3-3 所示。

表 3-3　中国 Internet 二级机构域名

名 称	ac	com	edu	gov	net	org
含 义	科研机构	工商金融	教育机构	政府部门	网络机构	非盈利组织

行政区域名对应我国的各省、自治区和直辖市，采用两个字符的汉语拼音表示。如：bj(北京)、sh(上海)、js(江苏)、ln(辽宁)、ah(安徽)等。

2. 域名服务器

域名到 IP 地址的解析是由域名服务器程序完成的。域名服务器程序在专设的计算机上运行，运行该程序的机器称为域名服务器。

因特网允许各个单位根据具体情况将本单位的域名划分为若干个域名服务器管辖区(zone)，并在各管辖区中设置相应的授权域名服务器，如图 3-2 所示。

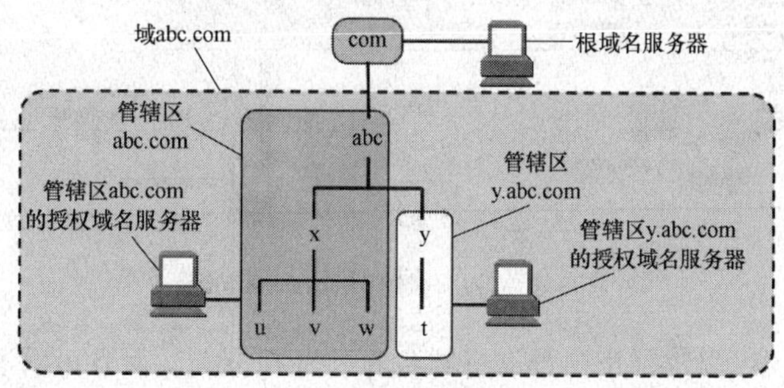

图 3-2　授权域名服务器

除了授权域名服务器之外，分布式 DNS 系统中还有根域名服务器、顶级域名服务器和本地域名服务器，这四类服务器共同完成用户的域名解析服务。

3.1.2　DNS 服务的工作过程

用户通过域名访问另一台计算机时，本机 DNS 客户首先试图使用本地缓存的信息进行解析，如果解析成功，则返回结果 IP 地址。否则，DNS 客户机将查询首选 DNS 服务器。当首选 DNS 服务器接收到查询请求时，首先查询本地配置的区域，如果本地区域中存在要查询的资源记录信息，则做出权威性的应答。如果本地区域中不存在要查询的资源记录信息，则服务器将试图使用本地缓存进行解析，如果解析成功，则返回结果，否则使用递归法来完成名称的解析。通过递归查询法，本地域名服务器将该域名对应的 IP 地址传送到用户计算机，如图 3-3 所示。此时，用户才能利用这个 IP 地址封装成 IP 数据报发送出去。

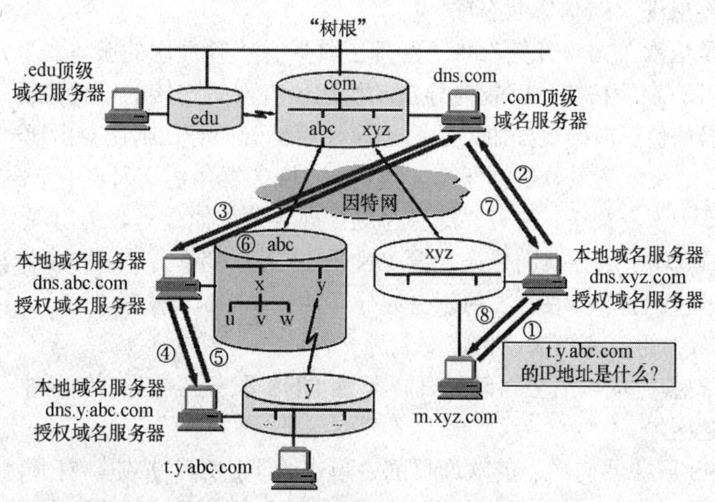

图 3-3　递归查询法域名解析

因特网的DNS系统也支持递归与迭代相结合的域名解析方法，如图3-4所示。

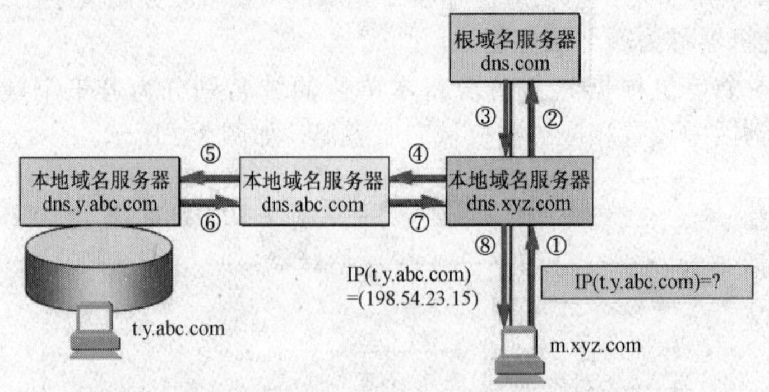

图3-4 递归与迭代相结合的查询

DNS服务器不仅可以进行正向查询将域名解析为IP地址，而且可以进行反向解析，根据IP地址查询出对应的域名。为了实现反向查询，在域名空间中专门按照IP地址而不是域名定义了一个特殊域：in-addr.arpa域。in-addr.arpa域中的子域是通过IP地址带句点的十进制编号的相反顺序形成的。在DNS中建立的in-addr.arpa域树要求资源记录类型为指针(PTR)。一般对应于其正向搜索区域中主机的DNS计算机名的主机地址(A)资源记录类型。

3.1.3 构建DNS服务

下面以一个实例说明如何构建 DNS 服务。需要硬件包括：一台安装好 Windows 2003 Server的计算机，IP地址为172.0.203.52；一台客户机，IP地址为172.0.203.53；DNS服务器和客户机接入以太网。需要的软件：Windows 2003 Server安装光盘。

默认情况下Windows Server 2003系统中没有安装DNS服务器，构建DNS服务首先要安装DNS服务器。一种方法是选择“开始”→“设置”→“控制面板”→“添加/删除程序”→“添加/删除 Windows 组件”→在“组件”列表中选择“网络服务”→单击“详细信息”按钮→在弹出的“网络服务”对话框中选中“域名系统(DNS)”。DNS服务安装结束之后，在“管理工具”中将出现“DNS”命令项。

另一种方法是依次单击“开始”→“管理工具”→“管理您的服务器”，在打开的向导页中依次单击“下一步”按钮。配置向导自动检测所有网络连接的设置情况，若没有发现问题则进入“服务器角色”向导页。如果是第一次使用配置向导，则还会出现一个“配置选项”向导页，选择“自定义配置”单选框即可。然后在“服务器角色”列表中单击“DNS服务器”选项，并单击“下一步”按钮。打开“选择总结”向导页，如果列表中出现“安装DNS服务器”和“运行配置DNS服务器向导来配置DNS”，则直接单击“下一步”按钮。否则单击“上一步”按钮重新配置，如图3-5所示。向导开始安装DNS服务器，并且可能会提示插入Windows Server 2003的安装光盘或指定安装源文件。

DNS服务器安装完成以后会自动打开“配置DNS服务器向导”对话框。用户可以在该向导的指引下创建区域。

在“配置DNS服务器向导”的欢迎页面中单击“下一步”按钮，打开“选择配置操作”向导页。在默认情况下适合小型网络使用的“创建正向查找区域”单选框处于选中状态。如果所管理的网络不太大，可以保持默认选项并单击“下一步”按钮。然后打开“主服务器位

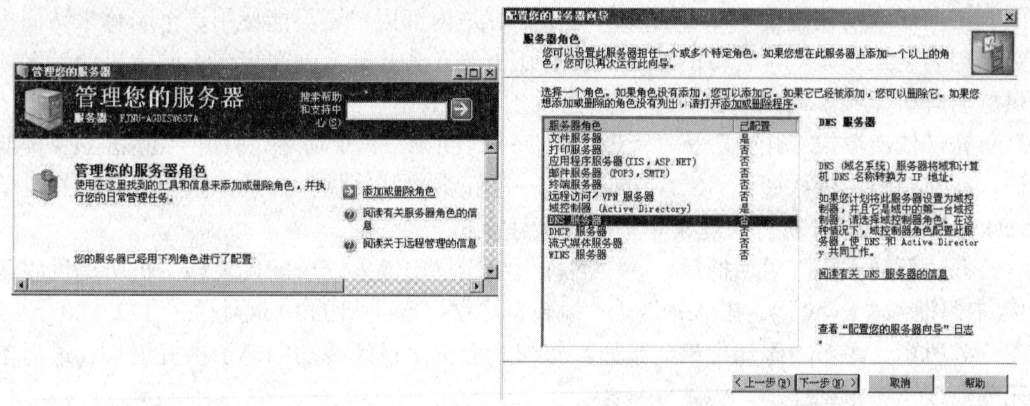

图 3-5　安装 DNS 服务，选择“DNS 服务器”角色

置”向导页，如果所部署的 DNS 服务器是网络中的第一台 DNS 服务器，则应该保持“这台服务器维护该区域”单选框的选中状态，将该 DNS 服务器作为主 DNS 服务器使用，并单击“下一步”按钮。

打开“区域名称”向导页，在“区域名称”编辑框中键入一个能反映域名对应单位信息的区域名称(如“yesky.com”)，单击“下一步”按钮。在打开的“区域文件”向导页中已经根据区域名称默认填入了一个文件名。该文件是一个 ASCII 文本文件，里面保存着该区域的信息，默认情况下保存在“windowssystem32dns”文件夹中。保持默认值不变，单击“下一步”按钮。如图 3-6 所示。

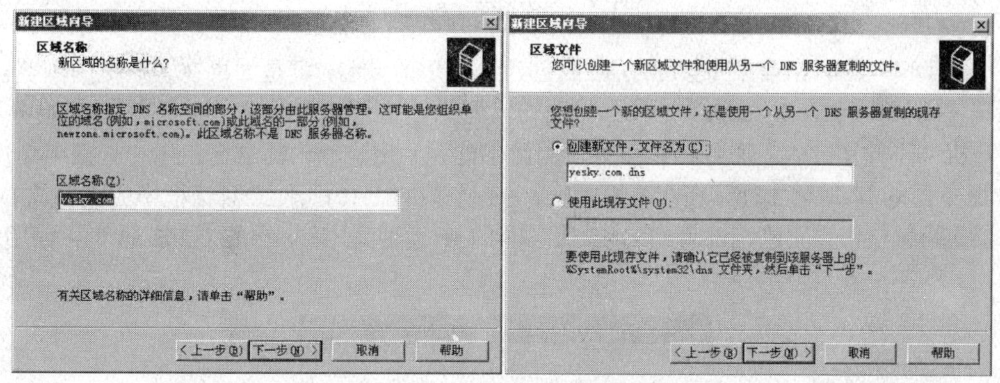

图 3-6　创建 DNS 正向搜索区域

在打开的“动态更新”向导页中指定该 DNS 区域能够接受的注册信息更新类型。允许动态更新可以让系统自动地在 DNS 中注册有关信息，在实际应用中比较有用，因此选择“允许非安全和安全动态更新”单选框，单击“下一步”按钮。

打开“转发器”向导页，保持“是，应当将查询转送到有下列 IP 地址的 DNS 服务器上”单选框的选中状态。在 IP 地址编辑框中键入 ISP(或上级 DNS 服务器)提供的 DNS 服务器 IP 地址，单击“下一步”按钮。通过配置“转发器”可以使内部用户在访问外网或因特网上的站点时使用当地的 ISP 提供的 DNS 服务器进行域名解析。

依次单击“完成”按钮结束“yesky.com”区域的创建过程和 DNS 服务器的安装配置过程。

利用向导成功创建了“yesky.com”区域，可是内部用户还不能使用这个名称来访问内部站点，因为它还不是一个合格的域名。接着还需要在其基础上创建指向不同主机的域名才能提供域名解析服务。在此准备创建一个用以访问 Web 站点的域名 www.yesky.com。

首先，依次单击“开始”→“管理工具”→“DNS”菜单命令，打开“dnsmagt”控制台窗口。在左窗格中依次展开“ServerName”→“正向查找区域”目录。然后用鼠标右键单击“yesky.com”区域，执行快捷菜单中的“新建主机”命令。

打开“新建主机”对话框后，在“名称”编辑框中键入一个能代表该主机所提供服务的名称(本例键入“www”)。在“IP 地址”编辑框中键入该主机的 IP 地址(如“172.0.203.52”)，如图 3-7 所示。单击“添加主机”按钮，很快就会提示已经成功创建了主机记录。最后单击“完成”按钮结束创建。

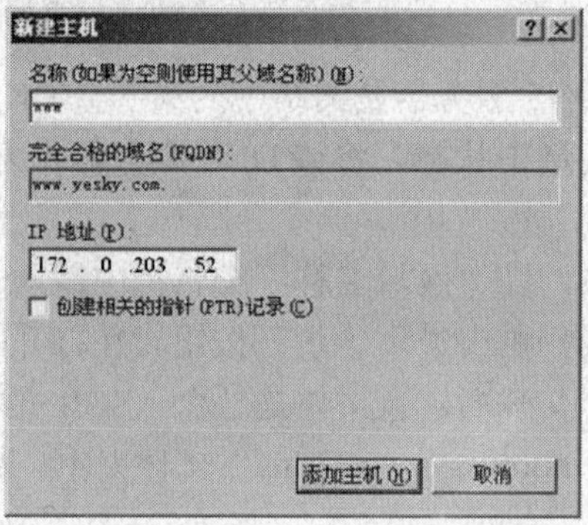

图 3-7　创建指向主机的域名

尽管 DNS 服务器已经创建成功，并且创建了合适的域名，可是如果在客户机的浏览器中却无法使用“www.yesky.com”这样的域名访问网站。这是因为虽然已经有了 DNS 服务器，但客户机并不知道 DNS 服务器在哪里，因此不能识别用户输入的域名。用户必须手动设置 DNS 服务器的 IP 地址才行。在客户机“Internet 协议(TCP/IP)属性”对话框中的“首选 DMS 服务器”编辑框中设置刚刚部署的 DNS 服务器的 IP 地址(本例为“172.0.203.53”)，如图 3-8 所示。

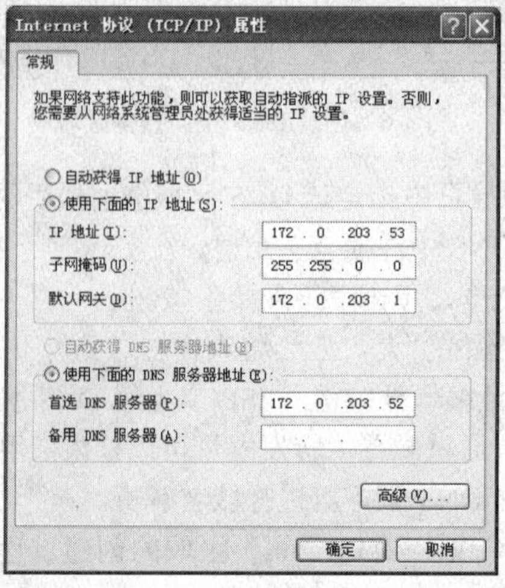

图 3-8　在“Internet 协议（TCP/IP）属性”对话框中设置 DNS 服务器

Nslookup 命令行实用程序是 DNS 服务的主要诊断工具，它提供了执行 DNS 服务器查询测试并获取详细响应作为命令输出的能力。使用 nslookup 可以诊断和解决名称解析问题、检查资源记录是否在区域中正确添加或更新，以及排除其他服务器相关问题。

在 DOS 窗口输入“nslookup www.yesky.com”命令，观察域名是否被正确解析，测试 DNS 服务器是否已发挥作用，如图 3-9 所示。

图 3-9 执行 nslookup 命令测试 DNS 服务

在客户机的 DOS 窗口输入“ping www.yesky.com”，观察 DNS 服务器的域名是否转换成对应的 IP 地址，从而判断 DNS 服务器是否进行了正确的域名解析。

3.2 WWW 服务

WWW(World Wide Web)即全球信息网，也称“万维网”。WWW 既不是普通意义上的物理网络，也不等于因特网，而是一种因特网上提供的信息服务。它为用户提供了一个可以轻松驾驭的图形化用户界面——网页，以方便浏览者查阅因特网上的文件，WWW 以这些网页及它们之间的链接为基础，构成一个庞大的信息网。

WWW 诞生于欧洲的核物理实验室(CERN)，大多数科学家以访问学者的身份进入这个著名的实验室工作，研究项目结束时就会离开，研究人员流动性很大，造成研究资料管理混乱。1989 年，实验室的软件工程师蒂姆·伯纳斯·李(Tim Berners Lee)提出了解决这一问题的办法，即建立一个软件系统，使用户能够存储信息摘要，并以任意方式把相关的信息页联系在一起，人们利用这种页间的联系便能查询到要求的信息。这种信息页间的联系，现在人们称之为链接。

1990 年圣诞节这一天，CERN 内部推出了超级文本终端程序(HTTP)、超文本浏览器和编辑器系统，这个系统被命名为 WWW 或 3 W 网。1991 年 8 月，这一软件的信息在 Internet 的新闻组上公开发表。

编著 WWW 程序时 Tim 使用了一种超文本标记语言(HTML)，这种语言可以表示屏幕上的文本行或文本块，使得它们与相关的某一页面联系起来，即实现链接。阅读页面的用户只要用鼠标单击标记过的文本行或文本块，就会自动连接到相关的页面供用户进一步阅读。这种优点使得 WWW 网页很快在研究人员之间流行开来。1991 年，Tim 把超级文本终端程序(HTTP)发展成了一套完整的超级文本传输协议 HTTP，他还发明了通用资源定位符(URL)，利用 URL 可以找到指定信息的存放位置。

在 Tim 的浏览器出现之后，一些非高档工作站上使用的图形浏览器相继开发出来。这些浏览器的问世大大激发了普通用户使用和提供 WWW 服务的欲望，到 1992 年 11 月，全球已有 26 台 WWW 服务器，到 1993 年 2 月，WWW 服务器数量增加到 50 台。

1992 年，在伊利诺伊州立大学美国国家超级计算机应用中心 NCSA 业余打工的大学生马克·安德鲁森(Marc Anderrenssen)说服程序员埃里克·比纳(Eric Bina)一起开发了图形页面浏览器。1993 年 1 月，这个称为“马赛克”的浏览器在因特网上发布。随后，琼·米特尔豪瑟把 UNIX 版的“马赛克”移植到 PC 平台上，并把鼠标指到链接热键上的指针变成一只小手。亚历克斯·托蒂克和麦克·麦库尔又把浏览器软件移植到 Macintosh 机上。广大计算机用户有了方便浏览信息的手段，于是，上网的人越来越多，有了更多的人建立更多的 WWW 服务器，丰富的信息又会吸引更多的人上网浏览 WWW。一种良性的循环推动着 WWW 飞速发展。

1994 年 10 月，万维网联盟 W3C(World Wide Web Consortium)在麻省理工学院(MIT)计算机科学实验室成立，对 WWW 技术研究和发展进行协调和管理。

WWW 的意义在于它使得计算机网络不再是研究机构中专家们的专用品，它促使因特网走向大众化、普及化，时至今日，因特网已经融入了人们生活的方方面面。

3.2.1 WWW 服务的基本概念

1. WWW 服务器组织信息网页提供给 WWW 客户访问

WWW 服务采用客户/服务器工作模式，服务器向提出请求的客户发送信息文件。接入因特网的计算机安装了 WWW 客户软件，这样就可以作为 WWW 服务的客户机，而 WWW 服务器是因特网中的一些运行 WWW 服务程序，专门发布 Web 信息的计算机。客户程序向服务程序发出请求，服务程序响应请求，把因特网上的 HTML 文件传送到客户机，客户程序以网页的格式显示文件。

WWW 客户软件程序称为网页浏览器 Web browser，简称浏览器，如 Internet Explorer。通过浏览器打开的来自 WWW 服务器的信息文件称为网页，也称 Web 页。WWW 服务器一般会提供大量的网页供用户浏览，这些 Web 页被有序地组织起来，构成一个 Web 站点，因此 WWW 服务器又称为 Web 服务器。

2. 网页是超本文或超媒体文件

网页文件的一个重要的特征是包含超链 Hyperlink，当鼠标指向超链接时，指针会变成手形，单击这些包含超链的文字或图形，就可以沿着该链接进入下一个网页中。用户可以跟随网页上的超链访问另一个页面，这就是浏览网页或者称为网上冲浪(Surf the Internet)。另一个页面可能是对当前页面中超链处信息的详细说明，或者相关信息网页。超链可以指向当前页面中的某个位置，或者当前页面所在 Web 站点的另一个页面，指向的页面可以位于世界上任何一个接在因特网上的 WWW 服务器中。这种包含超链的文本文件称为超文本 Hypertext。

用户通过浏览器打开网页文件，不仅可以看到文字，而且还可以看到图形、图像，甚至听到网页中嵌入的音乐，或观看网页中的视频。这种可以包含多种信息表示方式的网页称为超媒体 Hypermedia。

超文本/超媒体是 WWW 服务的基础，二者的区别是内容不同。超文本文件仅包含文本信息，而超媒体文件可以包含各种表示方式的信息，如图形、图像、声音、动画、视频等。

3. WWW 上的不同网页需求使用统一资源定位符来区分和定位

统一资源定位符 URL (Uniform Resource Locator)是用来标识 WWW 上的各种文件的，使每一个文件在整个 WWW 的范围内具有唯一的标识符。

一般 URL 的格式为：

```
[Protocol://]Hostname[:Post/Path/File?Perm1=Value1&Perm2=Value2......]
```

URL 中的字符大写或小写没有区别，方括号[]内的是可选项。其中，Protocol 为通信协议，如 http，ftp，gopher 等；Hostname 可以是服务器域名、IP 地址或服务器主机名，如 www.baidu.com；Post 为主机的端口，与 Protocol 相关，通常使用缺省值，例如 http 的缺省值为 80；Path 为资源访问路径，如/news/12/；File 为文件名，如 index.htm；Perm1，Perm2…为资源访问参数名，如 user；Value1，Value2…为各参数的值，如 anonymous。

例如一个 URL：

```
http://zh.wikipedia.org/w/index.php?title=威尔逊出版社 &action=edit&redlink=1
```

这个 URL 是让用户通过 HTTP 协议访问服务器 zh.wikipedia.org 的目录 w 下的网页文件 index.php，访问参数为 title=威尔逊出版社 &action=edit&redlink=1。

URL 最初是 Tim 为 WWW 服务定义的，但它也适用于其他服务，例如基于点对点访问模式的流媒体服务 ED2K。URL 是对可以从因特网上得到的资源位置和访问方法的一种简洁表示，是与 Internet 相连的机器上的任何可访问对象的一个指针。只要能够对资源定位，系统就可以对资源进行各种操作，如存取、更新、替换和查找其属性。

4．网页用超文本标记语言编写才能被各种浏览器打开

编写网页一般要采用超文本标记语言 HTML(Hyper Text Markup Language)。设计者使用 HTML 可以很方便地将文本、图像或声音等各种信息编辑到 WWW 页面中，而且支持在网页中定义超链，用一个超链从本页面的某处指向到因特网上的任何一个 WWW 页面。更重要的是，因特网上各种计算机中不同浏览器都可以显示使用 HTML 编写的网页，同时使用户清楚地知道在什么地方存在着超链。

HTML 定义了许多标记，把各种标记与文本、图像或声音等信息编辑到 WWW 页面中，就构成了 HTML 文件，这些标记就表明了各种信息的的属性及其在页面中的位置。

HTML 文件是一种可以用任何文本编辑器创建的 ASCII 码文件，文件分文件头(Head)和文件体(Body)两部分，其中，头部描述包含浏览器所需的信息，在浏览器窗口中，头部的内容并不显示在主窗口的正文中，而主体则包含所要显示的具体内容。当浏览器读取 HTML 文件后，就按照 HTML 文件中的各种标记，根据浏览器所使用的显示器的尺寸和分辨率大小，重新进行排版并显示所读取的页面。下面是一个最基本的 html 文件 1.html 的代码：

```
<HTML> -----------------------------------------------html 文件开始标记
<HEAD> ----------------------------------------------- 文件头开始标记
<TITLE> ---- 头部的标题标记，显示在浏览器窗口的标题栏
一个简单的 HTML 示例 </TITLE>
</HEAD> -----------------------------------------------文件头结束标记
<BODY> -----------------------------------------------文件体开始标记
<CENTER>
<H1>欢迎光临我的主页</H1> ----------------------------------一级标题
<BR>
```

```
<HR>
    <FONT SIZE= 7 COLOR= red> ------------------文字大小和颜色标记
    这是网页正文        </FONT>
    </CENTER>
    </BODY> -------------------------------------------------文件体结束标记
    </HTML> ---------------------------------------------html 文件结束标记
```

任何文本编辑器都可以用于编辑 HTML 文件(如 Mcrosoft Word\记事本\写字板等)，只要能将文件另存成 ASCII 码文本格式即可，当然，以专业的网页编辑软件更好，例如 Macromedia 公司的 Dreamweaver 和 Microsoft 公司的 FrontPage。仅当 HTML 文件的扩展名是.html 或.htm 时，浏览器才对此文件的各种标记进行解释，1.html 在浏览器中的显示如图 3-10(a)所示。如果 HTML 文件的扩展名改为.txt，则 HTML 解释程序就不对标记进行解释，而浏览器只能显示出包括标记在内的文本，1.txt 在浏览器中的显示如图 3-10(b)所示。

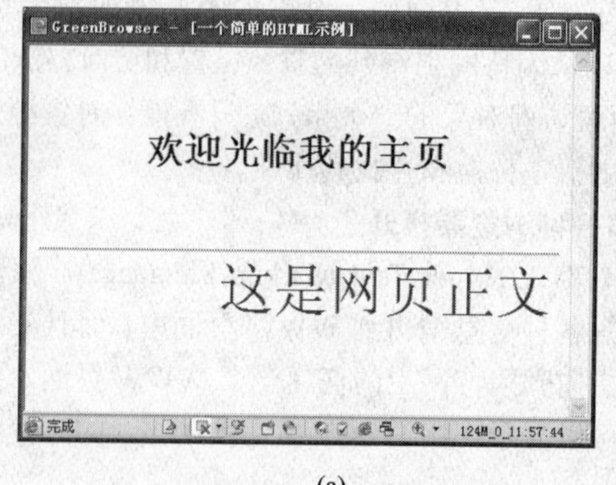

(a)

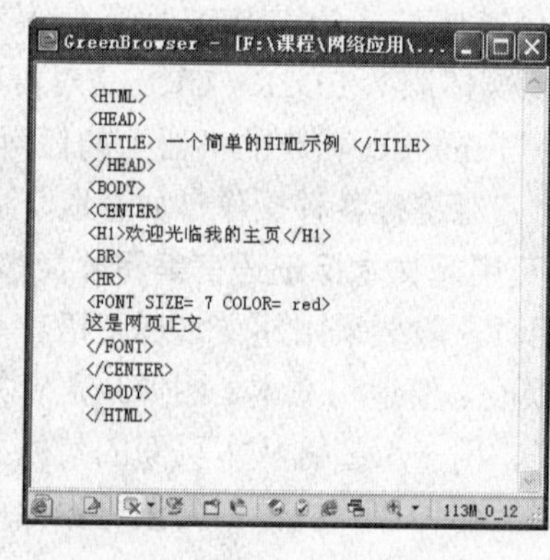

(b)

图 3-10　浏览器显示的 HTML 页面和与文本文件

(a) HTML 页面；(b) 文本文件。

最初，蒂姆·伯纳斯·李发明了用 HTML 来编辑网页。1993 年 6 月，因特网工程工作小组(IETF)将 HTML 作为工作草案发布(并非标准)，其后的十几年时间内，陆续出现了 HTML 2.0、3.2、4.0 以及 XHTML 1.0、1.1 和 2.0 等新版本的标准，各种版本 HTML 标准的制定组织包括 IEEE、ISO 和 W3C 以及浏览器的开发商。不同的浏览器对不同版本 HTML 标准的支持程度是不一样的，因此，根据某个版本 HTML 标准编辑的 Web 网页在不同的浏览器上的显示效果会有所不同，一些标记有的浏览器能显示，而另一些浏览器却不能显示。但一般说来，只要是按照 HTML 编辑的网页，各种浏览器都可以显示。

5. PHP 等编程语音设计的动态网页更美观、功能更多

单纯用 HTML 编辑的网页大多属于静态文档，即用户每次浏览看到的都有一样的。如果需要使同一个页面对不同的用户显示不同的信息，例如用户申请邮箱后的信息确认页面，就得采用动态网页生成技术。

动态文档的内容是在浏览器访问 WWW 服务器时才由应用程序动态创建的，浏览器每次请求的响应都是临时生成的，因此用户看到的动态页面内容也是不断变化的。动态文档可以用于用户申请、报告股市行情、天气预报等。

像静态页面一样，编写动态网页也要采用 HTML，不同的是还需要在 WWW 服务器端增加一个应用程序，用来处理浏览器发来的数据，并创建动态文档。一般来说，在服务器端都有数据库来支持动态网页的访问，动态网页程序和数据库共同扩充了 WWW 服务器的功能。

许多编程技术都支持动态网页的制作，例如通用网关接口 CGI(Common Gateway Interface)、Java、动态服务器页面 ASP(Active Server Page)、超级文本预处理语言 PHP(原 Personal Home Page 的缩写，后改称 Hypertext Preprocessor)等。

PHP 是一种在服务器端执行的嵌入 HTML 文档的脚本语言，语言风格类似于 C 语言，被广泛地运用。PHP 独特的语法混合了 C、Java、Perl 以及 PHP 自创新的语法。它可以比 CGI 或者 Perl 更快速的执行动态网页。与其他的编程语言相比，PHP 是将程序嵌入到 HTML 文档中去执行，做出的动态页面执行效率比完全生成 HTML 标记的 CGI 要高许多。PHP 还可以执行编译后代码，而编译可以加密和优化代码运行，使代码运行更快。PHP 具有非常强大的功能，所有的 CGI 的功能 PHP 都能实现，而且支持几乎所有流行的数据库以及操作系统。最重要的是 PHP 可以用 C、C++进行程序的扩展。PHP 是开放的源代码，效率高，跨平台性强，可以运行在 Unix、Linux、Windows 下。和其他技术相比，PHP 本身是免费的，这种语言编辑简单，实用性强，很适合初学者。

由 Sun 公司开发的 Java 语言是一项优秀的网络编程技术，其中的小应用程序 Applet 是用于描述动态页面的程序。Applet 嵌入 HTML 文档后，这个页面可以形成更生动的效果或包含更丰富的动态功能。

3.2.2 WWW 服务的工作过程

WWW 以客户/服务器方式工作。客户程序向服务器程序发出请求，服务器程序向客户程序送回客户所要的 WWW 文件。在 WWW 客户程序与 WWW 服务器程序之间进行交互所使用的通信协议是超文本传送协议 HTTP(Hyper Text Transfer Protocol)。HTTP 是一个应用层协议，它通过 TCP 连接进行可靠的传送。

为了使超文本的链接能够高效率地完成，需要用 HTTP 协议来传送一切必须的信息，然后 WWW 服务器才能将相应的网页传送给客户端。例如用户单击网页中的一个超链接，显示该网页的浏览器就开始向超链中指明的 WWW 服务器发出页面请求，一次典型的 WWW 服务过程就开始了。用户单击鼠标后所发生的事件包括：

(1) 浏览器分析超链指向页面的 URL，如果主机是用 IP 地址标示，则转到第(4)步。

(2) 浏览器向 DNS 请求解析 URL 中主机域名的 IP 地址。

(3) 域名系统 DNS 解析出 IP 地址。

(4) 浏览器与服务器建立 TCP 连接。

(5) 浏览器发出从 URL 指明的路径中取文件命令。

(6) 服务器给出响应，把 URL 指定的文件发给浏览器。

(7) 释放 TCP 连接。

(8) 浏览器显示超链接指向的网页。

HTTP 有两类报文：请求报文和响应报文，从客户向服务器发送请求报文，而响应报文是从服务器到客户的回答。如果服务器不能向客户发送请求的页面，也会在响应报文中简单说明原因。

3.2.3 Web 浏览器

当浏览网页时，在用户的计算机上要安装 Web 客户程序——浏览器，才能浏览网页。浏览器是专门用于定位和访问 Web 信息的浏览程序或工具。比较有影响力的 Web 浏览器软件有微软的 Internet Explorer(简称 IE)和美国网景的 Netscape Navigator。本节以 IE8 为例介绍 WWW 浏览器的主要功能。

IE 的窗口由标题栏、菜单栏、工具栏、地址栏、主窗口、状态栏等组成。启动 IE 后，窗口结构如图 3-11 所示。

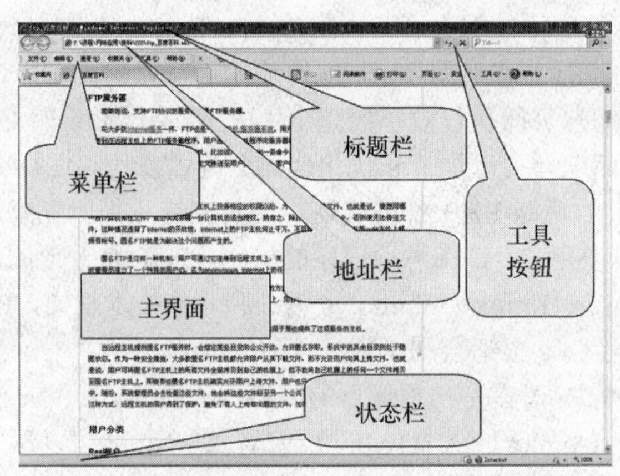

图 3-11 IE8 浏览器界面

IE 的工具栏上有多个操作的按钮。使用这些按钮，可以比较快速、方便地浏览网页。单击“后退”按钮可以返回到之前显示的网页，单击“前进”按钮，则转到下一页，如果在此之前没有使用“后退”按钮，则“前进”按钮将处于非激活状态，不能使用。在加载网页时，如果要中止加载该网页，这时可以单击工具栏上的“停止”按钮。保存在本地硬盘上的网页，如果长时间没有到该 Web 站点上访问，其内容可能已经过时，单击“刷新”按钮，可以连接到因特网，并下载最新内容。主页是某 Web 站点的起始页，单击“主页”主页(M)按钮将返回到默认的起始页，起始页是打开浏览器时开始浏览的那一页。

查看网页时发现有用的信息，可以保存整个网页，也可以保存其中的部分内容(文本、图形或链接)。选择“文件”→“另存为”菜单命令，可以将当前页面存储在本地计算机。如果要将页面中的部分信息复制到文档，首先选定要复制的信息，在“编辑”菜单上单击“复制”。转换到可以编辑信息的程序(例如 Word)中，单击放置这些信息的位置，再单击“编辑”→“粘贴”菜单命令。页面中包含的图片一般是 JPG 格式或 GIF 格式，将鼠标移到一幅图片上，单击鼠标右键，在弹出的快捷菜单中选择“图片另存为”，就可以把图片存储在本地计算机上。

收藏夹收藏夹是 IE 为用户准备的一个专门存放自己喜爱网页的文件夹，利用 IE 的收藏夹可以形成一份个人频繁使用的站点、新闻组和文件的清单。把网页保存到收藏夹后，可以随时快速地链接到相应的网页。浏览网页时，选择“收藏”→“添加到收藏夹”命令，会出现 “添加到收藏夹”对话框，可以用默认的名称或输入一个新的名称，然后，单击“确定”按钮就可以把该网页添加到收藏夹中。如果选中“允许脱机使用”，则在以后没有联网的状态下，可以重新显示该网页。选择“收藏”→“整理收藏夹”菜单命令，可以打开“整理收藏夹”窗口，然后根据自己的喜好把收藏夹列表整理成一个个文件夹，以对各网页进行分类管理、删除或重新命名。

IE 还提供了一些设置命令，用来设置浏览器的外观、浏览器的起始页以及一些高级选项。单击“工具”→“Internet 选项”菜单命令，出现 “Internet 选项”对话框，就可以对各项进行设置。

每次重新启动 IE 时，浏览器会自动下载并显示一个页面，这个页面称为浏览器的主页。刚安装的浏览器是以浏览器开发商的主页作为默认主页的，如果要更改这一设置，在“地址”框内输入主页的 URL 地址，然后单击“使用当前页”按钮，也可以设置为“使用空白页”，这样每次启动时就不显示主页。

IE 对已经查看的信息都有缓存功能，即查看网页时，系统自动在用户硬盘上保存当前网页文件。保存的页面文件存放在“Windows\Temporary Internet Files”文件夹中。该文件夹起着一个临时缓冲区的作用，用户可以根据自己的需要对其进行设置。

在图 3-12 所示的“Internet 选项”对话框中的“Internet 临时文件”栏是用来对因特网临时文件进行管理的，利用“删除文件”按钮，可以删除缓冲区中所有的文件。单击“设置”按钮，出现“Internet 临时文件和历史记录设置”对话框，如图 3-13 所示。

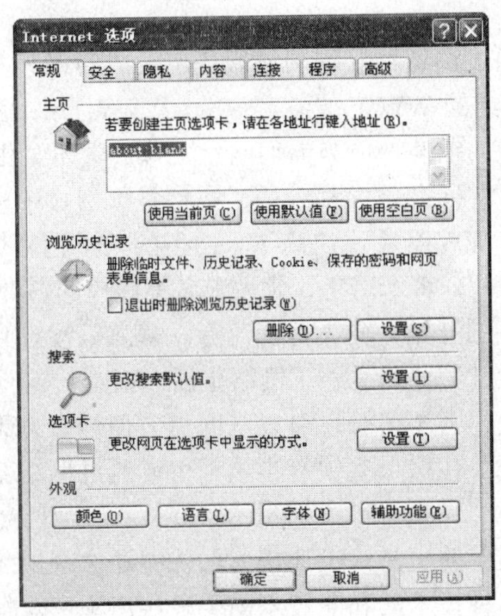

图 3-12 “Internet 选项”对话框中

可以根据需求设置检查网页更新版本；在“Internet 临时文件夹”区域中，如果增大空间来暂存存储页，则将滑块向右移动；要改变临时文件的存储路径，单击“移动文件夹”按钮；要显示临时文件夹中的文件，单击“查看文件”按钮；要显示临时文件中的对象，单击“查看对象”按钮。

在如图 3-12 所示的对话框中，可以设置浏览网页时候的字体、颜色、语言等，分别单击“字体”、“颜色”、“语言”等按钮，进入相应的对话框进行设置。在“历史记录”区域中可以更改网页保存的天数，默认为 20 天，单击“清除历史记录”按钮，则删除所有的历史记录。

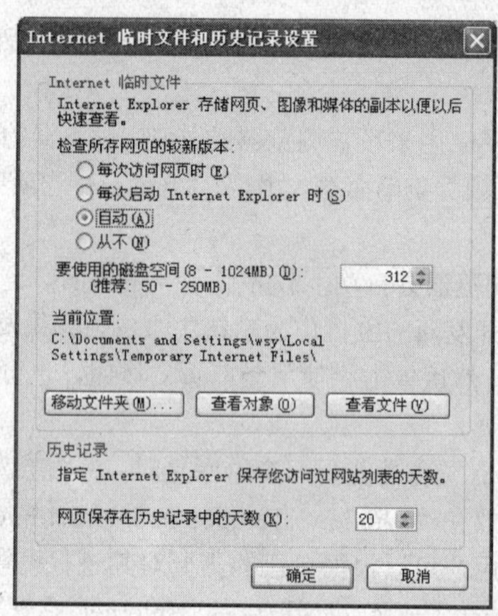

图 3-13 “Internet 临时文件和历史记录设置”对话框

3.2.4 网上生活与娱乐

随着因特网的发展，通过浏览器获得网络服务已经成为绝大多数用户最熟悉的一种上网方式，浏览器早已不再是单纯的 WWW 服务客户端，WWW 不断地和新需求、新技术相结合，远远超出了只提供网页服务的范畴，成为人们网上工作、学习、生活与娱乐的平台。

早期提供因特网服务的中国公司大都经历了电信骨干网、中国百姓网、金融服务等几次转型，从 ISP 变成 ICP，在 WWW 中一决高下。网上的帖子越来越有影响力，新浪、搜狐、网易等陆续展开门户争夺大战，水木清华、北大未名等高校的 BBS 成为最早的网络言论聚集地，建楼的网络文化从小范围开始，向大范围流行。碧海银沙、163 聊天室等聊天平台服务大行其道，越来越多的人通过浏览器进入了网络生活。

现实生活和网络生活变得密不可分，可以从网上方便地查询天气预报，出行时，火车时刻表、航班信息、出行路线、住宿、餐饮等事项都可以通过网络获得详尽的信息并一一做出安排。

因特网从小众和专业人士的工具，迅速成为融入普通大众的生活方式。单击率已经成为网站融资的要素，为此，各种技术的和非技术的手段层出不穷。很多网上的文章一夜成名，网络写手纷纷出炉，聚集在榕树下等网站，享有盛名的连载又迅速吸引了更多的网民。

2002 年方兴东创建中国第一家博客网站——博客中国，对热门博文的访问曾一度让服务器“瘫痪”，也让这种媒体表达广为人知。低俗网络红人引发了一波又一波网络道德和社会底线的争论。美国推特 twitter 开发微博后，我国也迅速出现了新浪微博等一系列微博。虽然微博像一种简便的记录本，但是，它和 BBS、博客共同利用因特网推动了信息的透明化，增强了普通人舆论的力量。

因特网将上网用户联系起来形成一个个虚拟社区环境，网上社区的成员或者有地缘上的归属感，或者是一些心理上有认同感的人群，他们把现实生活中所遇到的人和事，发表在网上供大家讨论，这样就很可能引起了共鸣。典型的网络社区有网络论坛、即时通信软件、网络游戏等。

娱乐可以说是用户最普遍的上网活动，其中包括网络游戏、网络音乐、网络电视和电影等。

网络电视，或称在线电视、联机电视，是利用因特网进行电视直播，通常电视节目以WMV、ASF等流媒体的格式，客户端须安装相应的播放软件，一般Windows Media Player或RealPlayer都支持网络直播。

网络音乐是指用数字化方式通过因特网、移动通信网、固定通信网等信息网络，以在线播放和网络下载等形式进行传播的音乐产品，包括歌曲、乐曲以及有画面作为音乐产品辅助手段的MV等。用户在因特网上有多种方式搜索网络音乐资源，比如通过专门的音乐网站，通过网站的分类直接找到要搜索的歌手，利用MP3 搜索引擎，通过音乐搜索引擎，歌手的官方网站或其歌迷建立的音乐网站，论坛或社区提供的下载链接等。网络音乐播放软件可谓五花八门，比如Windows 自带的WMP、播放流媒体视频的Realplayer 都可以播放。

接入因特网后足不出户也可以完成购物、付费以及个人财务管理等活动，对用户来说不过是通过浏览器来进入网络提供的电子商务平台。电子商务EC(Electronic Commerce)通常是指在全球各地广泛的商业贸易活动中，在因特网开放的网络环境下，基于浏览器/服务器应用方式，买卖双方不谋面地进行各种商贸活动，实现消费者的网上购物、商户之间的网上交易和在线电子支付以及各种商务活动、交易活动、金融活动和相关的综合服务活动的一种新型的商业运营模式。

随着因特网使用人数的增加，利用因特网进行网络购物并以银行卡付款的消费方式已日渐流行，市场份额也在迅速增长，电子商务网站也层出不穷。电子商务最常见之安全机制有SSL(安全套接层协议)及SET(安全电子交易协议)两种。

自1997年底我国第一家专业电子商务网站——中国化工网诞生以来，目前我国已有包括百万网、阿里巴巴、网盛生意宝、焦点科技、慧聪网、际通宝等在内的多家“企业—企业”B2B电子商务上市公司，Ebay易趣、淘宝网、腾讯拍拍网、百度有啊的“顾客—顾客”C2C公司，卓越亚马逊、当当网、新蛋中国、京东商城、库巴网、VANCL、乐淘网、鹏程万里贸易商城、红孩子、走秀网、唯品会、时尚起义、马萨玛索、麦包包、衣服网、戴维尼、钻石小鸟、乐友、麦网、多购、SHOPEX、BONO、EC Spyder等B2C服务公司，支付宝、财付通、百付宝、贝宝、快钱、易宝支付、我要付等知名第三方支付平台。

同时，因特网与移动通信技术、短距离通信技术及其他信息处理技术不断发展和结合，移动电子商务也迅速推出。移动电子商务就是利用手机、PDA及掌上电脑等无线终端进行的B2B、B2C或C2C的电子商务。人们可以在任何时间、任何地点进行各种商贸活动，实现随时随地、线上线下的购物与交易、在线电子支付以及各种交易活动、商务活动、金融活动和相关的综合服务活动等.

3.2.5 构建WWW服务

构建WWW服务就是设置好Web站点，给网页等信息资源保存并供用户访问提供一个平台。一个Web 站点的资源由多个网页组成，其中主页是信息的起始页，即进入站点所见到的第一页，主页文件名一般为 index.htm，index.html，index.asp 或 default.htm，default.html，default.asp。

如今主流的Web服务器软件主要由IIS(Internet Information Server)或Apache组成。IIS支持ASP且只能运行在Windows平台下，Apache支持PHP、CGI、JSP且可运行于多种平台。

Apache 是世界使用排名第一的 Web 服务器平台，但是 Windows 平台很普及更易用，因此也占据不少的服务器市场。下面介绍在 Windows 平台分别用 IIS 和 Apache 构建 Web 服务器的两种方法。

1. 使用 IIS 组建 ASP 服务器

IIS 是微软公司开发 Web 服务器，在 Windows 2000/2003 Server 和 Windows XP 中都自带了 IIS 组件，通过 IIS 组件可以架设 Web、FTP、Mail 等服务器。

各种 Windows 系统支持的 IIS 连接数并不一样。IIS 连接数是指在一定时间内对服务器的 80 端口访问的用户数量，可以理解为同时在线人数，一般 IIS 连接数就是服务器的最大并发连接人数。在 Windows XP 平台的服务器上，系统最大支持的连接数为 10 个，而在 Windows 2000/2003 Server 平台的服务器中则可以自由设置 IIS 的连接数量，因此，可以根据实际情况来选择服务器平台。这里以 'Windows XP 平台为例，介绍如何安装和配置 IIS。

1) 安装 IIS 组件

在 Windows 系统的默认状态下，IIS 组件是没有被安装的。依次选择“开始”→“设置”→“控制面板”→“添加或删除程序”，打开“添加或删除程序”对话框。

在该对话框的左侧按钮面板中单击“添加/删除 Windows 组件”，打开“Windows 组件向导”对话框，如图 3-14 所示。在对话框的“组件”列表中选择“Internet 信息服务(IIS)”复选框。由于 IIS 组件中集成了 SMTP 服务、FTP 服务等，可以在选择了该复选框后再单击“详细信息”按钮，在打开的对话框中取消相应服务的安装。

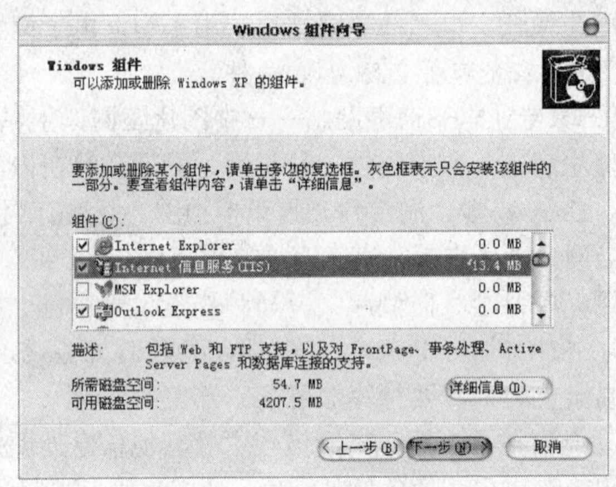

图 3-14 安装 IIS 组件

然后依照向导的提示进行安装，在安装过程中系统会提示插入 Windows XP 的安装光盘，此时将其路径指向 Windows XP 安装程序的 I386 目录下即可。

2) 配置 IIS

安装好 IIS 组件后就可以使用 IIS 服务了，但现在 Web 服务器还没配置完成，还需要对 IIS 进行配置。

依次选择“开始”→“设置”→“控制面板”→“管理工具”→“Internet 信息服务”，打开“Internet 信息服务”对话框。

在该对话框左侧的列表中依次展开“Internet 信息服务”→“本地计算机”→“网站”→“默认网站”，在该列表下显示的是“C:\Inetpub\wwwroot”目录下的文件和文件夹，这是网站存放的目录，也是系统的默认设置，如图 3-15 所示。可以对网站存放目录进行修改，依次选择“Internet 信息服务”对话框菜单中的“操作”→“属性”，打开“默认网站 属性”对话框。选择“主目录”选项卡，在该选项卡的“本地路径”文本框中输入网站所在的路径即可。

图 3-15 配置 IIS

默认情况下 Web 站点不支持 ASP 程序，所以需要进行设置。在“默认网站 属性”对话框中选择“文档”选项卡，接着在“启用默认文档”选项区域中单击“添加”按钮，在打开的“添加默认文档”对话框输入“index.asp”。index.asp 是网站的主页文件名称，可根据实际情况修改，然后单击“确定”按钮，完成 IIS 的配置。

3) MS SQL Server 的安装与启动

如果 Web 站点包含动态页面，就需要在服务器上安装和使用相应的数据库。安装和配置好 IIS 组件后，就可以访问 ACCESS 的数据库了，但现在许多网站系统使用的都是 ASP+SQL Server 的程序，因此 SQL Server 的配置也是 Web 服务器架设中的重要环节。

MS SQL Server 的安装非常简单，具体步骤在此不作详细介绍。只是在安装过程中需要注意的是，在向导的“服务账户”界面中提供了“使用本地账户用户”和“使用域用户账户”两种选择，如果服务器所在的环境设置了域组的话，则需要输入域用户账户、密码以及域组的名称，反之则选择“全用本地账户用户”即可。另外在“身份验证模式”界面中要选择“混合模式(Windows 身份验证和 SQL Server 身份验证)”单选择框，这里设置的是 SQL Server 的连接密码，用户名默认为“sa”。

安装完成后依次选择“开始”→“程序”→“Microsoft SQL Server”→“服务管理器”，打开“SQL Server 服务管理器”对话框，如图 3-16 所示，单击“开始/继续”按钮启动 SQL Server 服务器。

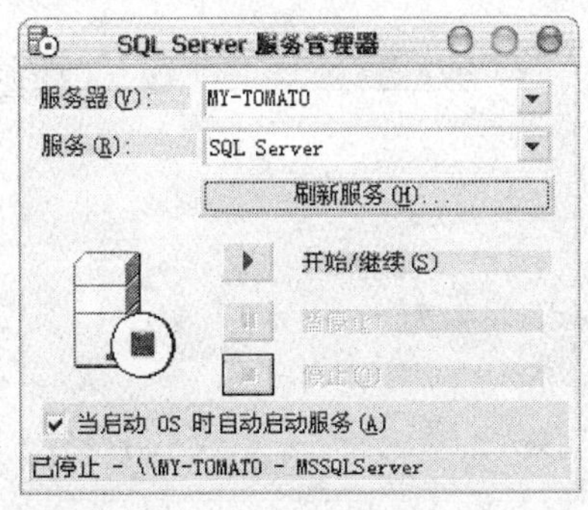

图 3-16 启动 SQL Server

4) MS SQL Server 数据库的导入

安装并启动数据库后要导入 SQL 数据库文件，即导入 Web 服务动态页面相关的数据。SQL 数据库文件本身的文件格式很多，如文本文件、“.sql”和“.bak”等，其中“.sql” 是存储过程文件，“.bak”则是 SQL 数据的备份文件。而且 SQL 数据库的导入形式也多种多样，包括数据库导入，存储过程导入，数据库表单的导入，数据库备份文件的导入以及不同数据库类型文件的导入，在此只介绍“.sql”存储过程文件的导入。

依次选择“开始”→“程序”→“Microsoft SQL Server”→“企业管理器”，打开“企业管理器”对话框，如图 3-17 所示。

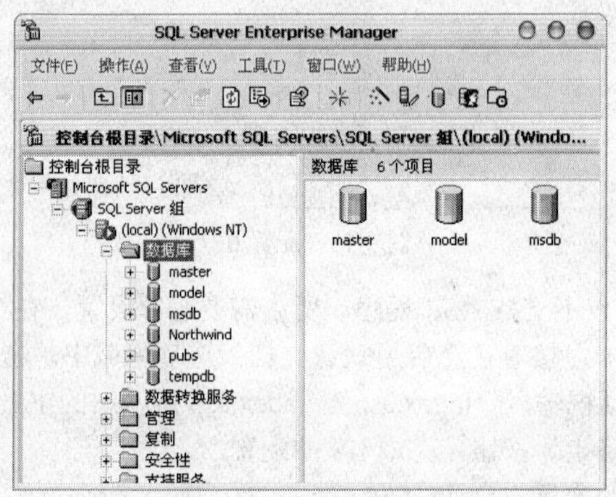

图 3-17 SQL 企业管理器对话框

在对话框左侧的列表中依次展开“控制台根目录”→“Microsoft SQL Servers”→“SQL Server 组”→“Local”→“数据库”，接着在对话框的菜单中依次选择“操作”→“新建数据库”，在打开对话框的“名称”文本框中键入所创建的数据库名称，然后单击“确定”按钮。

选择新建的数据库，然后依次选择窗口菜单中的“操作”→“所有任务”→“还原数据库”，打开“还原数据库”对话框。在对话框中选择“从设备”单选框，接着单击“选择设备”按钮，打开“选择还原设备”对话框，如图 3-18 所示，然后单击“添加按钮”并选择数据库文件所在的路径。

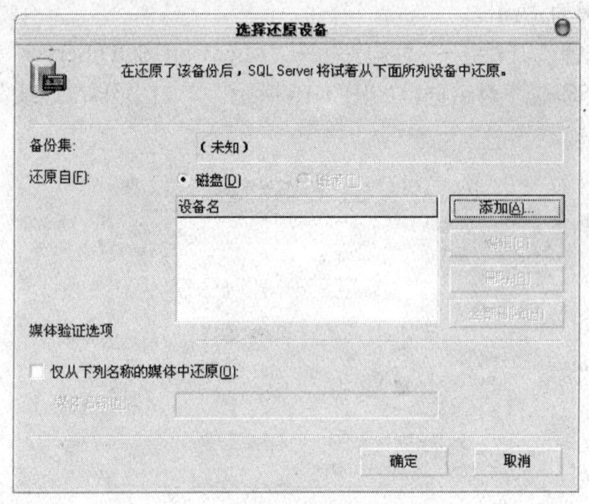

图 3-18 选择还原设备对话框

回到“还原数据库”对话框，选择“选项”选项卡，在该选项卡中选择“在现有数据库上强制还原”复选框，然后单击“确定”按钮。

数据库导入后，就可在新建数据库名称下的“表”分支中查看导入数据库文件的表结构及数据信息了。

5) MS SQL Server 数据库的备份

数据库中的信息需要定期或按照其他策略进行备份，用于灾难恢复或者其他服务器部署。

在“企业管理器”对话框中选择要备份的数据库名称，接着依次选择窗口菜单中的“所有任务”→“备份数据库”，打开“SQL Server 备份”对话框，如图 3-19 所示。

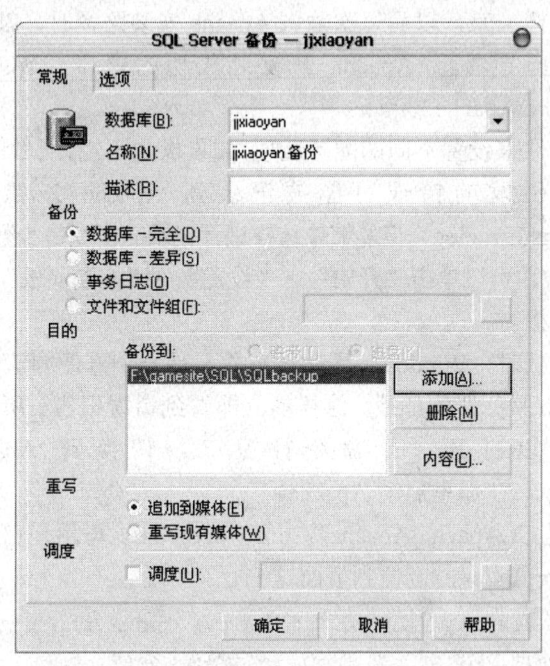

图 3-19 SQL Server 数据库备份

在“目的”选项区域中单击“添加”按钮，在打开的对话框中单击“浏览”按钮设置数据库备份文件的存放路径以及备份文件的名称，然后单击“确定”按钮回到“SQL Server 备份”对话框。最后单击“确定”按钮即可完成数据库文件的备份操作。

2. 在 Windows 中安装 Apache2 和 PHP4

Apache 和 PHP 是创建交互式网站的流行方案，而且成本很低。一般 Apache 安装在 Linux 系统，在 Windows 中也可以安装，但要使 PHP 与 Apache 配合无间地运行，就需要一定的技巧。

1) 安装 Apache 2 并进行初步配置

Apache 2 不能在 Windows 95 上运行，在 Windows 98 上能够运行，但不能作为服务使用。从 4.3 版本开始，PHP 也不再支持 Windows 95。所以，要使用正确版本的 Windows 操作系统，必须选择 Windows NT、2000 或者 XP。

对一般而言，最好获得一份 Windows Installer 二进制发行包，也就是一个.msi 文件，直接使用。对 Apache2 很熟悉的人，如果知道自己要进行哪些定制操作，可以考虑用源码自己编译生成 Apache 可运行的软件。

如果已经安装好并正在运行老版本的 Apache，首先要停止并卸载，然后才能开始安装新服务器。多个版本的 Apache 2 不能共存。

双击 Apache 2.msi 文件。同意许可协议后，会出现如配置对话框。正确地设置 Network Domain 和 Server Name，如果不打算将 Apache 安装到远程计算机，那么只需设置 localhost。在 Administrator's Email Address 区域输入电子邮件地址，保持“端口 80/服务”选项单选钮的选中状态。在下一个对话框中如果选择 Typical 安装，可以快速地获得一个能实际工作的服务器环境。

建议将默认安装目录从 C:\Program Files\Apache Group 变成 C:\Apache 或者符合 8.3 文件名格式的其他名称。这样一来，以后每次输入 Apache 安装路径时，都不必为其添加引号。

稍候片刻，安装向导显示 Apache 2 安装成功的窗口。Web 站点目录默认位于 C:\InstallDirectory\Apache\Apache2\htdocs 中。

接下来需要编辑文件来设置不同的配置选项，如果操作不当，所做的修改就会妨碍 Apache 的正确加载。设置引发的错误可能被记录到 Apache 2 错误日志中，默认为 C:\InstallDir\Apache2\Logs\Error.log。但能够像这样进行记录的毕竟是少数，大多数错误只会记录到 Windows 事件日志中，可以单击“开始”→“设置”→“控制面板”→“管理工具”→“事件查看器”来查看和分析。

对安装设置进行调试时，Windows 事件日志并不是一个方便的工具。更好的做法是在命令行窗口中测试 Apache 服务器的加载，这样能立即看到错误报告。所以，在完成了即将讨论的配置修改后，可以打开一个命令行窗口，切换到 Apache 的 binary 目录 C:\InstallDir\Apache2\bin，在那里启动 Apache。

Apache 配置文件是 C:\Apache\Apache2\Conf\Httpd.conf，可用任何文本编辑器来编辑。在配置文件中查找 DirectoryIndex，定位到下面这一行：

```
DirectoryIndex index.html index.html.var # index.php
```

为了允许 Apache 处理 PHP 页，要删除注释字符#，变成：

```
DirectoryIndex index.html index.html.var index.php
```

还要允许在任何目录中使用.htaccess 文件，所以在配置文件中查找 AllowOverride，把这个设置从 None 改成 All。

保存了所做的改动后，可继续在文本编辑器中打开该文件，因为接下来安装 PHP 时，要再次编辑这个文件。

2) 安装和配置 PHP

虽然可以下载 PHP 的源码，但和 Apache 2 一样，最好直接使用二进制发行包。

Apache 2 可采取两种方式来运行 PHP 程序，一种是通过一个 CGI 接口来运行，即外部调用 Php.exe，另一种是使用 PHP 的 DLL 文件在 Apache 的内部运行，后一种方式的速度较快。所以，每个版本的 PHP 都会提供 2 个 Windows 二进制发行包。较小的是.msi 包，它会安装 CGI 可执行程序 Php.exe，但去掉了通过 Apache DLL 来运行 PHP 脚本所需的模块。较大的.zip 包则包含了所有这模块。

可以从 snaps.php.net 网站的 Win32 区域下载 PHP 的 Windows 二进制发行包，同时下载 PHP 手册。下载完毕后，把 PHP 的发行包解压到 C:\Php，保留文件夹名称。

将 C:\Php\Dlls 目录中的所有 DLL 文件复制到 Windows 的 System 目录。

将 C:\Php\Php.ini-recommended 复制到 Windows 目录，重命名为 Php.ini，并用文本编辑器打开它。编辑其中对 doc_root、extension_dir 和 session.save_path 进行设置的 3 行，使其和下面内容一致，注意要把 InstallDir 替换成 Apache 2 安装目录的名称。

```
doc_root = c:\apache\apache2\htdocs
extension_dir = c:\php\extensions
session.save_path = c:/temp
```

在 session.save_path 中使用正斜杠/和反斜杠\都是允许的。注意， C:\Temp 应该是一个存在的目录。

将 C:\Php\Php4ts.dll 复制到 Windows 的系统文件夹 System。

3) 配置 Apache 2 来运行 PHP4

在 Apache 的配置文件 Httpd.conf 中查找包含了大量 AddType 命令那个小节，添加下面这一行：

```
AddType application/x-httpd-php .php
```

然后通过两个步骤设置 Apache 允许将 PHP 程序作为模块来运行。在 Httpd.conf 中找到 LoadModule 小节，添加下面这一行：

```
LoadModule php4_module "c:/php/php4apache2.dll"
```

如果需要在 CGI 模式中运行 PHP 程序(使用 Php.exe)，要将上面这一行变成注释，并在 Httpd.conf 中添加下面这些行：

```
ScriptAlias /php/ "c:/php/"
Action application/x-httpd-php "/php/php.exe"
```

保存所做的更改后，需要验证这两点，才能确保 Apache 正常加载，并正确处理 PHP 页。验证方法是在命令行窗口中输入以下命令：

```
apache -k start
```

另外，如果 Apache 正在运行，可用以下命令重新启动它：

```
apache -k restart
```

从命令行启动 Apache 的好处在于，如果出现一个错误，Apache 会立即报告它。最常见的问题是 Apache 可能由于某种原因而无法加载 Php4apache2.dll。如果 Apache 报告了这个错误，那么按前面所述的步骤重新操作一遍，确保一切都没有错误。

验证 Apache 是否能正确地处理 PHP 页，可通过文本编辑器创建一个简单的 PHP 页，命名为 Phptest.php，其中只包含下面这一行：

```
<?php phpinfo(); ?>
```

将文件保存到主 Web 服务器目录(C:\InstallDirectory\Apache\Apache2\Htdocs)，用浏览器访问 http://localhost/phptest.php。如果配置正确，应该看到一个含有 PHP 徽标的网页，其中包含大量设置和其他信息。

通过查看环境变量 orig_script_name，可以知道 PHP 当前是通过 CGI 来运行，还是在 Apache 内部运行。如果 PHP 通过 CGI 来运行，这个变量的值就是/Php/Php.exe。如果 Apache 将 PHP 脚本作为模块来运行，该变量的值应该是/Phptest.php。

虽然在 Windows 上安装 Apache 2 和 PHP 并不是一件容易的事情，但是按照以上的方法，可以快速搭建起一个支持 PHP 的 Web 服务器。

3.3 E-mail 服务

3.3.1 E-mail 服务的基本概念

电子邮件 E-mail(Electronic mail)是指通过因特网进行读、写、收、发信息的通信方式。电子邮件是因特网上最受欢迎且最常用到的服务之一，有时会被简称为电邮或邮件。

早期的电子邮件大多是文本格式，其他文件只能以附件的方式发送。随着技术的发展，电子邮件中已经可以包含声音、图片、动画、影像等多媒体信息。邮件的发送可以是个人之间的通信，也可以是个人到计算机或计算机到个人，甚至计算机程序之间也可以通信。

电子邮件操作方便，传输速度快，费用低，是其他通信方式无法比拟的。电子邮件不是以实时交互的方式进行通信，它不要求通信的双方都同时在线。用户任何时候在任何地方都可以给别人发送电子邮件，对方在自己方便的时候打开自己的邮箱就可以看到电子邮件，并可以马上进行处理。用户也可以利用群发功能很方便地将同一封电子邮件同时发送给多人。如果邮寄普通信件到国外，通常要一个星期甚至十几天的时间对方才能收到。而电子邮件只需花十几秒钟，最长也不过几个小时。另外，电子邮件非常便宜，通常不花钱，有的只需几分钱。

一些图形模式下的电子邮件客户端支持 HTML 格式的邮件。很多客户端支持一个图形模式下的 HTML 邮件编辑器，以及一个 HTML 邮件阅览器。HTML 邮件的主要优点是可以使用呈现性元素来加强邮件的视觉效果，但是缺陷也很多，使得 HTML 邮件的使用有争议，例如：收件人未必有一个可以浏览 HTML 邮件的客户端；邮件大小增加，一些邮件客户端随 HTML 邮件发送一个纯文字版更加重了这个问题；过度使用格式化；潜在安全问题，例如伪造银行电子邮件用于网络钓鱼，在一些有缺陷的电子邮件程序显示 HTML 邮件时可能执行恶意代码。因为这些原因，很多新闻组和邮件列表要么截断信件的 HTML 部分，要么只接受纯文本版本部分的邮件，要么拒绝接收 HTML 邮件。

电子邮件的安全包括传输安全、存储安全、发送者身份确认、接收者已收到确认、拒绝服务攻击等方面的问题。有两种标准：PGP 和 S/MIME。

1982 年制定的简单邮件传送协议 SMTP(Simple Mail Transfer Protocol)和因特网文本报文格式，它们都已成为因特网上电子邮件的正式标准。1993 年提出了通用因特网邮件扩充 MIME (Multipurpose Internet Mail Extensions)，在 MIME 邮件中可同时传送多种类型的数据，MIME 在其邮件首部中说明了邮件的数据类型(如文本、声音、图像、视像等)。

TCP/IP 体系的电子邮件系统规定电子邮件地址的格式为：

用户标识 ID@邮箱所在主机的域名

其中，用户标识 ID 是用户为邮箱命名的账户名称，在邮件服务器中必须是唯一的；主机域名即是邮件服务器的域名，在因特网上也是唯一的；符号“@”读作“at”，表示“在”的意思，所以电子邮件地址是表示在某部主机上的一个用户账号。例如 zhangS@163.com 表示在网易上注册用户标识为 zhangS 的 E-mail 地址。

1. 电子邮件系统构成

根据电子邮件发送或接收的过程可以将电子邮件系统分为用户代理 UA(User Agent)和邮件传输代理 MTA(Message Transfer Agent)两个主要组成部分，如图 3-20 所示。

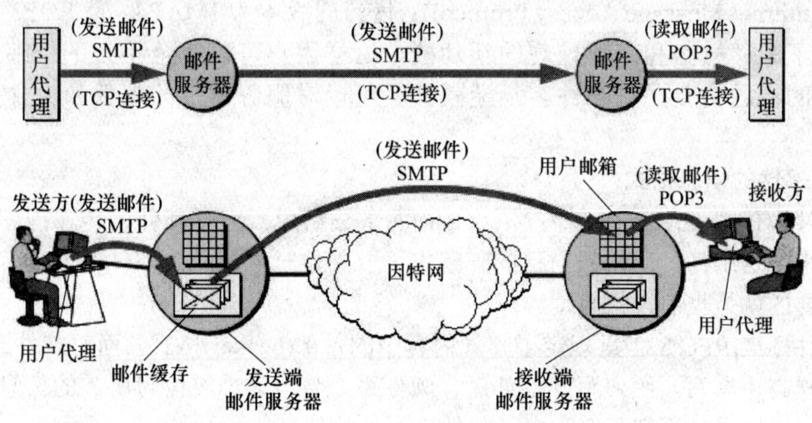

图 3-20 电子邮件系统的主要组成构件

用户代理又称为邮件阅读器，是用户与电子邮件系统的接口，用来编辑、发送、阅读和管理电子邮件，一般常用的是 Microsoft 的 Outlook Express 和 Foxmail，或者是浏览器。

邮件服务器的功能是发送和接收邮件，又称为邮件服务器，它主要负责接收用户的邮件，并根据邮件地址进行传输，将邮件从发送端传送到接收端，并将邮件存放在用户邮箱内。

2. 电子邮件传输协议

为了保证电子邮件系统的正常运行，IEEE 的 IETF 定义有一组协议，它们都是基于 TCP 的应用层协议，主要有以下几种：简单邮件传输协议 SMTP(Simple Mail Transfer Protocol)，邮局协议 POP3(Post Office Protocol version 3)，Internet 消息访问协议 IMAP(Internet Message Access Protocol version)。三个协议都采用客户/服务器工作模式。

SMTP 规定在两个相互通信的 SMTP 进程之间应如何交换信息。负责发送邮件的 SMTP 进程就是 SMTP 客户，而负责接收邮件的 SMTP 进程就是 SMTP 服务器。服务器 SMTP 进程 在 TCP 连接的 25 端口监听并应答 SMTP 客户进程的连接请求。

SMTP 通信分为建立连接、邮件传送和释放连接三个阶段。首先要在发送主机的 SMTP 客户和接收主机的 SMTP 服务器之间建立 TCP 连接，SMTP 不使用中间的邮件服务器。通过建立的连接就可以进行邮件传送。邮件发送完毕后，SMTP 应释放 TCP 连接。

POP 是一个非常简单、但功能有限的邮件读取协议，在读邮件的用户计算机中必须运行 POP 客户程序，而在用户所连接的邮件服务器中则运行 POP 服务器程序。POP 服务器一般使用的是 TCP 的 110 端口，现在使用的是它的第三个版本 POP3。

IMAP 也是一个邮件读取协议，常用的版本是 IMAP4。用户在自己的计算机上就可以操作邮件服务器中的邮箱，就像在本地操作一样。因此，IMAP 是一个联机协议。当用户计算机上的 IMAP 客户程序打开 IMAP 服务器的邮箱时，用户就可看到邮件的首部。用户需要打开某个邮件时，该邮件才传到用户的计算机上。

IMAP 增强了电子邮件的灵活性，减少了垃圾邮件对本地系统的直接危害，同时相对节省了用户察看电子邮件的时间。除此之外，IMAP 协议可以记忆用户在脱机状态下对邮件的操作，例如移动邮件，删除邮件等，在下一次打开网络连接的时候会自动执行。

注意：不要将 POP 或 IMAP 与 SMTP 弄混。发信人的用户代理向自己邮件服务器发送邮件，以及发信人的邮件服务器向收信人的邮件服务器发送邮件，都是使用 SMTP 协议。而

POP 协议或 IMAP 协议则是用户从自己的邮件服务器上读取邮件所使用的协议。

IMAP(Internet Message Access Protocol)：目前的版本为 IMAP4，是 POP3 的一种替代协议，提供了邮件检索和邮件处理的新功能，这样用户可以完全不必下载邮件正文就可以看到邮件的标题摘要，从邮件客户端软件就可以对服务器上的邮件和文件夹目录等进行操作。

3. 电子邮件的信息格式

电子邮件由信封(envelope)和内容(content)两部分组成。电子邮件的传输程序根据邮件信封上的信息来传送邮件，用户从自己的邮箱中读取邮件时才能见到邮件的内容。在邮件的信封上，最重要的就是收信人的地址。

电子邮件标准[RFC 822]只规定了邮件内容中的首部(header)格式，而对邮件的主体(body)部分则让用户自由撰写。用户写好首部后，邮件系统将自动地将信封所需的信息提取出来并写在信封上。所以用户不需要填写电子邮件信封上的信息。

邮件内容首部包括一些关键字，后面加上冒号。最重要的关键字是：To 和 Subject。“To:”后面填入一个或多个收信人的电子邮件地址。用户只需打开地址簿，单击收信人名字，收信人的电子邮件地址就会自动地填入到合适的位置上。“Subject:”是邮件的主题，它反映了邮件的主要内容，便于用户查找邮件。抄送“Cc:”表示应给某人发送一个邮件副本。“From”和“Date”表示发信人的电子邮件地址和发信日期。“Reply-To”是对方回信所用的地址。

4. 通用因特网邮件扩充 MIME(Multipurpose Internet Mail Extensions)

用于发送电子邮件的 SMTP 协议不能传送可执行文件或其他的二进制对象，只限于传送 7 位的 ASCII 码组成的文件，许多其他非英语国家的文字(如中文、俄文，甚至带重音符号的法文或德文)就无法传送。此外，SMTP 服务器会拒绝超过一定长度的邮件，某些 SMTP 的实现并没有完全按照 SMTP 标准[RFC 821]。针对 SMTP 的这些缺点，电子邮件系统中又增加了 MIME。

MIME 并没有改动 SMTP 或取代它，MIME 的意图是继续使用目前的[RFC 822]格式，但增加了邮件主体的结构，并定义了传送非 ASCII 码的编码规则。MIME 与 SMTP 的关系如图 3-21 所示。

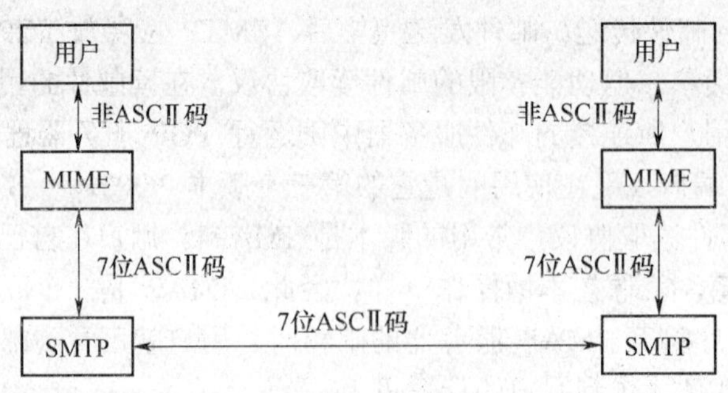

图 3-21 MIME 和 SMTP 的关系

MIME 主要包括三个部分：五个新的邮件首部字段，这些字段提供了有关邮件主体的信息；定义了许多邮件内容的格式，对多媒体电子邮件的表示方法进行了标准化；定义了传送编码，可对任何内容格式进行转换，而不会被邮件系统改变。

3.3.2 E-mail 服务的工作过程

通常所说的邮件服务器，指的是 SMTP 或 POP3 服务器软件，它们运行在服务器上，SMTP 服务器负责接收待发送的邮件，并发送至目标邮件服务器的 SMTP 服务器，由该 SMTP 服务器保存用户邮箱。用户想要在自己的客户机上接收邮件的话，则需要通过 POP3 协议或 IMAP 协议从邮件服务器上读取。

电子邮件的发送和接收过程包括以下几个步骤：

(1) 发信人调用用户代理来编辑要发送的邮件。用户代理通过 SMTP 把邮件传送给发送端邮件服务器。

(2) 发送端邮件服务器将邮件放入邮件缓存队列中，等待发送。

(3) 运行在发送端邮件服务器的 SMTP 客户进程，发现在邮件缓存中有待发送的邮件，就向运行在接收端邮件服务器的 SMTP 服务器进程发起 TCP 连接的请求。

(4) TCP 连接建立后，SMTP 客户进程开始向远程的 SMTP 服务器进程发送邮件。当所有的待发送邮件发完了，SMTP 就释放所建立的 TCP 连接。

(5) 运行在接收端邮件服务器中的 SMTP 服务器进程收到邮件后，将邮件放入收信人的邮箱中，等待收信人在方便时进行读取。

(6) 收信人要收信时，调用用户代理，使用 POP3(或 IMAP)协议将自己的邮件从接收端邮件服务器的邮箱中取回。

3.3.3 E-mail 客户端

用户一般在计算机上通过用户代理使用电子邮件服务。用户代理有两种类型，一种是邮件客户端软件，另一种是浏览器。

用户使用浏览器作为用户代理能够获得在线方式的 Web 邮件服务。首先要通过浏览器进入电子邮件网站(例如 http://mail.163.com)，输入用户名与密码，然后才能使用阅读信件、撰写信件、发送或接收信件等各种功能。这种方式的优点是只要接入因特网的计算机浏览器，用户就可以获得电子邮件服务，缺点是当需要撰写、发送或阅读大量不同的信件，或使用多个邮箱时，Web 方式的电子邮件服务不够方便。

专门的电子邮件客户端软件比前一种方式功能更强一些，支持在线和离线两种方式的邮件服务。离线方式下可以从容撰写和阅读信件，这对上网不方便或上网计时的用户来说是很方便的。但是，电子邮件客户端软件需要安装和配置之后才能收发和管理电子邮件，对于经常更换计算机不熟悉软件的用户来说，就很不方便了。

1. 常见的电子邮件客户端软件

1) 微软公司的 Outlook Express

Outlook Express 是集成到微软操作系统中的默认邮件客户端程序，支持数字签名、验证签名、加密和解密。

Outlook 简单易学，是支持中文新闻组服务最好的软件之一。因为是免费集成的软件，其在易用性和用户数量上占有一定优势。但是，像大多数微软公司发布的软件一样，操作系统的安全漏洞会严重影响到系统中软件的使用。而IE 浏览器内核不断发现比较严重的安全问题，从而导致很多计算机病毒利用这些漏洞借助 Outlook 快速通过因特网传播。

如果使用 Outlook Express 收发邮件，基本设置如下：

(1) 在 Outlook Express 的菜单栏用鼠标单击“工具”→“账户”,如图 3-22 所示。

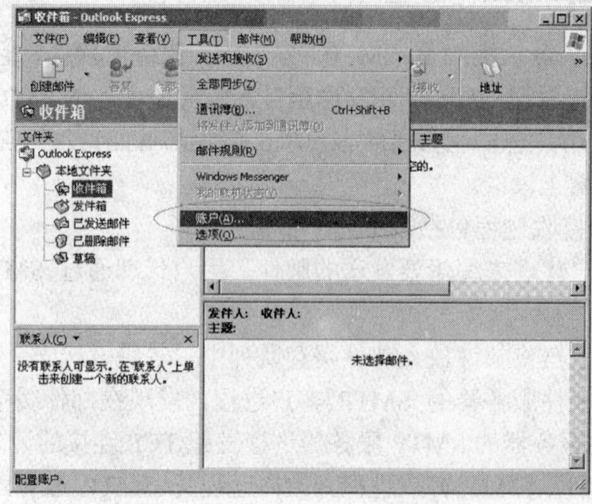

图 3-22 在 Outlook Express 的菜单栏用鼠标单击“工具”→“账户”

(2) 在“Internet 账户”窗口用鼠标单击“添加”→“邮件”，如图 3-23 所示。

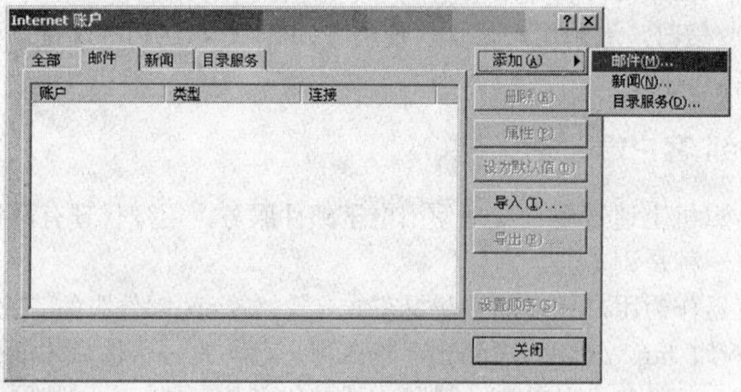

图 3-23 在“Internet 账户”窗口用鼠标单击“添加”→“邮件”

(3) 在依次出现的“Internet 连接向导”窗口中分别输入姓名、电子邮件地址、电子邮件服务器、登录电子邮箱的用户名和密码，单击“下一步”。如图 3-24、图 3-25、图 3-26 和图 3.27 所示。

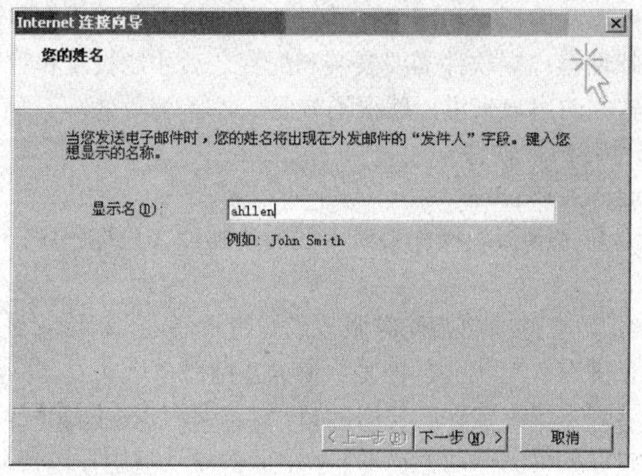

图 3-24 在“Internet 连接向导”窗口中输入姓名

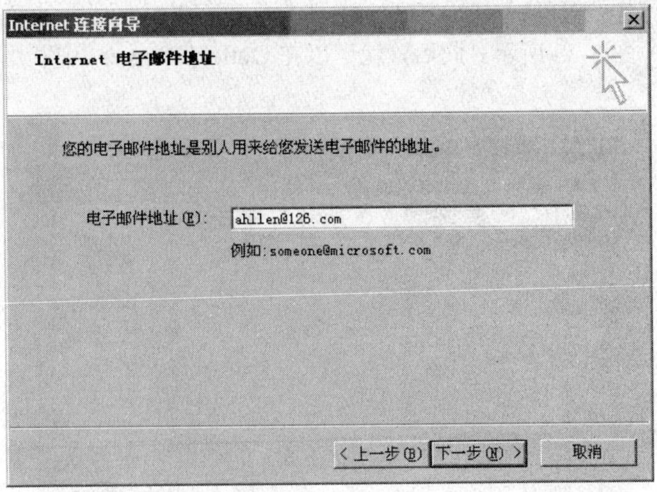

图 3-25　在“Internet 连接向导”窗口中输入电子邮件地址

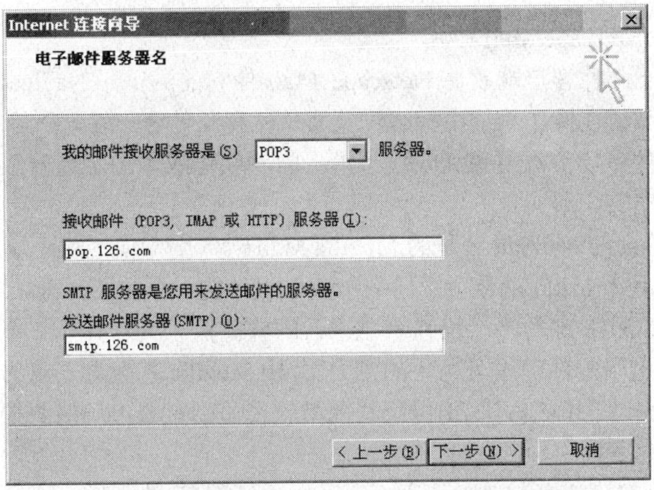

图 3-26　在“Internet 连接向导”窗口中输入电子邮件服务器信息

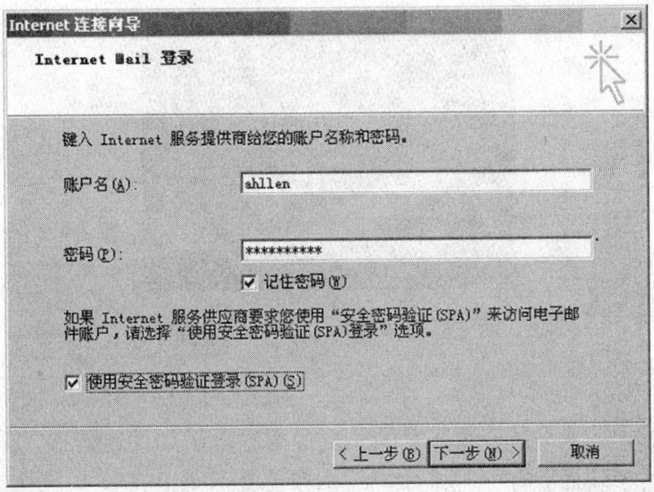

图 3-27　在“Internet 连接向导”窗口中输入电子邮件服务器登录账号

(4) 配置好一个电子邮箱后，在“Internet 账户”窗口的“邮件”页就会出现这个新添加的电子邮件账户，如图 3-28 所示。此后，就可以在 Outlook Express 中利用配置好的电子邮件账户收发电子邮件了。

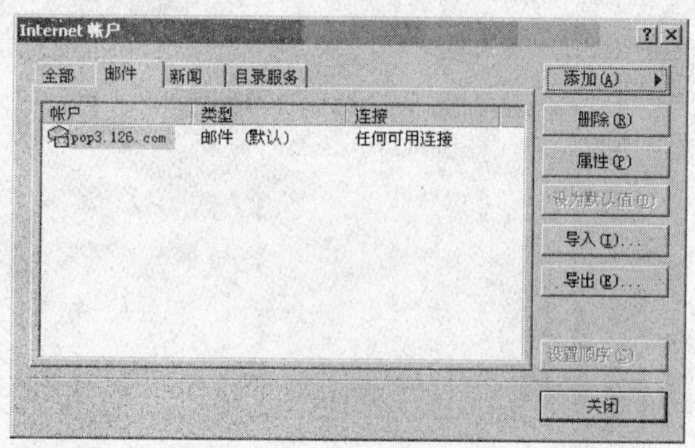

图 3-28 在“Internet 账户”窗口中出现添加的邮件账户

2) 网景公司的 Netscape Mail

网景公司的电子邮件客户端软件 Netscape Mail 像它的浏览器 Navigator 一样，曾经拥有众多的用户。因为微软在操作系统中捆绑浏览器软件和邮件客户端，所以在 20 世纪 90 年代末期网景公司的软件市场份额发生大幅度下滑。随着软件版本的不断升级，有一部分用户依然使用网景公司的产品。

3) Mozilla 基金会与 Mozilla 公司的 Mozilla Mail

Mozilla Mail 是 Mozilla 基金会推出的浏览器组件的一个重要部分。除了 Windows 版本以外，它还提供 Linux/Unix 等多个操作系统平台的软件包。

Thunderbird 是电子邮件程序市场上的生力军，由 Mozilla 基金会下属的 Mozilla 公司开发。Thunderbird 与 Firefox 一起被称作 21 世纪刺向微软公司浏览器市场的两把利剑。Thunderbird 以小巧、安全、稳定著称。

Mozilla Mail 和 Thunderbird 都支持数字签名、验证签名、加密和解密，与 Outlook Express 相似，如图 3-29 所示。

图 3-29 麦金塔 OS9 上的 Mozilla

4) Foxmail

Foxmail 是由来自中国的张小龙开发的一款优秀的电子邮件客户端，具有强大的电子邮件管理功能，是一个共享软件。有中文(简体/繁体)和英文两个语言版本。2005 年 3 月 16 日被腾讯公司收购。后来腾讯推出能与 Foxmail 客户端邮件同步的基于 Web 的 foxmail.com 免费电子邮件服务。它支持多个邮箱账户，可以同时从多个服务器中下载邮件，每个邮箱账户还可以自定义保护密码，最适合多人使用一台计算机的用户。

2. 因特网上的电子邮件服务器

1) Google 公司的 Gmail

Gmail 是 Google 的免费网络邮件服务。它随附内置的 Google 搜索技术并提供 7312 兆字节以上的存储空间(仍在不断增加中)。可以永久保留重要的邮件、文件和图片，受到了很多网友的喜爱，不过 Gmail 却默认不支持客户端收发，这让很多习惯了客户端来收发邮件的朋友很不习惯，其实 Gmail 是支持客户端收发的，只是需要进行适当设置。

Gmail 在 Firefox 环境下，加装 Gmail S/MIME 就可以对电子邮件进行签名了。

2) Yahoo! mail

Yahoo! mail 是美国最流行的电子邮件，目前提供@yahoo.com，@ymail.com，@rocketmail.com 三种国际通用的域名。Yahoo! mail 的最大特点是稳定。

3) Hotmail

Hotmall 是因特网免费电子邮件平台，网络用户可以通过网页浏览器收发和管理电子邮件，也可以无地域聊天。它于 1995 年由杰克·史密斯(Jack Smith)和印度企业家沙比尔·巴蒂亚(Sabeer Bhatia)建立，并于 1996 年 7 月 4 日开始商业运作。1997 年末被微软公司收购，并由原来运行于 FreeBSD 平台逐步过渡至完全运行于 Windows 平台上。之后还跟微软的其他服务合并成为 MSN 和 Windows Live 的组成部分。后来，Hotmail 升级成为 Windows Live Hotmail，并提供更大的存储空间和更多的功能。要使用 Windows Live Hotmail 的全部功能，必须使用 Internet Explorer 6.0 或以上，或者 Firefox 1.5 或以上。

4) Ovi Mail

Ovi 是由手机大厂诺基亚公司为了配合其之前推出的 Ovi 系列手机便利生活平台所推出的免费电子邮件服务。

5) 网易公司的电子邮件服务

网易公司的电子邮件服务器被国内广大用户熟知和使用，它的域名有三个：@163.com，@126.com，@yeah.com。它既提供收费的电子邮件服务，也允许用户申请免费的邮箱。

3. 在手机上使用电子邮件

现代的手机，只要有因特网接入功能就可以使用电子邮件服务。自从黑莓智能手机首创推出 Push Mail 功能后，各大手机厂商纷纷效仿。Apple 公司的 iPhone 自带电子邮件功能，对 Push Mail 进行了改进，颇受好评，因此，同样类型的智能型触控手机，如 HTC Hero、诺基亚 N97 等，也陆续引进类似的电子邮件功能。

3.3.4 收发 E-mail

使用电子邮件服务的前提是要有自己的电子邮箱。电子邮箱是在提供邮件服务的计算机上建立的，是邮件服务器为用户分配的用来存放邮件的一定大小的磁盘空间，用户邮箱决定了用户的一个邮件地址。用户可以通过这台邮件服务器给其他用户发送邮件，也可以接收邮件。

1. 免费邮箱的申请

现在的电子邮箱有两种：一种是收费的 VIP 类，另一种是免费的。无论是收费的还是免费的邮箱，一般的使用和设置方法都是一样的，只不过收费的电子邮箱要比免费的电子邮箱功能更多、服务更好、安全性更高和使用空间更大。

很多网站都提供免费邮箱，用户可以免费申请 E-mail 账号，例如新浪 sina、网易 163、搜狐 sohu、雅虎 yahoo、腾讯 QQ 等，这些免费邮箱基本都有 1G 以上的空间， 还提供杀毒功能，比较稳定。

在网易中申请免费邮箱的具体操作步骤如下：

(1)在浏览器地址栏中输入网址 http://mail.126.com，出现 126 网易免费邮箱页面，如图 3-30 所示。

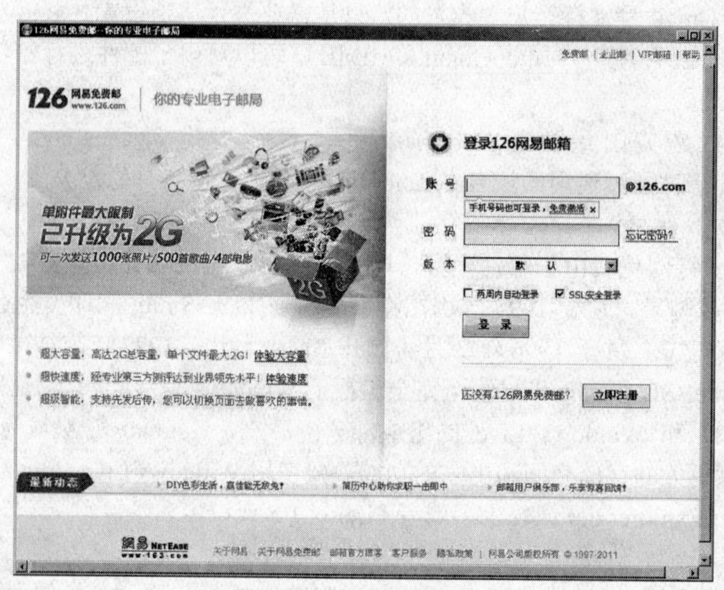

图 3-30 “网易信箱”页面

(2) 单击“注册”按钮，出现注册资料填写页面，如图 3-31 所示。

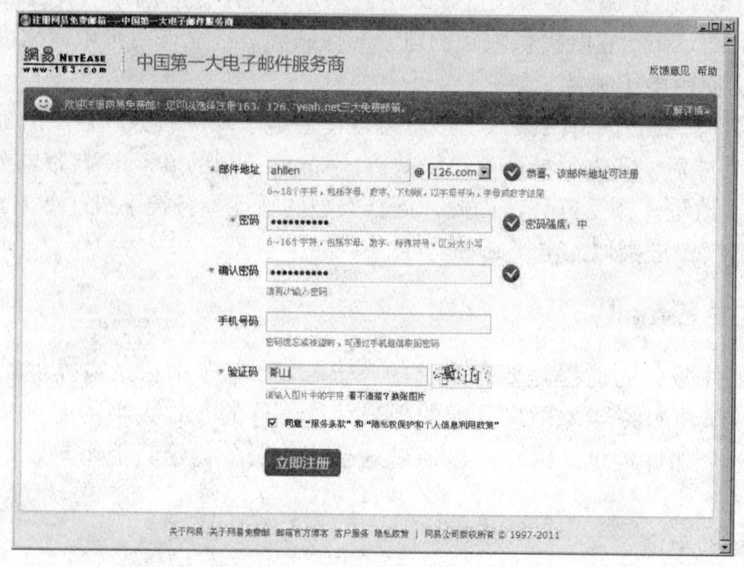

图 3-31 “填写个人资料”页面

(3) 按说明和要求填写必要的内容，然后单击“提交表单”按钮，出现“注册成功”界面，如图 3-32 所示。

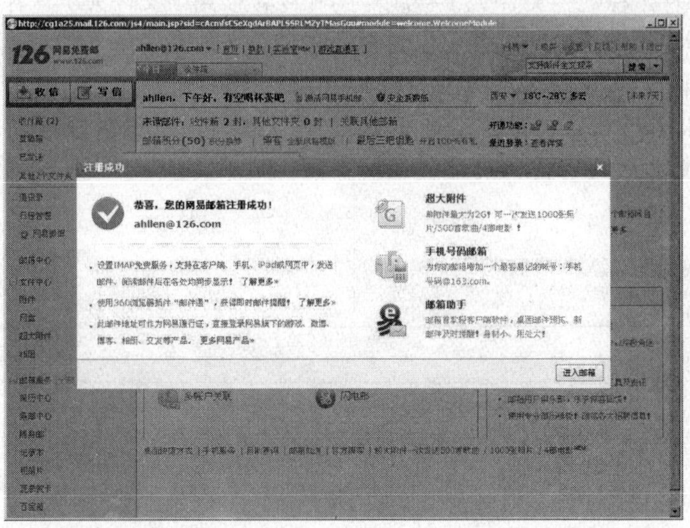

图 3-32　“注册成功”页面

(4) 上述步骤完成后，就成功地注册了一个邮箱，并拥有了一个电子邮件地址，例如 ahllen@126.com。

2. 运行 Outlook Express 收发电子邮件

下面介绍利用 Outlook Express 作为电子邮件客户端软件收发电子邮件的方法。

单击“开始”→“程序”→“Outlook　Express”启动 Outlook Express 后，出现 Outlook Express 主窗口，如图 3-33 所示。

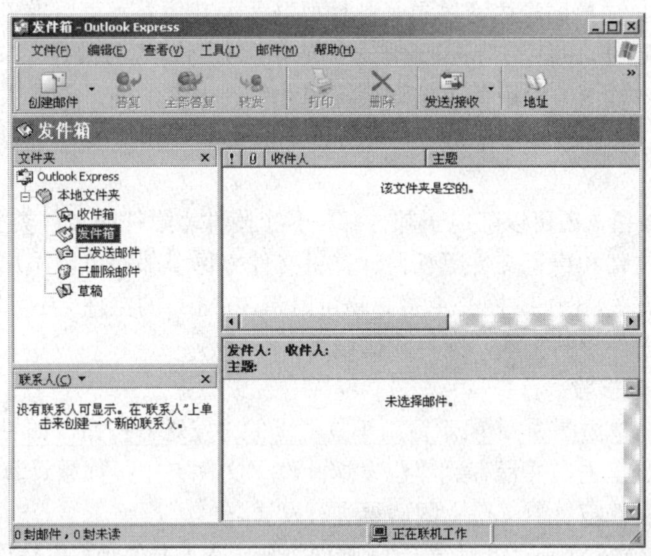

图 3-33　Outlook Express 主窗口

其中主要使用以下几个文件夹：

(1) 收件箱。该文件夹下保存用户收到的电子邮件。

(2) 发件箱。该文件夹下保存已撰写完毕等待发送的电子邮件。

(3) 已发送邮件。该文件夹下保存已经发送出去的电子邮件。

(4) 已删除邮件。在其他文件夹下被删除的邮件转移到该文件夹下保存。

(5) 草稿。撰写了一部分的邮件可以暂时保存在此文件夹中待下次修改。

3. 撰写新邮件

单击 Outlook Express 主窗口工具栏中的“创建邮件”按钮，出现一个新邮件窗口。在窗口中输入一封新邮件的有关内容，包括收件人地址、抄送地址、主题和内容等，如图 3-34 所示。

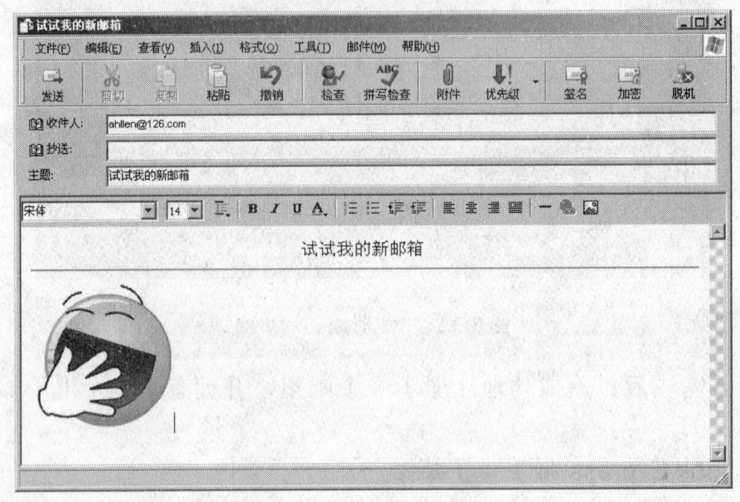

图 3-34　新邮件窗口

如果是多个账户，则“发件人”项可以用下拉列表选择一个。“收件人”项输入将要发给的对象 E-mail 地址。如果同一内容的电子邮件要群发给其他人，可以在“抄送”文本框中输入其他人的 E-mail 地址，每个 E-mail 地址之间应该用分号或逗号隔开。

在“主题”文本框内一般用简单的词语标明此信的内容，便于收信人识别。在内容区书写邮件的主要内容，可以进行简单排版，还可以单击菜单“格式”→“应用信纸”，选择一个信纸样式。

单击“附件”按钮，还可以随电子邮件邮寄多个附件。附件的文件类型可以是数据文件、计算机程序、图像文件和声音文件等任何计算机文件。每个邮件可以添加的附件个数和大小与使用的邮箱类型有关，例如，网易免费邮箱可附带 30 MB 的文件。还可以使用菜单“插入”项插入文件附件、文件中的文本、图片和横线等。

4. 邮件的发送和接收

新邮件写完后，单击图 3-34 所示窗口工具栏上的“发送”按钮，如果计算机与因特网连接，邮件就直接发送出去，并保存到“已发送邮件”文件夹中；如果计算机处于脱机状态，邮件将自动存入“发件箱”中，待上网后再进行发送。

如果选择菜单“文件”→“以后发送”，邮件将被存入“发件箱”中待以后发送。选择“文件”→“保存”菜单命令，邮件被保存到“草稿”文件夹中。

与因特网连接之后，在图 3-33 所示的主窗口中单击工具栏上的“发送或接收”按钮，就开始接收新邮件了，并发送保存在“发件箱”中的电子邮件。接收新邮件实际上是将邮件服务器上的新邮件下载到本机的“收件箱”文件夹中。

5. 阅读、回复邮件

在 Outlook Express 的主窗口中选中左侧的“收件箱”，右侧上面出现到达的新邮件的发件人、主题和接收时间等信息，下面为具体的信件内容。也可以双击邮件列表中的邮件，然后在弹出的邮件窗口中阅读邮件。

在“收件箱”的邮件列表中单击要回复的邮件，使其突出显示，然后单击工具栏上的“答复”按钮，将打开邮件回复窗口。此时，收件人的地址已经填好，来信的内容也自动复制到回复邮件的文本区中，如果不需要原信可以将其删掉。在文本区输入回信的内容后，单击“发送”按钮即完成邮件的回复。也可以把邮件转发给其他人，使用“转发”按钮即可。

6. 通信簿的使用

可以使用通信簿来存储电子邮件地址、家庭或公司地址、电话号码、传真号码、数字标识、会议信息、即时消息地址以及个人信息如生日、周年纪念日等。还可以存储个人和公司的因特网地址，并且可以直接从通信簿链接到这些地址。

单击图 3-35 中的“地址”按钮，出现“通信簿”界面，如图 3-35 所示。

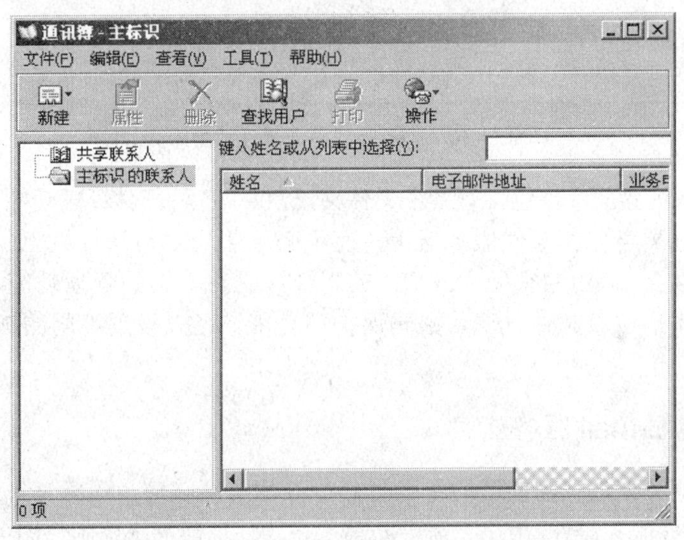

图 3-35　通信簿

可以使用菜单“编辑”→“查找用户”命令，根据已知信息来查找用户的详细资料。使用菜单“文件”→“导入”或“导出”命令，可以读入通信簿文件或把地址簿保存成备份文件，导出的通信簿可以保存到其他存储介质中，如 U 盘中，就可以随身拥有各个联系人的详细资料了。如果单击菜单“查看”→“排序方式”项，可以把用户资料按不同排序来显示。

7. Web 方式电子邮件的使用

用户除了可以在本地计算机上利用电子邮件客户端程序来收、发、管理邮件外，还可以通过浏览器登录自己的电子邮箱，在线收发和管理邮件。如果本地计算机上没有安装电子邮件客户端程序，或不想配置软件，用户会首选这种方法。

首先使用浏览器进入电子邮箱主页，登录个人电子邮箱后，就可以在网页上收发电子邮件了。例如访问 http://mail.126.com，输入用户名和密码，单击“登录邮箱”按钮，出现个人邮箱页面，如图 3-36 所示。

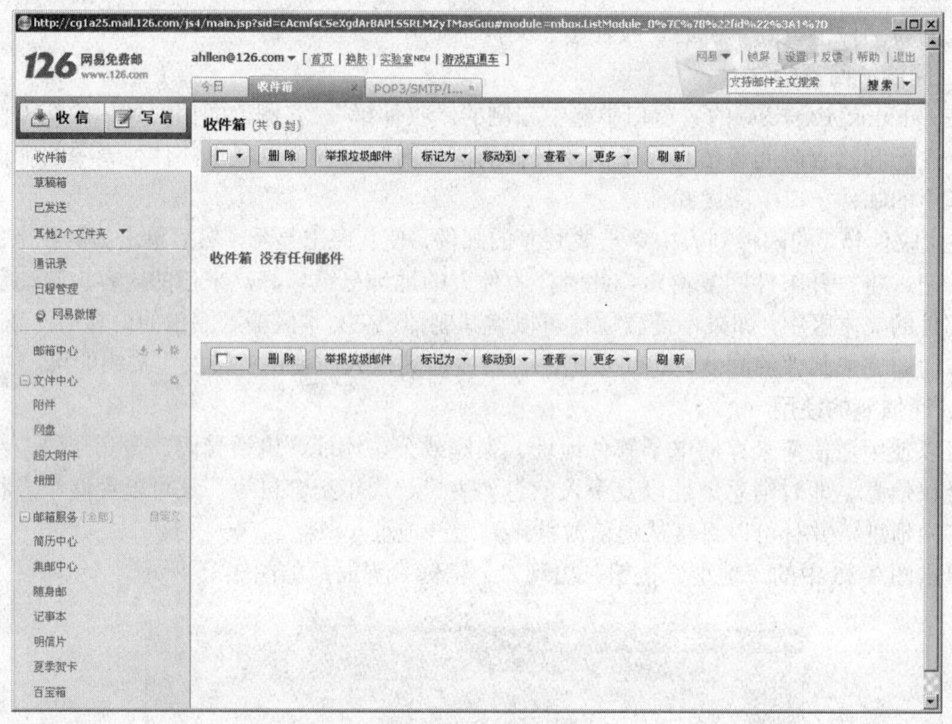

图 3-36 Web 方式电子邮件的使用

Web 邮箱在网页界面中也包含有多个文件夹，提供了各种邮件管理功能。使用 Web 邮箱，用户可以把邮件分类存储在邮件服务器上，而不必下载到本地计算机上。目前，免费 Web 邮箱的容量可以达到 2GB 的空间、30MB 的附件，具有丰富的管理功能。在 Web 邮箱中还可以提供地址本、垃圾邮件过滤、密码保护等功能，可以设置不同的邮箱风格，使用起来也很方便。

3.3.5 构建 E-mail 服务

搭建 E-mail 服务器往往需要借助专用的 E-mail 服务器软件，随着 Windows Server 2003 系统中内置了 POP3 服务组件，用户无需借助第三方软件也能够搭建邮件服务器。本节以 POP3 服务组件和 Winmail 为例，介绍在局域网中构建 E-mail 服务器的两种方法。

1. Windows Server 2003 安装 POP3 组件构建 E-mail 服务器

POP3 组件是 Windows Server 2003 系统新增加的服务组件，从而结束了 Windows 2000 Server 系统只能发送而不能接收邮件的缺点。使用 POP3 服务组件能够搭建一台适用于中小型局域网的邮件服务器，方便实用。

1) 安装电子邮件服务组件

POP3 服务组件不是 Windows Server 2003(SP2)系统默认安装的组件，用户需要手动添加该组件。在“控制面板”窗口中双击“添加或删除程序”图标，在打开的“添加或删除 程序”窗口中单击“添加/删除 Windows 组件”按钮。

打开“Windows 组件向导”对话框，在“组件”列表中选中“电子邮件服务”复选框，如图 3-37 所示。单击“下一步”按钮，Windows 组件向导将安装 POP3 组件，并安装 SMTP 协议。

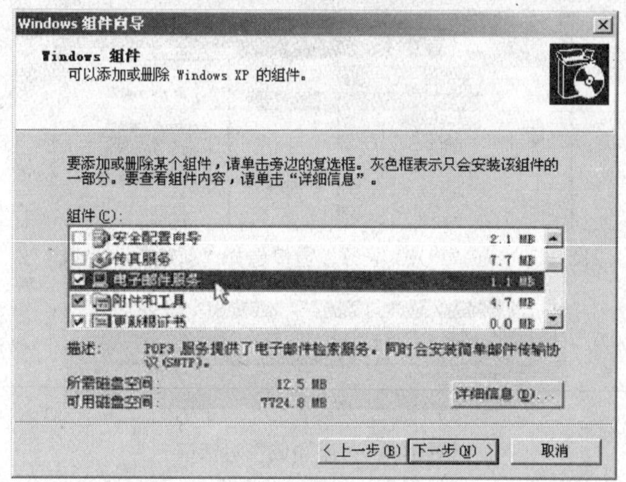

图 3-37 “Windows 组件向导”对话框

Windows 组件向导安装电子邮件服务组件和远程管理工具时，需要插入 Windows Server 2003(SP2)的安装光盘或指定系统安装路径。另外在安装电子邮件服务组件的同时，还会自动安装配置远程管理工具。完成安装后单击“完成”按钮关闭 Windows 组件向导。

2) 配置 POP3 服务

依次单击“开始”→“管理工具”→“POP3 服务”，打开“POP3 服务”窗口。选中左边的服务器名称，然后在右窗口中单击“服务器属性”按钮，如图 3-38 所示。

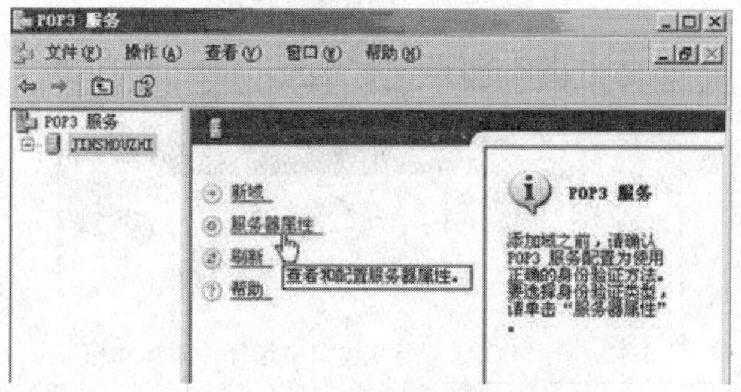

图 3-38 “POP3 服务”窗口

首先打开服务器属性对话框，在“身份验证方法”下拉菜单中选中“本地 Windows 账户”选项。然后单击“根邮件目录”文本框右侧的“浏览”按钮，选择本地磁盘中的一个 NTFS 分区作为邮件根目录所在分区。最后选中“总是为新的邮箱创建关联的用户”复选框，并单击“确定”按钮。出现“POP3 服务”对话框，提示用户将重新启动 POP3 服务和 SMTP 服务，单击“是”按钮。

返回“POP3 服务”窗口，用鼠标右键单击左边的服务器名称，依次选择“新建”→“域”命令，如图 3-39 所示。

出现“添加域”对话框，在“域名”文本框中输入准备使用的电子邮件服务器的域名，并单击“添加”按钮，如图 3-40 所示。

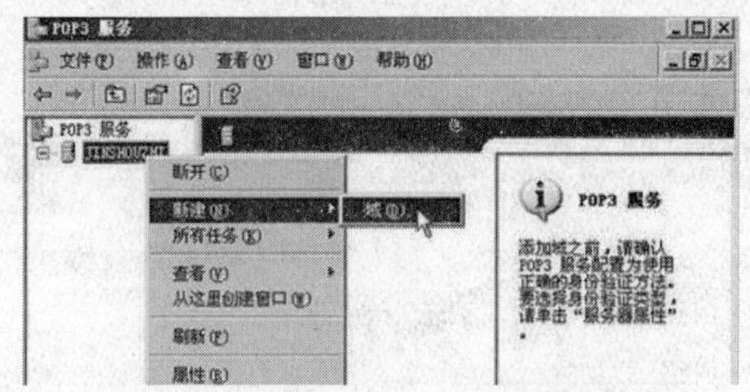

图 3-39　在“POP3 服务”窗口选择“新建”→“域”

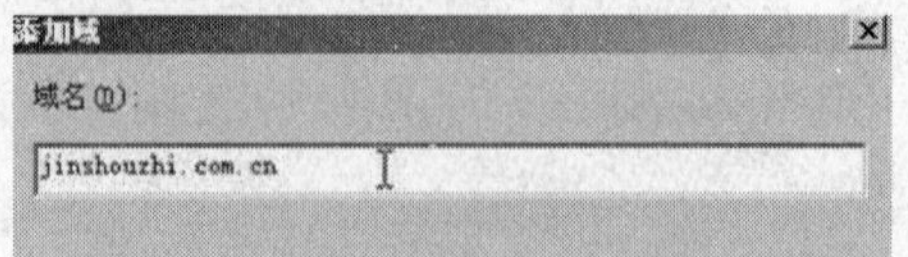

图 3-40　“添加域”对话框

在局域网中搭建电子邮件服务器时，域名可以是网络中的电子邮件服务器的域名，也可以自定义。即使局域网中没有 DNS 服务器，这样设置同样可以成功搭建邮件服务器。

3) 创建用户邮箱

对 POP3 服务进行基本的配置工作后，POP3 服务已经启动，并具备了接收电子邮件的能力。不过用户如果在该邮件服务器上没有邮箱，接收电子邮件也就无从谈起了。因此需要为局域网用户创建邮箱。

在“POP3 服务”窗口的左侧选中邮件服务器的域名，然后在右侧单击“添加邮箱”按钮，如图 3-41 所示。

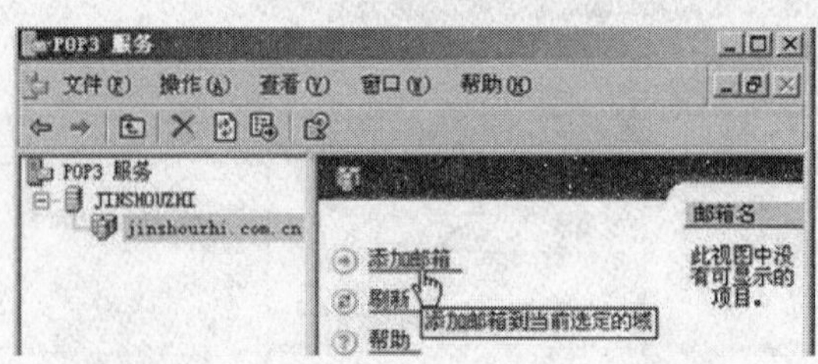

图 3-41　在“POP3 服务”窗口中选择“添加邮箱”

出现“添加邮箱”对话框，输入邮箱名(即@字符前的名称)。选中“为此邮箱创建相关联的用户”复选框，并设置邮箱初始密码，如图 3-42 所示。这里创建邮箱的同时也会创建相应的用户，邮箱名即用户名。如果使用 Windows Server 2003(SP2)系统中已有的用户账户作为邮箱名，则需要取消选中“为此邮箱创建相关联的用户”复选框。设置完毕单击“确定”按钮。

图 3-42　“添加邮箱”对话框

在打开的“POP3 服务”对话框中，提示用户已经成功添加邮箱。并提醒用户可以使用两种方式登录邮箱(即明文身份验证和安全密码身份验证)，如图 3-43 所示，直接单击“确定”即可。

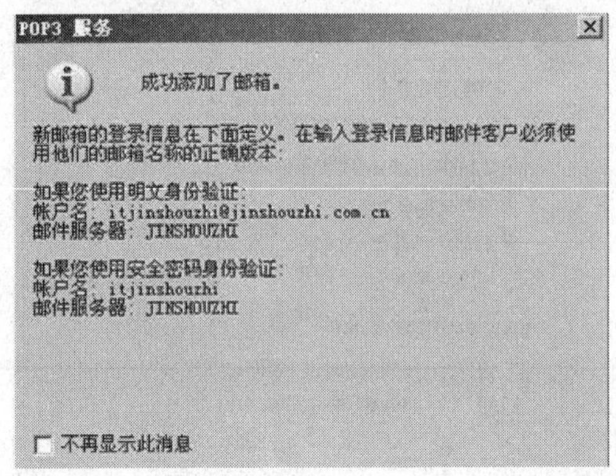

图 3-43 “POP3 服务”对话框中提示用户已经成功添加邮箱

在“POP3 服务”窗口中选中邮件服务器域名，会在右侧显示出已经添加的邮箱。选中邮箱名，可以对其进行锁定或删除等管理操作，如图 3-44 所示。

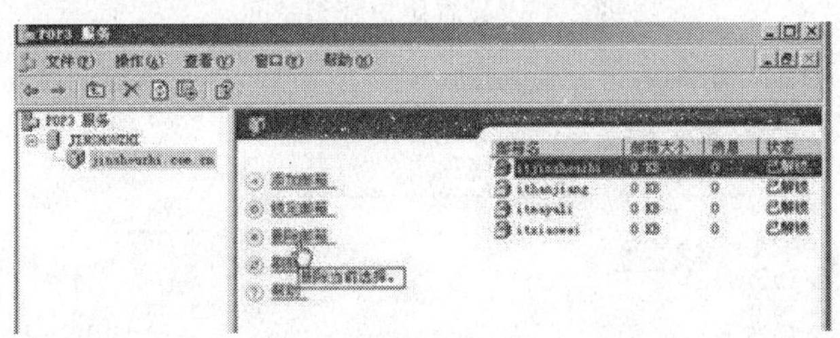

图 3-44 在“POP3 服务”窗口对选中的邮箱进行管理

4) 设置用户邮箱空间

在基于 Windows Server 2003(SP2)系统的邮件服务器中，邮箱名和 Windows 系统用户账户是一一对应的。因此可以通过设置系统用户的磁盘配额来设置相对应的邮箱用户的邮箱空间。

以系统管理员身份登录 Windows Server 2003 系统。打开“我的计算机”窗口，右键单击邮件根目录所在的 NTFS 分区，选择“属性”命令，在打开的“本地磁盘(D：)属性”对话框中，切换到“配额”选项卡。选中“启用配额管理”和“拒绝将磁盘空间给超过配额限制的用户”复选框，然后选中“将磁盘空间限制为”单选钮，并输入限制使用的空间大小和警告等级，如图 3-45 所示。这里根据服务器硬盘的大小有计划地进行分配，也可以不设配额，视服务的需求而定。

单击“配额项”按钮，打开“本地磁盘(D：)的配额项”窗口。依次单击“配额”→“新建配额项”命令，打开“选择用户”对话框。依次单击“高级”→“立即查找”按钮，在搜索结果列表中选中邮箱用户，并依次单击“确定”按钮，如图 3-46 所示。

打开“添加新配额项”对话框，选择“将磁盘空间限制为”，设置限制空间大小和警告级别。完成设置后单击“确定”按钮，如图 3-47 所示。

本地磁盘 (D:) 属性
常规
工具
硬件
共享
安全
配额
状态: 磁盘配额已被禁用
启用配额管理 (E)
拒绝将磁盘空间给超过配额限制的用户 (D)
为该卷上的新用户选择默认配额限制:
不限制磁盘使用 (O)
将磁盘空间限制为 (L)
100
MB
将警告等级设为
90
MB
选择该卷的配额记录选项:
用户超出配额限制时记录事件 (G)
用户超过警告等级时记录事件 (V)
配额项 (Q)...
确定
取消
应用 (A)

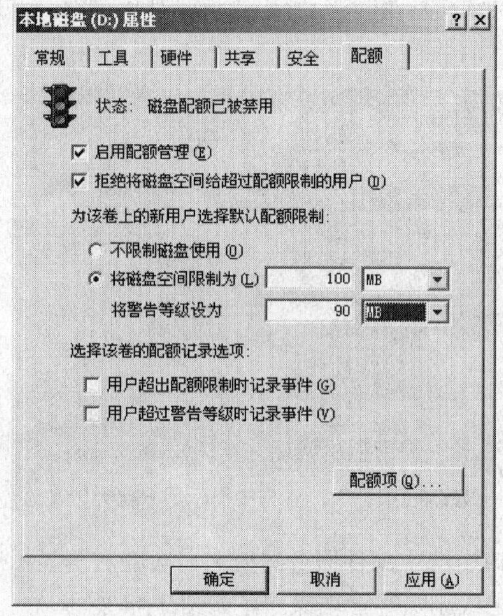

图 3-45　设置用户邮箱空间

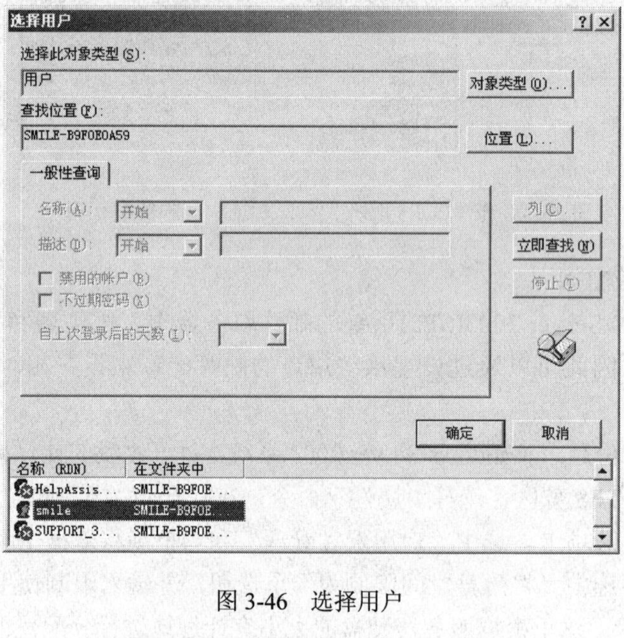

选择用户
选择此对象类型 (S):
用户
对象类型 (O)...
查找位置 (F):
SMILE-B9F0E0A59
位置 (L)...
一般性查询
名称 (A):
开始
描述 (D):
开始
列 (C)...
立即查找 (N)
停止 (T)
禁用的帐户 (B)
不过期密码 (X)
自上次登录后的天数 (I):
确定
取消
名称 (RDN)
在文件夹中
HelpAssis...
SMILE-B9F0E...
smile
SMILE-B9F0E...
SUPPORT_3...
SMILE-B9F0E...

图 3-46　选择用户

添加新配额项
用户: < Multiple >
设置所选用户的配额限制:
不限制磁盘使用 (O)
将磁盘空间限制为 (L)
100
MB
将警告等级设为
90
MB

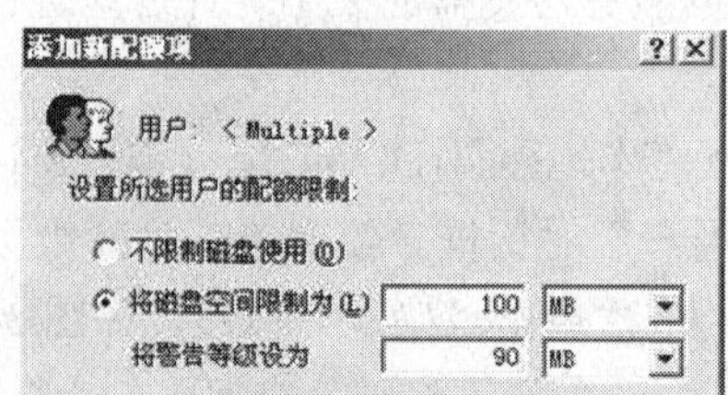

图 3-47　添加新配额项

返回“本地磁盘(D：)的配额项”窗口，在窗口中显示出所创建配额项的详细信息。关闭“本地磁盘(D：)的配额项”窗口，并在“本地磁盘(D：)属性”对话框中单击“确定”按钮。

5) 配置 SMTP 服务

完成 POP3 服务组件的配置工作并创建用户邮箱以后，邮件服务器已经能够完成基本的邮件收发请求了。对 SMTP 服务进行必要的配置可以进一步完善邮件服务器的功能。

依次单击“开始”→“管理工具”→“Internet 信息服务(IIS)管理器”菜单项，打开“Internet 信息服务(IIS)管理器”窗口。展开左侧的本地计算机目录，右键单击“默认 SMTP 虚拟服务器”选项，并选择“属性”命令。

打开“默认 SMTP 虚拟服务器属性”对话框。切换到“常规”选项卡，在“IP 地址”下拉菜单中选择 SMTP 服务器使用的 IP 地址。也可以单击“高级”按钮，对服务器 IP 地址和端口号(默认端口为 25)进行更详细地设置。选中“限制连接数为”复选框可以设置允许同时连接到 SMTP 服务器的用户数量，另外还可以在“连接超时(分钟)”编辑框中设置空闲连接的生存周期，如图 3-48 所示。

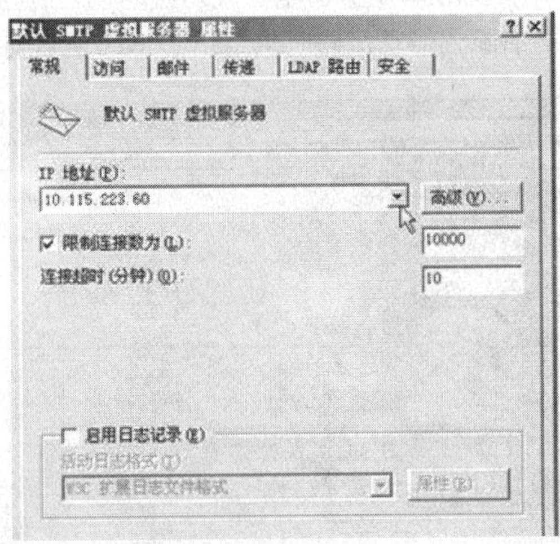

图 3-48 “默认 SMTP 虚拟服务器属性”对话框

切换到“邮件”选项卡，在该选项卡中可以设置与邮件发送相关的参数，如邮件大小、用户连接时间等参数信息，这些设置主要用于防止 SMTP 服务器被滥用。其他选项卡中的设置保持默认参数，并单击“确定”按钮，如图 3-49 所示。

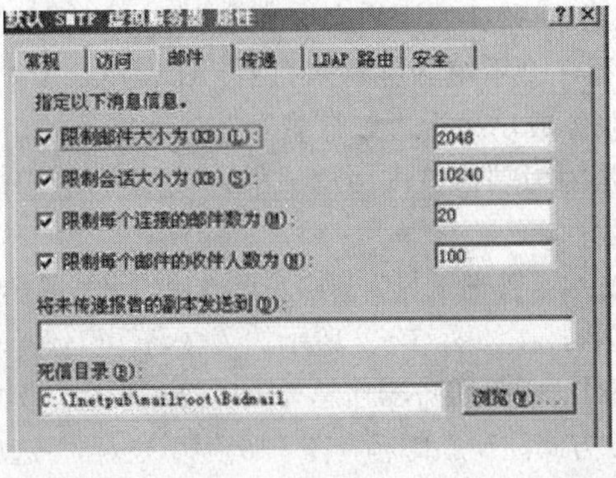

图 3-49 “默认 SMTP 虚拟服务器属性”对话框——“邮件”选项卡

至此，在 Windows Server 2003(SP2)系统中使用 POP3 组件成功搭建了邮件服务器。局域网用户可以使用这台邮件服务器互相发送电子邮件。如果邮件服务器接入 Internet，还可以为 Internet 用户提供电子邮件服务。

使用 POP3 服务组件搭建的邮件服务器暂不支持以 Web 方式登录邮箱，用户只能使用邮件客户端软件收发邮件。用 Outlook Express 收发电子邮件的操作步骤见 3.3.4 节。

2. 使用第三方软件 Winmail Server 搭建 E-mail 服务器

Winmail 是一款安全易用的全功能邮件服务器软件，它既可以作为局域网邮件服务器、Internet 邮件服务器，也可以作为拨号 ISDN、ADSL 宽带、FTTB、Cable Modem 等接入方式的邮件服务器和邮件网关。

1) 初始化配置流程

Winmail 安装完成后，还必须对邮件系统进行一些初始化设置，系统才能正常运行。

进入“快速设置向导”，如图 3-50 所示，首先输入要新建立的邮箱地址和使用密码，然后单击“设置”，设置向导会自动查找系统数据库中是否存在要建的邮箱及域名，同时也会测试 POP3、SMTP、HTTP 和 ADMIN 服务器是否成功启动。之后会在“设置结果”框内显示测试信息和有关邮件客户端的配置信息，同时也给出了 Web 管理地址。

图 3-50 “快速设置向导”

2) 使用管理工具配置

快速向导完成后，即可开始邮件系统检测及进行邮件收发测试。

单击“开始”→“程序”→“Magic Winmail”→“Magic Winmail 管理端工具”。

管理工具启动时，会提示用默认的用户名 admin 和在安装时设置的密码登陆邮件服务器。登录后，单击“系统设置”→“系统服务”来查看 ADMIN、SMTP、POP3、IMAP 等服务是否运行正常。绿灯表示服务成功运行，红灯表示服务存在问题，如图 3-51 所示。如果出现有些服务亮红灯，一般都是因为端口被占用造成的，关闭占用程序或者更换端口再重新启动服务，确保这些服务正常运行。

在“Winmail Mail Server——管理工具”窗口左侧选“域名设置”，切换到“域名管理”窗口。然后单击“新增”建立新域名。在如图 3-52 所示的“域名”窗口，输入欲建立的邮件服务器域名，并加入相关描述。然后对此邮件服务器作总体上的控制设置，例如在“高级属性”选项卡中可以设置允许用户通过 Web 方式注册新邮箱，在“邮箱默认权限”选项卡中设置邮箱要屏蔽的一些功能等。设置完毕后单击“确定”返回“Winmail Mail Server——管理工具”窗口。

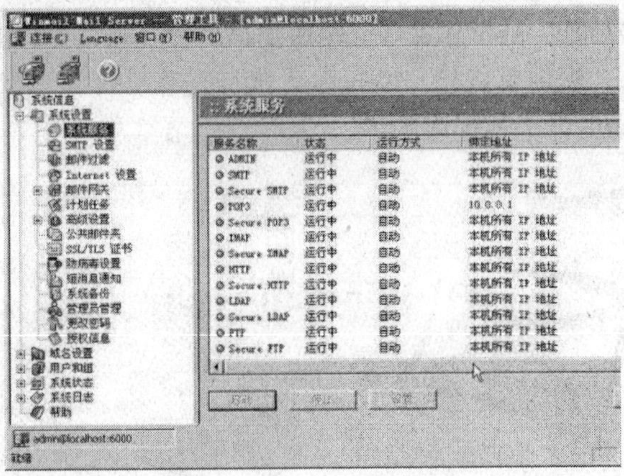

图 3-51　查看 SMTP、POP3、IMAP 等服务是否运行正常

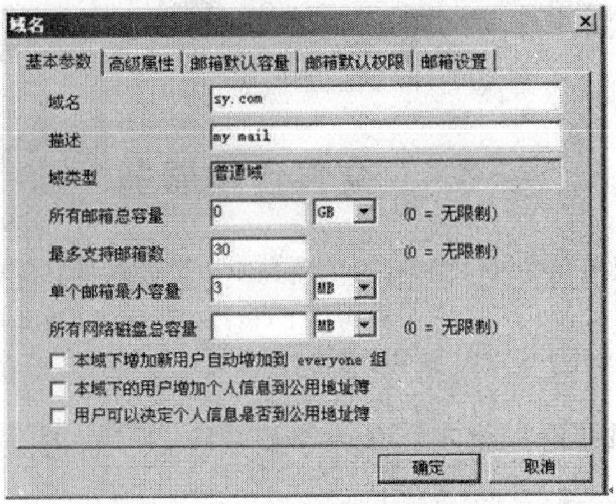

图 3-52　域名设置及邮箱管理

设置域名后就可以新增邮箱用户及建立新邮箱，以使服务系统开始投入使用。在“Winmail Mail Server——管理工具”窗口左侧“用户和组”→“用户管理”选项下，建立用户及邮箱，并对相关参数作设置，如图 3-53 所示。

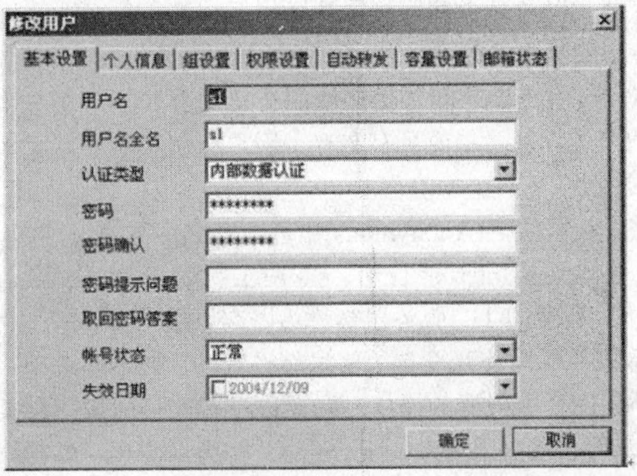

图 3-53　增加邮箱

也可以让远程用户通过 Web 方式自己注册邮箱。登录地址会在前面步骤的“快速设置向导”面板下“设置结果”框内有提示，Web 登录界面如图 3-54 所示。以上各项均设置完成后，E-mail 服务器就可以提供电子邮件服务了。

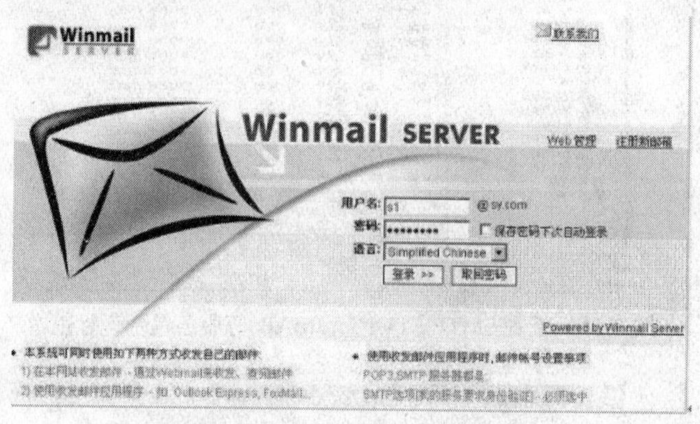

图 3-54　Winmail 的 Web 登录界面

3.4　文件传输服务

一般来说，用户使用 Internet 的首要目的就是实现资源共享，在 Internet 上，文件传输是实现资源共享的一种重要方式。文件传输协议 FTP(File Transfer Protocol)是 Internet 上实现文件传送功能的重要协议。除 WWW 服务外，FTP 也算是使用最广泛的一种服务了。

3.4.1　文件传输服务的基本概念

FTP 是 TCP / IP 协议集中有关文件传输服务的协议，位于应用层，使用 TCP 的可靠运输服务。FTP 采用客户/服务器的工作模式，其作用是实现 Internet 上的用户与远程服务器之间的文件传输。将文件从计算机传输到服务器上，称为上传(Upload)文件，将服务器上的文件传输到自己计算机的硬盘上称为下载(Download)文件。

凡是连入 Internet 的计算机，不管计算机所在的地理位置在何处，也不管它们之间如何连接，计算机是什么类型，以及是否使用相同的操作系统等，只要计算机安装了 FTP 软件后，就具备了进行文件传送的基本条件。

要真正开始在客户与服务器之间传输文件，必须知道 FTP 服务器的域名或地址，还要有该 FTP 服务器授权的账号，也就是说只有在有了用户标识和口令后才能登陆 FTP 服务器，享受 FTP 服务器提供的服务。

FTP 协议还提供了一种匿名(Anonymous)服务，匿名服务无需 FTP 服务器授权就可以获得文件传输服务，充分体现了 Internet 自由、共享的理念。

Internet 中有很大一部分 FTP 服务器被称为匿名 FTP 服务器。它是为了方便用户通过 Internet 获取各种信息服务机构公开发布的信息而设置的，它不要求用户事先在该服务器进行登记注册，也不用取得 FTP 服务器的授权。它允许没有账号的用户在系统中获得某些特定的文件。用户在进行登录时，可以采用“Anonymous”作为用户名，以任何字符串(通常是 guest)作为密码。不过，有些 FTP 服务器特别提示匿名用户，利用自己的 E-mail 地址作为密码，以便万一发生错误时，FTP 服务器可以发送电子邮件到该地址与用户进行联系。

匿名 FTP 一直是 Internet 上获取信息资源的最主要方式，不过，服务器也会设置很多限制，针对以匿名方式登录到 FTP 服务器上的用户。例如，匿名 FTP 服务器只允许用户下载文件,一般不允许修改文件或上传文件。对用户可以获取文件的范围也作了限制，当用户以“Anonymous”登录之后，用户将自动进入某一指定目录。

另一个实现文件传输服务的协议是简单文件传送协议 TFTP(Trivial File Transfer Protocol)。TFTP 是一个很小且易于实现的文件传送协议。它同样基于客户/服务器方式实现文件传输，但是，与 FTP 不同的是 TFTP 使用 UDP 作为传输协议(端口号 69)，因此 TFTP 需要有自己的差错改正措施。TFTP 只支持文件传输而不支持交互，其命令集也比 FTP 的小得多，没有列目录的功能，也不能对用户进行身份鉴别。

TFTP 非常简单，通过少量存储器就能轻松实现。所以 TFTP 被用于引导计算机，例如没有大容量存储器的路由器。现在它仍然被用于一个网络中主机之间的小文件传输，例如从一台网络主机或服务器引导一个远程 X Window System 终端或其他的瘦客户端。由于 TFTP 无验证或加密机制，缺少安全性，在开放式因特网上传输非常危险，所以普遍用于本地网络。

3.4.2 FTP 服务的工作过程

同 Internet 上大多数服务一样，FTP 也是基于“客户机 / 服务器”工作模式而设计的。需要在本地计算机上安装 FTP 客户程序，才能获取远地 FTP 服务器提供的服务。

FTP 客户程序分为字符界面和图形界面两种。许多操作系统都集成 FTP 的字符界面客户程序，例如 Windows 的 ftp.exe 和 Unix FTP 等。图形界面的 FTP 客户程序利用了菜单操作，更为简洁、方便、直观，例如 WS-FTP、CuteFTP、FlashFTP、LeapFTP 等软件。

无论采用何种方式，实际上都有两个程序共同参与，一个是本地计算机上的 FTP 客户端程序，它向 FTP 服务器发出文件传输的请求；另一个是远程服务器上的 FTP 服务器程序，它响应请求，并把指定的文件传送到发出请求的计算机中，或者接收发出请求的计算机传递过来的文件。

一个 FTP 服务器进程可同时为多个客户进程提供服务。FTP 的服务器进程由一个主进程和若干个从属进程两大部分组成。主进程负责接受新的请求，从属进程负责处理单个请求。

FTP 有主动和被动两种使用模式。主动模式要求客户和服务器同时打开一个监听端口以创建连接，在这种情况下，如果客户端安装了防火墙，会阻止监听端口打开，这就会产生一些问题。被动模式只要求服务器的主进程打开一个监听端口，这样就可以解决客户端安装了防火墙的问题。

创建一个被动模式的 FTP 连接要遵循以下步骤：

(1) 客户端一个 FTP 进程打开一个随机的端口(端口号大于 1024，记为 x 端口)，连接到服务器的 21 命令端口。此时，该 TCP 连接的源端口为客户端的端口 x，目的端口为服务器上的 21 端口。

(2) 客户端开始监听端口(x+1)，通过服务器的 21 端口向服务器发送一个命令，此命令告诉服务器客户端正在监听的端口号(x+1)，并且已准备好从此端口接收数据。(x+1)端口就是数据端口。

(3) 服务器打开 20 号端口，并且创建和客户端数据端口(x+1)的连接。此时，TCP 连接的源端口为 20，远程数据(目的)端口为(x+1)。

(4) 客户端通过本地的数据端口(x+1)建立和服务器 20 端口的连接，然后向服务器发送一个应答，告诉服务器连接已建立。

客户进程与服务器进程之间有两个连接来实现文件传输服务，控制连接在整个会话期间一直保持打开，FTP 客户发出的传送请求通过控制连接发送给服务器端的控制进程，但控制连接不用来传送文件。实际用于传输文件的是“数据连接”。服务器端的控制进程在接收到 FTP 客户发送来的文件传输请求后就创建“数据传送进程”和“数据连接”，用来连接客户端和服务器端的数据传送进程。数据传送进程实际完成文件的传送，在传送完毕后关闭“数据传送连接”并结束运行。如图 3-55 所示。

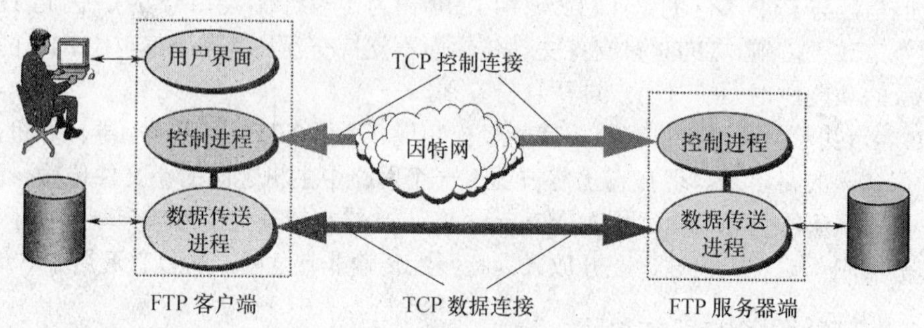

图 3-55　FTP 使用的两个 TCP 连接

FTP 的客户进程和服务器进程都使用了两个不同的端口号，使得数据连接与控制连接不会发生混乱。当客户进程向服务器进程发出建立连接请求时，要寻找连接服务器进程的熟知端口(21)，同时还要告诉服务器进程自己的另一个端口号码，用于建立数据传送连接。接着，服务器进程用传送数据的熟知端口(20)与客户进程所提供的端口号码建立数据传送连接。

3.4.3　FTP 服务的客户端软件

FTP 服务器支持以命令行、浏览器或 FTP 客户软件这几种方式对其进行访问。下面对此一一介绍，用户也可以根据实际情况选择连接 FTP 服务器的方式。

1. 使用命令访问 FTP 站点

Windows 98、Windows 2000 和 Windows XP 等操作系统都内置了基于命令行方式的支持 FTP 服务，Unix 系统也有类似的系统命令。Windows 系统中使用命令访问 FTP 站点的具体操作步骤如下：

在 DOS 命令提示符下敲入命令“ftp”并回车，启动 FTP 程序，出现“ftp>”提示符。在“ftp”>后输入“open”命令，然后输入用户名和密码就可以登录到 FTP 服务器，如图 3-56 所示。

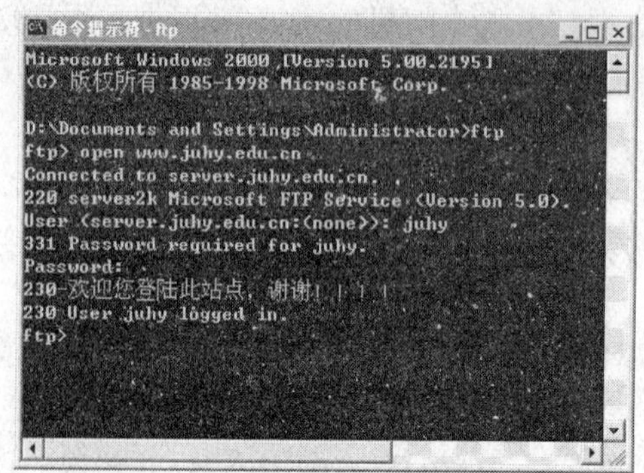

图 3-56　使用 ftp 命令登录服务器

登录成功后可使用“put”或“get”命令上传或下载文件，使用“？”命令可以列出所有的命令。需要注意的是，匿名登录的用户名是“anonymous”，口令可以是任意值，但是不能为空。

2. 使用 Web 浏览器访问 FTP 站点

在浏览器地址栏中输入“ftp://FTP 服务器 IP 地址或域名”。对于允许匿名连接的 FTP 站点，浏览器将自动登录到 FTP 服务器，并显示 FTP 站点主目录的文件夹和文件，如图 3-57 所示。

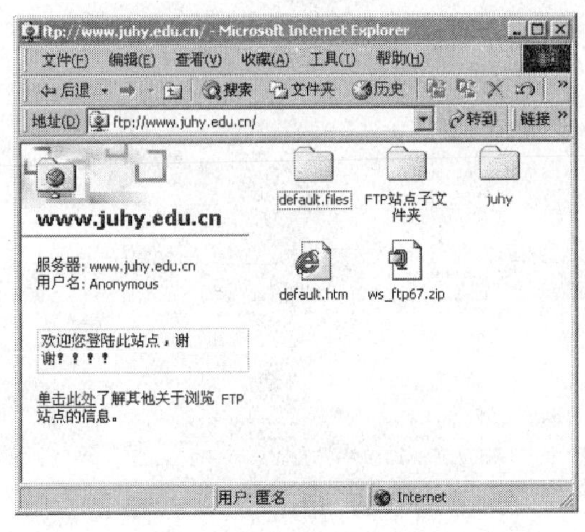

图 3-57 使用浏览器访问 FTP 站点服务器

如用户有足够的权限就可在此对 FTP 站点进行管理和维护。上传和下载方法与 Windows 资源管理器类似。要上传、下载文件夹或文件只需在本地文件夹和 FTP 站点文件夹之间进行复制操作就可完成。

如果用户访问 FTP 站点时需要使用用户名和密码，在浏览器中的地址栏中键入域名后会出现“登录”对话框，要求用户输入名称和密码，如图 3-58 所示。也可以在浏览器的地址栏中输入“ftp://用户名：密码@ FTP 服务器 IP 地址或域名”，使用这种方式直接登录 FTP 站点。

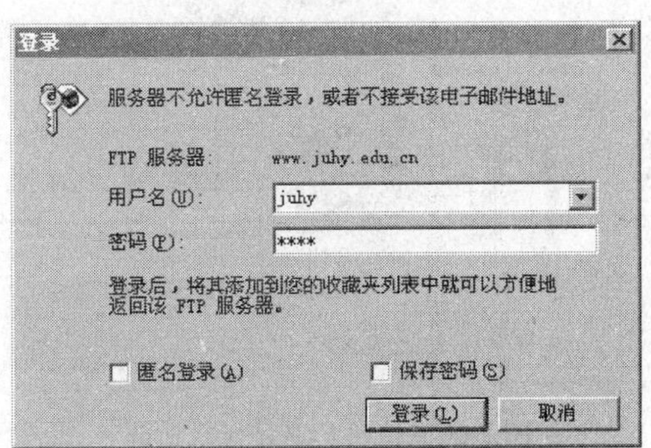

图 3-58 使用用户账号和密码登录 FTP 站点

3. 使用专用 FTP 客户软件访问 FTP 站点

常用的 FTP 客户端软件有 WS_FTP pro 和称为 FTP 三剑客的 LeapFTP、FlashFXP 、CuteFTP 等。CuteFTP 是 1996 年以来由 GlobalSCAPE 公司开发的一系列的 FTP 客户端应用

程序。图 3-59 是 FalshFXP 的截面图。这类软件一般连接稳定，传输速度快，使用方便灵活，所以很受欢迎。

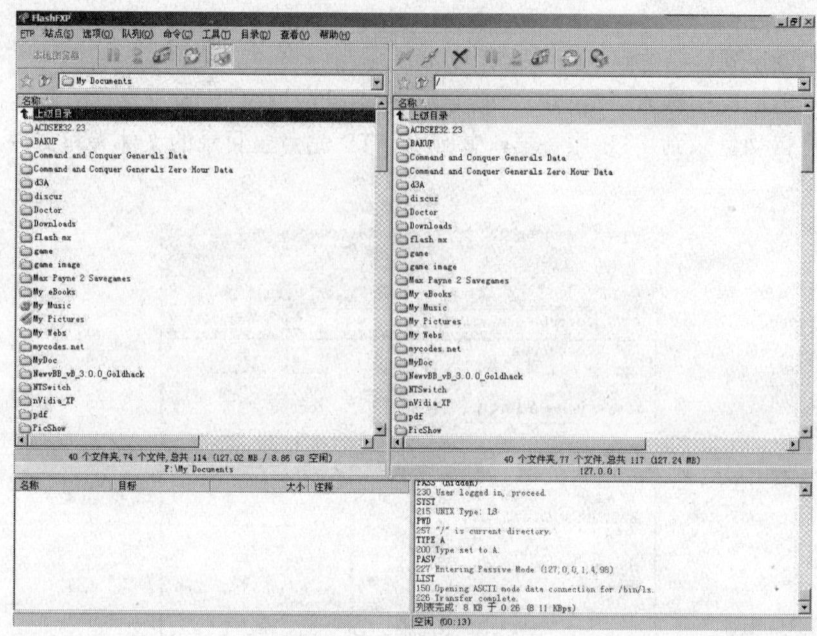

图 3-59　FlashFXP 界面

下面以 WS_FTP pro 为例，介绍利用专用 FTP 客户端软件访问 FTP 站点的基本方法。

启动 WS_FTP pro 客户程序，进入其主界面。在“Host Name”文本框中输入要访问的站点域名，在“UserID”文本框中输入用户名，在“Password”文本框中输入密码，如图 3-60 所示。

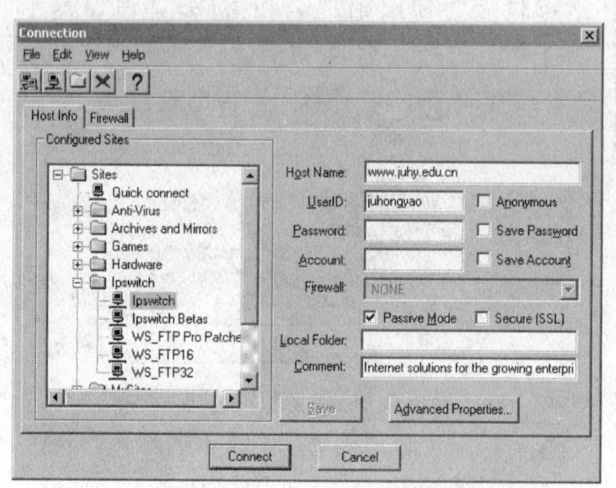

图 3-60　访问 FTP 站点对话框

单击对话框下面的“Connect”按钮，即可登录要访问的 FTP 站点，如图 3-61 所示。左侧窗口表示本地资源，从中找到要上传的对象，选定后单击“-->”按钮，就可完成文件的上传了。如果要下载远程站点上的网络资源，可在右侧的窗口内选定要下载的内容，再单击“<--”按钮就可以了。

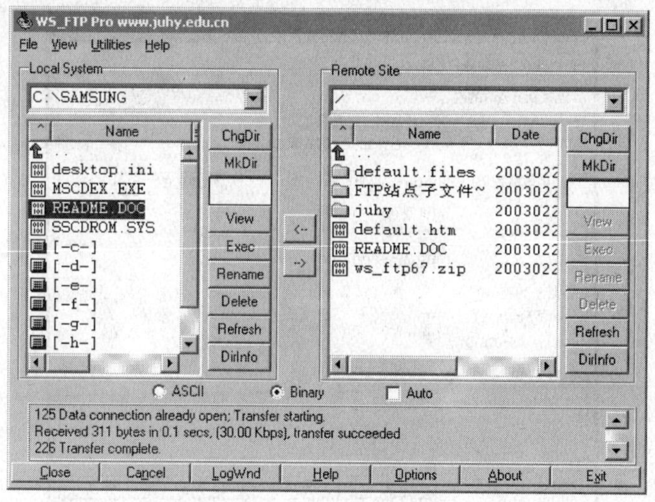

图 3-61　站点信息显示

3.4.4　构建 FTP 服务

构建 FTP 服务器的方法很多，常用的是通过 Windows 操作系统自带的 IIS 组件来构建，或者是通过使用第三方软件来构建。

1. 通过 Windows 的 IIS 组件构建 FTP 服务器

首先要安装 IIS 组件，参考 3.2.5 节的方法。

同 WWW 服务一样，IIS 默认有一个默认的 FTP 站点，因此可以通过修改默认 FTP 站点来完成 FTP 服务器的设置。单击“默认 FTP 站点”，出现“默认 FTP 站点属性”窗口，如图 3-62 所示。

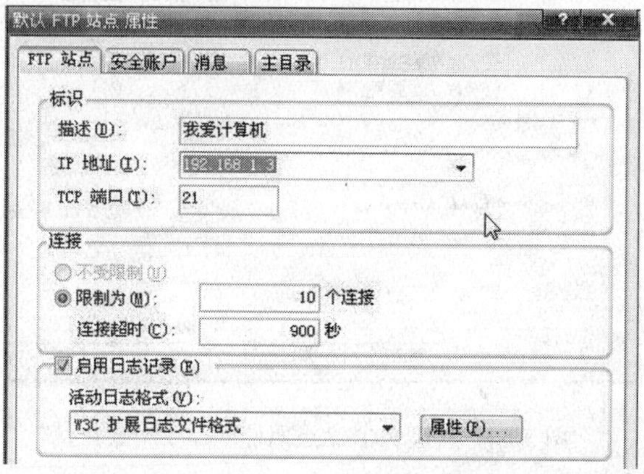

图 3-62　默认 FTP 站点属性——FTP 站点

在“FTP 站点”选项卡输入标识描述，设置 IP 地址，TCP 端口一般采用默认值 21。设置连接数限制，同 Web 服务器一样注意启用日志记录，然后选中“主目录”选项卡，如图 3-65 所示。

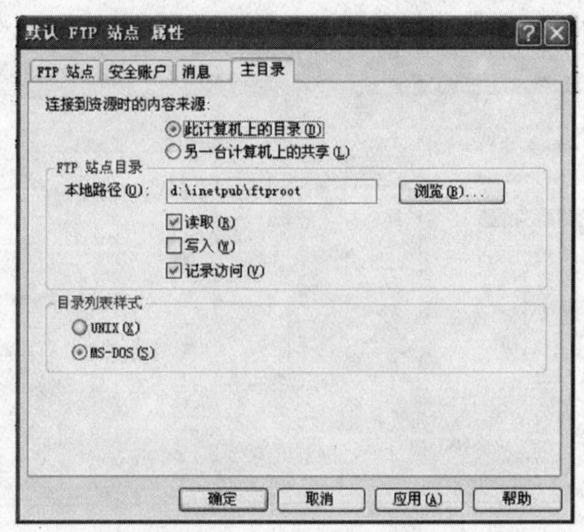

图 3-63　默认 FTP 站点属性——主目录

设置 FTP 站点目录在服务器硬盘中的存储路径，指定目录的访问权限。一般设置为让管理员具备写入的权限，让一般访问者具有读取的权限。

在“安全账户”选项卡中根据需要修改账户信息。根据需要设置是否允许匿名连接，默认状态下是允许匿名访问的，用户名为 anonymous，密码为空。如图 3-64 所示。

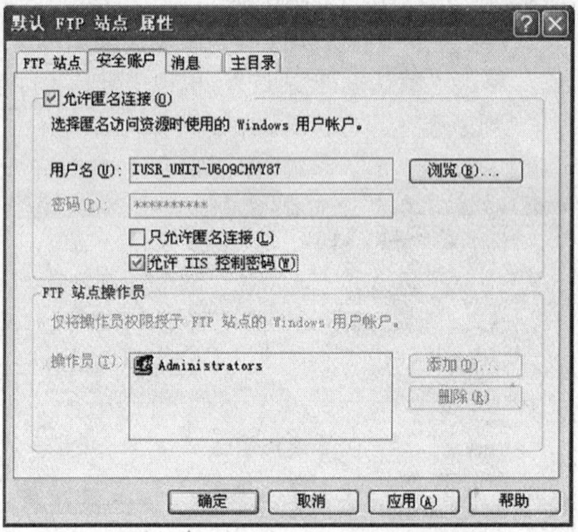

图 3-64　默认 FTP 站点属性——安全账户

单击“消息”选项卡，定义用户访问 FTP 站点和退出站点时的信息，以及最大连接数，如图 3-65 所示，这样就完成了 FTP 服务器的设置。

2. 使用 Serv-U 构建 FTP 服务器

安装之后运行 Serv-U，打开 Serv-U 管理控制台的主页的同时会弹出一个对话窗口询问用户是否要定义新域，如图 3-66 所示。

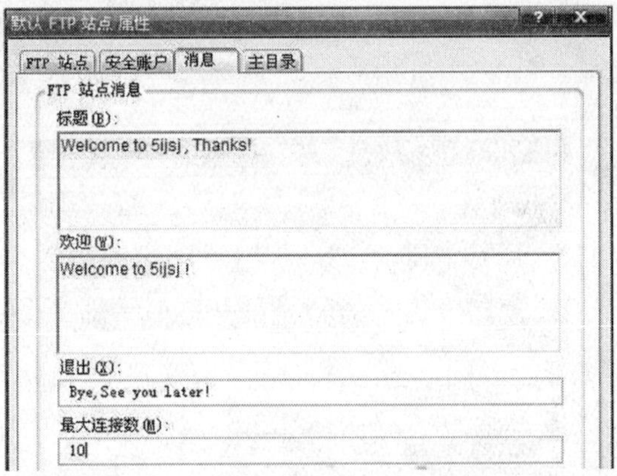

默认 FTP 站点属性

FTP 站点 | 安全账户 | 消息 | 主目录

FTP 站点消息

标题(B):

Welcome to 5ijsj , Thanks!

欢迎(W):

Welcome to 5ijsj !

退出(X):

Bye,See you later!

最大连接数(M):

10

图 3-65　默认 FTP 站点属性——消息

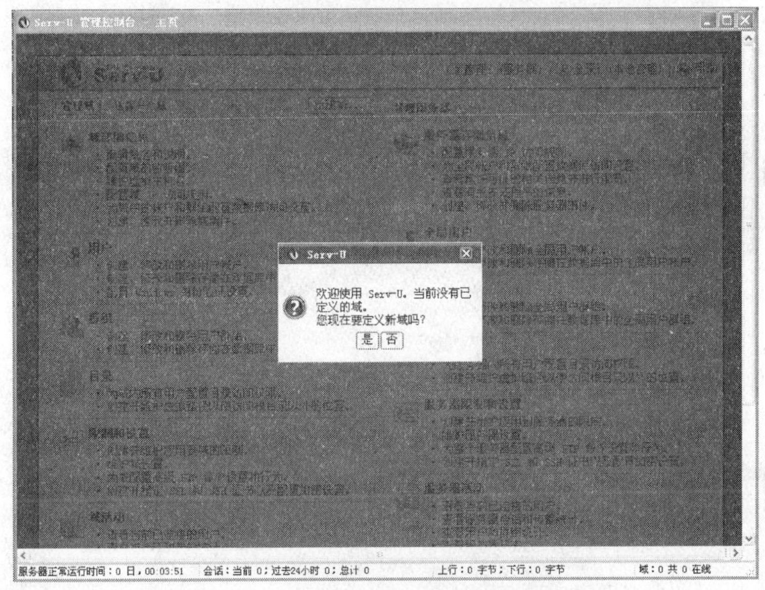

图 3-66　Serv-U 管理控制台的主页

选择“是”，进入定义新域的“域向导”界面，如图 3-67 所示。

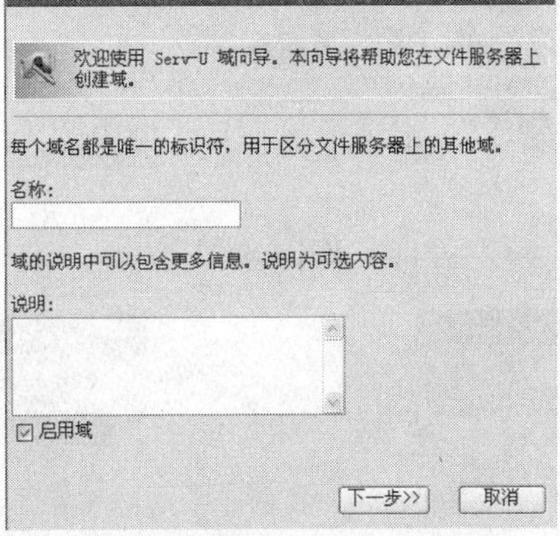

域向导 - 步骤 1 总步骤 3

欢迎使用 Serv-U 域向导。本向导将帮助您在文件服务器上创建域。

每个域名都是唯一的标识符，用于区分文件服务器上的其他域。

名称:

域的说明中可以包含更多信息。说明为可选内容。

说明:

☑ 启用域

下一步>>　取消

图 3-67　域向导——步骤 1

输入“名称”和“说明”，其中“说明”是可选项，单击“下一步”进入“域向导——步骤2”，如图3-68所示。

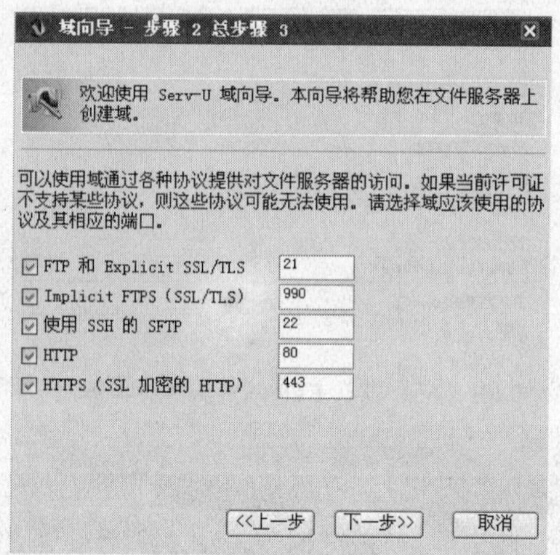

图3-68　域向导——步骤2

此处不作任何修改，单击“下一步”进入“域向导——步骤3”，如图3-69所示。

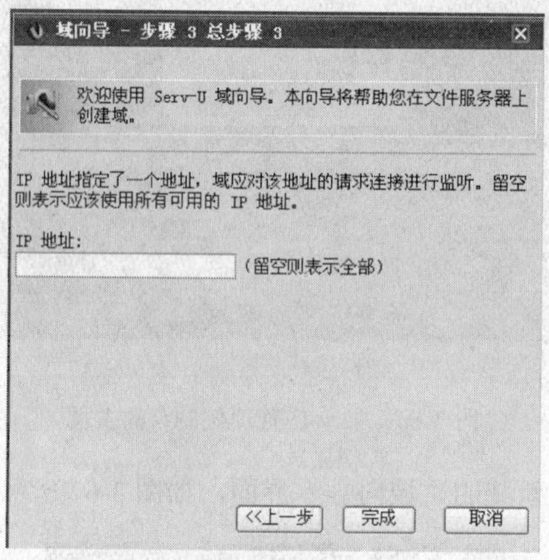

图3-69　域向导——步骤3

“IP地址”留空，单击“完成”，出现提示窗口“域中暂无用户，您现在要为该域创建用户账户吗？”，如图3-70所示。

选择“是”，进入配置用户账户界面，如图3-71所示。

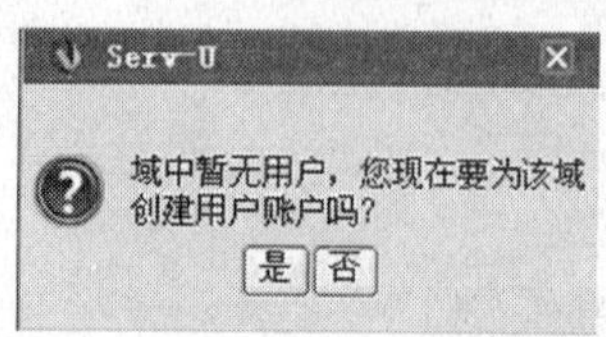

图3-70　提示窗口

图3-71　进入配置用户账户界面

如果对配置不熟悉的话选择“是”，跟随向导创建用户，于是出现“用户向导——步骤 1”，如图 3-72 所示，会配置的用户可以选择“否”。

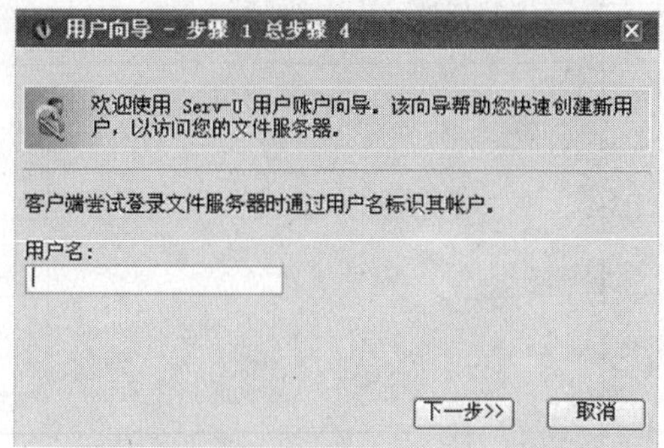

图 3-72　用户向导——步骤 1

输入“用户名”，也就是客户端访问服务器的用户名，单击“下一步”，出现“用户向导——步骤 2”，如图 3-73 所示。

图 3-73　用户向导——步骤 2

输入“密码”，单击“下一步”，出现“用户向导——步骤 3”，如图 3-74 所示。

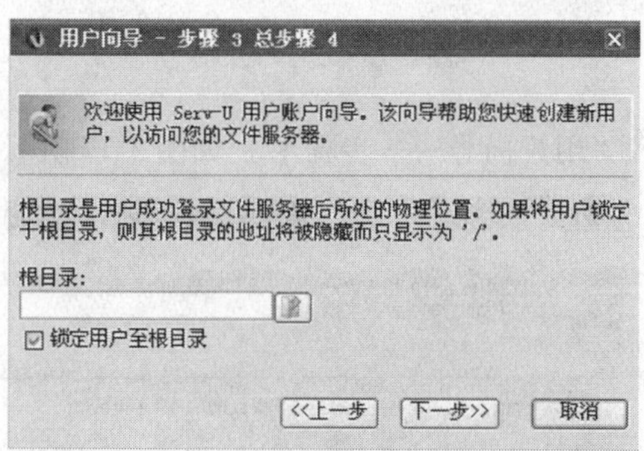

图 3-74　用户向导——步骤 3

这个“根目录”就是以上创建的用户在服务器保存文件的目录。单击输入框后面的文件夹图标选择目录，如图 3-75 所示。

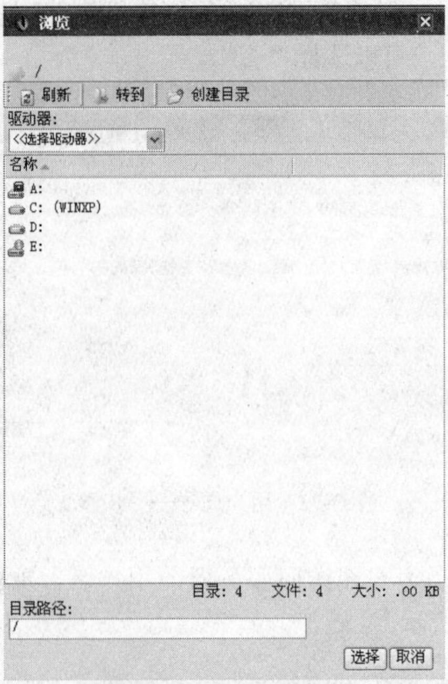

图 3-75 选择目录作为用户在 FTP 服务器上根目录

选择的目录显示在“根目录：”下的文本框中，如图 3-76 所示。

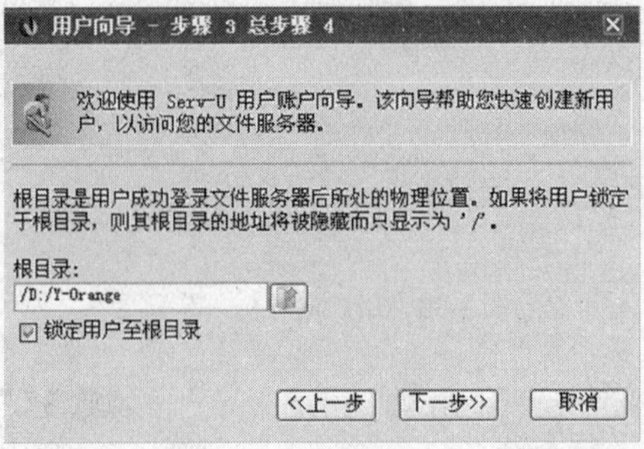

图 3-76 选择完目录

单击“下一步”，进入“用户向导——步骤 4”，如图 3-77 所示。

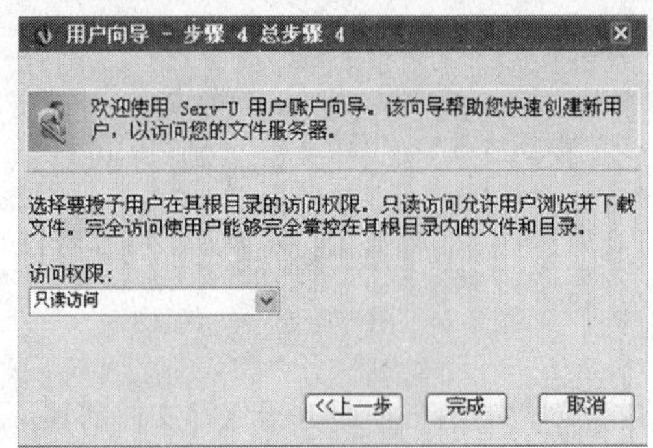

图 3-77 用户向导——步骤 4

此处配置的是用户访问服务器文件的权限，窗口中对权限有相应的描述，一般将用户的访问权限设置为“只读访问”。单击“完成”返回 Serv-U 管理控制台的主页，在“域用户”选项卡里就会列出配置好的域，如图 3-78 所示。可以再编辑这个域，还可以新建别的域。

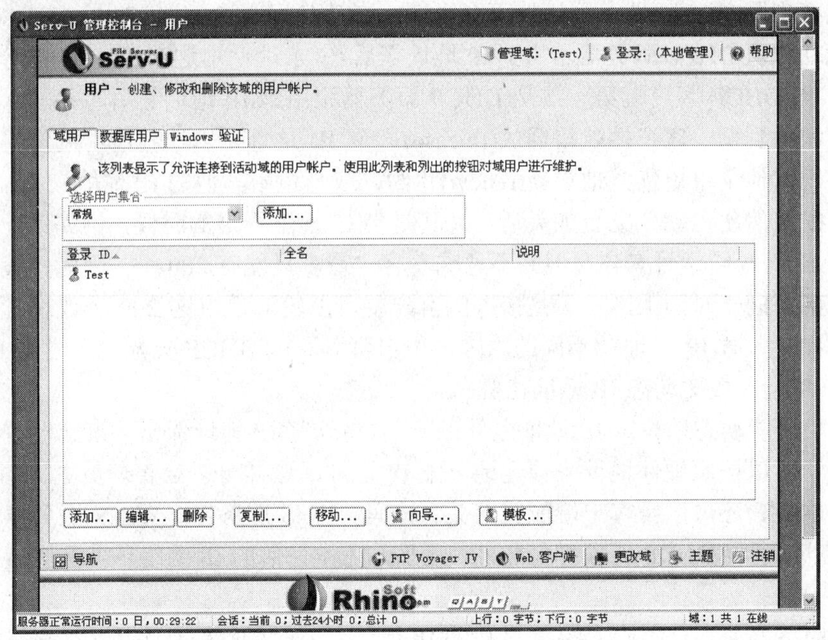

图 3-78　完成设置

3.5　DHCP

计算机要接入因特网必须配置相关协议的环境参数，需要配置的项目包括：IP 地址子网掩码、网关和域名服务器等，这些信息通常存储在一个配置文件中，计算机在引导过程中可以对这个文件进行存取。 这些网络环境参数用户可以手动配置，或者通过动态主机设置协议 DHCP(Dynamic Host Configuration Protocol)从网络自动获取。

3.5.1　DHCP 的基本概念

DHCP 是一个局域网的网络协议，使用 UDP 传输协议，主要有两个用途：既可以使 ISP 或内部网络管理员可以给用户自动分配 IP 地址和其他配置信息，也可以作为对局域网内主机进行中央管理的手段。

DHCP 的前身是 BOOTP 协议。BOOTP 原本是用于无盘主机接入网络的，这些主机因为没有硬盘，所以无法在本机保持上网所需的设置参数。通过 BOOTP 协议则可以从网络把所需的参数自动地为那些主机设定好。但 BOOTP 有一个缺点，在设定前须事先获得客户端的硬件地址，而且，硬件地址与 IP 地址是静态绑定的。若一个网络拥有的 IP 地址资源有限，BOOTP 会造成严重的资源浪费。

DHCP 可以说是 BOOTP 的增强版本，采用客户/服务器工作模式。所有的 TCP/IP 网络设定数据都由 DHCP 服务器集中管理，DHCP 服务器会监听网络的 DHCP 请求，并与客户端磋商 TCP/IP 的设定环境。客户端则使用从服务器分配下来的 TCP/IP 环境数据，无需用户设置就可以上网。与 BOOTP 相比，DHCP 通过“租约”的概念，动态分配客户端的 TCP/IP 设定，有限的 IP 地址就可得到高效的利用。

DHCP 包括三种 IP 地址分配方式：手动分配 Manual Allocation，网络管理员为某些少数特定的主机绑定固定 IP 地址，且地址不会过期；自动分配 Automatic Allocation，DHCP 客户端第一次成功地从 DHCP 服务器租用到 IP 地址之后，就永远使用这个地址；动态分配 Dynamic Allocation，当 DHCP 客户端第一次从 DHCP 服务器租用到 IP 地址之后，并非永久的使用该地址，只要租约到期，客户端就得释放(release)这个 IP 地址，以给其他主机使用，当然，该客户端可以比其他主机更优先地更新(renew)租约，或是租用其他的 IP 地址。

动态分配显然比自动分配更加灵活，尤其是当 IP 地址不足的时候，例如：一家 ISP 只能提供 200 个 IP 地址给拨号客户，但并不意味着客户最多只能有 200 个。因为一般情况下，客户们不会全部在同一时间上网，于是接入的客户就可以轮流租用这 200 个地址。这也是为什么当用户每次接入时 IP 地址会不同的原因。用户可以通过 DHCP 分配一个固定 IP 地址，但是，固定 IP 地址一般比动态 IP 地址花费高。

DHCP 除了能动态地设定 IP 地址之外，还可以将一些 IP 地址保留下来给一些特殊用途的机器使用，它可以按照硬件地址来固定地分配 IP 地址，这样可以给管理员更大的设计空间。

此外，DHCP 还可以帮客户端配置网关、掩码、DNS 服务器、WINS 服务器等项目，在客户端，用户除了将 DHCP 选项打勾之外，几乎无需做任何的 IP 网络环境配置就可以顺利接入因特网。

DHCP 服务器动态分配给 DHCP 客户的 IP 地址是临时的，因此 DHCP 客户只能在一段有限的时间内使用这个分配到的 IP 地址，DHCP 协议称这段时间为租用期。租用期的数值应由 DHCP 服务器自己决定。DHCP 客户也可在自己发送的报文中提出对租用期的要求。

3.5.2 DHCP 的工作过程

根据客户端是否第一次登录网络，DHCP 的工作形式会有所不同。

1. 客户端第一次接入网络时 DHCP 的工作过程

当 DHCP 客户端第一次登录网络的时候，本机上没有任何 IP 网络配置，它会向网络广播发送一个发现报文(DHCP discover)。因为客户端还不知道自己属于哪一个网络，所以数据包的源地址为 0.0.0.0，而目的地址则是 255.255.255.255。

在 Windows 的预设情形下，发现报文的等待时间预设为 1s，也就是当客户端将第一个发现报文送出去之后，在 1s 之内没有得到响应的话，就会进行第二次发现报文的广播。若一直得不到响应的情况，客户端一共广播四次发现报文，除了第一次会等待 1s 之外，其余三次的等待时间分别是 9s、13s、16s。如果都没有得到 DHCP 服务器的响应，客户端则会显示错误信息，宣告发现报文的失败。之后，基于使用者的选择，系统会继续在 5min 之后再重复以上广播发现报文的过程。

本地网络上所有主机都能收到广播发送的 DHCP discover，但只有 DHCP 服务器才回答此发现报文。当 DHCP 服务器监听到客户端发出的 DHCP discover 报文后，DHCP 服务器先在其数据库中查找该计算机的配置信息。若找到，则返回找到的信息；若找不到，则从 IP 地址池(address pool)中取一个没有租出的地址，连同其他 TCP/IP 设定，封装成提供报文(DHCP offer)由 DHCP 服务器发送到给客户端。DHCP 客户端开始的时候还没有 IP 地址，其 DHCP discover 报文内会带有 MAC 地址，还有一个 XID 编号用来辨别该报文。DHCP 服务器响应的 DHCP offer 报文正是根据这些信息发送到要求租约的客户。根据服务器的设定，DHCP offer 报文会包含租约期限的信息。

如果客户端收到网络上多台 DHCP 服务器的响应，只会接收其中一个 DHCP offer，通常是最先抵达的那个，并且会向网络广播发送一个应答报文 DHCP request，告诉所有 DHCP 服务器它将接受哪一台服务器提供的 IP 地址。同时，客户端还会向网络发送一个 ARP 报文，查询网络上面有没有其他机器使用该 IP 地址。如果发现该 IP 地址已经被占用，客户端则会给 DHCP 服务器送出一个 DHCP declient 报文，拒绝接受其 DHCP offer，并重新广播发送 DHCP discover 报文。

事实上，并不是所有 DHCP 客户端都会无条件接受 DHCP 服务器的提供报文，尤其是那些安装了其他 TCP/IP 相关的客户软主机件。客户端也可以用请求报文 DHCP request 向服务器提出 DHCP 选择，而这些选择会以不同的号码填写在 DHCP 选项域 Option Field 里面。换言之，在 DHCP 服务器上面的设定未必会被客户端全都接受，客户端可以保留自己的一些 TCP/IP 设定。

当 DHCP 服务器接收到客户端的 DHCP request 之后，会向客户端发出一个 DHCP ACK 响应，以确认 IP 租约正式生效，也就结束了一个完整的 DHCP 工作过程。

2. 取得 DHCP 租约的客户端接入网络时 DHCP 的工作过程

DHCP 客户端成功地从服务器取得 DHCP 租约之后，如果要继续租用 IP 地址或获得网络配置信息，一般不需要发送 DHCP discover 报文，除非其租约已经失效并且 IP 地址也重新设定为 0.0.0.0。该 DHCP 客户端可以直接使用已经租用到的 IP 地址向 DHCP 服务器发出请求报文 DHCP request 报文。DHCP 服务器会尽量让客户端使用原来的 IP 地址，直接发送确认报文 DHCP ACK 来确认即可。如果该地址已经失效或已经被其他机器使用了，服务器则会给客户端发送一个否定应答报文 DHCP nack，要求该客户端重新广播 DHCP discover 报文。

以 NT 平台为例子，DHCP 客户端除了在开机的时候发出 DHCP request 请求之外，在租约期限一半的时候也会发出 DHCP request，如果此时得不到 DHCP 服务器的确认，客户端还可以继续使用该 IP 地址。当租约期剩下 22.5%时，如果客户端仍然无法与当初的 DHCP 服务器联系上，它将与其他 DHCP 服务器通信。如果网络上没有任何 DHCP 服务器在运行时，该客户端必须停止使用这个 IP 地址，并从广播发送 DHCP discover 开始，重新申请租约。要是想终止租约，客户端可以随时送出释放报文 DHCP release 结束 DHCP 服务。

3. 跨网络的 DHCP 工作过程

DHCP discover 报文只能在同一网络之内广播传送，路由器不会将广播包转发到其他网络。并不是每个网络上都有 DHCP 服务器，这样会使 DHCP 服务器的数量太多。如果 DHCP 服务器安设在其他的网络，本网络的某个 DHCP 客户端最初也没有网络环境设置，不知道可以向 DHCP 服务器转发数据包的路由器的地址，在这种情况下，DHCP 客户端的发现报文是无法抵达 DHCP 服务器的，也就无法获得租约，无法得到 DHCP 服务。

可以通过 DHCP 中继代理 DHCP Agent(或 DHCP Proxy)来解决这个问题。在每一个网络中至少设一个 DHCP 中继代理，它配置了 DHCP 服务器的 IP 地址信息，具有路由能力。当 DHCP 中继代理收到本网络主机发送的发现报文后，以单播方式向 DHCP 服务器转发此报文，并等待其回答，如图 3-81 所示。收到 DHCP 服务器 DHCP offer 报文后，DHCP 中继代理再将其发回给主机。

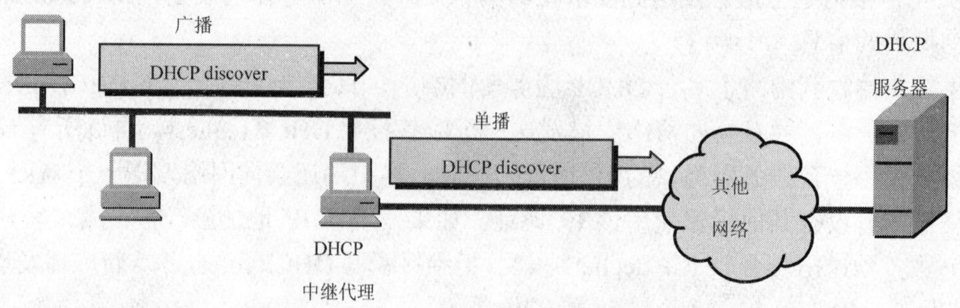

图 3-81　DHCP discover 报文的传输示意图

3.5.3　构建 DHCP 服务

使用动态 IP 地址分配，可以提高 IP 地址的利用率，方便管理员的维护，方便用户的网络配置。本节通过两个实例说明构建 DHCP 服务的简单方法，第一个实例是使用 Windows Server 2003 配置 DHCP 服务器，第二个实例是介绍通过 SOHO 路由器构建 DHCP 服务，使用户可以通过一个账号使多台计算机接入因特网的方法。

1. 安装与配置 Windows Server 2003 DHCP 服务器

作为 Windows Server 2003 DHCP 服务器，必须静态配置 IP 地址、子网掩码、默认网关等项，DHCP 服务器本身的 IP 地址必须是固定的。此外，还有事先规划好可提供给 DHCP 客户端使用的 IP 地址范围，即所谓的 IP 作用域，然后就可以安装 DHCP 服务器了。

选择“开始”→“设置”→“控制面板”→“添加或删除程序”，选择“添加/删除 Windows 组件”。出现“Windows 组件向导”对话框，如图 3-80 所示。

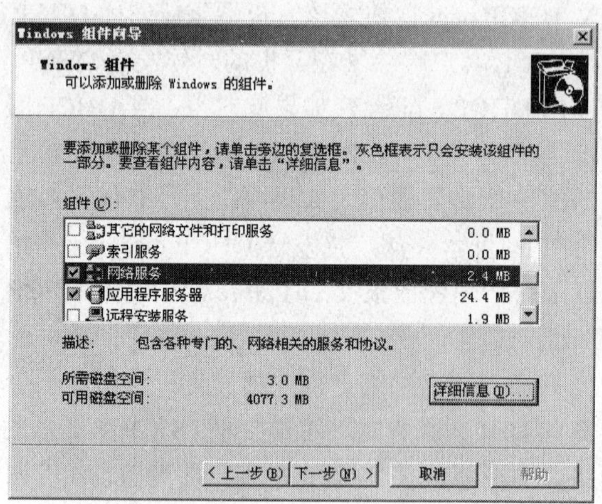

图 3-80　添加网络组件对话框

选择“网络服务”，单击“详细信息”按钮。出现“网络服务”对话框，如图 3-81 所示。选择“动态主机配置协议(DHCP)”复选框，单击“确定”按钮。

回到“Windows 组件向导”对话框，单击“下一步”按钮，直至安装完成。

安装完成后，系统会在“开始”→“程序”→“管理工具”程序组内，添加“DHCP”管理应用程序，供用户管理与设置 DHCP 服务器。

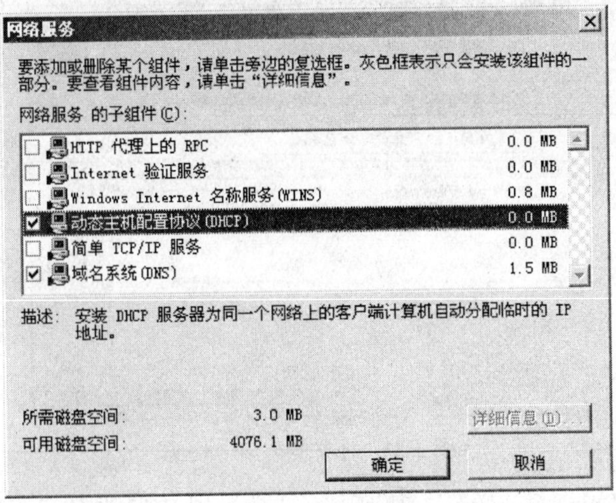

图 3-81　添加网络服务组件对话框

在 DHCP 服务器内，需要设定一段 IP 地址的范围(可用的 IP 作用域)。当 DHCP 客户端请求 IP 地址时，DHCP 服务器将从此范围提取一个尚未使用的 IP 地址分配给 DHCP 客户端。在一台 DHCP 服务器内，只能针对一个子网设置一个 IP 作用域，例如：建立一个 IP 作用域(210.43.23.1～210.43.23.60)，然后又建立另一个 IP 作用域(210.43.23.100～210.43.23.160)，这是不允许的。正确的方法是设置一个 IP 作用域(210.43.23.1～210.43.23.160)，然后将中间的部分地址(210.43.23.61～210.43.23.99)添加到排除范围。

运行 DHCP 管理程序，用鼠标右键单击要创建作用域的服务器，选择“新建作用域”。出现“欢迎使用新建作用域向导”对话框时，单击“下一步”，为该域设置一个名称并输入说明文字，单击“下一步”。出现“新建作用域向导”对话框，如图 3-82 所示。定义新作用域可用 IP 地址范围、子网掩码等信息，单击“下一步”。

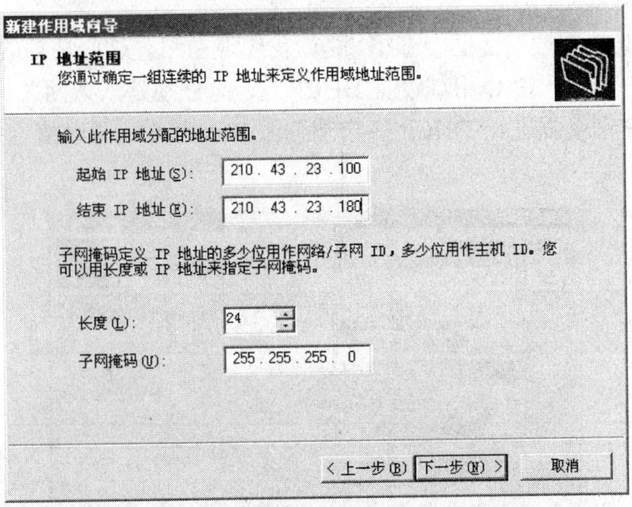

图 3-82　设置 DHCP 服务器 IP 地址范围

如果想禁止将作用域内部分 IP 地址提供给 DHCP 客户端使用，则可以在如图 3-83 所示的对话框中填写需排除的地址范围，单击“添加”→“下一步”。

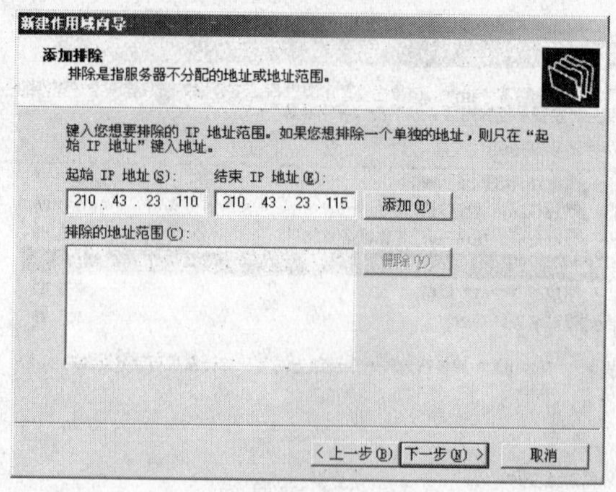

图 3-83　添加排除 IP 地址段

出现“租约期限”对话框，如图 3-84 所示。在此设置 IP 地址的租用期限，单击“下一步”。

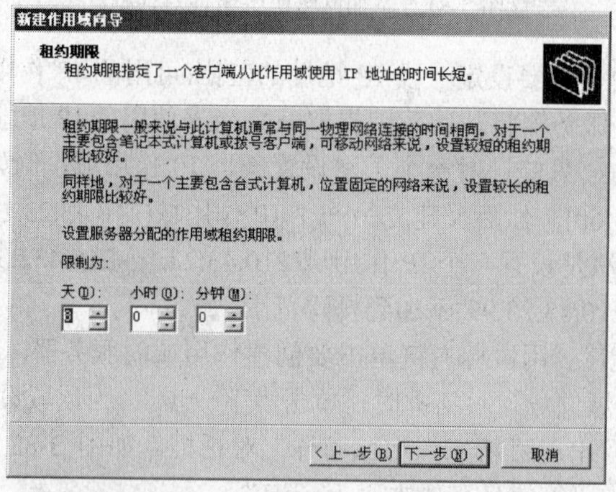

图 3-84　设置租约期限对话框

出现“配置 DHCP 选项”话框，选择“是，我想现在配置这些选项(Y)”，如图 3-85 所示。然后单击“下一步”为这个 IP 作用域设置 DHCP 选项，分别是默认网关、DNS 服务器、WINS 服务器等。当 DHCP 服务器在给 DHCP 客户端分派 IP 地址时，同时将这些选项中的数据指定给客户端。

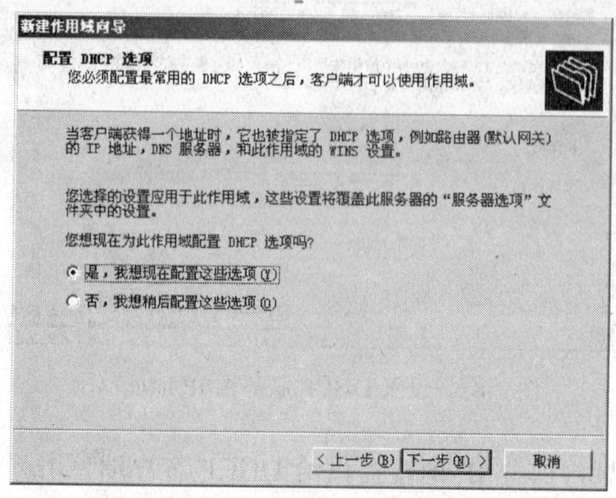

图 3-85　允许设置 DNS 服务器、WINS 服务器等选项设置

在“路由器(默认网关)”对话框中输入默认网关的IP地址，如图3-86所示。然后单击“添加”→“下一步”。如果目前网络还没有路由器，则不必输入任何数据，直接单击“下一步”。

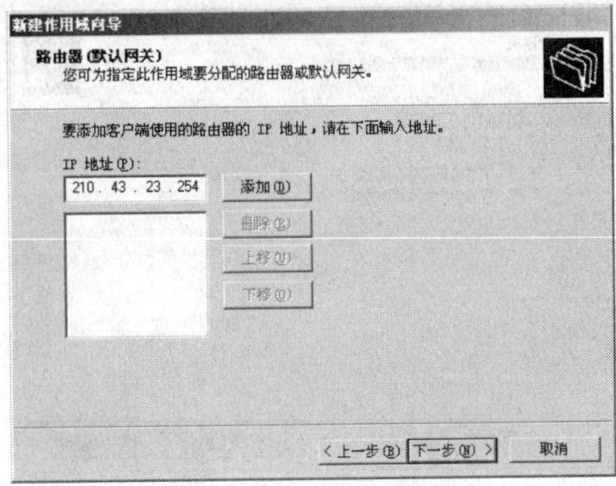

图3-86　设置网关

设置DNS服务器的名称与IP地址，如图3-87所示。或者只输入DNS服务器的名称，然后单击“解析”按钮让其自动找寻这台DNS服务器的IP地址。单击“下一步”。

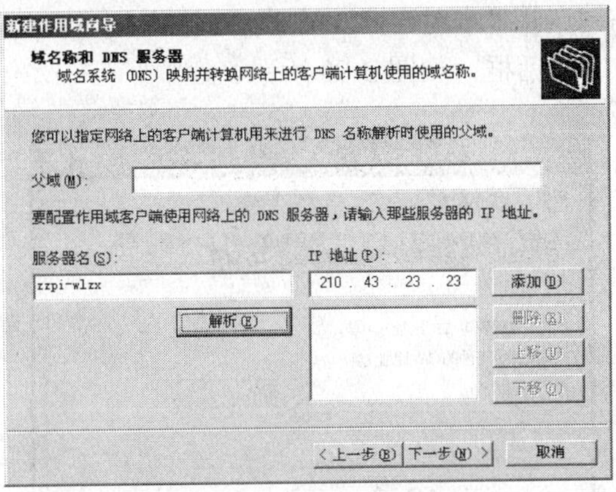

图3-87　设置DNS服务器信息

输入WINS服务器的名称与IP地址，如图3-88所示。或者只输入名称，单击“解析”按钮自动解析IP地址。如果网络中没有WINS服务器，则可以不必输入任何数据，直接单击“下一步”。

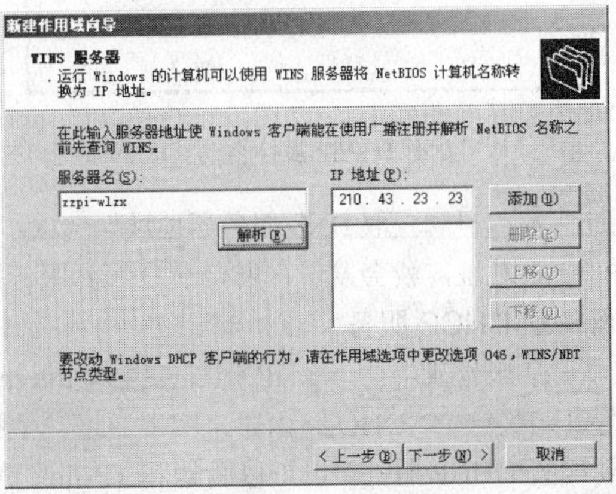

图3-88　配置WINS服务器选项对话框

选择“是，我想现在激活此作用域”，如图 3-89 所示。然后在“完成新建作用域向导”对话窗口中单击“完成”结束设置，DHCP 服务器就可以开始提供服务了。

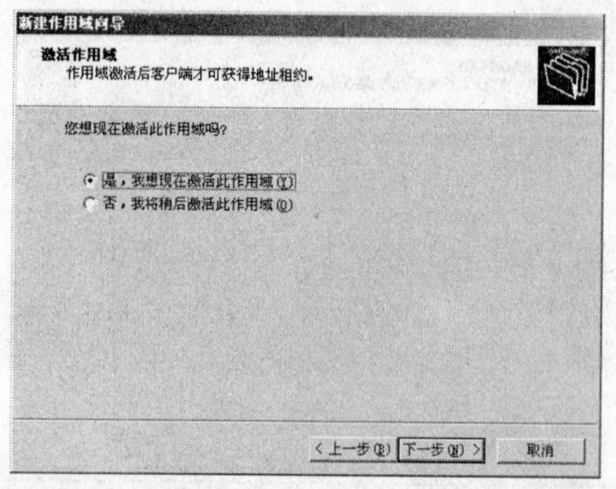

图 3-89　激活 DHCP 的 IP 作用域

当 DHCP 服务器配置完成后，客户机就可以免除手工设置 IP 地址、网关地址、子网掩码等属性的配置工作了。以安装 Windows XP 操作的计算机为例设置 DHCP 客户端。打开“控制面板”→“网络连接”，用鼠标右键选择“本地连接”，单击“属性”→“Internet 协议(TCP/IP)” →“属性”，打开“TCP/IP 属性”对话框，如图 3-90 所示。

Internet 协议 (TCP/IP) 属性

常规　备用配置

如果网络支持此功能，则可以获取自动指派的 IP 设置。否则，您需要从网络系统管理员处获得适当的 IP 设置。

自动获得 IP 地址(O)

使用下面的 IP 地址(S):

IP 地址(I):

子网掩码(U):

默认网关(D):

自动获得 DNS 服务器地址(B)

使用下面的 DNS 服务器地址(E):

首选 DNS 服务器(P):

备用 DNS 服务器(A):

高级(V)...

确定　取消

图 3-90　设置 TCP/IP 属性自动获取 IP 地址

选择“自动获取 IP 地址”及“自动获取 DNS 服务器地址”选项，单击“确定”按钮，完成设置。这时如果查看客户机的 IP 地址，就会发现它来自于 DHCP 服务器预留的 IP 地址空间。

2. 通过 SOHO 路由器构建 DHCP 服务

用户一般在 ISP 处办理一个账号或申请一个 IP 地址来接入 Internet，如果家里有多台计算机需要同时上网的情况，可以购买一个 SOHO 路由器来实现通过一个账号让多台计算机同时上网的情况，在路由器端需要配置 DHCP 服务。以下以腾达和 TP-link 路由器为例说明设置方法。

使用 RJ-45 接口的直通线，将路由器的 WAN 端口与 Modem 或其他的入户网络端口相连接，将路由器的 LAN 端口和计算机的网卡连接。

(1) 设置计算机为自动获取 IP 地址，如图 3-90 所示，或者和路由器 IP 地址在同一网段，路由器的默认 IP 地址在产品说明书中可以找到。

DNS 服务器可以填写为路由器的 IP 地址，也可以填写 ISP 提供的 DNS 服务器地址。如果使用了代理服务器，要取消“使用代理服务器”选项，或者将路由器的 IP 地址添加到“代理服务器设置”中的“例外”栏中，在 IE 中选择“工具”→“Internet 选项”→“连接”→“局域网设置”，就可以找到这些设置。

(2) 登录路由器。打开浏览器，地址栏中输入路由器的 IP 地址，弹出登陆对话框，输入用户名和密码，单击“确定”登录到路由器，说明书中有默认用户名和密码。若更改后忘记了密码，可以将路由器恢复到出厂状态。TP-link 路由器恢复出厂状态的方法为：关闭电源，按住 Reset 按钮，然后打开按钮，约过 3s，M1,M2 指示灯同时闪烁后，可松开按钮，等路由器启动后，其配置将恢复到出厂状态。对于腾达路由器恢复出厂状态的方法为：按住 Reset 约 5s，路由器系统状态灯将停止闪烁或熄灭，此时松开复位按钮，路由器将恢复出厂设置值并自动重新启动。

(3) 设置路由器。登录到路由器的起始页面，默认为快速设置页面，单击“下一步”。一般路由器支持三种常用的接入方式，用户可以根据所使用的接入方式进行选择。

大部分用户上网都是 ADSL 虚拟拨号(PPPoE)方式，则选择“ADSL 虚拟拨号(PPPoE)”，需要填写上网账号和上网口令，这些是由 ISP 提供的。单击“下一步”，一般配置到这里就可以上网了。

有些 ISP 在开通网络的时候把 MAC 地址和上网账号绑定了，所以还需要设置 MAC 地址。在路由器的设置页面中选择“高级设置”→“MAC 克隆”，克隆 MAC 地址之后保存下来。克隆 MAC 地址时，登录路由器的计算机必须是与账号绑定的那台。如果已知绑定的网卡的 MAC 地址，也可以手动进行 MAC 设置。

如果接入方式为静态 IP 地址，即用户拥有 ISP 提供的固定 IP 地址，则选择“以太网宽带，网络服务商提供的固定 IP 地址(静态 IP)”，单击“下一步”。需要填写 IP 地址、子网掩码、网关、DNS 服务器、备用 DNS 服务器，这些信息都由 ISP 提供的。

如果接入方式为动态 IP 地址，只需选择“以太网宽带，自动从网络服务商获取 IP 地址(动态 IP)”，单击“下一步”，继续“下一步”然后保存，不需要任何其他设置即可以上网了。以上设置都可以在高级设置中找到。

(4) 配置 DHCP 服务。如果开启 DHCP 服务，不需要在计算机中设置 IP 地址，路由器会自动分配 IP 地址给局域网中每一台计算机。在路由器设置页面中需要对 DHCP 的租约期限、IP 池等项进行设置，如图 3-91 所示。

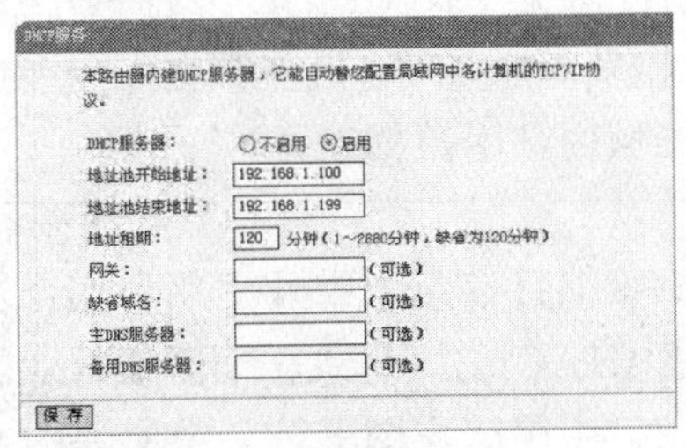

图 3-91　配置 DHCP 服务器

第 4 章　网络信息检索技术

随着计算机网络的迅速发展，人类信息传播技术发生了革命性的变化。自 20 世纪 90 年代以来，因特网已成为世界上最为巨大的知识宝库和信息海洋。网络上所有的计算机信息中心及用户每天都在产生新的信息并不断地交流着信息。在这个信息大爆炸的时代，网络中各种类型的网站数量成倍增长，这些网络信息形成了巨大的信息资源。但是随之也出现了许多问题，例如，低价值信息和高价值信息混杂在一起，大量重复性信息出现在不同网站中，大量不准确甚至是错误的、垃圾信息充斥在各个网络站点中。因此，如何快速有效地提取出人们所需要的信息，成为当前迫切需要解决的问题。

4.1　网络信息资源

网络信息资源是指以数字化形式记录的，以多媒体形式表达的，存贮在网络计算机的存储介质上，并通过计算机网络通信方式进行传递的信息内容的集合。随着因特网的持续发展和大量普及，网络信息资源主要指通过因特网可以获得的各种信息资源的总和。但因特网信息众多，网络信息资源并非包含全部因特网信息，而只能指其中能够满足人们信息需求的那一部分。

4.1.1　网络信息资源类型

网络信息资源极其丰富，包罗万象，因特网上的主要信息资源如下。

1) 网络数据库

网络数据库包括综合性和专业性期刊数据库、论文集等信息资源。这类信息资源通常需要用户通过远程登陆或 WWW 方式进行付费检索。

网络数据库最初是由一些著名的国际联机数据库检索系统(Dialog，STN，OCLC)开设了与因特网的接口提供服务。后来，许多从事传统信息服务的机构也开发了网络数据库，如 ISI 公司推出的 Web of Science、美国工程信息公司开发的 EI Village、英国的 INSPEC 数据库、EBSCO 公司提供的 BSP(商业资源数据库)、UMI 公司的 PQDD(硕、博士论文数据库)、中国期刊全文数据库 CNKI、万方数据资源系统等。这些数据库由专门的信息机构或公司专业制作和维护，信息质量高，是专业领域内常用数据库。

2) 联机馆藏目录

网络上有许多机构提供的馆藏书目信息、中外文期刊联合目录信息。其中包括各图书馆和信息机构提供的公共联机检索(OPAC)馆藏目录、地区或行业的图书馆的联合目录等。如美国国会图书馆、哈佛大学图书馆、中国国家图书馆、中科院图书馆以及许多国内高校图书馆都有自己的公共联机检索 OPAC 系统。中国高等教育数字图书馆 CALIS(http://www.calis.edu.cn)提供 61 所高校的馆藏期刊、书目和学位论文联合查询。

3) 专利与标准文献信息

许多专利信息数据库免费提供使用。如 IBM 公司的免费专利文献数据库，提供大量专利的免费检索，用户可检索到 1971 年以来的美国专利说明书的内容。美国的 Questel-Orbit 公司的 QPAT-US 专利数据库提供美国专利扉页的免费检索和全文的收费检索。英国 Derwent 公司的国际专利中心向用户提供世界主要专利机构发布的专利说明书。中国专利数据库是由中国国家知识产权局向公众免费提供的专利检索数据库，内容涵盖了自 1985 年以来公布的全部中国专利信息。

国家标准化管理委员会网、国家科技图书文献中心标准文献检索系统、中国国家标准咨询服务网等国内标准文献数据库及网站提供标准文献的检索。国际标准化组织(ISO)(http://www.iso.org)是国际上最大的标准化组织，其网站提供 ISO 标准的检索。另外，各国都提供了标准的检索信息，如美国国家标准协会(ANSI)(http://www.ansi.org)、英国标准(BSI)(http://www.bsi-global.com)、日本标准(JIS)(http://www.jsa.or.jp)等组织和机构均提供免费标准的检索。

4) 电子出版物

由于网民数量不断增加，网上信息的传播速度越来越快，因此越来越多的出版商在出版传统出版物的同时，更加注重网上出版物的发行。目前国内外已有很多出版商和信息服务中介商进入电子出版行业。电子出版物主要有电子图书、电子期刊和电子报纸等。

5) 政府机构信息

有关组织机构的宗旨、业务范围、人员、最新信息分布、各种法律、法规、政策信息等。

6) 消费娱乐信息

近年来电子商务的快速发展使网络消费娱乐资源大量增加。包括网络购物信息，商品的名称、价格、销售信息；网上书店；旅游信息、机票和宾馆预定服务；各地交通和地图信息、团购信息等，不仅门类繁多，提供的服务也越来越涉及到人们生活的各个方面。

7) 软件资源

因特网上的软件资源十分丰富，大部分可供免费下载使用，还有许多共享软件，在一定时期内或一个软件的某些功能试用，也有很多在线注册购买的软件，还有很多的程序代码供用户使用或二次开发，对广大的计算机用户有较大的吸引力。

8) 其他动态信息

大量的网络新闻、论坛、博客、微博，以及各级政府机构、高等院校、团体、公司在网上发布的消息、政策法规、会议消息、研究成果、产品目录、出版目录和广告等。总之，因特网是世界上资料最多、门类最全、规模最大的信息库，它已经成为人们获取信息最重要的来源。

4.1.2 网络信息资源特点

网络信息资源具有以下特点。

1) 数量巨大，增长迅速

网络信息资源具有大数量、多类型、多媒体、非规范、跨时间、跨地域、跨行业、多语种等特点，信息资源包括文本、数据、图形、声音、视频等内容，数量十分巨大。网上信息资源动态快速传递，增长非常迅速。

2) 传播范围广泛

网络信息以数字形式存在，可以借助网络进行远距离传播，从而使全球信息资源的共享成为可能。全球网民每年都呈现快速增长，网络信息资源的传播范围也变得越来越广。用户通过信息检索工具就可获取来自因特网服务器上的各种资源和信息。

3) 用户界面友好

网络信息资源依托交互式的、通用的操作界面和协议接口，使因特网的使用变得简单易行，网络用户一般不需要经过太多培训就能上手操作，人们获取网络信息资源更方便、更快捷。

4) 结构复杂，发布随意

各种网络信息资源本身没有一个统一的标准和规范，又分布于不同的地理位置，因此网络信息资源整体上处于无序状态，网上资源纷繁复杂、凌乱繁多。而信息的发布又具有很大的自由性和任意性，隐私型信息进入了公共信息传播渠道；由于缺乏必要的过滤、质量控制和管理机制，正式出版的学术信息、政府信息、商业信息等与非正式信息如个人信息，以及一些不合适(反动、黄色)的信息混为一体，质量良莠不齐，增加了信息识别和利用的难度。

5) 交互性能增强

传播方式的多样性、交互性，从多方面贴近人们的生活，它具有潜在活力，也最具表现力。

4.1.3 网络信息资源评价

网络信息资源的评价主要是针对信息内容进行评价，它可以反映网络信息资源的本质。相同内容的信息资源的载体形态或利用、获取的方式不同，可以根据用户需求进行选择。针对网络信息内容的评价，主要可以从以下几个方面考虑。

1) 准确性

信息资源需严肃正规、准确无误、完整规范。一方面是内容的准确性，另一方面是格式和链接的准确性。对资源的导航需能正常访问。主要考虑所选网站提供的信息是否准确，是否提供了信息的来源和出处以备用户进一步核查；网页引证的书目或提供的参考能否证实信息的准确性。页面的句法和拼写是否准确，有否排印错误，提供的信息是否完整规范等方面。

因此对于网络信息内容的准确性，通常可通过下面两个途径进行检查。一看是否有编辑审查，二是对多个信息源进行比较。另外，个人使用经验也是评价网络信息准确性的重要因素。

2) 权威性

在本学科领域具有一定的影响、具有较高的学术水平、具有较高的知名度。主要关注如下问题：所采集的网站(页)的主办者是否为有声誉的大学、学会/协会、实验室；网站是否通过权威评价机构评价过；所选的站点是否被多个因特网站点链接；信息提供者的教育背景和职业背景及其研究方向；信息是否经过过滤；资源是否由相关的权威推荐；出版社是否知名和有声望；是否有任何原创作品等方面。

因此确定信息的权威性，首先要明确信息的来源。信息来源很大程度上决定了信息的准确性和可靠性。有些网络媒体具有较高的可信度和权威性。

3) 时效性

时效性是指网络信息资源提供的时间、更新频率、最后更新和修改日期、链接速度等。时效性指标是评价网站(网页)最重要的指标。一个网站更换信息的频率越快，它所提供的信息的时效性就越强，利用价值就越大。保证网络信息资源的时效性即保证了信息稳定运行的保障。

4) 可获得性

用户对网络信息资源的可获得性是评价信息资源的另一个重要因素。有些网络信息资源需要收费，有些网络信息资源可能无从检索，因此，用户需要考虑在信息资源提示信息的层次中，至少一个能无障碍地获得。

可获得性主要考虑所获信息是题名信息还是文摘信息或全文信息，是否为有对信息结论的阐述标准，是否给出了表明信息内容的关键词或主题词。用户希望在该网页上找到何种信息，主题的涵盖面是否全面，索引或目次页是否隐含了综合性的内容等。另外还要考虑资源是否免费，是否需要注册，是否为国际流量，是否符合标准，是否有其他格式或镜像。有些资源还需要专门软件(如浏览器)。检索信息的效率如何也是可获得性的因素。

4.2 网络信息检索基础

伴随着网络资源的出现，网络信息检索也随之发展起来。在信息检索活动中，手工检索曾是最基本最常用的检索方法，从检索原理看，手工检索与计算机检索是基本一致的，而且计算机检索就是在手工检索基础上发展起来的。随着计算机技术、网络通信技术和信息存储技术的飞速发展，传统手工检索过渡到了计算机检索。进入 20 世纪 90 年代，因特网的发展使人类社会信息的存储、传递、交流和利用发生了革命性的变化，因特网上的信息资源呈现爆炸性增长，传统相对独立的联机检索系统纷纷变成了因特网上的一个站点，计算机检索由此进入了网络信息检索阶段。

网络信息检索一般指因特网检索，用户可通过网络接口软件，在某一上网终端计算机上查询世界各地的因特网的信息资源。这一类检索系统都是基于因特网的分布式特点开发和应用的，即：数据分布式存储，大量的数据可以分散存储在不同的服务器上；用户分布式检索，任何地方的终端用户都可以访问存储数据；数据分布式处理，任何数据都可以在网上的任何地方进行处理。

4.2.1 网络信息检索特点

网络信息检索就是利用计算机、高速信息网络等信息技术存储和检索信息的过程。即人们通过联网计算机，并使用特定的检索指令、检索词、检索提问和检索策略，从网络资源中检索出所需要的信息，并可以在终端设备显示、下载、保存或打印。

1. 信息检索原理

网络信息检索的实质是“匹配运算”，即用户输入的检索提问与检索系统中存储的信息特征标识及其逻辑组配关系进行比对、组配，并把相符合的信息调出来的过程。简单得说也就是一个信息查找的过程。需要人、计算机(和网络)共同作用来完成的。

信息检索的原理如图 4-1 所示。

由标引人员或计算机程序将文献或文献体构成文献库，并将文献压缩转换为文献标识(标引词)，并对其按一定方式有序化组织，形成信息检索系统。检索时，用户通过检索词(提问标识)与信息检索系统中的文献标识对比，依据匹配与否作出是否符合检索提问的判断，即信息查找的过程。

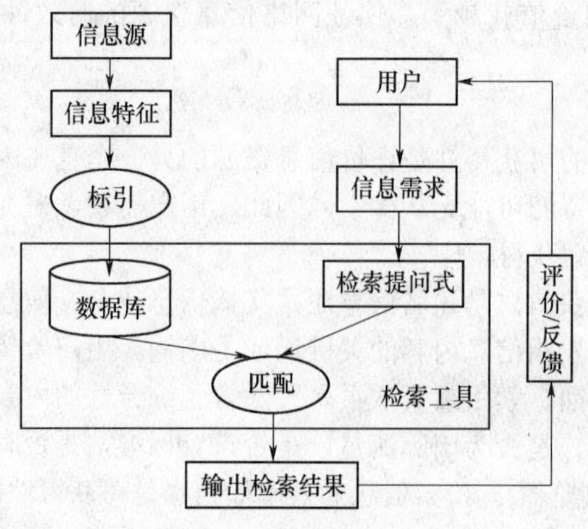

图 4-1 信息检索原理

2. 网络信息检索系统物理构成

网络信息资源检索系统的物理构成包括以下几个部分。

1) 服务器

服务器是检索系统的核心部分，在检索过程中需要处理大量的指令和数据。这需要服务器具有较高的运算速度和处理能力，并且具有相当大的信息存储容量。

服务器决定了系统的检索速度和存储容量，而软件部分的作用则是充分发挥硬件的功能，主要进行信息的存储、处理、检索以及整个系统的运行管理。服务器软件和硬件的组成反映了整个信息检索系统的检索能力(如 CNKI 服务器)。

2) 通信网络

通信网络是终端与服务器之间的桥梁，其作用是确保信息传递的畅通无阻；而且通信网络的性能决定着网络信息检索的速度和效率。目前基于网络的信息检索大部分是通过因特网(Internet)完成的。

3) 检索终端

检索终端是用户与检索系统传递信息进行“人一机对话”的装置，有电传终端(如电话)、数传终端和计算机终端等。目前检索终端应为连接因特网的计算机。

4) 软件

软件的作用是充分发挥硬件的功能，进行信息的存储、处理检索以及整个系统的运行管理。

操作系统软件：Windows XP、Windows 7，Windows Vista 等。

数据库管理系统软件：SQL Server 2005、Oracle、MySQL 等。

数据库检索软件和阅读软件：Acrobat Reader(阅读 PDF 格式文件，sreader 超星文件，Vip 维普文件)、CAJViewer(阅读 CNKI 中国学术期刊数据库的文件)。

5) 数据资源

按内容划分，包括网络数据库、联机馆藏目录、专利与标准文献信息、电子出版物、政府机构信息、网络综合信息(包括购物、生活、商务、休闲娱乐)等。

3. 网络信息检索特点

因特网上的信息资源十分丰富，用户通过检索工具进行信息的检索，那么网络信息检索又有哪些特点呢？

1) 信息检索空间的拓宽

网络信息检索的检索空间将传统的情报检索空间大大拓宽了，它可以检索因特网上的各类资源(Web，FTP，Telnet，Usenet，Gopher 等)，而检索者不必预先知道某种资源的具体地址。网络信息检索范围覆盖了整个因特网，为访问和获取广泛分布在世界各地的、成千上万台服务器和主机上的大量信息提供了可能，这一优势是任何其他信息检索方式所不具备的。

2) 交互式作业方式

所有的网络信息检索工具都具有交互式作业的特点，能够从用户命令中获取指令，即时响应用户的要求，执行相应操作，并具有良好的信息反馈功能。用户可以在检索过程中及时地调整检索策略以获得良好的检索结果，并能就所遇到的问题获得联机帮助和指导。

3) 用户界面友好

网络信息检索对用户屏蔽了网络间的物理差异，用户在使用这些服务时感到明显的系统透明度。检索者使用自己所熟悉的检索界面和命令方式输入查询提问就可实现对各种异构数据库的访问、检索。网络信息检索所采用的交互式作业、系统透明、通用的 Windows 界面和符合大多数用户检索习惯的用户接口等都使检索变得简单、易行，网络用户一般不需要经过太多的培训就能上手操作。

4) 资源共享

因特网是由世界各地众多计算机网络相互连接而形成的一个全球最大的网络系统，拥有难以计数的信息资源，它的最大特点是资源共享。利用本地计算机可以检索、获取因特网上丰富的信息资源，每个联网计算机也可以成为因特网上的信息源，实现资源共享。

4.2.2 网络信息检索工具

网络信息的查找和检索受到了全球社会各界的广泛关注，掌握网络信息检索方法已成为人们获取网络信息和资源的重要途径。但随着科技的发展，社会的进步，人们生活节奏的加快，以及信息知识的激增，一方面，网络信息检索为人们带来了便利，但另一方面，人们还要求以最快速度和最准确的方法进行网络信息检索，这就对网络信息检索的工具和方法提出了新的要求。

1. Web 检索工具

以 Web 资源为主要的检索对象，它代表了网络信息检索的较高水平，应用最为广泛，几乎成了网络检索工具的代名词，在此处作重点介绍。

1) 目录型检索工具

目录型检索工具又称为主题指南。由信息管理专业人员在广泛搜集网络资源及有关加工整理的基础上，按照某种分类体系编制的一种可供检索的等级结构式目录。分类方法以学科分类为主，也有采用图书分类方法的。使用此类工具的检索方法被称为“分类搜索”，这是一种“自顶向下、逐步细化”的搜索方法。自顶开始，每一层都分布有若干“链接点”，选择其中一个，就可沿此分支进入下一层，直到出现所需目标。此类检索工具的优点是检索质量较高，缺点是检索到的信息数量有限，且新颖性不够。代表性的目录型检索工具如 Yahoo、网易、新浪等网站。如 Yahoo 的目录按照一般主题组织，顶层按经济、计算机、教育、政治、新闻、科学等分成 14 大类目录，每一大类又分成若干子类，层层递进。

2) 搜索引擎

搜索引擎是对因特网上的信息资源进行搜集整理，然后供用户查询的系统，它包括信息搜集、信息整理和用户查询三部分。搜索引擎是一个为用户提供信息“检索”服务的网站，它使用某些程序把因特网上的所有信息归类以帮助人们在茫茫网海中搜寻到所需要的信息。

搜索引擎使用自动索引软件来发现、收集并标引网页，建立数据库；以 Web 形式提供给用户一个检索界面，供用户输入检索关键词、词组或短语等检索项；代替用户在数据库中找出与提问匹配的记录，并返回结果且按相关度排序输出。使用此类工具的检索方法被称为“关键词搜索”，可以在主页查询，也可以在类目下查询。此类检索工具的优点是信息量大且新，速度快；缺点是准确性较差。有代表性的搜索引擎如 Google、百度、AltaVista、InfoSeek 等。

目录型检索工具和搜索引擎之间的界限越来越模糊，大多数流行的网络检索工具同时提供两种方式的检索，从而将目录型工具的组织、导引功能与搜索引擎的检索功能更好地结合起来。这种混合型检索工具代表了网络检索工具的发展趋势，许多用户已将这两种工具混为一谈，均称为搜索引擎。

3) 元搜索引擎

元搜索引擎是一种调用其他搜索引擎的引擎，又称为集成式搜索引擎，它实际上本身不具备搜索索引，而靠其他原始引擎的搜索或索引接口来完成其搜索任务的引擎。它定制了一个统一的用户检索界面，当用户提出检索问题时，元搜索引擎将一个检索提问同时发送给多个搜索引擎，同时检索多个数据库，再经过聚合、去重之后输出检索结果。其优点是省时，缺点是由于不同搜索引擎的检索机制、所支持的检索算法、对提问式的解读等均不相同，导致检索结果的准确性差，且速度慢。

元搜索引擎可分为桌面元搜索引擎和在线元搜索引擎。桌面元搜索引擎指直接在用户的计算机上运行，相当于用户自己拥有一个元搜索引擎，一般为一个小软件。比较著名的在线元搜索引擎有 Mamma、Meta Find、Infospace、DogPile 等。

2. 非 Web 检索工具

非 Web 资源检索工具指非 web 资源为检索对象的检索工具。较为典型的传统非 Web 信息查询工具有 Ftp、Gopher、Telnet、Wais 等为检索对象的检索工具。但随着基于 Web 检索工具的出现和发展，非 Web 检索工具已经较少使用。

4.2.3 网络资源获取途径

根据中国因特网发展状况统计报告，截至 2011 年 6 月，中国网民规模达到 4.85 亿。如此数量巨大的用户上网，通过怎样的途径获取网络信息资源呢？主要有以下几种途径。

1. 搜索引擎

搜索引擎已经成为中国 2011 年用户规模最大，使用率最高的网络应用，使用率高达 79.6%，甚至不少人将搜索引擎网站设置为浏览器的主页。搜索引擎的发展可分为三代。

第一代：以网络、网页的数量多少为标准，结果不按相关性排序，代表为 Lycos。Lycos 是搜索引擎中的元老，是最早提供信息搜索服务的网站之一。

第二代：以检索结果的质量为目标，检索思想、方法发生转变，检索结果排序并进行超链分析，代表为 Google、百度。图 4-2 为 Google 网站。

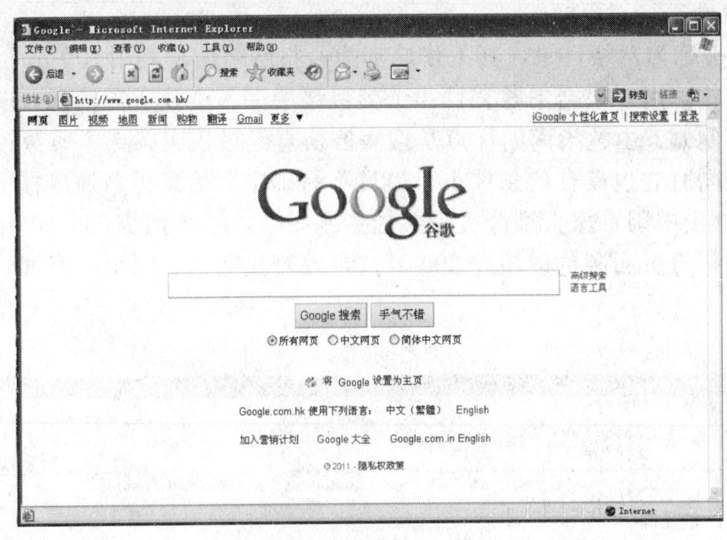

图 4-2　Google 网站

第三代：智能化搜索工具将会成为未来趋势。智能搜索引擎结合人工智能技术，将目前基于关键词的搜索提升到基于知识(概念)层面，对知识有一定的理解和处理能力。根据用户检索提问，进行智能化分析与搜索，并对检索结果进行分析、筛选、排序、链接和提示等。

2. 网络地址

如果知道网络地址，直接通过网络地址访问网络是获取资源的最快途径，这就如同根据街道、门牌号找到一个地方。在因特网上有成千百万台主机，每台主机都分配了一个专门的 IP 地址。使用 IP 地址访问网站非常快捷，但由于 IP 地址是数字型的，使用极不方面，因此也可通过域名地址直接访问。在掌握网络地址的情况下，利用地址栏输入统一资源定位符(Uniform Resource Locator，URL)进行检索，直接、简便。图 4-3 所示为输入新华网“http://www.xinhuanet.com/”网络地址定位的页面。

图 4-3　通过网络地址定位资源

3. 主题指南

主题指南又被称为网络目录，其工作原理为：将网络信息利用人工分类的方法组织成一个树状目录结构，用户根据主题类目和子类目逐层深入查找所需信息，图 4-4 所示为雅虎中国主题指南网站。主题指南的优点是搜集的信息经过人工筛选，质量较高，结果更具有参考价值。但同时它也具有信息量小、类目不易确定、信息更新速度慢等缺点。例如：搜狐于 1998 年推出中国首家大型分类形式的主题指南，18 个部类、近 10 万条链接构成的树型网页结构。每日页面浏览量超过 800 万，可以查找网站、网页、新闻、网址、软件、黄页等信息。

图 4-4　主题指南网页

4. 网络导航

网络导航就是通过一定的技术手段，为网站的访问者提供一定的途径，使其可以方便地访问到所需的内容。网络导航就相当于传统图书馆信息部门的目录索引。网络导航有许多类，重点学科导航是其中一类。如各高校重点学科导航，图 4-5 所示为北京大学网络导航。

5. 超链接

用户在网络上检索到某一信息资源，往往有许多相关链接、推荐链接、热点链接等，顺链而下，可以查找到许多相关有价值的信息。图 4-6 所示为超链接。

6. 网络数据库

网络数据库可分为免费和付费两种。免费的网络数据库如网络期刊(数字图书馆)、数据库等，需购买使用的有：CNKI 、万方学位论文数据库、EI、SCI 等中外文数据库。

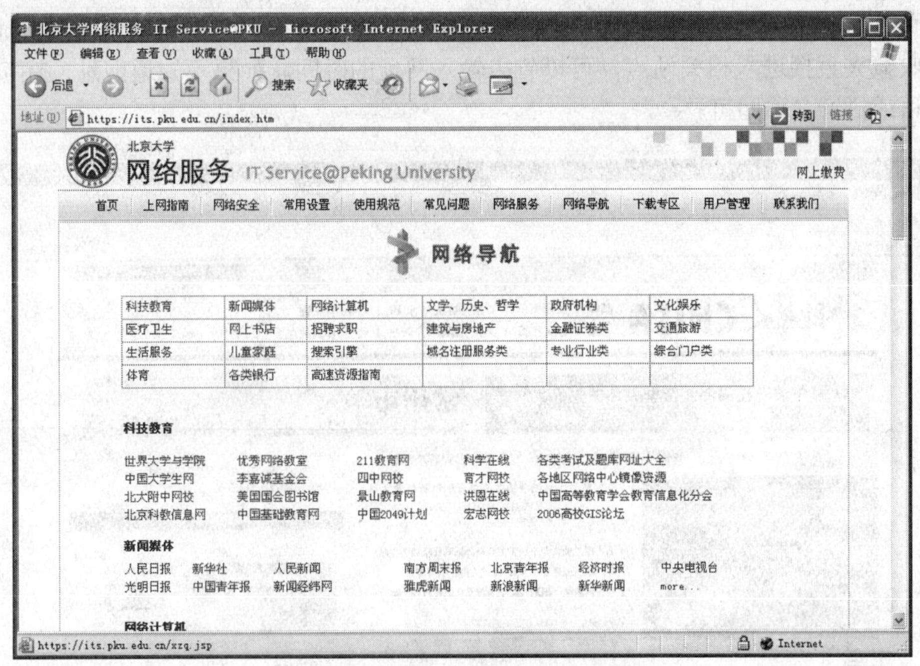

图 4-5　网络导航

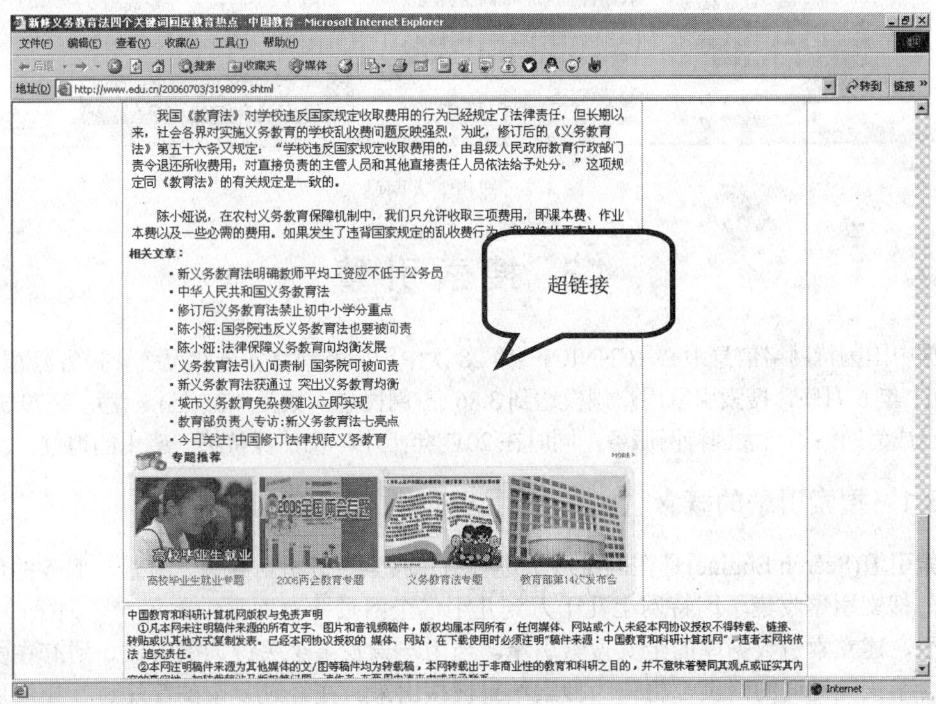

图 4-6　超链接

7. 其他方法与途径

还有一些网络资源可从专门的网络会议、专业博客网站获得。如免费纯网络期刊网站神州学人、数字图书馆杂志(www.dlib.org.cn)等，图 4-7 为神州学人网站。网络地址的获得可通过下列途径：《网络主题指南》、《因特网适用网址速查》、《国外电力常用网址名录》、《中国工商网址黄页》、《中国医学网址》、“中国精彩网址”、“企业网址大全”等运用网页地址的历史记录、收藏夹直接进入相关站点，可以省去输入网址的时间。如果不知道网址，还可以直接输入汉语或拼音名称即可。

图 4-7　神州学人网站

4.3　搜索引擎

根据中国因特网络信息中心 (CNNIC)《第 28 次中国因特网络发展状况统计报告》数据显示：截至 2011 年 6 月底，搜索引擎用户规模达到 3.86 亿(网民总人数为 4.85 亿)，使用率 79.6%。搜索引擎已成为网络第一大因特网服务，同时在 2011 年上半年仍然保持第一应用的地位。

4.3.1　搜索引擎的概念

搜索引擎(Search Engine)是在因特网上进行信息搜索、分析、索引、检索与服务的信息检索系统。搜索引擎收集了因特网上几千万到几十亿个网页并对网页中的每一个词(即关键词)进行索引，建立索引数据库的全文搜索引擎。当用户查找某个关键词的时候，所有在页面内容中包含了该关键词的网页都将作为搜索结果被搜出来。在经过复杂的算法进行排序后，这些结果将按照与搜索关键词的相关度高低，依次排列。习惯上，人们把能够提供搜索的门户网站称为搜索引擎。

现代意义的搜索引擎始于 1990 年，在此之前，没有任何人能搜索因特网。

1) 搜索引擎的起源——Archie

所有搜索引擎的祖先，是 1990 年由蒙特利尔 McGill University 的三名学生 Alan Emtage、

Peter Deutsch 和 Bill Wheelan 发明的 Archie。Alan Emtage 等想到了开发一个可以用文件名查找文件的系统，于是便有了 Archie。Archie 是第一个自动索引因特网上匿名 FTP 网站文件的程序，但它还不是真正的搜索引擎。Archie 是一个可搜索的 FTP 文件名列表，用户必须输入精确的文件名搜索，然后 Archie 会告诉用户哪一个 FTP 地址可以下载该文件。

2) 早期的另一个搜索工具——Gopher

由于 Archie 深受欢迎，受其启发，Nevada System Computing Services 大学于 1993 年开发了一个 Gopher(Gopher FAQ)搜索工具 Veronica(Veronica FAQ)。Jughead 是后来另一个 Gopher 搜索工具。现在这个工具主要用在国外大型图书馆的信息检索上。

3) 目录式搜索工具——Yahoo!

1994 年 4 月，斯坦福大学的两名博士生，David Filo 和美籍华人杨致远共同创办了 Yahoo!。随着访问量和收录链接数的增长，Yahoo 目录开始支持简单的数据库搜索。因为 Yahoo!的数据是手工输入的，所以不能真正被归为搜索引擎，事实上只是一个可搜索的目录。Yahoo!中收录的网站都附有简介信息，所以搜索效率明显提高。Yahoo!几乎成为 20 世纪 90 年代的因特网代名词。

4) 第一个真正意义的搜索引擎——Lycos

Lycos 是搜索引擎史上重要的进步。Carnegie Mellon 大学的 Michael Mauldin 将 Spider 程序接入到其索引程序中，创建了 Lycos。1994 年 7 月 20 日，数据量为 54000 的 Lycos 正式发布。除了相关性排序外，Lycos 还提供了前缀匹配和字符相近限制，Lycos 还创造性地在搜索结果中使用了网页自动摘要，其最大优势在于它远胜过其他搜索引擎的数据量。

Lycos 的网址：http://www.lycos.com。

5) 新的搜索引擎——元搜索引擎

1995 年，一种新的搜索引擎形式出现了——元搜索引擎(Meta Search Engine)。用户只需提交一次搜索请求，由元搜索引擎负责转换处理后提交给多个预先选定的独立搜索引擎，并将从各独立搜索引擎返回的所有查询结果，集中起来处理后再返回给用户。

第一个元搜索引擎，是 Washington 大学硕士生 Eric Selberg 和 Oren Etzioni 提出的 Metacrawler。

6) DOGPILE

DOGPILE 是最早、最受欢迎的多元搜索引擎之一，支持因特网上约 25 个比较有名的搜索工具。DOGPILE 检索结果返回速度较快，与一般搜索引擎差不多。但由于 DOGPILE 不对查询结果进行集成处理，因此 DOGPILE 的查准率在很大程度上依赖于它所提交的搜索引擎的查准率。

DOGPILE 的网址：http://www.dogpile.com。

7) Mamma

Mamma 元搜索引擎于 1996 年面世，自称为“搜索引擎之母”，可同时调用 7 个最常用的独立搜索引擎，并可查询网上商店、新闻、投票指数、图像和声音文件等资源。特点是检索界面友好、检索选项丰富，也支持常用检索语法在不同搜索引擎中的转换。检索结果以相关性排序，内容包括网页名称、URL、文摘、源搜索引擎。

Mamma 的网址：http://www.mamma.com。

还有一些元搜索引擎，如 Ixquick、觅搜(metasoo)等。元搜索引擎概念上好听，但搜索效果始终不理想，所以没有哪个元搜索引擎有过强势地位。

8) 网页搜索引擎——AltaVista

DEC 的 AltaVista 在 1995 年 12 月亮相。大量的创新功能使它迅速成为当时搜索引擎的巅峰。AltaVista 最突出的优点是它的速度。AltaVista 提供基本检索和高级检索两种查询模式。

9) Excite

Excite 是一个功能很全面的搜索引擎，主要由 Excite Search、Excite Citynet、Excite Live 和 Excite Reference 组成。可用于主题词检索；查看美国城市的信息；提供新闻、电视节目、天气等各种信息；提供黄页、寻人、电子邮件、地图、共享软件和字典服务。

10) 世界最大的搜索引擎——Google

Google(谷歌)是目前全世界搜索引擎市场份额最大、网页最多的搜索引擎。Google 由斯坦福大学两个博士生 Larry Page 与 Sergey Brin 于 1998 年 9 月发明，并于 1999 年创立 Google 公司。2000 年 7 月，Google 成为 Yahoo!公司的搜索引擎，同年 9 月，Google 成为中国网易公司的搜索引擎。

11) 中文最大的搜索引擎——百度

百度于 1999 年底成立于美国硅谷，2000 年 1 月，北京大学校友李彦宏与徐勇在北京中关村落户，成立了百度公司。“百度”二字取自辛弃疾的《青玉案》“众里寻她千百度”。百度目前已成为中国因特网用户最常用的搜索引擎，主要提供中文信息检索，并为门户网站提供搜索结果服务，搜索范围涵盖了中国内地、香港、台湾、澳门、新加坡等华语地区以及北美、欧洲等部分站点。每天完成上亿次搜索，可查询数十亿中文网页。

12) 中搜

中搜(http://www.zhongsou.com)于 2003 年 12 月 3 日正式成立，拥有全球领先的中文搜索引擎，目前已被新浪、搜狐、网易、TOM 四大门户以及 1400 多家联盟成员网站所采用。每天有数千万次的搜索服务是通过中国搜索技术实现的，被认为是第三代智能搜索引擎的代表。

13) 北大天网

北大天网(http://e.pku.edu.cn)文件搜索引擎是北京大学网络实验室为方便广大用户而开发的一个项目。于 1997 年 10 月 29 日正式在 Cernet 上向广大 Internet 用户提供 Web 信息导航服务。北大天网的特点是能找到其他搜索网站很少能找到的教育网的信息。

14) 爱问 iAsk

爱问(http://iask.com)搜索引擎是由全球最大的中文网络门户新浪完全自主研发完成，采用了目前领先的智慧型互动搜索技术，充分体现了人性化应用理念，将给网络搜索市场带来前所未有的挑战。

15) Bing(必应)

2009 年 6 月 1 日，微软新搜索引擎 Bing 必应(http://bing.com.cn)中文版上线。测试版必应提供了 6 个功能：页面搜索、图片搜索、资讯搜索、视频搜索、地图搜索以及排行榜。

除了以上介绍的这些，还有许多其他搜索引擎，这里就不一一介绍了。国内用户主要使用的是中文版搜索引擎。根据相关调查，百度和谷歌垄断国内 94%的搜索引擎市场份额。图 4-8 所示为 2011 年第二季度中国搜索引擎市场份额(根据艾瑞咨询集团给出的研究报告)。由图中可看出，百度已经成为中国最大的搜索引擎，并在近几年增长较快，而谷歌市场份额呈下降趋势，已经跌破 20%。但从另外一个方面看，谷歌仍然占据国外市场较大份额，图 4-9 为美国 2011 年上半年搜索引擎市场份额，其中谷歌占据 67.95%，居于首位。

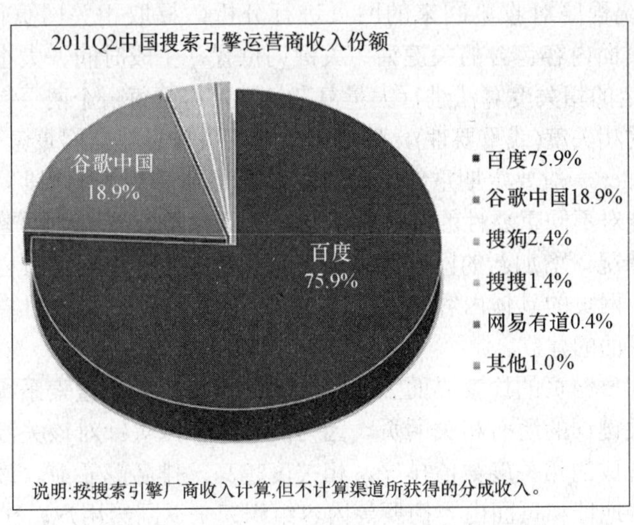

图 4-8 中文 2011 年搜索引擎市场份额

Search Engine Analysis

The following report shows **search engines** for the industry **'All Categories'**, ranked by **Volume of Searches** for the **4 weeks** ending **06/11/2011**.

Rank	Search Engine	Searches
1.	www.google.com	67.95%
2.	www.bing.com	13.80%
3.	search.yahoo.com	13.63%
4.	www.ask.com	2.64%
5.	search.aol.com	1.38%

图 4-9 美国 2011 年搜索引擎市场份额

4.3.2 搜索引擎的工作原理

搜索引擎是一种能够通过网络接受用户的查询指令，并向用户提供符合其查询要求的信息资源网址的系统。它是一些在 Web 中主动搜索信息(网页上的单词和特定的描述内容)，并将其自动索引的 Web 网站，其索引内容存储在可供检索的大型数据库中，建立索引和目录服务。一个搜索引擎通常由三部分组成：爬行器(即机器人 robot、蜘蛛 spider、Worm 等搜索程序)、索引生成器(即网页索引数据库)和查询检索器(即用户检索界面)。

搜索引擎工作过程分为下面三个步骤。

第一步：从因特网上抓取网页。

作为 Web 搜索器的“机器人”又称为“网络蜘蛛”(Spider)。Spider 的功能就是在因特网中不断漫游、发现和收集信息。Spider 自动访问因特网，并沿着任何网页中的所有 URL 爬到其他网页，重复这一过程，并把爬过的所有网页收集回来。搜索器日夜不停地运行，尽可能多、快地搜集各种类型的新信息，并定期更新已经搜集过的旧信息，以免出现死链接和无效链接。

第二步：建立索引数据库。

由分析索引系统程序对收集回来的网页进行分析，提取相关网页信息(包括网页所在URL、编码类型、页面内容包含的关键词、关键词位置、生成时间、大小、与其他网页的链接关系等)，根据一定的相关度算法进行大量复杂计算，得到每一个网页针对页面内容中及超链中每一个关键词的相关度(或重要性)，然后用这些相关信息建立网页索引数据库。

搜索引擎的 Spider 一般要定期重新访问所有网页(各搜索引擎的周期不同，可能是几天、几周或几月，也可能对不同重要性的网页有不同的更新频率)，更新网页索引数据库，以反映出网页内容的更新情况，增加新的网页信息，去除死链接，并根据网页内容和链接关系的变化重新排序。这样，网页的具体内容和变化情况就会反映到用户查询的结果中。

第三步：检索界面的建立。

当用户在搜索引擎网页的检索界面上输入关键词搜索后，由搜索系统程序从网页索引数据库中找到符合该关键词的所有相关网页。因为所有相关网页针对该关键词的相关度早已算好，所以只需按照现成的相关度数值排序，相关度越高，排名越靠前。最后，由页面生成系统将搜索结果的链接地址和页面内容摘要等内容组织起来返回给用户。

4.3.3 搜索引擎性能评价

搜索引擎的出现为用户检索网络信息提供了方便，但近年来搜索引擎的大量出现也使用户感到无所适从，不知道如何选择合适的搜索引擎，因此有必要探讨如何评价搜索引擎。随着搜索引擎实际应用的深入，关于搜索引擎性能评价的研究非常活跃。下面列出常见的几种评价标准。

1) 收录范围

收录范围包括收录信息量的多少、信息类型(文本、图象、声音、动画等)的多少、信息的语种类型以及信息的来源是否广泛。

2) 查全率

查全率指搜索引擎检索到的某一主题的信息占所有该主题相关信息的比例。例如在进行一次关键词搜索时，搜索引擎中本来有 10000 个相关文档，但其只返回了其中的 8000 个，那么它的查全率就是 80%。查全率越高，搜索引擎的搜索质量越好。

3) 查准率

查准率指用搜索引擎检索某一主题的信息，检出的相关信息占所有检出信息的比例。例如一个搜索引擎中对某个关键词的搜索结果有 80 个，其中只有 20 个符合搜索条件，那么它的查准率只有 25%。

4) 响应时间

检索速度的快慢主要是由响应时间决定的。这个指标在搜索引擎性能评价中也很重要。一个实用的搜索引擎，必须保证对用户检索表达式有一定的响应速度，在这个基础上才可以谈论库容量、使用方便等其他因素的影响。Google 和 Altavista 等搜索引擎响应速度就非常快。

5) 检索功能

搜索引擎是否具有完善的检索手段，如是否支持布尔逻辑检索、位置检索、截词检索、字段检索等；是否具有范围限制的功能，如分类范围限制、地域时间范围限制、网站类型范围限制、语言范围限制等；是否还有其他辅助性的功能，如自动加入同义词等，这些都在很大程度上影响了搜索引擎的检索效率和检索质量。

6) 目录设置合理性

这是评价目录式搜索引擎的重要指标。可以从几个方面来考察：分类的合理性；分类级次是否完善；是否提供交叉显示功能；类名起得是否规范；各类内容的说明是否清楚。总之，一个好的分类目录，就像一个指南针，可以非常方便地让用户找到自己所需要的目标，大大提高检索的效率。

7) 数据更新的频率和时效

数据更新的频率和时效是指搜索引擎的索引数据库中信息的更新频率。要尽量缩小搜索引擎的信息库与网上信息更新的滞后性，必须有高智能的自动搜索、分析、标引和著录系统，以最短的搜索周期更新变化了的 Web 信息，剔除已成“死链”的链接。这样才能保证信息的时效性，才能成为用户检索信息的有力工具。

8) 用户界面

用户界面应简洁明晰，能够提供实时的提示和帮助。

9) 结果显示

检索结果显示的好坏直接影响到搜索引擎的使用效果，包括显示的内容组织，排序方式，返回结果描述是否详尽合理，是否提供足够的相关信息(内码、文件大小、文件日期、内容摘要或评价等)，都对用户判断检索结果有很大的影响。

4.3.4 搜索引擎语法

大多数因特网用户使用搜索引擎时，仅仅使用其简单搜索功能，也即在搜索框中输入关键词，并单击“搜索”按钮或直接按回车键实现简单搜索。但搜索引擎通常具有一定的语法，掌握这些语法规则可以帮助用户更好更快地完成检索任务。除了搜索引擎的一些通用基本语法外，各搜索引擎又有其独特的语法。

1. 基本语法

1) 使用逻辑操作符

and：逻辑“与”，可用“&”表示。该操作符用于搜索包括两个以上关键词的情况，可以帮助改善并限制搜索结果。例如“计算机”and“设计”，查询名称中既包含“计算机”，又包含“设计”的网站。

or：逻辑“或”，可用“|”表示。该操作符查找用其连接的多个关键词中至少包含一个的网站。使用该操作符时，通常返回大量结果。例如“图形 or 图像”的查询结果为名称中包含“图形”或“图像”的网站。

not：表示逻辑“非”，可用“!”表示。使用该操作符查找包含 not 前关键词，但排除 not 后关键词的网站。例如“新闻 not 经济”的查询结果为名称中包含“新闻”，但排除其中有“经济”这个词的网站。

逻辑操作符的优先级为：and 和 not 通常在 or 前执行。

在使用逻辑操作符时，最好使用 and、or 或 not，而不用符号表示，因为单词容易记住，而且对其他的搜索要求也较通用。

2) 使用“+”或“-”连接号和通配符

如果要求特定单词包含在索引的网站名中，则可在其前面加一个“+”号；如果要排除含有特定单词的网站名，则可在其前面加一个“-”号。“+”与“-”号和单词之间不能有空格。例如查找联想的计算机产品，而不含“天琴”系列，则输入“计算机+联想-天琴”。

执行简单查找时，可在单词尾加一个通配符代替任意的字母组合。通配符一般为*号，例如“Compu*”可代表 Computer、Compulsion 和 Compunication 等。

3) NEAR 操作符

有些搜索引擎提供了 NEAR 操作符用于查找一定范围内同时出现的检索单词的网站名。但这些单词可能并不相邻，间隔越小，则排列位置越靠前。其彼此间距控制是/n，n 为数值，即检索单词的间距最大不超过 n 个单词。例如：“Computer NEAR/100 game”，即查找 Computer 和 game 的间隔不大于 100 个单词的网站名。

4) 使用逗号、括号或引号

逗号的作用类似于 or，即查找那些至少包含一个指定关键词的网站名。查询时找到的关键词越多，网站名排列的位置越靠前。例如查询关键字是“计算机,多媒体,Windows XP”，则查询时同时包含“计算机”、“多媒体”和“Windows XP”的网站名将出现在前面。

括号的作用是使插在其中的操作符优先，例如“(网址 or 网站) and (搜索 or 查询)”，则关键词是“网址搜索”，“网址查询”，或者是“网站搜索”，“网站查询”。

双引号组合关键词可以通知搜索引擎将关键词或关键词的组合作为一个字符串在其数据库中搜索，例如要查找关于电子杂志方面的信息，可以键入“”electronic magazine“”，即将“electronic magazine”作为一个短语来搜索。如果不使用双引号，则查出包含“electronic”及“magazine”的网站名。

在输入汉字作为关键词时，不要在汉字后添加多余的空格。因为空格的作用同 and。如输入关键词“飞 机”，则查询包含“飞”和“机”两个字的网站名。

2. Google 搜索引擎的语法

1) 初级语法

(1) 与：用空格表示逻辑与操作。

(2) 非：用减号“-”号表示逻辑非操作。

(3) 或：用大写的 OR 表示逻辑或操作。

注意：这里的空格和减号“-”，是英文字符，而不是中文字符的“　”和“－”。此外，操作符与作用的关键字之间，不能有空格。比如“搜索引擎-文化”，搜索引擎将视为关键字为“搜索引擎”和“文化”的逻辑“与”操作，中间的“-”被忽略。

2) 普通语法

(1) Google 对通配符支持有限。它目前只可以用“*”来替代单个字符，而且包含“*”必须用双引号引起来。比如，“”以*治国“”，表示搜索第一个为“以”，末两个为“治国”的四字短语，中间的“*”可以为任何字符。

(2) Google 对英文字符大小写不敏感，“GOD”和“god”搜索的结果是一样的。关键字可以是单词(中间没有空格)，也可以是短语(中间有空格)。用短语做关键字时，必须加英文双引号，否则空格会被当作“与”操作符。例如搜索关于第一次世界大战的英文信息：搜索：“”world war I“”，结果：已向英特网搜索“world war i”。共约有 937,000 项查询结果，这是第 1～10 项。搜索用时 0.06s。

(3) Google 对一些网路上出现频率极高的英文单词，如“i”、“com”、“www”等，以及一些符号如“*”、“.”等，作忽略处理。如果要对忽略的关键字进行强制搜索，则需要在该关键字前加上明文的“+”号或英文双引号。例如搜索：“+www+的历史 internet”或“”www

的历史“internet”。

注意：大部分常用英文符号(如问号，句号，逗号等)无法成为搜索关键字，加强制也不行。

3) 高级语法

(1)“site:”表示搜索结果局限于某个具体网站名或者网站频道，或某个域名。如果要排除某网站或者域名范围内的页面，只需用“-网站/域名”。

示例：搜索中文教育科研网站(edu.cn)上关于搜索引擎技巧的页面。

搜索：“搜索引擎 技巧 site:edu.cn”。

注意：site 后的冒号为英文字符，而且，冒号后不能有空格，否则，“site:”将被作为一个搜索的关键字。此外，网站域名不能有“http://”前缀，也不能有任何“/”的目录后缀；网站频道则只局限于“频道名.域名”方式，而不能是“域名/频道名”方式。

(2)“filetype:”可检索某些二进制文档，包括 Microsoft Office 的文件，如：xls、.ppt、.doc、.rtf、WordPerfect 文档、Lotus1-2-3 文档和 Adobe 的.pdf 文档，以及 ShockWave 的.swf 文档(Flash 动画)等。

示例：搜索几个资产负债表的 Office 文档。

搜索：“资产负债表 filetype:doc OR filetype:xls OR filetype:ppt”。

(3)“inurl:”语法返回的网页链接中包含第一个关键字，后面的关键字则出现在链接中或者网页文档中。有很多网站把某一类具有相同属性的资源名称显示在目录名称或者网页名称中，比如“MP3”、“GALLARY”等，于是，就可以用 inurl 语法找到这些相关资源链接，然后，再用第二个关键词确定是否有某项具体资料。inurl 语法通常能提供非常精确的专题资料。

示例：查找 MIDI 曲“沧海一声笑”。

搜索：“inurl:midi ”沧海一声笑“”。

注意：“inurl:”后面不能有空格，Google 也不对 URL 符号如“/”进行搜索。

(4)“allinurl:”语法返回的网页的链接中包含所有作用关键字。这个查询的关键字只集中于网页的链接字符串。

示例：查找可能具有 PHF 安全漏洞的公司网站。通常这些网站的 CGI-BIN 目录中含有 PHF 脚本程序(这个脚本是不安全的)，表现在链接中就是“域名/cgi-bin/phf”。

搜索：“allinurl:”cgi-bin“ phf +com”

(5)“intitle:”和“allintitle:”的用法类似于前面的 inurl 和 allinurl，只是后者对 URL 进行查询，而前者对网页的标题栏进行查询。网页设计的一个原则就是要把主页的关键内容用简洁的语言表示在网页标题中。因此，只查询标题栏，通常也可以找到高相关率的专题页面。

(6)“inanchor:”和“allincnchor:”的作用是在同一个网页中快速切换链接点。

(7) “link:”语法搜索所有链接到某个 URL 地址的网页，不能与其他语法混合。

示例：搜索所有含指向华军软件园“www.newhua.com”链接的网页。

搜索：“link:www.newhua.com”

(8)“related:”用来搜索结构内容方面相似的网页。例如搜索所有与中文新浪网主页相似的页面，则使用“related:www.sina.com.cn/index.shtml”。

(9)“cache:”用来搜索 Google 服务器上某页面的缓存，通常用于查找某些已经被删除的死链接网页，相当于使用普通搜索结果页面中的“网页快照”功能。

其他语法请感兴趣的读者参考中文 Google 大全：http://www.Google.com/intl/zh-CN/about.html。

4) Google 的特色功能

(1) 相关搜索。相关搜索功能就是在检索结果页的下方列出与当前检索词相关的检索词，按检索热门度排序。

(2) 网页快照。网页快照是由服务器的索引数据库存储的所收录网页的一个纯文本的备份。在搜索结果页中的每条数据都会有一个“网页快照”的超链接，通过单击这个超链接可以查看 Google 服务器存储的该网页的内容。

(3) 类似网页。单击搜索结果页面中网络链接后面的“类似网页”超链接，Google 便可返回与这一网页相关的网页。

(4) 手气不错。在搜索框里输入检索词，按下“手气不错 TM”按钮将自动进入 Google 查询到的第一个网页。

(5) 错别字改正。Google 的错别字改正软件系统会对输入的检索词进行自动扫描，检查有没有错别字。

(6) 中英文词典。在搜索框中输入一个检索词(“翻译”、“fy”或“FY”任选其一)和要查的中(英)文单词，Google 会直接返回要查单词的英文(或中文)翻译。

(7) 天气查询。用 Google 查询中国城市的天气和天气预报，只需输入一个关键词和城市名称即可。

(8) 手机号码。用 Google 查询手机号码归属地，只需直接输入要查的号码即可(不需要任何关键词)。Google 能自动识别以 13 开头的 11 位数字为手机号码而返回相关的网站链接。

3. Baidu 搜索引擎的语法

(1) 布尔逻辑检索。逻辑“与”在百度搜索中用空格表示；逻辑“非”在百度搜索中用“-”表示，语法是“A-B”；逻辑“或”在百度搜索中用“|”来表示，语法是“A | B”。

(2) 在标题中搜索。在检索词的前面加“intitle：”，可以限制只搜索网页标题中含有这些检索词的网页。

(3) 在 URL 中搜索。在检索词前面加上“inurl：”，可以限制只搜索 URL 中含有这些文字的网页。

(4) 在指定网站内搜索。在一个网址前加“site：”，可以限制只搜索某个具体网址或某域名内的网页。

(5) 精确匹配。使用双引号或书名号，把检索词用双引号括起来，可以精确匹配检索词进行搜索。检索词用书名号括起来，有两层特殊功能，一是书名号会出现在搜索结果中；二是被书名号括起来的内容，不会被拆分。

(6) 专业文档搜索。百度使用“filetype：”后可以跟以下文件格式：DOC、XLS、PPT、PDF、TXT、RTF、ALL。其中 ALL 表示搜索上述所有文件类型。

(7) 百度特色功能。

百度特色功能中的相关搜索和百度快照功能与 Google 类似。

① 相关搜索。百度的“相关搜索”就是在检索结果页的下方列出与当前检索词相关的检索词。

② 百度快照。在百度搜索结果页中的每条数据都会有一个“百度快照”的超链接，单击这个超链接可以查看百度服务器存储的该网页的快照内容。

③ 拼音提示。在搜索框里输入检索词的汉语拼音，百度能把最符合要求的对应汉字提示

出来。

④ 错别字提示。百度搜索中能够识别一些常见的错别字，并在搜索结果上方显示提示。

⑤ 计算器和度量衡转换。百度提供了计算器的功能，在搜索框里输入计算式，按回车键即可。

⑥ 高级搜索、地区搜索和个性设置。在百度的高级搜索页面，可以方便地实现各种搜索查询。

⑦ MP3 搜索、图片搜索、新闻搜索、Flash 搜索和百度搜霸。

4.3.5 搜索引擎综合应用

1. 搜索页面分析

这里使用 Google 搜索引擎作为例子，说明搜索引擎搜索页面的显示方法。其他搜索引擎的搜索页面类似于此，可以参照该例。

首先说明图 4-10 所示使用 Google 搜索关键词“计算机”的显示方法。

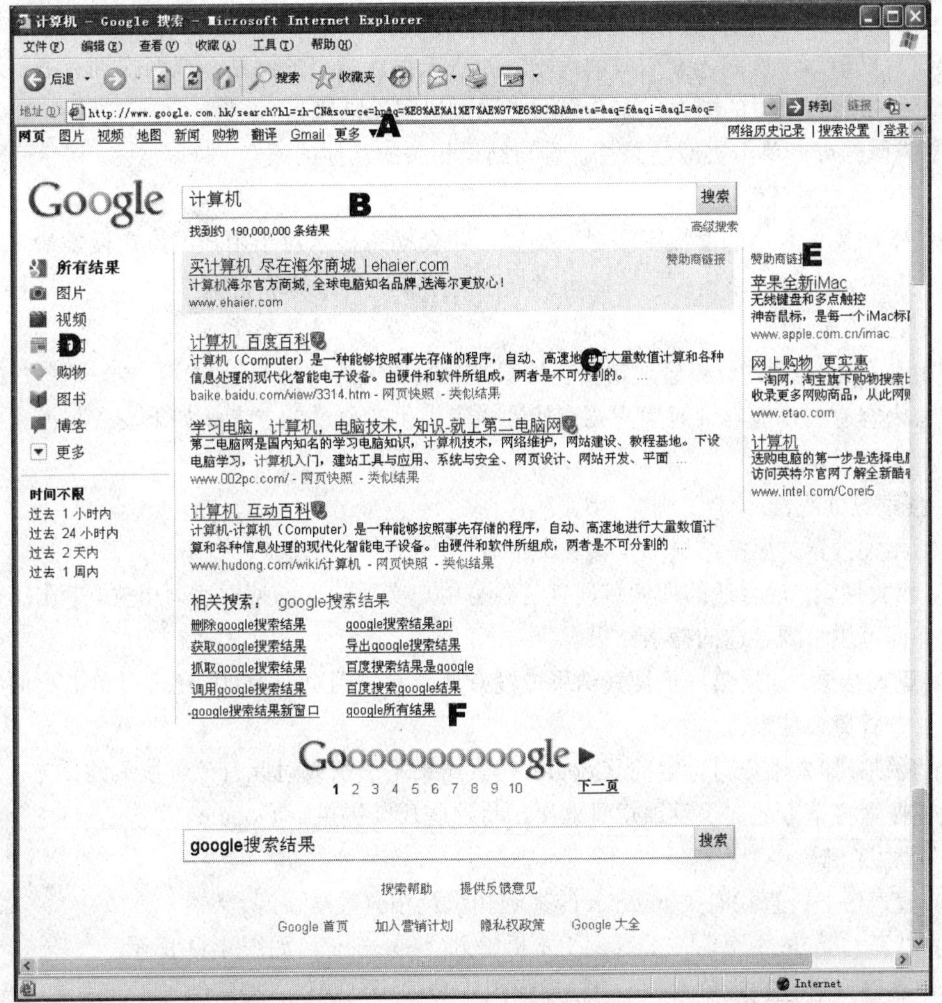

图 4-10 Google 搜索结果

1) Google 产品栏

显示指向 Google 各服务的链接以及针对未列出的其他服务的更多菜单。单击这些链接可导航至 Gmail 以及其他 Google 产品。

2) 搜索栏

要通过 Google 进行搜索，您只需键入一些描述性的搜索字词，然后按键盘上的 Enter 键或单击 Google 搜索按钮即可。如果已启用 Google 即搜即得，则系统可能会在您键入搜索内容时动态显示搜索结果。

3) 搜索结果

包括搜索结果标题、摘要、网址、网页快照和类似结果。

(1) 标题：所有搜索结果的第一行都是网页标题。单击标题可以打开相应网页。

(2) 摘要：标题下方是对网页的描述，可包含从该网页摘录的实际文本。系统将标红显示用户的搜索字词，便于用户确定该网页是否具有用户所查找的内容。

(3) 网址：结果网页的网址将以绿色显示。

(4) 网页快照：Google 会抓取网页内容并对每个网页拍摄快照。如果单击网页快照，则会看到该网页最后一次编入索引时的版本。对于未编入索引的网站，或网站拥有者要求不要对其内容拍摄网页快照的网站，不会显示"网页快照"链接。

(5) 类似结果：单击类似结果可查看与结果相关的其他网站。

4) 工具和过滤条件

在搜索结果页旁边的面板中会显示位置，还会动态显示对于用户的特定搜索最为实用的搜索模式和过滤条件。单击这些工具可对显示的结果进行过滤和自定义。

5) 广告

使用 Google 搜索时，系统通常会在搜索结果页上方或旁边显示文字广告。这些广告与用户的搜索内容有关，能够针对用户要查找的内容提供有价值的参考。如果没有与搜索相关的广告，则不会显示。

6) 搜索页面底部

包括相关搜索、更多结果和反馈三个部分。

(1) 相关搜索：最合适的搜索字词有时会与用户实际输入的搜索字词相关。单击这些相关的搜索字词可以看到备选的搜索结果。

(2) 更多结果：如果第一页搜索结果中没有要查找的网页或信息，还可以单击页面底部上的下一页查看更多结果。

(3) 反馈：如果用户对特定的 Google 搜索结果不满意或对此有改进搜索的良方，则可以单击底部搜索栏下方的提供反馈意见链接，将这些反馈提供给 Google。

2. 搜索实例

(1) 搜索任务：查找有关 internet 的基础知识及相关教学资源。

(2) 打开 Google 主页，在关键词文本框输入"internet"，如图 4-11 所示。

用单关键词进行初步检索，搜索结果如图 4-12 所示。显然，搜索结果不能满足用户需求，与搜索初衷差之甚远。

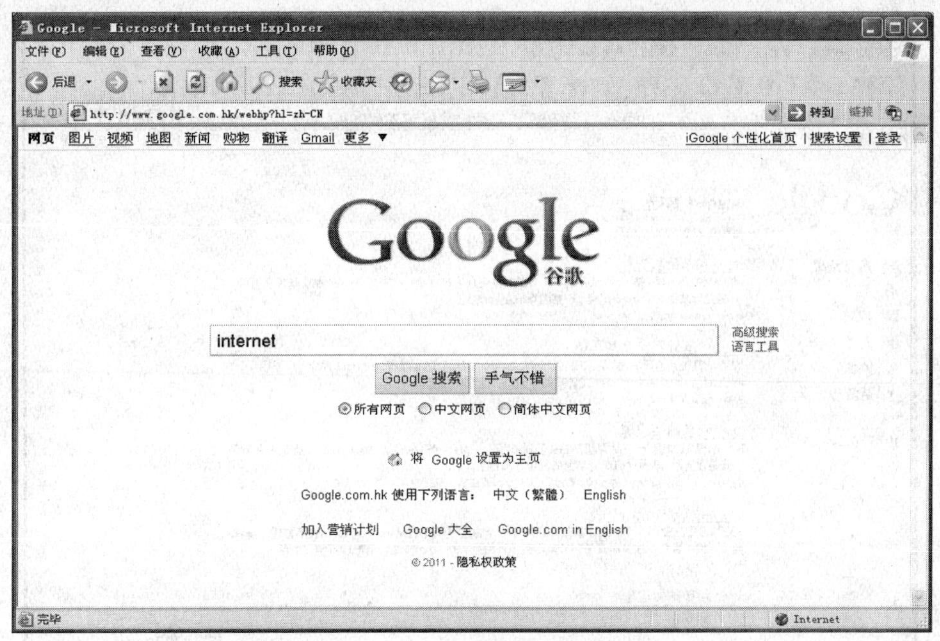

图 4-11　在 Google 中查询互联网

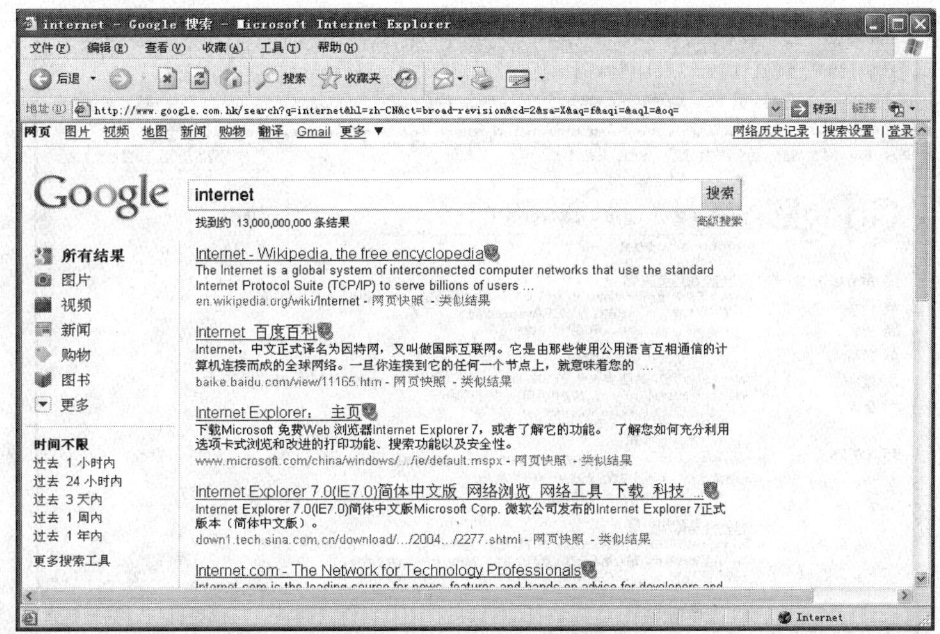

图 4-12　搜索互联网的结果

增加关键词“基础”进一步搜索，搜索结果如图 4-13 所示。此时，结果与预期结果接近许多。

为避免一些不相干的搜索结果，还可使用“非”运算进一步缩小范围，如使用“基础—营销—商务—初步”等，搜索结果如图 4-14 所示。

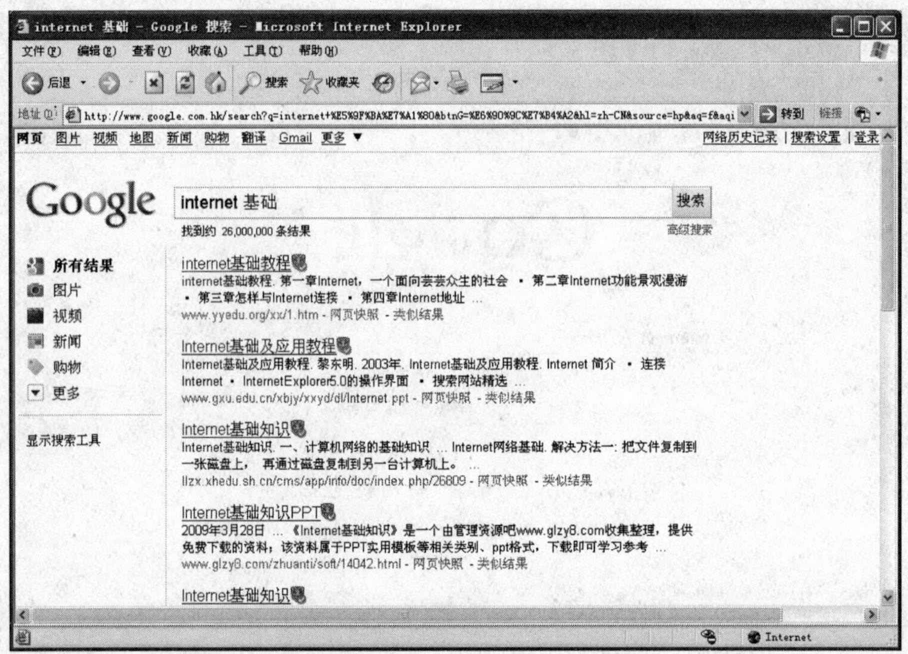

图 4-13　双关键词搜索结果

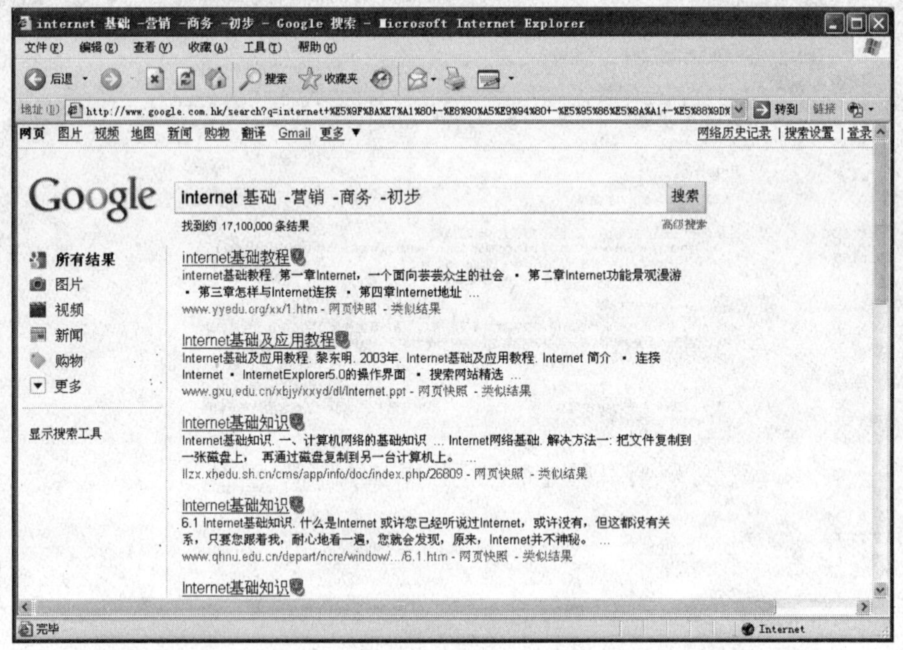

图 4-14　缩小范围后的搜索结果

如果想要搜索一些教学资源，如 PPT 文件等，则可以使用 filetype 语法进行搜索。如关键词设置为“filetype:ppt internet 基础 OR 教程 OR 知识”，搜索结果如图 4-15 所示，单击搜索结果标题，即可打开或下载相应的 PPT 文件。

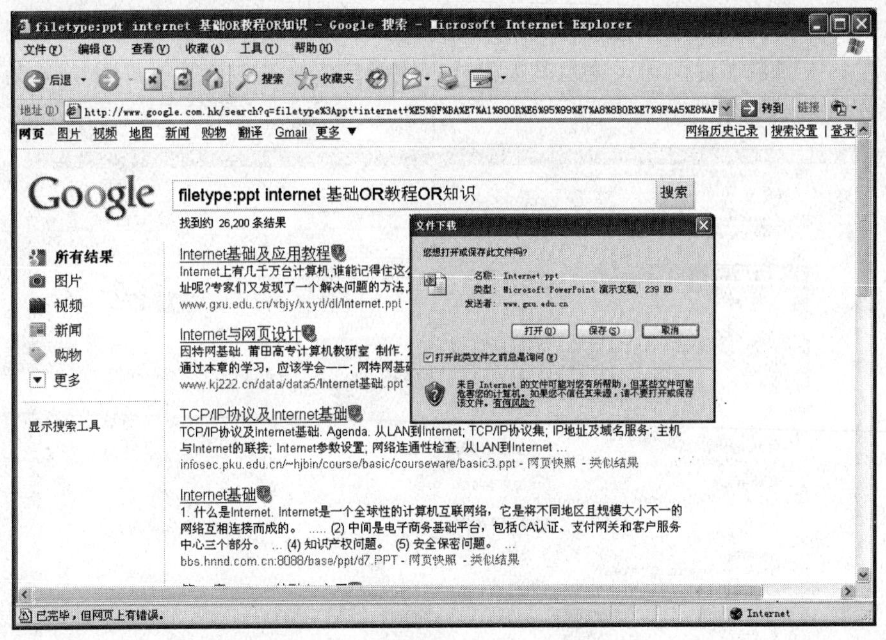

图 4-15　搜索 PPT 文件的结果

经过反复搜索，即可得到需要搜索的精确结果。这一过程需在以后的搜索实践中不断体会，关键是搜索技巧的总结和搜索引擎语法的熟练掌握。

4.4　网络数据库检索

4.4.1　网络数据库简介

在学术信息资源检索中，用的较多的是网络数据库。网络数据库是指用户在自己的客户端上，通过因特网和浏览器界面对数据库进行检索。这一类检索系统都是基于因特网的分布式特点开发和应用的，即：数据库分布式存储，不同的数据库分布在不同的数据库生产者的服务器上；用户分布式检索，任何地方的终端都可以访问并存储数据；数据分布式处理，任何数据都可以在网上的任何地点进行处理。

1. 国内网络数据库

1) 中国知网 CNKI

网址：http://www.cnki.net。

CNKI 即中国知识基础设施工程，简称中国知网，是以实现全社会知识信息资源共享为目标的国家信息化重点工程，由清华大学、清华同方发起，始建于 1999 年 5 月。中国知网包括中国期刊全文数据库、中国优秀博硕士学位论文全文数据库、中国重要会议论文全文数据库、中国重要报纸全文数据库、中国统计年鉴全文数据库等多个数据库资源。

2) 万方数据库

网址：http://www.wanfangdata.com.cn。

万方数据资源系统是 1997 年 8 月由中国科技信息研究所、万方数据集团公司联合研究开发的网上数据库联机检索系统。万方数据资源系统主要有以下几种数据库：中国企业、公司及产品数据库、中国科技成果数据库、中国科技论文统计与引文分析数据库、中国学术会议论文数据库、中国学术会议论文集全文数据库、中国学位论文数据库等。图 4-16 为万方数据库网站首页。

图 4-16　万方数据库网站

3) 维普资讯网

网址：http://www.cqvip.com。

重庆维普资讯有限公司是国内著名的科技资讯类软件企业、全文数据库提供商，隶属于科学技术部西南信息中心。自 1989 年以来，对期刊、报纸等文献进行致力于信息资讯服务的尝试开发和推广应用。提供的数据库主要有：中文科技期刊数据库、外文科技期刊文摘数据库、中国科技经济新闻数据库、中国基础教育信息资源系统等。图 4-17 为维普资讯网站首页。

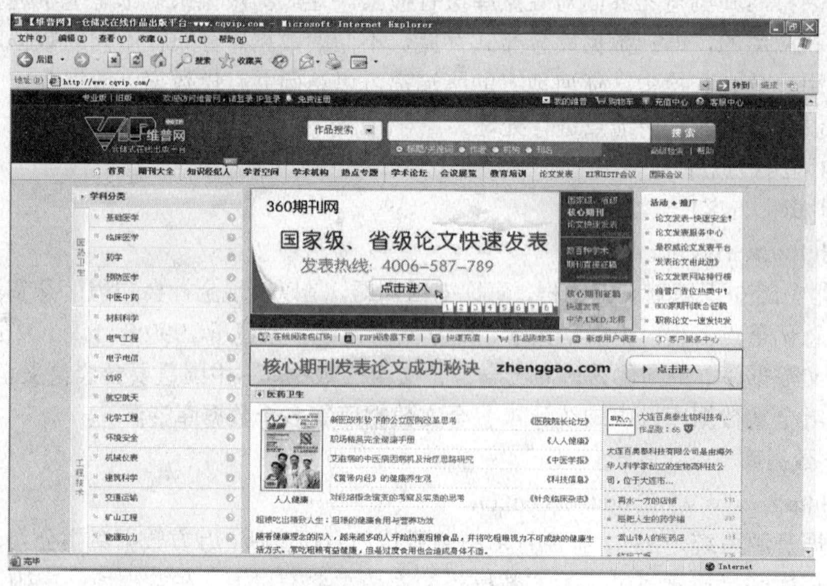

图 4-17　维普资讯网站

4) 中文社会科学引文索引

网址：http://cssci.nju.edu.cn。

中文社会科学引文索引，缩写为 CSSCI，由南京大学中国社会科学研究评价中心开发研制，用来检索中文社会科学领域的论文收录和文献被引用情况的数据库。CSSCI 数据库主要从来源文献检索和被引文献检索两个方面向用户提供社会科学方面的中文期刊信息。图 4-18 为中文社会科学引文网站首页。

图 4-18　中文社会科学引文网站

2. 国外网络数据库

1) 美国工程索引 EI

网址：http://www.engineeringvillage2.org。

美国工程索引 EI 即 The Engineering Index，现有版本为工程索引村 EI Village 2，是由美国工程信息公司推出的一个基于 Web 方式的工程信息联机服务系统。索引村提供检索的数据库主要是 EI Compendex Web，它是《工程索引》的网络版，包括 EI Compendex 数据库和 PageOne 数据库两部分。前者的文献来自 2600 多种期刊和会议，后者来自 2600 余种期刊和会议。现在索引村还可检索到 INSPEC(科学文摘网络版)数据库。

2) 科学引文索引 SCI

网址：http://isiknowledge.com。

SCI 是世界三大检索系统(EI、SCI、ISTP)之一，是判断高等院校、科研机构及科技人员学术水平的依据，在国际学术界占有重要地位。SCI 由美国科学信息研究所编辑出版，SCI 数据库的网络版为 Web of Science，它收录了 9000 多种世界权威的、高影响力的学术期刊，内容涵盖自然科学、工程技术、生物医学、社会科学、艺术与人文的领域。Web of Science 还收录了论文中所引用的参考文献，并按照被引作者、出处和出版年代编制成索引。

3) 科学会议录索引 ISTP

网址：http://isiknowledge.com。

ISTP 是科技会议录索引的简称，也由美国科学信息研究所编辑出版。ISTP 专门检索会议文献，每年收录报道 4000 多种会议录及其论文 20 多万篇，约占每年全世界主要会议论文的 75%以上，学科几乎囊括了科学和工程方面的所有领域，是检索全世界会议文献的综合性检索工具。

4.4.2 CNKI 数据库检索

CNKI(China National Knowledge Infrastructure，中国知识基础设施)。数据库包括以下内容：中国期刊全文数据库、中国期刊全文数据库题录库、中国优秀博硕士论文全文数据库等。中国期刊网全文数据库是目前世界上最大的连续动态更新的期刊全文库，收录 1994 年至今 5300 余种核心与专业特色期刊全文，累积全文 600 多万篇，题录 600 多万条。分为理工 A(数理科学)、理工 B(化学化工能源与材料)、理工 C(工业技术)、农业、医药卫生、文史哲、经济政治与法律、教育与社会科学综合、电子技术与信息科学 9 大专辑，126 个专题数据库，网上数据每日更新。

CNKI 是收费数据库，购买后可获得专门的用户名和密码，并按此登录，即可进行相关查询。另一种方法是直接到当地 CNKI 镜像站点单位检索，建立 CNKI 镜像站点的单位有各大高校图书馆、公共图书馆、科技情报所等单位。

1) 安装全文浏览器 CAJViewer

对于第一次使用 CNKI 数字图书馆的用户，必须首先下载 CAJ 浏览器或 Acrobat 浏览器。中国期刊网数据库提供 CAJ 和 PDF 两种文件格式，阅读 CAJ 格式的文件，需要安装 CAJ Viewer 软件，阅读 PDF 格式的文件，需要安装 PDF Reader 软件。以 CAJ 格式文件为例，在 CNKI 的登录页面或打开的中国期刊全文数据页面中，单击“下载阅读器”按钮，从弹出的“下载中心”页面中选择一个下载地址，将 CAJ Viewer 软件下载到本地计算机并安装，如图 4-19 所示。

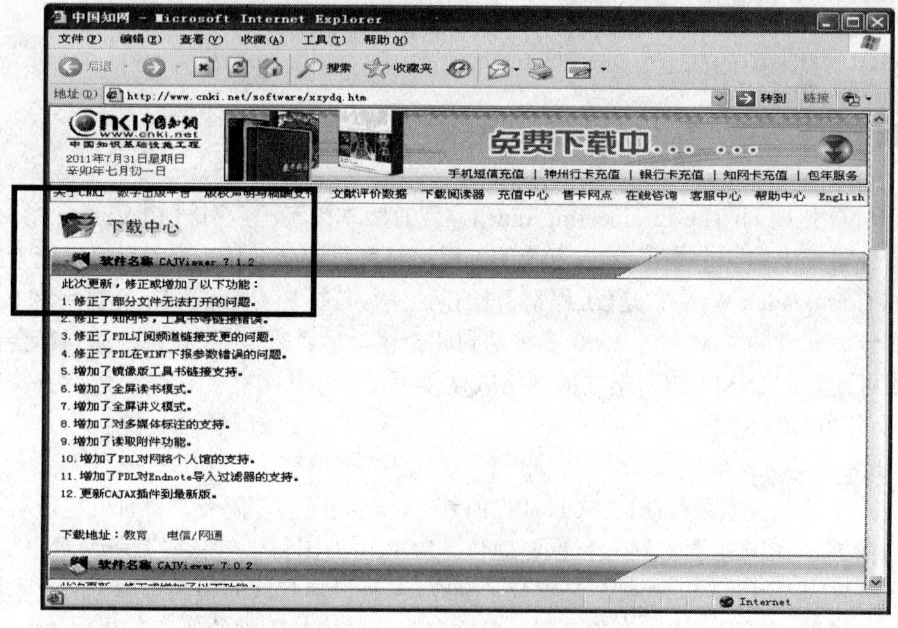

图 4-19　CAJ 浏览器下载中心

2) 登录 CNKI

启动浏览器，在其地址栏输入 http://www.cnki.net，进入中国知网主页，如图 4-20 所示。在用户登录处输入用户名和密码，单击“登录”按钮，即可进入中国学术文献网络出版总库，如图 4-21 所示。

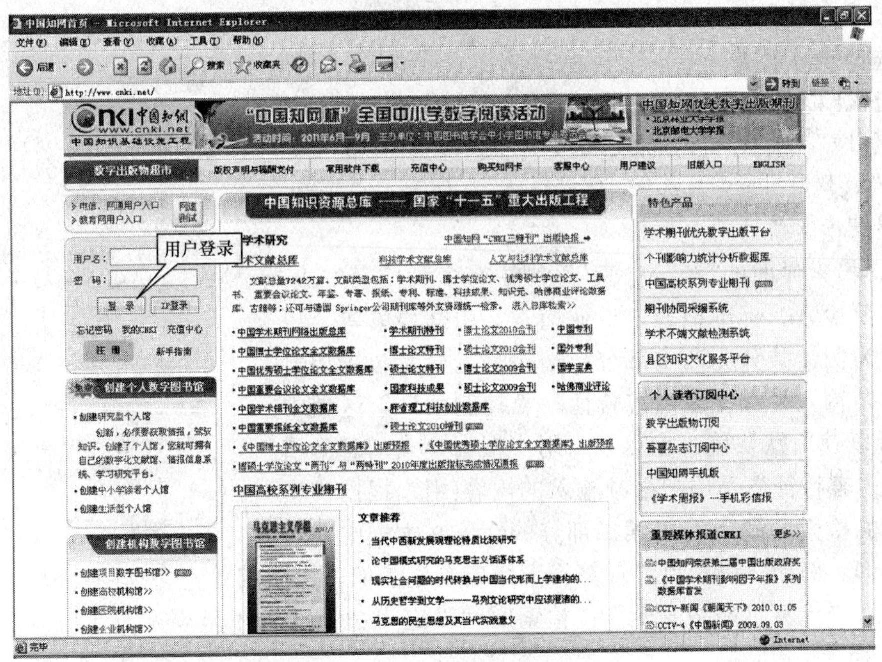

图 4-20　中国知网首页

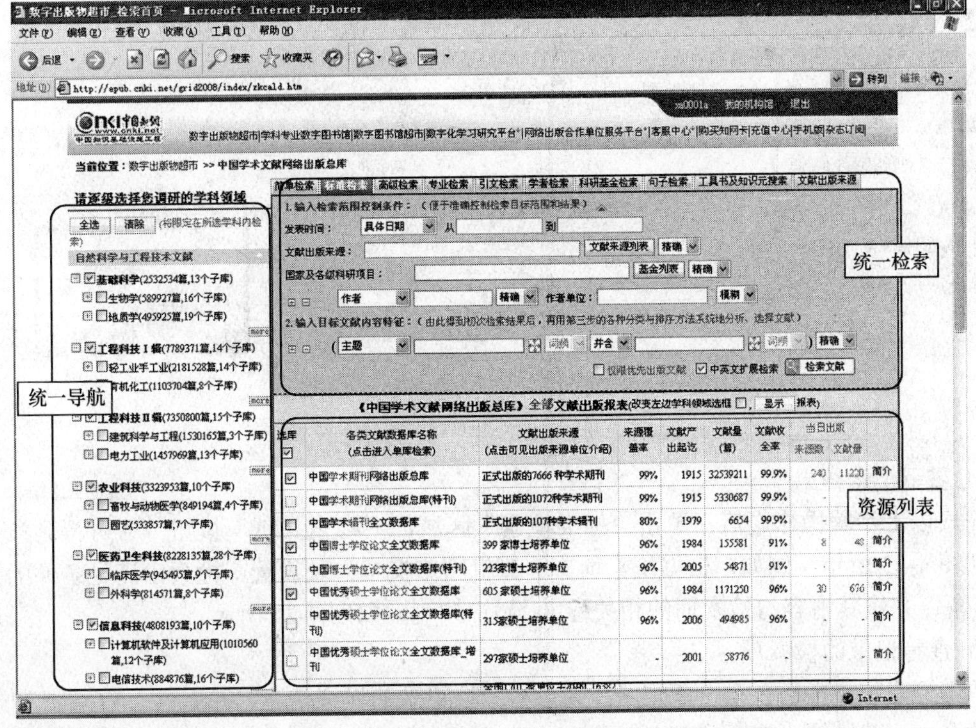

图 4-21　中国学术文献网络出版总库

3) 选择数据库资源

服务平台中包含多个数据库(依购买情况而不同)，用户可在“资源列表”中选择需要检索的数据库，图 4-21 显示已经选取了三个数据库，分别是“中国学术期刊网络出版总库”、“中国博士学位论文全文数据库”和“中国优秀硕士论文全文数据库”。

4) 选择学科领域

在 CNKI 检索界面的“统一导航”区域“请逐级选择您调研的学科领域”中选择查询范围。例如，根据检索词“计算机网络安全”，从总目录中只选择“信息科技”，如图 4-22 所示。

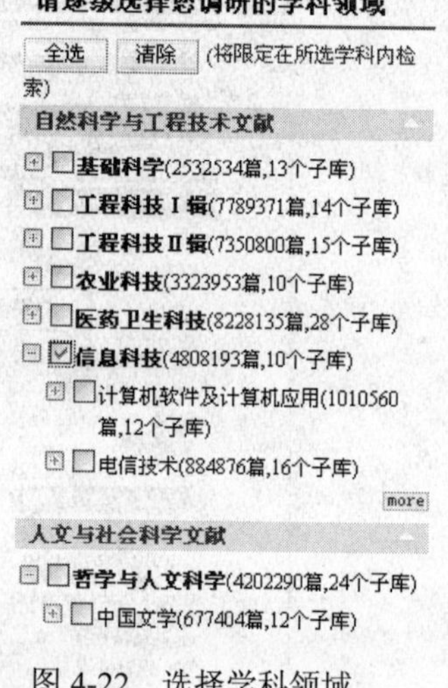

图 4-22　选择学科领域

5) 设置检索条件

CNKI 检索界面的“统一检索”区域中有多种检索方式，分别是简单检索、标准检索、专业检索、引文检索等。以标准检索为例，共分为两个部分：一是输入检索范围控制条件；二是输入目标文献内容特征。“控制条件”区域中的 6 项可以使用默认值，也可以由用户根据检索信息酌情设置。“内容特征”是用户必须输入的内容(用户根据检索信息确定的检索关键字)，在第二部分的红色文本框中输入检索关键词。例如，以题目“计算机网络安全”为例，检索相关论文。在“内容特征”文本框中输入“计算机网络安全”；检索时间设定为 2000-01-01 至今天；其余使用默认值，如图 4-23 所示。

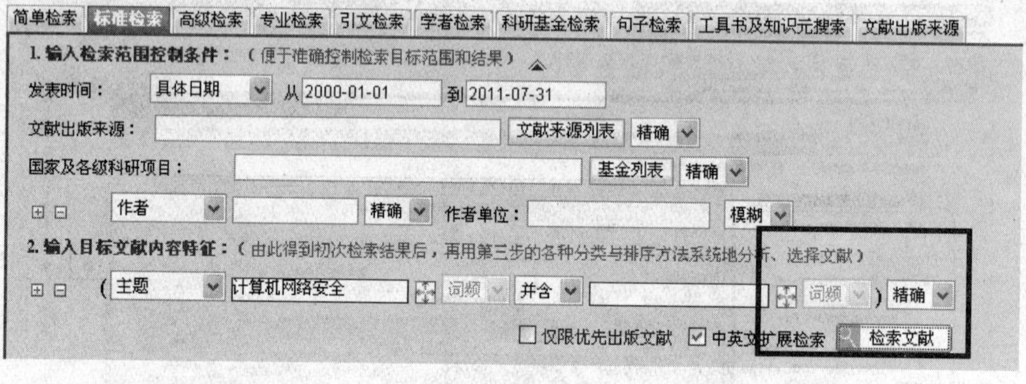

图 4-23　设置检索条件

6) 显示检索结果

完成以上步骤操作之后，单击“标准检索”区域的“检索文献”按钮，即可得到检索结果，如图 4-23 所示。例如，根据检索词“计算机网络安全”及设置，检索出满足条件的记录 16534 条，并按其内容与检索词的相关程度(降序)排列，如图 4-24 所示。

7) 查看记录的检索项

单击检索结果中的任意一条记录，则会显示该记录的详细信息，并提供 CAJ 格式和 PDF 格式的全文下载链接，查看其篇名、作者、关键词、文章摘要等信息。如图 4-25 所示。

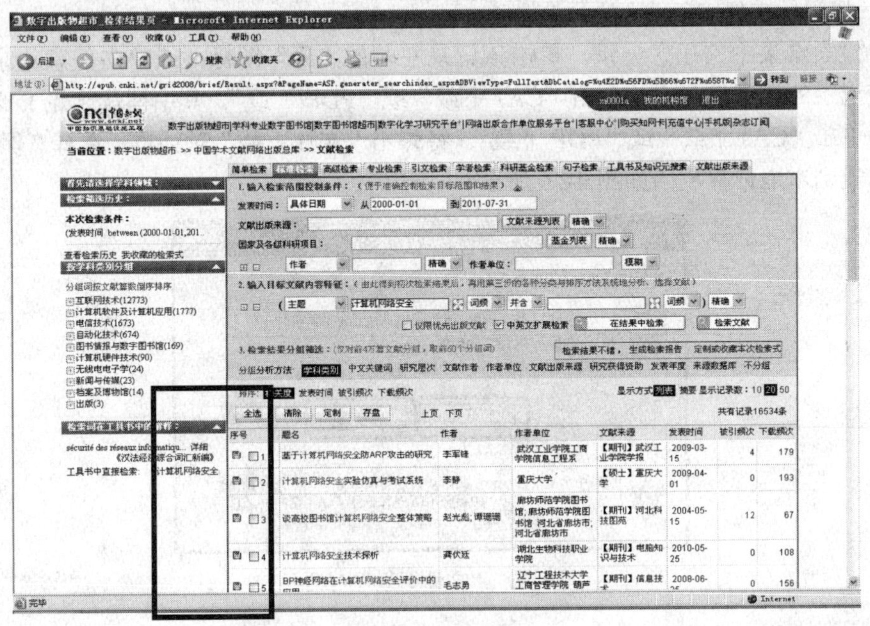

图 4-24　检索结果

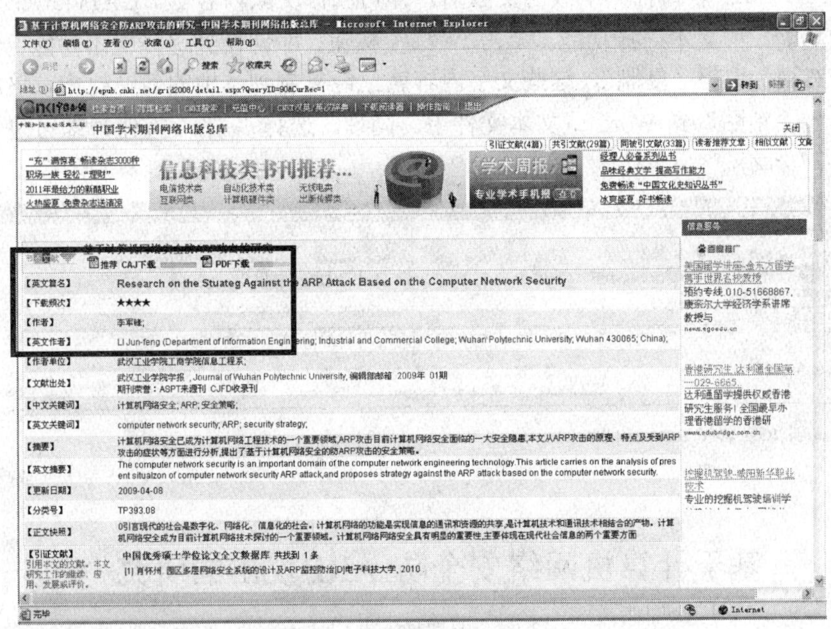

图 4-25　查看检索项

8) 阅读全文

在图 4-24 中选择检索结果中的任意记录，单击该记录左端的“🖫”图标；或单击任意记录，在打开该记录的详细信息中，单击“CAJ 下载”或“PDF 下载”，如图 4-25 所示。将弹出“文件下载”对话框，选择“打开”按钮，阅读该篇文章的全文。

需要指出的是，打开 CAJ 格式的文件，本地计算机须已安装完 CajViewer 软件才能阅读全文；打开 PDF 格式的文件，本地计算机须已安装完 PDF Reader 软件才能阅读全文。

9) 下载记录文件

选中检索结果中的任意记录，单击该记录左端的“🖫”图标；或单击任意记录，然后在打开的该记录的详细信息中，单击“CAJ 下载”或“PDF 下载”。其中博硕士论文必须打开详细页面后单击“CAJ 下载”或“PDF 下载”。将弹出“文件下载”对话框，选择“保存”按钮，将文件下载到本地计算机。如图 4-26 所示。

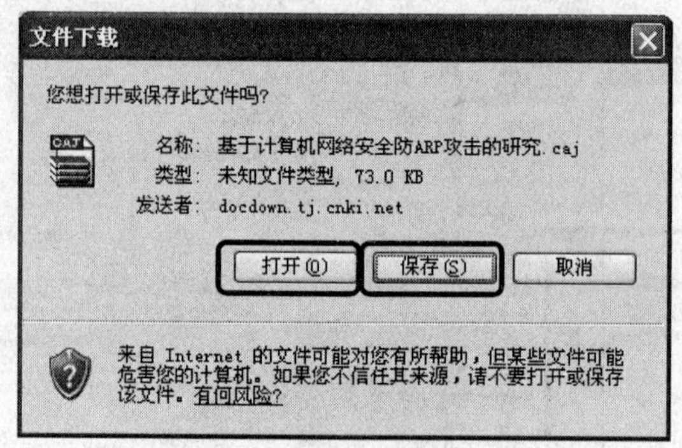

图 4-26 “文件下载”对话框

10) 阅读文献

使用 CAJViewer 软件打开下载的文献后，即可阅读文献内容了。CAJViewer 软件还具有编辑文献的功能，如文本选择功能。单击“T”按钮，即切换到选择文本功能，选中需要的文字，单击右键，选择“复制”，这些文字内容就已经复制到本地的剪贴板中，这时用户可将这些文字内容“粘贴”到 Word 或文本文件中。同理，选择“ ”按钮，即可进行图像的复制。如图 4-27 所示。

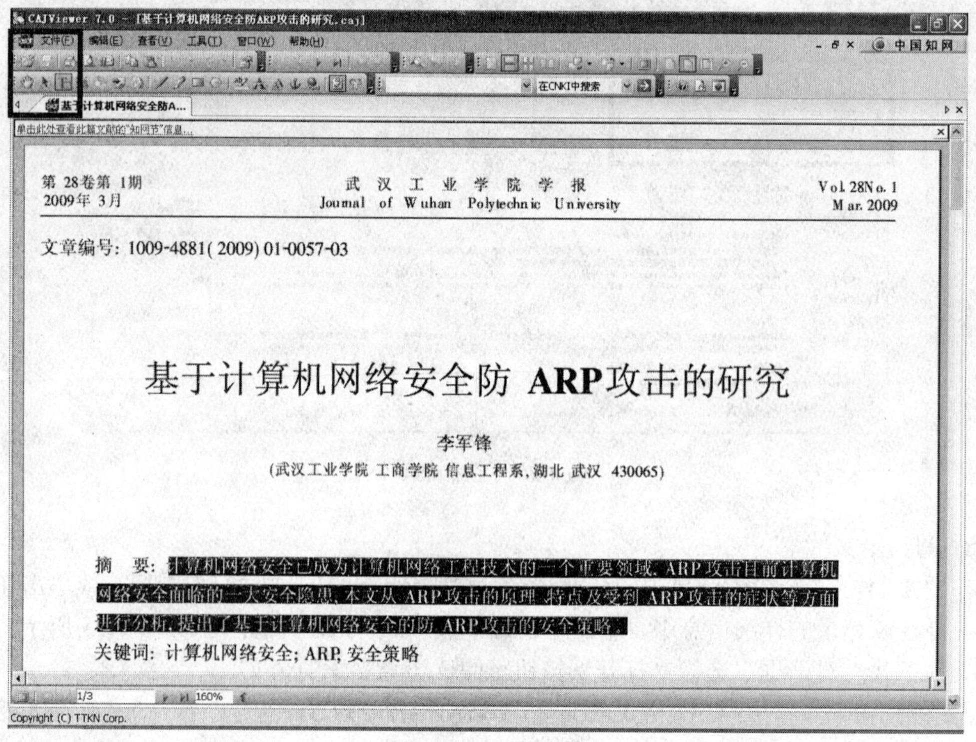

图 4-27 阅读文献

4.4.3 EI 数据库检索

EI(The Engineering Index，美国工程索引)是工程技术领域的综合性检索工具，由美国工程信息中心编辑出版，它把工程索引(Engineering Index)和工程会议(Engineering Meetings)综合在一起，囊括世界范围内工程的各个分支学科。数据库资料取自 2600 种期刊、技术报告、会议论文和会议录，收录的每篇文献都包括书目信息和一个简短的文摘。

1) 进入检索界面

在 IE 浏览器的地址栏中输入 EI 数据库的 URL“http://www.engineeringvillage2.org”，打开 EI 工程村的网站，如图 4-28 所示。输入购买的用户名和密码，单击登录，即可打开 EI 数据库检索界面。

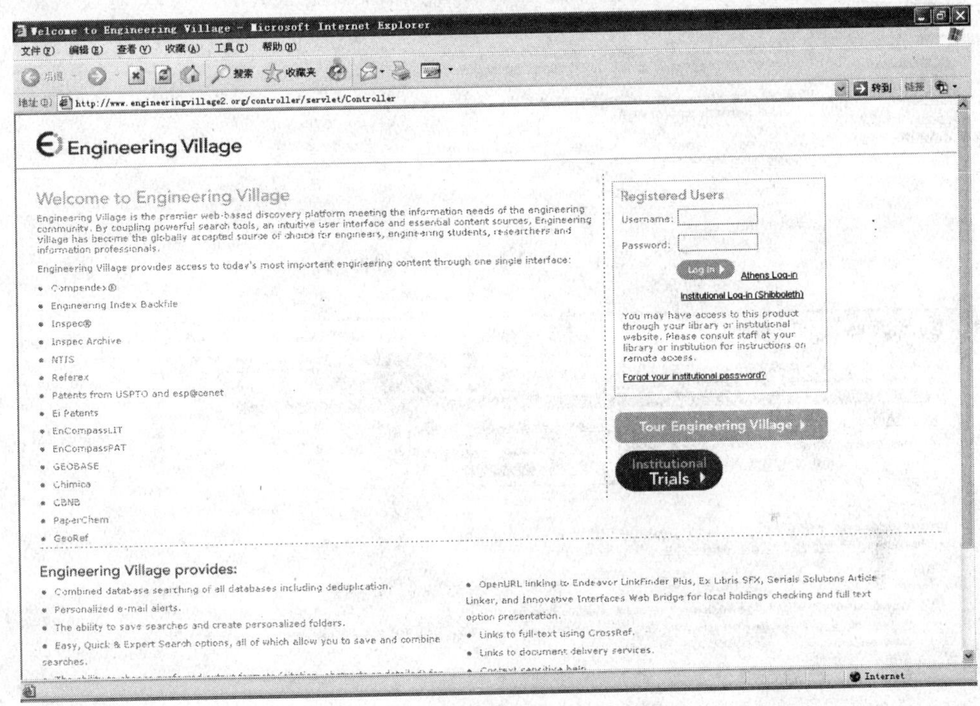

图 4-28 EI 网站

若用户的学校已经购买 EI 数据库，则一般通过图书馆的链接直接进入 EI 检索界面，如图 4-29 所示。

2) EI 快速检索

在 EI 检索界面中，默认情况下为“Quick Search”，其中“Select Database”区域用于选择数据库，包括“Compendex”和“Inspec”。“SEARCH FOR”区域用于输入检索的关键词，“SEARCH IN”区域用于限定检索的关键词，“LIMIT BY”区域用于限定检索的范围。例如，在“Select Database”中选择“Compendex”数据库，在“SEARCH FOR”中分别输入关键词“Fu Xianghua”和“Fu Xiang-hua”，两个关键词之间的连接条件选择“OR”，每个关键词在“SEARCH IN”中限定为“Author”，在“LIMIT BY”区域中设置检索的年限为“2001”～“2006”，其他选项采用默认设置，如图 4-29 所示。单击“Search”按钮，将返回 16 条记录，如图 4-30 所示。

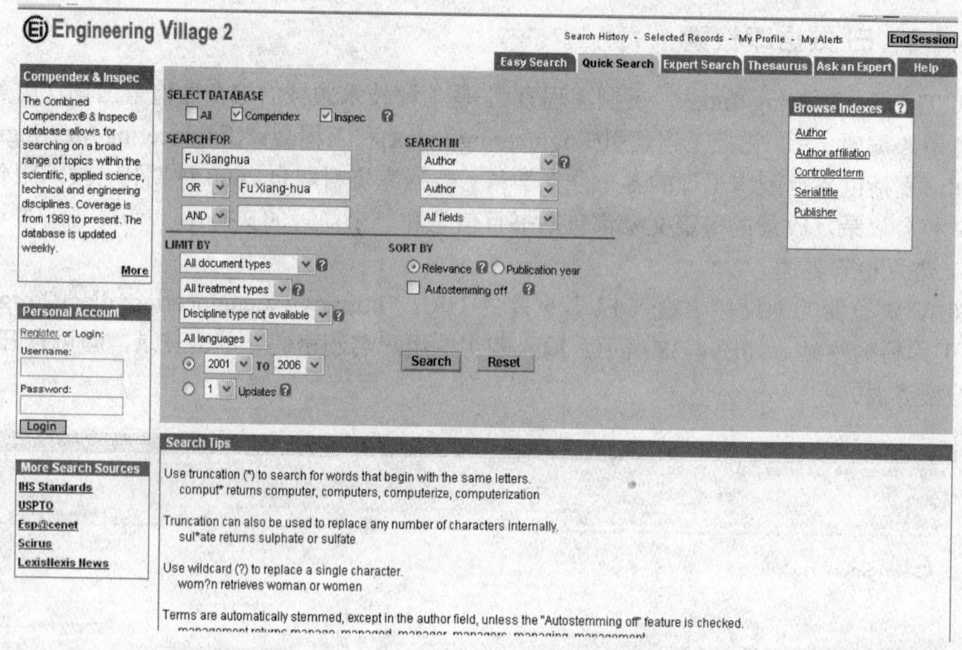

图 4-29　EI 数据库检索界面

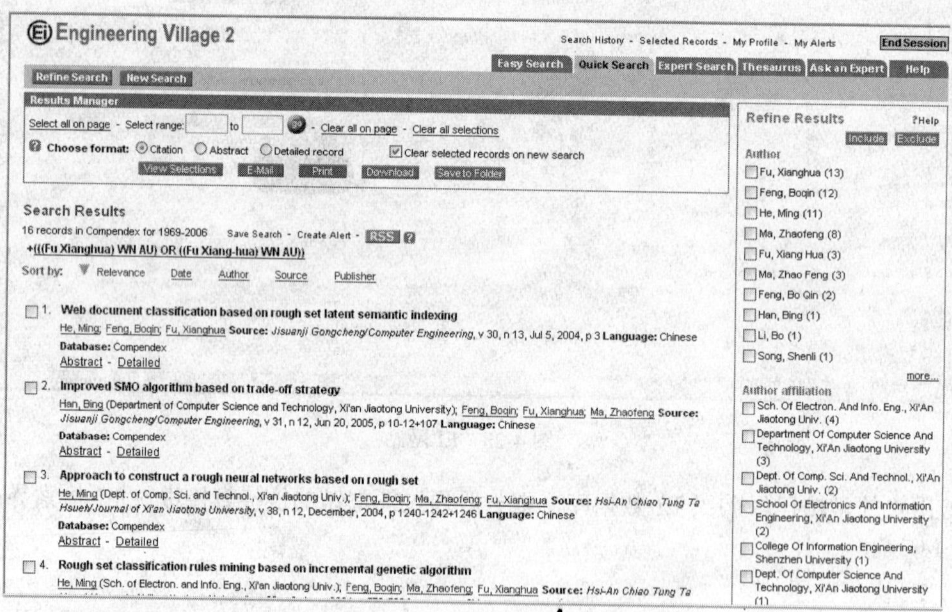

图 4-30　EI 检索返回的结果界面

3) 浏览记录

任意选择一条记录，单击记录旁边的“abstract”，将打开该记录的摘要信息；单击记录旁边的“detailed”，将打开该记录的详细信息，在这里将会看到文献被 EI 检索的索引号。

4) EI 高级检索

在 EI 数据库检索界面中，选择“Expert Search”页面，即打开 EI 数据库高级检索页面。与快速检索相比，高级检索包含更多的检索选项，可使用更复杂的布尔逻辑，提供更强大而灵活的功能。

4.4.4 SCI 数据库检索

Web of Science 是美国科技信息所著名的科学引文索引数据库(Science Citation Index，SCI)的网络版，被公认为世界范围最权威的科学技术文献的索引工具，能够提供科学技术领域最重要的研究成果。SCI 引文检索的体系更是独一无二，不仅可以从文献引证的角度评估文章的学术价值，还可以迅速方便地组建研究课题的参考文献网络。记录包括论文与引文(参考文献)，其引文记录所涉及的范围十分广泛，包括书、期刊论文、会议论文、专利和其他各种类型的文献，所涵盖的学科超过 100 个。

1) 进入检索界面

用户在任何引进 Web of Science 数据库的高校校园网内的联网终端上直接联通 ISI Web of Science。采用 IP 地址控制，不需要账号口令，采用专线传输，不需花费国际流量通信费。在浏览器的地址栏输入 http://isiknowledge.com，打开了如图 4-31 所示的 SCI 数据库的主界面。单击页面下方的“引文数据库”，选择“Science Citation Index Expanded (SCI-EXPANDED)—1899—至今”选项，即可进行 SCI 检索。

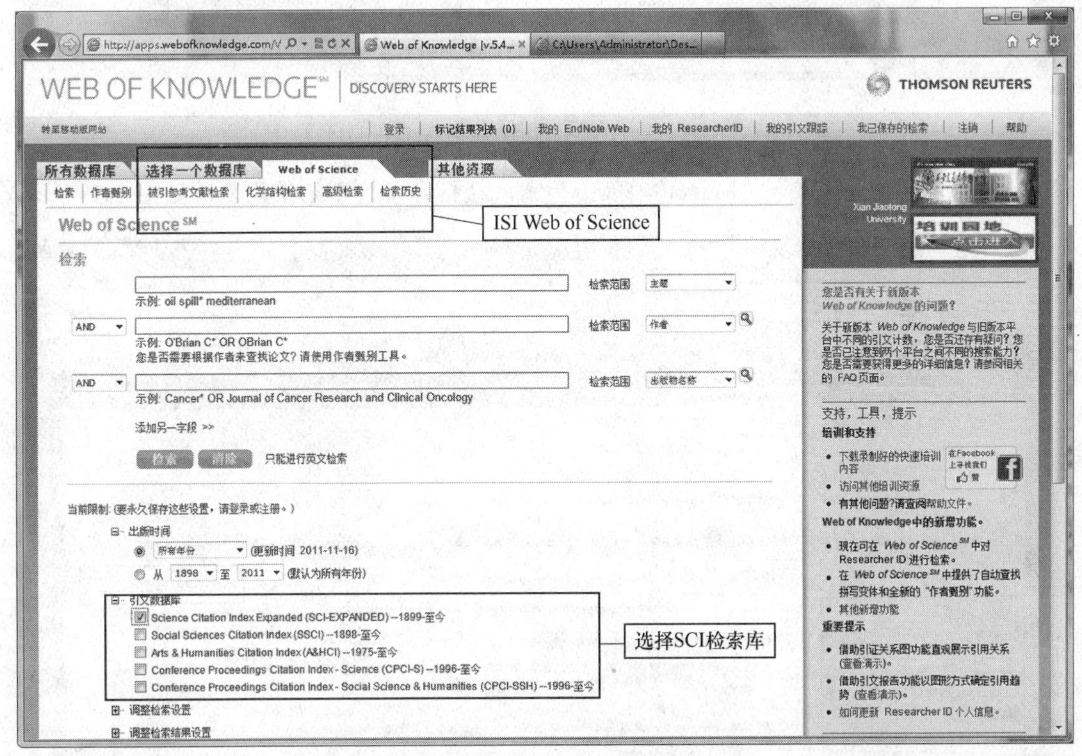

图 4-31 进入 SCI 主页面

2) 输入检索词

Web of Science 提供作者甄别、引文检索、化学结构检索、高级检索和检索历史等几种检索方式。如图 4-32 所示，可以选择检索范围，输入检索关键词，选择文献出版时间等选项进行检索。

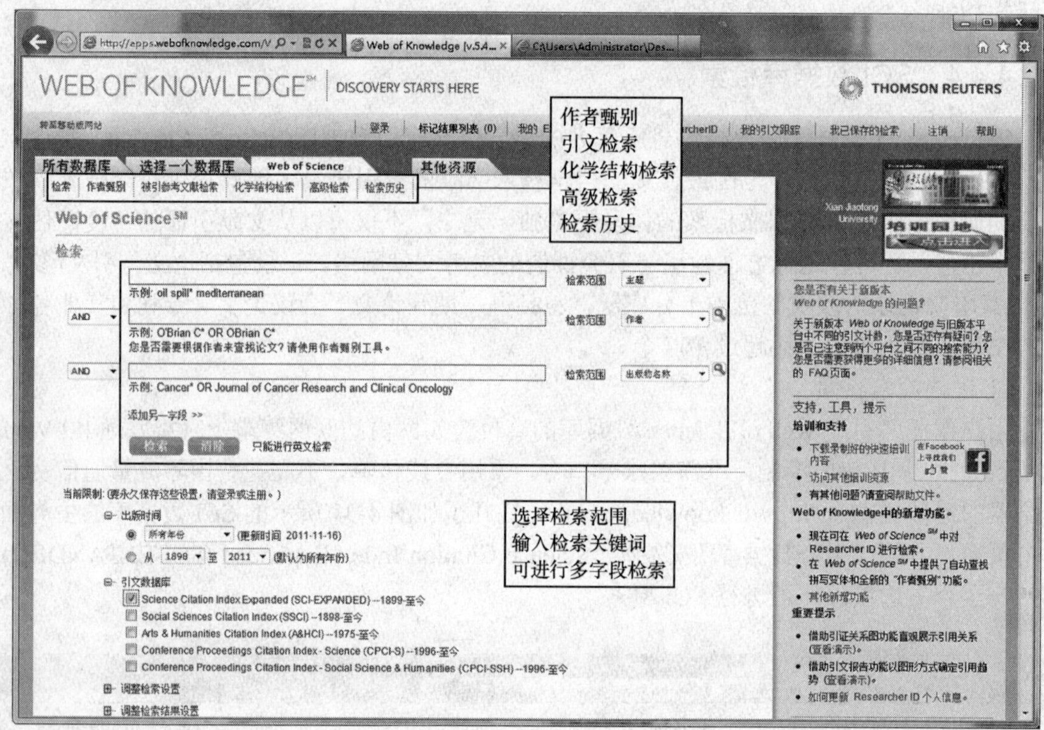

图 4-32　检索页面

在检索框中输入检索词“Manet”，单击检索，就打开了检索结果列表，如图 4-33 所示。

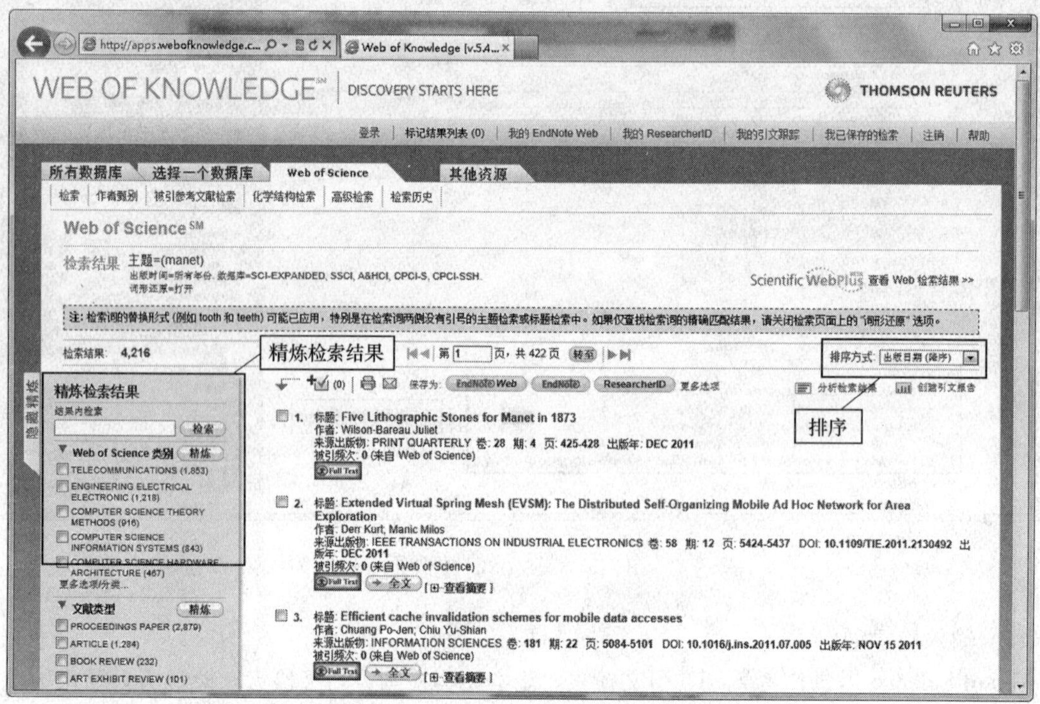

图 4-33　检索页面

3) 浏览记录

单击文章标题，即可浏览全记录，如图 4-34 所示。在全记录页面，可通过“View Full Text”查看文章全文，浏览该文章的参考文献，了解该文章被引用情况，还可通过单击作者获取该作者其他文献，以及查看该文献在其他数据库中的记录。

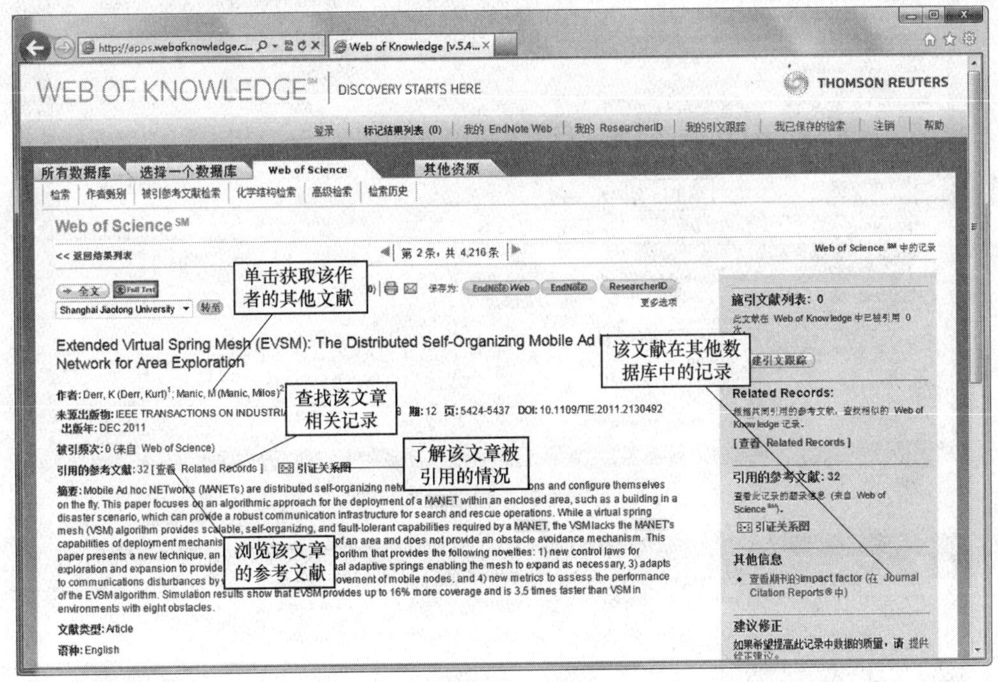

图 4-34　全页面浏览

4) 检索结果下载

将上图中文章浏览页面拉到最底下，即可选择输出记录。输出记录分为两步：第 1 步为选择希望输出结果中所包含的文献内容，第 2 步为保存为何种格式，通常选取“保存到其他参考文献软件”中的“保存为 HTML 格式”，如图 4-35 所示。弹出文件下载的对话框，下载一个名为“savedrecs.html”的文件，选择保存。

5) 查看 SCI 检索号

打开下载的文件 savedrecs.html，拉到文章的最后，可以看到这篇文章的 SCI 检索号为 UT WOS 000295100900018，如图 4-36 所示。

SCI 的检索功能非常强大，以上所列仅是较简单的检索和浏览。在实际检索过程中，需不断通过摸索和操作，才能熟练使用 SCI 检索工具，为科学研究提供方便。

4.4.5 ISTP 数据库检索

ISTP(Index to Scientific & Technical Proceedings，科学会议录索引)作为检索会议文献的主要检索工具，在国际上占有显著地位，也是科技界共同认可的会议文献的重要检索工具。ISTP 是一种综合性的科技会议文献检索刊物，它的报道速度快，一般当年出版的会议录就能在当年见到报道。由于 ISTP 有团体索引，故能统计某机构人员发表论文的情况，因此 ISTP 近年来受到学术界的重视，将其列为三大检索工具之一。自 2010 年 9 月之后，ISTP 改名为 CPCI-S(Conference Proceedings Citation Index – Science)，但人们习惯上还是称为 ISTP 检索。

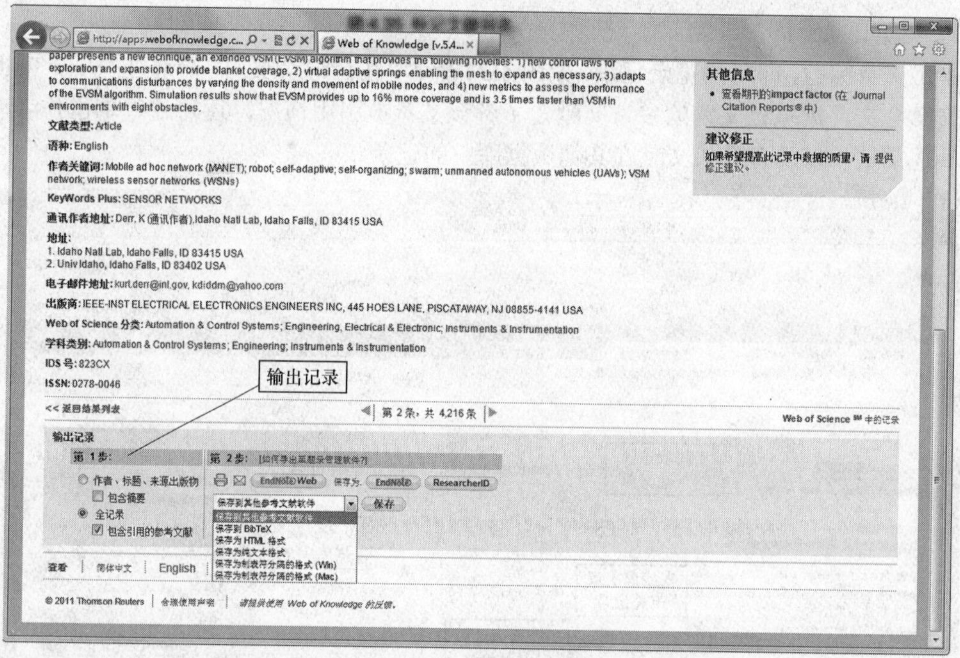

图 4-35　输出记录

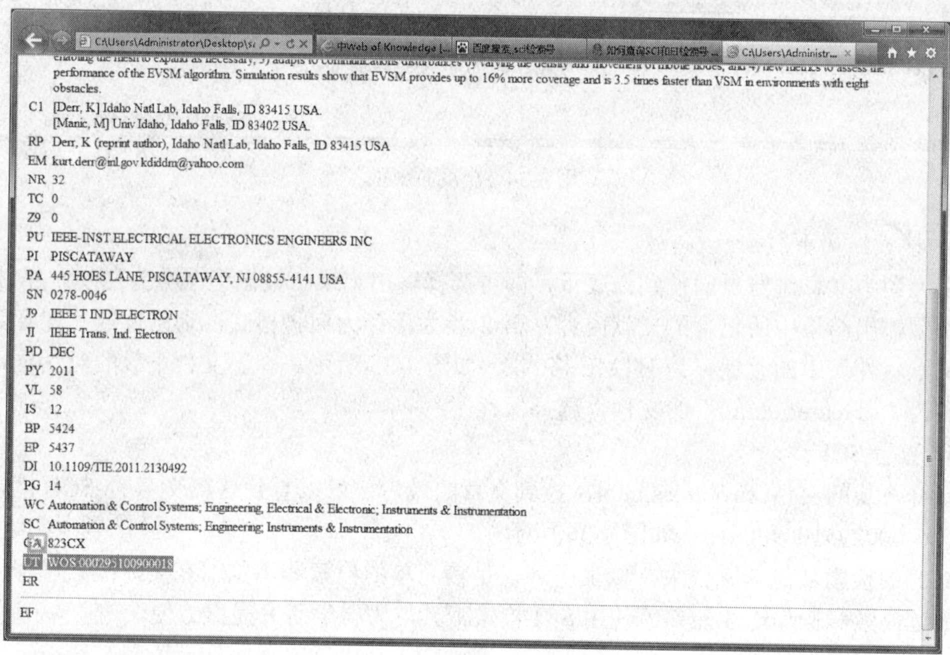

图 4-36　查看 SCI 检索号

1) 进入检索界面

用户在任何引进 ISI Proceedings 数据库的高校校园网内的联网终端上直接联通 ISI Proceedings(http://isiknowledge.com/)，进入 ISTP 数据库。与 SCI 一样，该网页采用 IP 地址控制，不需要账号口令，采用专线传输，不需花费国际流量通信费。如图 4-37 打开了 Web of Science 检索页，在引文数据库选项中选取“Conference Proceedings Citation Index –Science (CPCI-S)—1996—至今”选项。

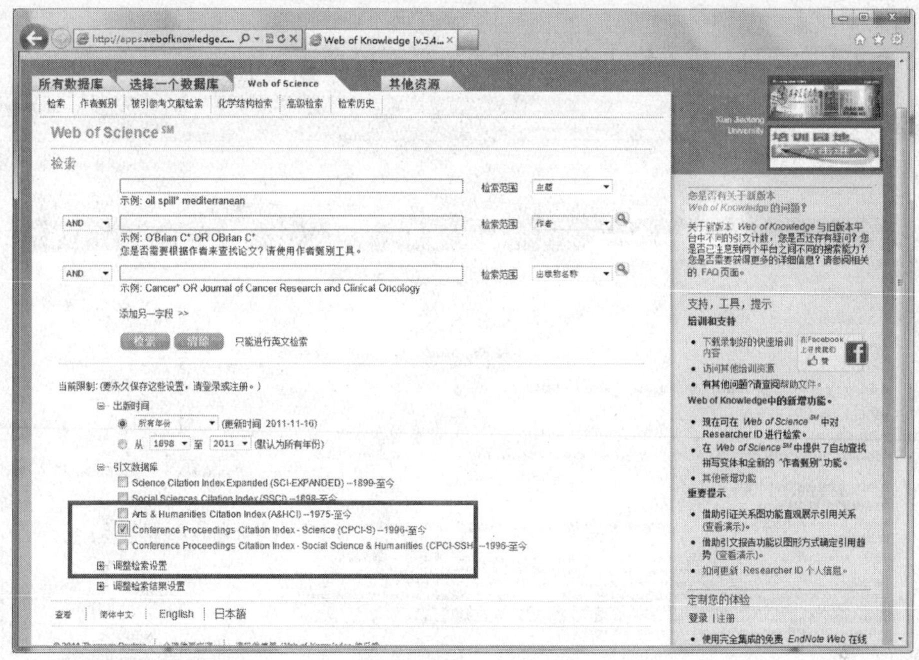

图 4-37 ISTP 检索页

2) ISTP 检索

以 IEEE 举办的 2010 年无线通信和传感计算国际会议(2010 International Conference On Wireless Communication And Sensor Computing，ICWCSC 2010)论文集中发表的一篇论文为例，进行英文论文 ISTP 检索查询。在图 4-37 的 ISTP 检索页中输入论文的作者英文名字 Ye Xia，然后单击检索，检索结果在图 4-38 中，可以看到本英文论文已经被 ISTP 检索了。

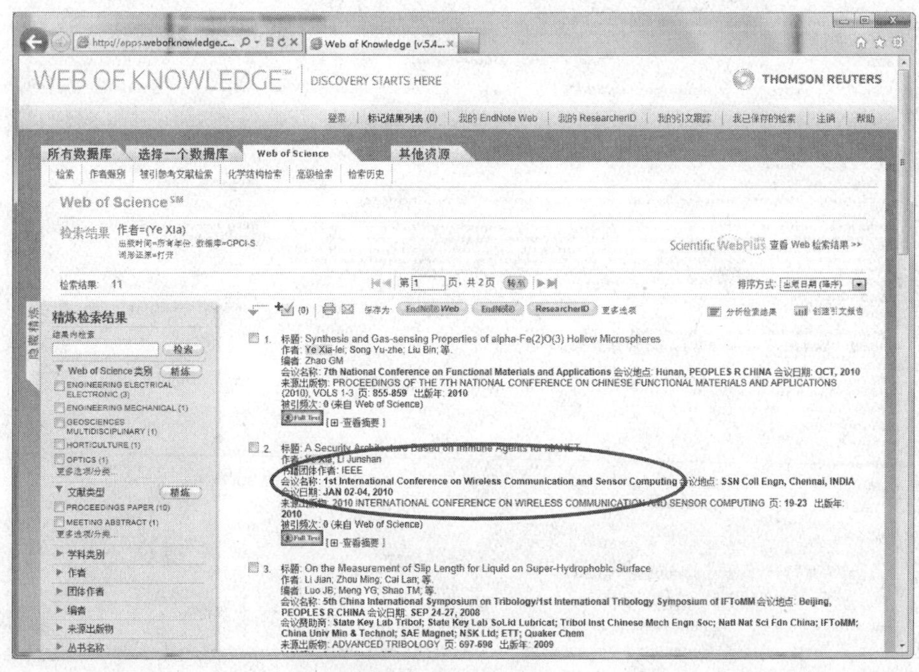

图 4-38 ISTP 检索

3) 浏览记录

单击论文英文题目，进入论文检索明细，如图 4-39 所示。

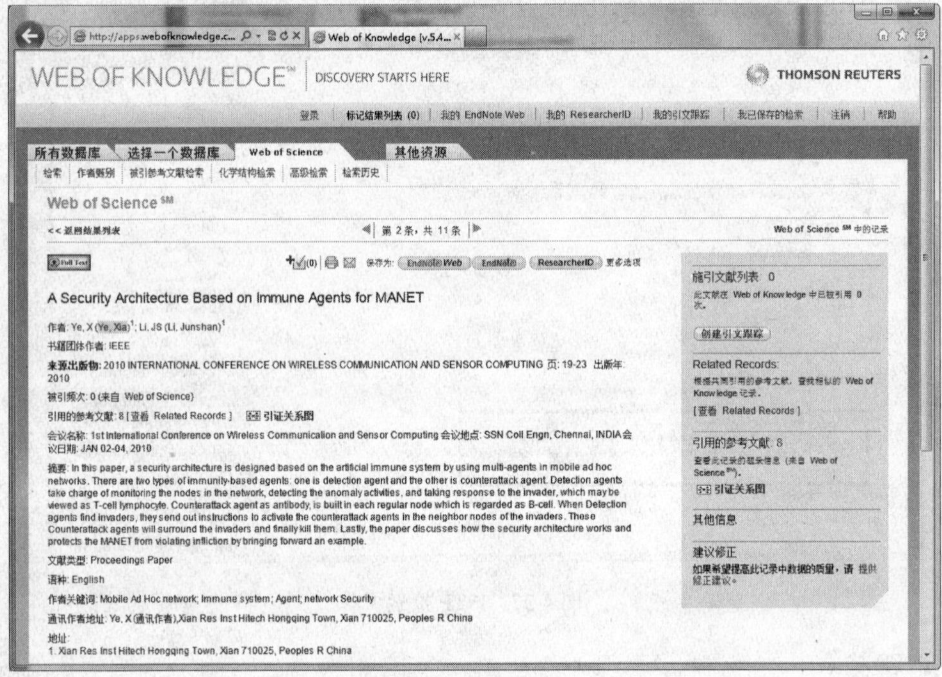

图 4-39 浏览记录

4) 保存查看

将本页面拉到最下面，在第 2 步处，选择保存为 HTML 格式，然后单击保存(建议左手按住 Ctrl 键，然后单击保存)，如图 4-40 所示。

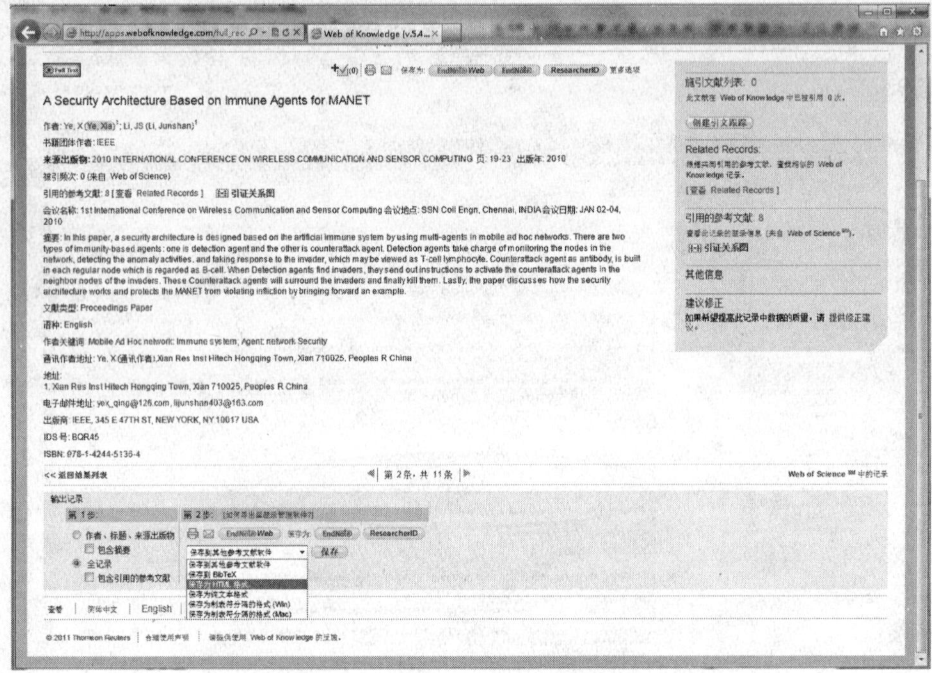

图 4-40 保存为 HTML 格式

弹出文件下载的对话框，下载一个名为“savedrecs.html”的文件，选择保存，如图 4-41 所示。

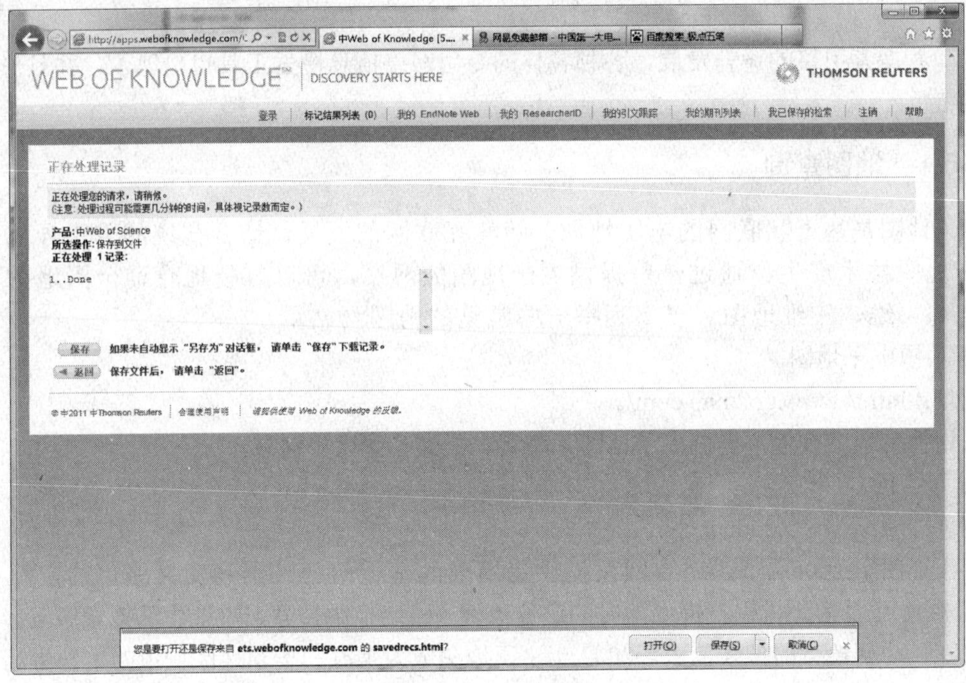

图 4-41　下载文件

打开下载的文件 savedrecs.html，可以看到这篇文章的检索号：UT WOS:000281629500004，如图 4-42 所示。

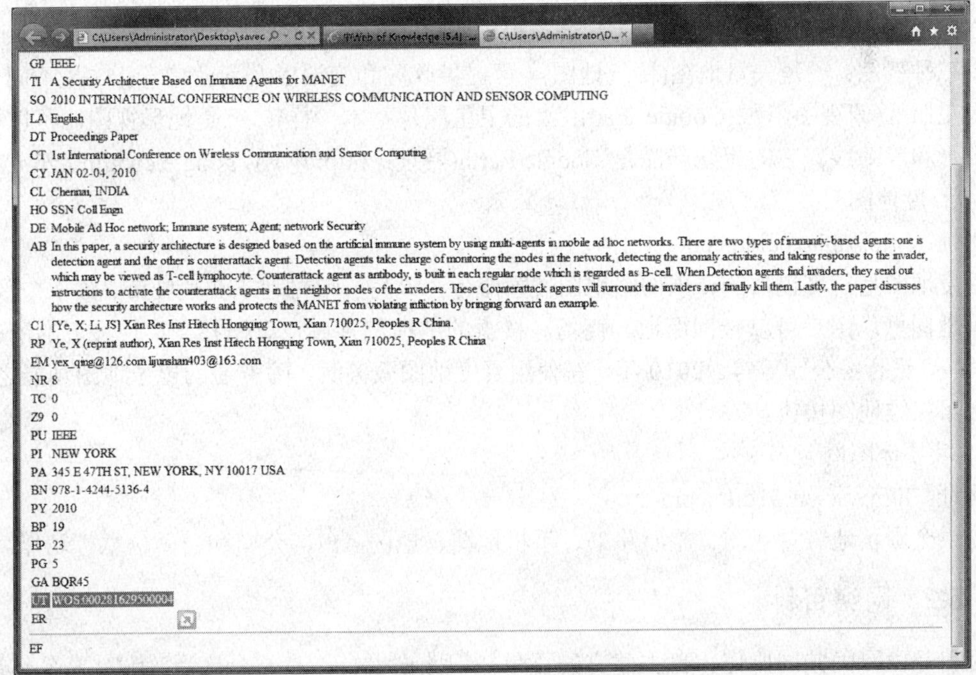
GP IEEE
TI A Security Architecture Based on Immune Agents for MANET
SO 2010 INTERNATIONAL CONFERENCE ON WIRELESS COMMUNICATION AND SENSOR COMPUTING
LA English
DT Proceedings Paper
CT 1st International Conference on Wireless Communication and Sensor Computing
CY JAN 02-04, 2010
CL Chennai, INDIA
HO SSN Coll Engn
DE Mobile Ad Hoc network; Immune system; Agent; network Security
AB In this paper, a security architecture is designed based on the artificial immune system by using multi-agents in mobile ad hoc networks. There are two types of immunity-based agents: one is detection agent and the other is counterattack agent. Detection agents take charge of monitoring the nodes in the network, detecting the anomaly activities, and taking response to the invader, which may be viewed as T-cell lymphocyte. Counterattack agent as antibody, is built in each regular node which is regarded as B-cell. When Detection agents find invaders, they send out instructions to activate the counterattack agents in the neighbor nodes of the invaders. These Counterattack agents will surround the invaders and finally kill them. Lastly, the paper discusses how the security architecture works and protects the MANET from violating infliction by bringing forward an example.
C1 [Ye, X; Li, JS] Xian Res Inst Hitech Hongqing Town, Xian 710025, Peoples R China.
RP Ye, X (reprint author), Xian Res Inst Hitech Hongqing Town, Xian 710025, Peoples R China
EM yex_qing@126.com lijunshan403@163.com
NR 8
TC 0
Z9 0
PU IEEE
PI NEW YORK
PA 345 E 47TH ST, NEW YORK, NY 10017 USA
BN 978-1-4244-5136-4
PY 2010
BP 19
EP 23
PG 5
GA BQR45
UT WOS:000281629500004
ER

EF

图 4-42　查看 ISTP 检索号

4.5 专用查询工具

伴随着搜索引擎的蓬勃发展，各种各样的专用网络信息检索工具也出现了，并且形成了一定的特色。

4.5.1 地图查询

网上地图是基于互联网的电子地图，随着互联网的发展，结合传统的卫星导航数据和电子地图技术产生。通过一些提供电子地图的网站，可以方便地查询全国地图和世界各地的二维、三维地图。以下列举一些常见的地图网站。

1) 中国电子地图

网址：http://www.go2map.com/。

采用搜狗地图技术，提供电子地图、路书、公交、餐饮等信息。

2) 丁丁网

网址：http://www.ddmap.com/。

丁丁地图于2006年成立，为网友提供更精准的基于门牌号码和交叉路口的定位信息搜索。并且可以为手机用户提供即时的定位查询、路线换乘搜索、本地生活搜索服务，填补了网友在移动环境下的搜索需求。2007年丁丁地图成为上海和华东地区城市的本地生活第一品牌。2008年丁丁地图更名为丁丁网，把自己的服务模式脱离出了“地图”的局限，开始向网友提供更广泛的本地生活信息结合位置搜索服务。

3) Google 地图

网址：http://ditu.google.cn/。

谷歌地图(Google Maps)是 Google 公司提供的电子地图服务，包括局部详细的卫星照片。能提供三种视图：一是矢量地图(传统地图)，可提供政区和交通以及商业信息；二是不同分辨率的卫星照片(俯视图，跟 Google Earth 上的卫星照片基本一样)；三是地形视图，可以用以显示地形和等高线。它的姐妹产品是 Google Earth(网址：http://www.google.com/intl/zh-CN/)。

4) 百度地图

网址：http://map.baidu.com。

百度地图是百度提供的一项网络地图搜索服务，覆盖了国内近400个城市、数千个区县。在百度地图里，用户可以查询街道、商场、楼盘的地理位置，也可以找到离您最近的所有餐馆、学校、银行、公园等等。2010年，在使用百度地图服务时，除普通的电子地图功能之外，新增加了三维地图按钮。

5) 我要地图网

网址：http://www.51ditu.com/。

提供全国各地矢量地图、旅游路书、手机地图、地图 API、公交和自驾信息等功能。

4.5.2 网络百科

百科是由网民共同协作、自主建立的百科知识数据平台，是一个广受欢迎、充分体现了“共建共享”精神的互联网应用功能。以下列举中文最常用的百科网站。

1) 百度百科

网址：http://baike.baidu.com。

全球最大的中文百科全书。百度百科是一部内容开放、自由的网络百科全书，其测试版于 2006 年上线，2008 年发布正式版。百度百科旨在创造一个涵盖各领域知识的中文信息收集平台。百度百科强调用户的参与和奉献精神，充分调动互联网用户的力量，汇聚上亿用户的头脑智慧，积极进行交流和分享。同时，百度百科实现与百度搜索、百度知道的结合，从不同的层次上满足用户对信息的需求。百度百科的全部内容对所有互联网访问用户开放浏览。词条的创建和编辑只能由注册并登录百度网站的百度用户参与，用户不可匿名编写词条。

2) 维基百科

网址：http://zh.wikipedia.org/。

维基百科开始于 2001 年。维基百科(Wikipedia)是一个自由、免费、内容开放的百科全书协作计划，参与者来自世界各地。维基百科是一个基于 wiki 技术的多语言百科全书协作计划，任何人都可以编辑维基百科中的任何文章及条目，是一个动态的、可自由访问和编辑的全球知识体。

3) 互动百科

网址：http://www.hudong.com。

互动百科，原称互动维客，是由潘海东博士在 2005 年创建的商业中文百科网站，隶属于互动在线(北京)科技有限公司。互动百科致力于为数亿中文用户免费提供海量、全面、及时的百科信息，并通过全新的维基平台不断改善用户对信息的创作、获取和共享方式。

4) 搜搜百科

网址：http://baike.soso.com/。

搜搜百科是腾讯旗下知识百科，提供百科服务和知识搜索服务。搜搜百科是一部内容开放、自由的网络百科全书，旨在创造一个涵盖所有领域知识、服务所有互联网用户的中文知识性百科全书。

4.5.3 考研信息查询

近几年，随着硕士研究生招收规模的不断扩大，本科生报考硕士研究生的比例与日俱增。教研人数的不断增加，带来了考生对考研信息的迫切需求。掌握大量而全面的考研信息资料对考生来说至关重要，它是考研成功的基础。

网上考研信息网站内容丰富，大致有这些内容：考研信息、院校介绍、科目大纲、书籍介绍、考研问答、考研策略、考研体会、专家辅导、往年试题和 MBA 专题等。下面就介绍几个常见的考研网站。

1) 中国研究生招生信息网

网址：http://yz.chsi.com.cn/。

教育部高校学生主办的网站，栏目有招生信息发布、招生信息发布、招生专业目录、生涯余缺信息和相关站点外国投资，特点是查询和检索功能比较完善，权威性强。

2) 考研教育网

网址：http://www.cnedu.cn/。

考研教育网是北京东大正保科技有限公司倾力打造的品牌网站，为参加全国硕士研究生入学统一考试的考生提供网上辅导课程，同时与招生单位等机构密切合作，为考生及时提供考试相关资讯、人气极高的考研社区。

3) 新浪考研网

网址：http://edu.sina.com.cn/kaoyan/。

新浪考研网是新浪教育旗下的考研中心，包括考研相关的招生、报名信息、考研辅导、考研资讯、考研故事等，提供考研历年真题、免费考研学习资料下载等各项服务。

4) 考研共济网

网址：http://www.kaoyantj.com/。

该网站提供全国主要高校最全的专业考研资料；提供全国各大院校众多专业考研试题、最新招生简章和最新考研动态；介绍全国各大院校专业招生情况；提供历年考研试题库下载；各高校专业设置、师资力量、科研情况、发展方向等信息。

5) 考研网

网址：http://www.kaoyan.com/。

该网站内容集中在考研者关心的问题上，着重为他们提供实用有效的帮助。其中，不仅有考研方面的政策、更新的资料，还有考研感受的交流和各大院校的介绍。同时还提供考研加油站、考研论坛等版块。

6) 文登网

网址：http://www.wendeng.com.cn/。

由陈文灯教授任校长的文登考研网是一所全国有名的考研辅导网络培训学校。提供公共课辅导、高端辅导、专业课辅导、资讯中心等栏目。

除了以上站点外，还有许多其他考研站点的内容也很丰富，这里就不再一一列举了。

4.5.4 多媒体检索

多媒体技术和因特网的发展给人们带来巨大的多媒体信息海洋，并进一步导致了超大型多媒体信息库的产生，光凭关键词是很难做到对多媒体信息的描述和检索的，这就需要有一种针对多媒体的有效的检索方式。

基于内容的信息检索是一种新的检索技术，是对多媒体对象的内容及上下文语义环境进行检索，如对图像中的颜色、纹理，或视频中的场景、片断进行分析和特征提取，并基于这些特征进行相似性匹配。

1) 基于内容的图像检索

QBIC 系统(http://www.qbic.almaden.ibm.com)。由 IBM Almaden 研究中心开发的第一个商用基于内容的图像及视频检索系统，它提供了对静止图像及视频信息基于内容的检索手段，其系统结构及所用技术对后来的视频检索有深远的影响。

VisualSeek 系统(http://www.ctr.columbia.edu/webseek)。美国哥伦比亚大学开发的 VisualSEEK 图像查询系统，该系统的主要特点是用到了图像区域的空间关系查询和直接从压缩数据中提取视觉特征。

EXCALIBUR 技术公司开发的 retrieval ware 系统。

Virage 公司开发的 virage 检索系统能。

由 MIT 的媒体实验室开发研制的 Photobook，图像在存储时按人脸、形状或纹理特性自动分类，图像根据类别通过显著语义特征压缩编码。

2) 基于内容的视频检索

基于内容的视频信息检索是当前多媒体数据库发展的一个重要研究领域，它通过对非结构化的视频数据进行结构化分析和处理，采用视频分割技术，将连续的视频流划分为具有特定语义的视频片段——镜头，作为检索的基本单元；把内容相近的镜头组合起来，逐步缩小检索范围，直至查询到所需的视频数据。

MPEG-7 标准称为“多媒体内容描述接口”，它是一种多媒体内容描述的标准，它定义了描述符、描述语言和描述方案，对多媒体信息进行标准化的描述，实现快速有效的检索。

JJACOB 基于内容的视频检索系统，可进行视频自动发段并从中抽取代表帧，并可按彩色及纹理特征以代表帧描述基于内容的检索。

卡耐基·梅隆大学的 informedia 数字视频图书馆系统，结合语音识别、视频分析和文本检索技术，支持 2000h 的视频广播的检索；实现全内容的、基于知识的查询和检索。

3) 基于内容的音频检索

基于内容的图像检索要提取颜色、纹理、形状等特征，视频检索要提取关键帧特征，同样要实现基于内容的音频检索，必须从音频数据中提取听觉特征信息。音频特征可以分为：听觉感知特征和听觉非感知特征(物理特性)，听觉感知特征包括音量、音调、音强等。

在语音识别方面，IBM 的 Via Voice 已趋于成熟；另外剑桥大学的 VMR 系统；以及卡耐基—梅隆大学的 Informedia 都是很出色的音频处理系统。

在基于内容的音频信息检索方面，美国的 Muscle fish 公司推出了较为完整的原型系统，对音频的检索和分类有较高的准确率。

4.6 网络信息检索策略与技巧

4.6.1 网络信息检索策略

是否能够快速准确地检索出所需要的网络信息，与检索者的信息获取与检索能力和对网络及网络信息的认识相关。具体来说有以下四方面：①用户对信息检索需求的理解和检索策略的制定关系到信息检索的质量；②用户的计算机操作能力及网络相关知识的掌握程度影响着信息检索的效率；③用户对网络信息检索工具的应用熟练程度影响着信息检索的效果；④用户的外语水平影响着信息检索的广度和深度。

1) 检索系统的选择

检索系统选择的依据主要是用户检索需求和系统特性，如果根据自己的经验和他人的推荐已能确定可选的具体系统，则可以进入下一检索步骤。在其他情况下，用户不妨利用集合型检索工具帮助选择合适的检索系统。

2) 检索需求的表述

信息检索需求可能是一段话、一个问题、一条短语等，如“查找关于计算机在教学中的应用的信息，但不要如何进行计算机教育的材料”。将上述检索需求表述为可键入系统搜索框的检索式具体包括以下方面，这一过程又被称为概念分析，它在信息检索中既十分重要又比较复杂。

3) 构成检索式

按照所选系统的具体规定和检索句法(如用双引号表示短语)，采用其他所需的检索技术(如邻近检索、截词检索)，构成检索式。检索表达式由检索词和操作符根据一定的语法规则组合而成；检索词应该是可以用于检索的正式词；操作符包括逻辑操作符、位置操作符、截词操作符、字段操作符等。检索表达式的构造是否能充分反映用户需求决定了检索结果的质量。

4) 检索策略

在系统搜索框内键入已构成的检索式。对如何输入检索式作一定的选择，即检索策略。正确选择检索词，清晰了解要检索的年份、主题词、资源来源等，合理使用逻辑组配。

5) 评估检索结果

对检索所得的结果进行评价，看是否能够满足自己的检索要求，如果已满足检索要求，则利用该检索结果，不再对其他检索过程进行任何处理；否则，再回到以上各个步骤，重新分析检索需求，确定检索范围重新选择检索工具，必要时修改检索词以及检索表达式，重新进行检索。

4.6.2 网络信息检索技巧

掌握常用的检索技巧，就可以减少检索过程中的挫折和增加获取到有用资源的可能性。

1) 选择合适的检索工具

不同的检索工具有不同的特点，只有选择合适的搜索工具才能得到最佳的结果。因此，要熟悉和掌握一些常用的搜索引擎的性能、特点和使用方法。

2) 选择合适的检索词

为了提高检索的精度，应尽量选择专指词、特定概念或非常用词，避免普通词、泛指概念；而当检索结果数量太少，需扩大检索范围时，则要使用同义词、近义词。

3) 单击之前要思考

几乎所有的搜索引擎都提供“对搜索结果按相关性大小排序”的功能，但由于目前的搜索引擎还不具备智能，有时排列第一的结果未必是“最好”的结果。在单击之前，仍然需要通过比较排序位置、网址链接、文字说明等来分析思考决定。一次成功的搜索也经常是由好几次搜索组成的。可先用简单的关键词测试，从搜索结果页面里寻找更多的信息，再设计一个更好的关键词重新搜索。重复几次之后，往往能设计出准确的关键词，从而搜索到满意的结果。

4) 使用多个搜索引擎

要尽可能全面地检索到有关信息，扩大检索范围，可就同一检索提问访问多个数据库，以弥补单个搜索引擎数据库在覆盖面和容量、规模上的限制。另外，使用多个搜索引擎同时进行多窗口检索，可相对缩短等候时间，在一定程度上缓解由于带宽的限制而导致的网络“塞车”、传输速度较慢的情形。

5) 重复检索

网络信息的开放性使检索的结果具有动态性，每一次可能都不一样，要取得较好的检索结果往往需要在一段时间进行若干次检索。

6) 使用专业搜索引擎

在各个领域都有非常专业化的搜索引擎为广大网民提供服务，比如地图搜索引擎、新闻搜索引擎等，专业化的搜索引擎在提供专业信息方面有着大型综合引擎无法比拟的优势。

7) 使用特殊的搜索方法

有许多搜索引擎都提供特色检索功能，如 Google 的图片搜索和集成化的工具条、3721 “网络实名”所具有的智能推测、拼音使用等功能，这些特殊的检索方法使用户在查找相关内容时更加容易。

8) 加快检索速度

在检索上所花费的时间也是一项重要的用户负担，因此提高检索速度、节约网费也是许多用户关心的问题。通常可通过使用收藏夹、脱机浏览、多窗口检索、少传送图片、选择上网时间等方法，加快检索速度。

第 5 章　网络应用新技术

近年来，随着网络应用逐渐升级，催生出很多新的技术，这些技术的发展带来了更丰富的新鲜体验，从方方面面渗透进人类的生活。本章以 Web2.0、云计算、物联网和移动互联网为典型代表，对其进行较为详尽的介绍。

5.1　Web2.0

5.1.1　Web2.0 的基本概念

Web2.0 是相对 Web1.0 的一类新的互联网应用的统称。Web1.0 的主要特点在于用户通过浏览器获取信息。Web2.0 则更注重用户的交互作用，用户既是网站内容的浏览者，也是网站内容的制造者。也就是说，互联网上的每一个用户不再仅仅是互联网的读者，同时也成为互联网的作者；不再仅仅是在互联网上冲浪，同时也成为波浪制造者；在模式上由单纯的“读”向“写”及“共同建设”发展；由被动地接收互联网信息向主动创造互联网信息发展，从而更加人性化。

1. Web2.0 的产生

“Web 2.0”始于 2004 年 3 月 O’Reilly Media 公司和 Media Live 国际公司的一次头脑风暴会议。Tim O’Reiuy 在 2005 年 9 月 30 日发表的《What is Web2.0》一文中概括了 Web2.0 的概念，并给出了描述 Web2.0 的框图——Web2.0 Meme Map。该文成为 Web2.0 的经典文章，他本人也成为 Web2.0 的代表人物。之后，关于 Web2.0 的相关研究与应用迅速发展，Web2.0 的理念与相关技术日益成熟，推动了互联网的变革与应用的创新。

2. Web2.0 的定义

Web2.0 是 2003 年之后互联网的热门概念之一，不过目前对什么是 Web2.0 并没有很严格的界定。常用的定义有以下几种：

1) Tim O’Reilly 的定义

Web2.0 概念的提出者 Tim O’Reilly 认为：Web2.0 的经验是有效利用消费者的自助服务和算法上的数据管理，以便能够将触角延伸至整个互联网，延伸至各个边缘而不仅仅是中心，延伸至长尾而不仅仅是头部。Web2.0 的一个关键原则是：用户越多，服务越好。

2) 列举式定义

Web2.0 是包括博客(Blog)、维基(Wiki)、Rss(Really Simple Syndication)、社会性书签(Social Bookmark)、Tag(大众分类或标签，Folksonomy)、SNS(Social Networking Service)、Ajax 等一系列技术及其应用。

3) 特征式定义

这是维基百科对 Web2.0 的定义：网站不能是封闭的，它必须可以很方便地被其他系统获取或写入数据；用户应该在网站上拥有他们自己的数据；完全地基于 Web，大多数成功的 Web2.0 网站可以几乎完全通过浏览器来使用。

4) 互联网实验室的定义

Web2.0 不单纯是技术或者解决方案，而是一套可执行的理念体系，实践着网络社会化和个性化的理想，使个人成为真正意义的主体，实现互联网生产方式的变革从而解放生产力，这个理念体系在不断发展完善中，并且会越来越清晰。

以上几种定义各有侧重，分别从不同的方面描述了 Web2.0 的内涵，目前常用的被普遍接受的定义是：Web2.0 是一种以博客(Blog)、订阅(RSS)、社会化网络(SNS)、网络百科(Wiki)、标签(Tag)等社会软件的应用为核心，依据长尾效应、六度分隔理论、XML 技术、Ajax 技术等来实现的互联网模式。

5.1.2 Web2.0 的主要特点

图 5-1 阐述了 Web2.0 的基本理念：

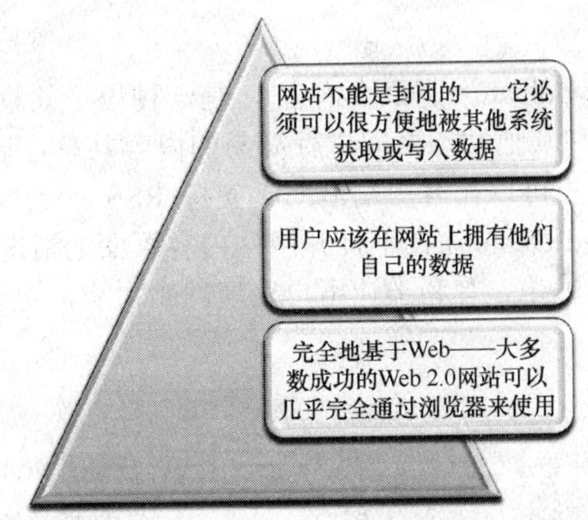

图 5-1 Web2.0 的基本理念

与 Web1.0 相比，Web2.0 具有以下特点：

1. 用户参与网站内容制造

与 Web1.0 网站单项信息发布的模式不同，Web2.0 网站的内容通常是用户发布的，使得用户既是网站内容的浏览者也是网站内容的制造者，这也就意味着 Web2.0 网站为用户提供了更多参与的机会。例如，博客网站(Blog)和网络百科(Wiki)就是典型的用户创造内容的指导思想，而标签(Tag)则将传统网站中的信息分类工作直接交给用户来完成。

2. Web2.0 更加注重交互性

在 Web2.0 环境下，用户不仅可以在发布内容过程中实现与网络服务器之间交互，而且也可以实现同一网站不同用户之间的交互，以及不同网站之间信息的交互。

3. 符合 Web 标准的网站设计

Web 标准是目前国际上正在推广的网站标准，通常所说的 Web 标准一般是指网站建设采用基于 XHTML 语言的网站设计语言，实际上，Web 标准并不是某一标准，而是一系列标准的集合。Web 标准中典型的应用模式是“CSS+XHTML”，摒弃了 HTML4.0 中的表格定位方式，其优点之一是网站设计代码规范，并且减少了大量代码，减少网络带宽资源浪费，加快了网站访问速度。更重要的一点是，符合 Web 标准的网站对于用户和搜索引擎更加友好。

4. Web2.0 网站与 Web1.0 没有绝对的界限

Web2.0 技术可以成为 Web1.0 网站的工具，一些在 Web2.0 概念之前诞生的网站本身也具有 Web2.0 特性，例如，B2B 电子商务网站的免费信息发布和网络社区类网站的内容也来源于用户。

5. Web2.0 的核心不是技术而在于指导思想

Web2.0 有一些典型的技术，但技术是为了达到某种目的所采取的手段。Web2.0 技术本身不是 Web2.0 网站的核心，重要的在于典型的 Web2.0 技术体现了具有 Web2.0 特征的应用模式。因此，与其说 Web2.0 是互联网技术的创新，不如说是互联网应用指导思想的革命。

总而言之，Web2.0 使网络不再停留在传递信息的媒体这样一个角色上，而是使它成为一种在新型社会的方向上可以走得更远。这个社会不再是一种“拟态社会”，而是成为与现实生活相互交融的一部分。在 Web2.0 时代，信息是由每个人贡献的，Web2.0 的灵魂是人。

5.1.3 Web2.0 的常用技术

1. RSS

RSS(Really Simple Syndication，聚合内容)，是一种用于共享 Web 内容的数据交换规范。站点可以用 RSS 来和其他站点之间进行简易的内容共享。通常被用于新闻和其他按顺序排列的网站，网络用户可以在客户端借助于支持 RSS 的新闻聚合工具软件(如 Sharp Reader, News Crawler, Feed Demon),在不打开网站内容页面的情况下阅读支持 RSS 输出的网站内容。网站提供 RSS 输出，有利于让用户发现网站内容的更新。图 5-2 给出的是一种常见的 RSS 订阅目录。

投资	
RSS 财经报道	RSS 对冲基金
RSS 投资资讯	RSS 私募投资
RSS 公司新闻	RSS 政策信息
RSS 市场报道	RSS 地产资讯
RSS 股票	RSS 科技资讯
RSS 基金	RSS 医药健康
RSS 债券	RSS 汽车交通
RSS 外汇	RSS 金融服务
RSS 产业	RSS 美国市场
RSS 宏观经济	RSS 欧洲市场
RSS 商品期货	RSS 日本市场
RSS 期货期权	RSS 英国市场
RSS 兼并收购	RSS 香港市场
RSS 新股公告	RSS 东南亚市场
RSS 热门投资资讯	

图 5-2　路透新闻网的 RSS 订阅目录

2. Tag

Tag(标签) 是一种新的组织和管理在线信息的方式，也可以说是一种关键词标记，利于搜索查找。但是它也不同于传统的、针对文件本身的关键字检索，而是一种模糊化、智能化的分类。用关键词进行搜索时，只能搜索到文章里面提到了的关键词，但 Tag 却可以将文章中根本没有的关键词作为 Tag 来标记。

基于 Tag 技术，照片、视频等多媒体数字文件都可以打上 Tag 标签进行管理。用户可查看相同 Tag 的内容，由此和他人产生更多的联系，信息不再孤立存在。Tag 标签为传统的分类法提供了发展思路，成为 Web2.0 网站使用率最高的功能模块。Tag 尊重用户个体价值并用高效的方法实现内容的智能呈现，成为 Web2.0 的关键技术。

Tag 交互性好，便于找到共同爱好者，体现了 Web2.0 社会化的思想。Tag 技术实现了业务的社会性，同时体现了群体的力量，使得内容之间的相关性和用户之间的交互性大大增强。

Tag 的随心所欲体现了 Web2.0 平民化的思想。Tag 是一种随心所欲、无所不在的标签，不受分类束缚，操作自然便捷，为内容设置一个或者多个 Tag 标签可以引导读者阅读更多相关文章，有利于信息的知识化转变。

Tag 创建的信息剖面体现 Web2.0 去中心化的思想。Tag 可以快速在一个公共信息空间创建一个信息剖面，智能聚合相关信息。Tag 技术看似简单，但却有很强的信息穿透力，让有价值的信息得以更细致地呈现。

总之，Tag 帮助用户创造内容，带来内容导航与内容组织能力的提升。图 5-3 所示的是一种常见的博客标签。

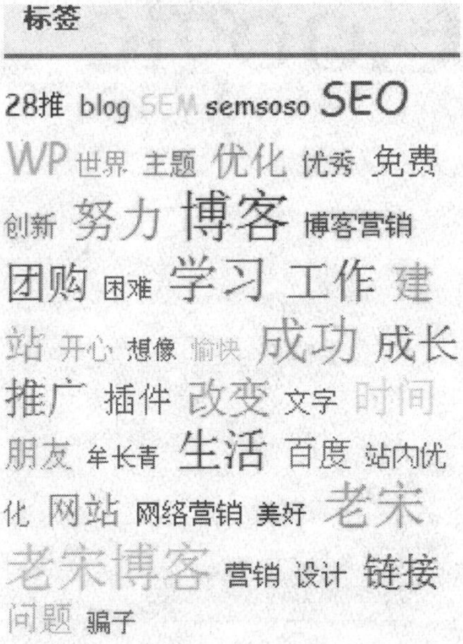

图 5-3　博客标签示例

3. XML 技术

随着网络应用日益丰富多样，HTML 单一文件格式无法适应千变万化的文档和数据，并严重影响网络信息传送和共享，XML 应运而生。

XML(Extensible Markup Language，可扩展的标注元语言)技术是 Web services 的核心技

术，是互联网上数据交换的标准。目前互联网上的数据，包括公用的业务数据(如天气数据等)、企业级私有数据，甚至自行开发软件的接口数据，都可以采用 XML 格式来交换。XML 使互联网上存在的数据成为可共享的、可读取的、可重用的数据，使互联网成为数据可利用的开放平台。

XML 使互联网上存在的数据成为可共享的、可读取的、可重用的数据。在 Web2.0 中，用 XML 作为数据标准，可以实现基于 RSS/ATOM/RDF/FOAF 等数据的同步、聚合和迁移。XML 使互联网成为数据可利用的开放平台。通过对 XML 数据的处理，这些内容能被自由组合，被各种应用程序，不论是 Web 程序还是桌面程序等呈现和处理。在 Web service 技术中，也使用 XML 作为数据交互传递的工具，极大地促进了数据的开放共享。

4. Ajax 技术

Ajax(Asynchronous JavaScript+XML)，即基于 XML 的异步 JavaScript，它并不是一项全新的技术，而只是将已有的几项技术结合在一起，产生新的应用。

Ajax 是一种异步交互技术，提升了业务的用户体验。主要解决传统的客户机/服务器(C/S)模式下用户发起请求后页面响应速度慢，造成网络传输带宽和服务器压力大的问题。Ajax 使用 XML Http Resquest 对象发送请求并得到服务器响应，在不重新载入整个页面的情况下用 JavaScript 操作文档对象模型(DOM)最终更新页面。

Ajax 可以为网页带来丰富的效果，例如常见的搜索引擎中的搜索框提示就是 Ajax 技术的应用之一。图 5-4 给出了谷歌搜索引擎的搜索框提示示例。

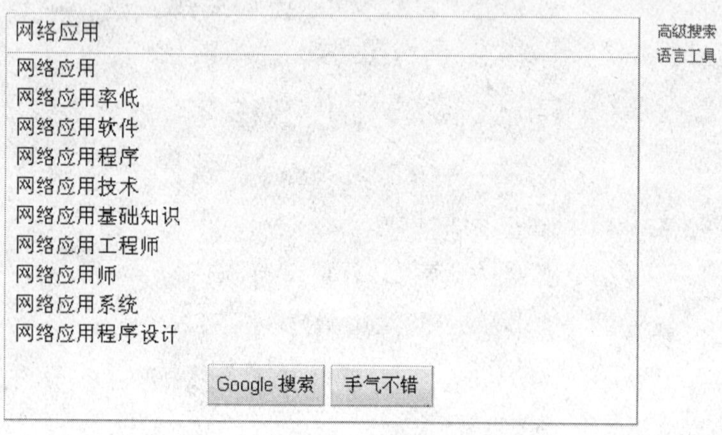

图 5-4　搜索框提示

5.1.4　Web2.0 的典型应用

典型的 Web2.0 应用主要有博客(Blog)、网络百科(Wiki)、社会化网络服务(SNS)和点对点(P2P)下载等。

1. 博客(Blog)

Web 2.0 时代一项最受追捧的特性就是博客的兴起。博客的全名是 Web log 后来缩写为 Blog。博客又译为网络日志、部落格或部落阁等，是一种通常由个人管理、不定期张贴新的文章的网站。博客上的文章通常根据张贴时间，以倒序方式由新到旧排列。许多博客专注在特定的课题上提供评论或新闻，其他则被作为比较个人的日记。一个典型的博客结合了文字、图像、其他博客或网站的链接、其他与主题相关的媒体。能够让读者以互动的方式留下意见，是许多博客的重要要素。大部分的博客内容以文字为主，但仍有一些博客专注在艺术、摄影、视频、音乐、播客等各种主题。博客是社会媒体网络的一部分。常见的博客有新浪博客等，如图 5-5 所示。

图 5-5 新浪博客首页

随着网络技术的发展，另一种博客形式“微博客”也在悄然兴起。微博客(Micro Blog)简称微博，是一个基于用户关系的信息分享、传播以及获取平台，用户可以通过 WEB、WAP 以及各种客户端组件个人社区，以 140 字左右的文字更新信息，并实现即时分享。最早也是最著名的微博是美国的 twitter。2009 年 8 月，中国最大的门户网站新浪网推出“新浪微博”内测版，成为门户网站中第一家提供微博服务的网站，微博正式进入中文上网主流人群视野。目前用户量最大的微博是新浪微博，如图 5-6 所示。

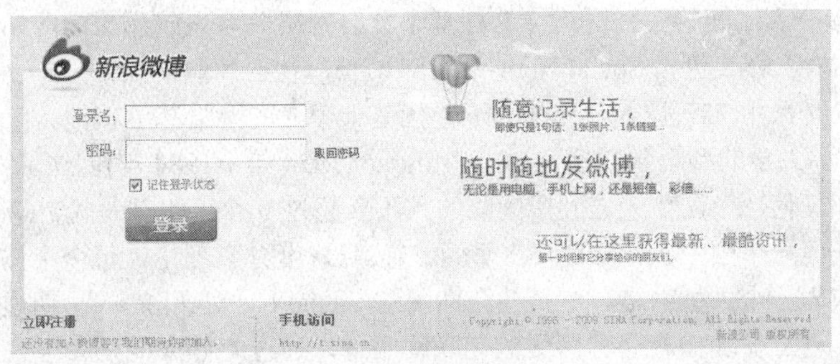

图 5-6 新浪微博首页

2. 网络百科(Wiki)

Wiki 来源于夏威夷语的 Wee kee wee kee，是一种提供“共同创作(collaborative)”环境的网站，也就是说，每个人都可以任意修改网站上的页面资料。

维基百科(Wikipedia，维基媒体基金会的商标)是一个自由、免费、内容开放的百科全书协作计划，参与者来自世界各地。这个站点使用 Wiki，这意味着任何人都可以编辑维基百科中的任何文章及条目。维基百科是一个基于 Wiki 技术的多语言百科全书协作计划，也是一部用不同语言写成的网络百科全书，其目标及宗旨是为全人类提供自由的百科全书——用他们所选择的语言来书写而成的，是一个动态的、可自由访问和编辑的全球知识体，也称“人民的百科全书”。图 5-7 所示是维基百科的首页。

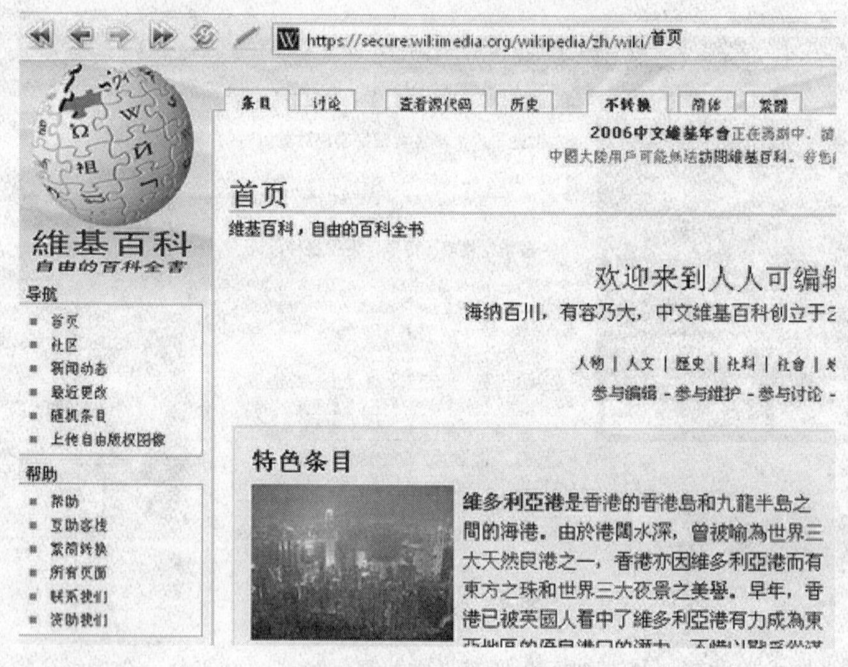

图 5-7　维基百科首页

3. 社会化网络(SNS)

SNS(Social Networking Services，社会化网络服务)，专指旨在帮助人们建立社会性网络的互联网应用服务，也指社会现有已成熟普及的信息载体，如短信 SMS 服务等。SNS 的另一种常用解释：全称 Social Network Site，即“社交网站”或“社交网络”。社会性网络(Social Networking)是指个人之间的关系网络，这种基于社会网络关系系统思想的网站就是社会性网络网站(SNS 网站)。SNS 也指 Social Network Software，社会性网络软件，是一个采用分布式技术，通俗地说是采用 P2P 技术，构建的下一代基于个人的网络基础软件。

1967 年，哈佛大学的心理学教授 Stanley Milgram(1934 年—1984 年)创立了六度分割理论，简单地说，你和任何一个陌生人之间所间隔的人不会超过 6 个，也就是说，最多通过 6 个人你就能够认识任何一个陌生人，如图 5-8 所示。按照六度分割理论，每个个体的社交圈都不断放大，最后成为一个大型网络。这是社会性网络(Social Networking)的早期理解。后来有人根据这种理论，创立了面向社会性网络的互联网服务，通过“熟人的熟人”来进行网络社交拓展，比如 ArtComb，Friendster，Wallop,adoreme 等。但“熟人的熟人”，只是社交拓展的一种方式，而并非社交拓展的全部。因此，现在一般所谓的 SNS，则其含义还远不及“熟人的熟人”这个层面。比如根据相同话题进行凝聚(如贴吧)、根据爱好进行凝聚(如 Fexion 网)、根据学习经历进行凝聚(如 Facebook)、根据周末出游的相同地点进行凝聚等，都被纳入“SNS”的范畴。

图 5-8　六度分割理论

SNS 象征着一种融合，不仅是人与人的融合，也包括人与信息的融合。作为工具的 SNS 正在使互联网与现实世界前所未有地高度交融，不仅创建关系，更构筑应用，而且极大地延伸了人类的世界。SNS 网站的典型代表是 facebook、人人网等一些实名网站，图 5-9 所示是 facebook 的首页。

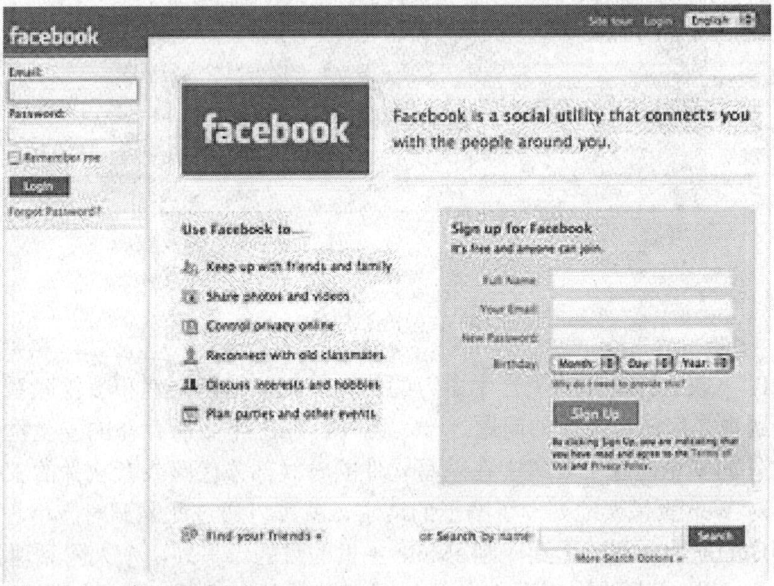

图 5-9　facebook 首页

4. 点对点下载(P2P)

P2P 是英文 Peer-to-Peer(对等)的简称，又称“点对点”。“对等”技术是一种网络新技术，依赖网络中参与者的计算能力和带宽，而不是把依赖都聚集在较少的几台服务器上。P2P 还是英文 Point to Point (点对点)的简称，它是下载术语，意思是在你自己下载的同时，自己的计算机还要继续做主机上传，这种下载方式，人越多速度越快。

常用的 P2P 下载软件主要有 eMule、Thunder 和酷狗等。eMule(电骡)是以 eDonkey2000 网络为基础的新型 P2P 文件分享工具；迅雷是一款智能下载软件，拥有比目前用户常用的下载软件快数倍的下载速度；“KuGoo”是酷狗的简称，是基于中文平台专业的 P2P 音乐及文件传输软件。通过 KuGoo，用户可以方便、快捷、安全地实现国内最大的音乐搜索查找。

说到 P2P，就不能不提 BT(BitTorrent，比特流 BT)，这个被人戏称为“变态”的词几乎在大多数人感觉中与 P2P 成了对等的一组概念，而它也将 P2P 技术发展到了近乎完美的地步。实际上原先是指一个多点下载的 P2P 软件。它不像 FTP 那样只有一个发送源，BT 有多个发送点，当你在下载时，同时也在上传，使大家都处在同步传送的状态。应该说，BT 是当今 P2P 最为成功的一个应用。图 5-10 所示的是一款常用的 BT 下载软件——比特精灵(Bits pirit)。

图 5-10 BT 下载软件 Bitspirit

然而，P2P 下载这种全新的极富生命力的传输方式从一诞生就和版权联系在一起。由此引发的盗版问题也是广泛被关注的问题之一。此外，P2P 下载所存在的安全隐患也是不容忽视的。P2P 软件的安全问题主要集中在编写软件的时候部分代码或者软件的工作原理上，例如 eMule 由于对 Web 页错误地处理了畸形的请求，就可以通过此漏洞对应用程序进行攻击，造成 eMule 程序的崩溃，从而达到控制 eMule 主机的目的。另外，个人隐私泄露也是 P2P 下载带来的另一个问题。问题来自于两个方面:一是开放的共享目录，无论你愿不愿意，使用 P2P 软件用于保存下载的文件夹，都会被自动共享出来以方便其他网友下载，如果你把个人文件也放在这个文件夹，自然也就被共享出来了；二是来自网络管理机构或是软件开发商的扫描和检测，无论是网络管理机构还是 P2P 软件开发商都希望掌握尽可能多的用户信息，通过对 P2P 软件开放端口的扫描是获取信息的最好方法。因此，现在大多数的 P2P 软件是传播病毒和木马的一个主要途径。

5.2 云 计 算

5.2.1 云计算的概念

云计算(Cloud Computing)是一种商业计算模型。它将计算任务分布在大量计算机构成的资源池上，使各种应用系统能够根据需要获取计算力、存储空间和信息服务。图 5-11 给出了云计算的概念模型。

图 5-11　云计算的概念模型

云计算是分布式计算(Distributed Computing)、并行计算(Parallel Computing)和网格计算(Grid Computing)的发展，或者说是这些计算机科学概念的商业实现。它是一种动态的、易扩展的、且通常是通过互联网实现的虚拟化的计算方式。用户不必具有云内部的专业知识，不需要了解云内部的细节，也不直接控制基础设施。

云计算的基本原理是：计算资源分布在网络中大量的计算机上，而非本地计算机或单台集中式远程服务器中，用户通过接入互联网、利用云提供的编程接口、云计算终端软件或者浏览器访问云提供的不同服务，把“云”作为数据存储以及应用服务的中心。

5.2.2 云计算的常见形式

云计算的服务类型通常有以下几种，如图 5-12 所示。

图 5-12 云计算的服务类型

1. SaaS

SaaS 是一种随着互联网技术的发展和应用软件的成熟，在 21 世纪开始兴起的完全创新的软件应用模式。

SaaS 是一种基于互联网提供软件服务的应用模式。其服务模式与传统的销售软件在永久许可证的方式上有很大的不同，它采用软件租赁的形式，这种模式是未来管理软件的发展趋势。

2. PaaS

PaaS 是把服务器平台或开发环境作为一种服务提供的商业模式，实际上是指将软件研发的平台作为一种服务，以 SaaS 的模式提交给用户。因此，PaaS 也是 SaaS 模式的一种应用。但是，PaaS 的出现可以加快 SaaS 的发展，尤其是加快 SaaS 应用的开发速度。

3. IaaS

IaaS 是指基础设施即服务。消费者通过因特网可以从完善的计算机基础设施获得服务。IaaS 为 IT 行业创造虚拟的计算和数据中心，使得其能够把计算单元、存储器、I/O 设备、带宽等计算机基础设施，集中起来成为一个虚拟的资源池来为整个网络提供服务。

5.2.3 云计算的典型应用

1. Amazon 的“云”

Amazon 从 2002 年 7 月开始推出 Amazon Web Services，为互联网应用提供开放式的通用平台。如图 5-13 所示。目前，该平台包含了 Elastic Compute Cloud(EC2)、Elastic Block Store(EBS)、SimpleDB、Simple Storage Service(S3)、CloudFront、Simple Queue Service(SQS)等功能平台，计费、安全、网管等运营支撑平台，以及其他一些商业应用平台。

其中，S3 是 Amazon 推出的最早的云计算服务，提供无限量的文档、照片、音视频和其他数据的存储。该服务被许多软件公司采用为客户提供下载和网络存储服务。截止到 2009 年 3 月，其存储量达到了 520 亿个对象。迄今为止，S3 的详细设计没有公开，其目标是实现高可扩展性、高业务可用性、低时延以及廉价的存储。S3 单个对象不得超过 5GB，配以最大 2KB 的 metadata。每个 AWS 账户可拥有数个 bucket，其中包含分别具有唯一用户指定 Key 的数个对象。支持 REST 类型的 HTTP 接口或者 SOAP 接口进行对象的生成、列表和检索，并支持通过 HTTP GET 接口或者 BT 协议下载对象。

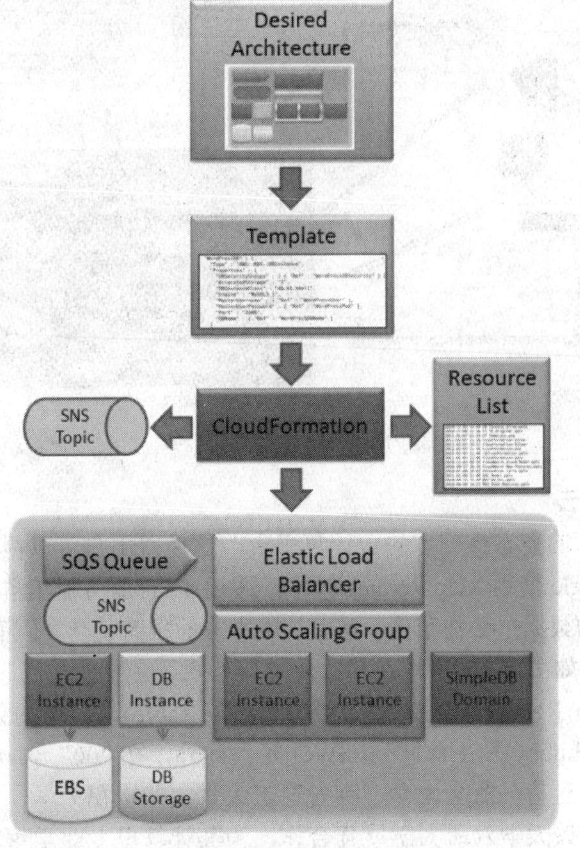

图 5-13 Amazon 的云计算

用户可以租用基于 Xen 的 EC2 云计算平台，利用虚拟化技术建立服务器实例，运行其自身的应用。用户可以随意关停虚拟服务器，并仅对激活的服务器进行付费。用户可以在不同区域建立服务器实例并互为备份，以最小化死机的风险。在 2008 年 8 月，Amazon 又推出了 EBS(Elastic Block Store，弹性块存储)以完善 EC2 的云存储功能。

2. Sun 的“云”

Sun 公司也基于云计算理论提出，未来的数据中心不会再被局限在拥挤而闷热的机房里，而是一个个可移动的集装箱，企业可以把它移动到包括“郊外”在内的各种地方，降低机房的开支。2008 年 5 月，Sun 公司在 2008JavaOne 开发者大会上宣布推出“Hydrazine”计划(参见图 5-14)，基于“Hydrazine”计划，Sun 公司希望利用其核心技术打造一个包含网络环境、数据中心和其他基础设施组件在内的完整解决方案，如 Sun JavaFX 的丰富互联网应用程序技术、Sun 的 Glassfish 应用服务器、Sun 企业服务总线、Sun 目录服务器、MySQL、“廉价存储”和 Sun 的硬件，从而使得开发人员利用 Sun 平台创建托管应用与服务，并且不用到任何其他地方就可以利用这些应用程序和服务赚钱。此外，作为“Hydrazine 计划”的一部分，Sun 公司还推出了“Insight 计划”。这个分析功能可以让开发人员知道谁在使用他们的产品，并利用这个功能注入广告赚钱。

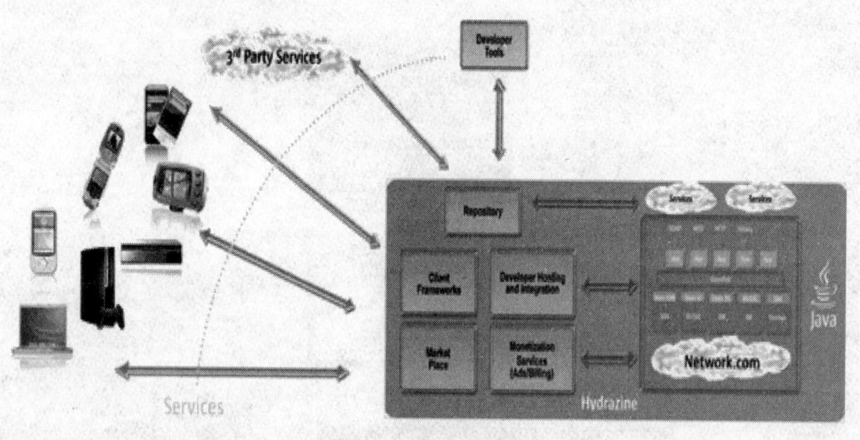

图 5-14　Sun 的云计算

3. Google 的“云”

Google 则以开源的姿态推广它的云计算平台，这使得用户可以得到这个平台的代码并修改它。2006 年，Google 使用 Map Reduce 技术，通过 40 台服务器集群构建了第一个云，如图 5-15 所示。Google 的数据中心在节能、速度、成本方面很有优势，因而 Google 能够以极低的成本增添运算能力。如图 5-15 所示，其云计算架构主要包括集群管理和控制系统(Cluster)、分布式并行计算(Map Reduce)、分布式数据管理(Big Table)、分布式文件存储(GFS)、分布式数据并发访问控制(Chubby)和工作队列(GWQ)等。此外，在 2007 年 10 月，Google 还和 IBM 达成协议，同美国卡耐基—梅隆大学、麻省理工大学、斯坦福大学、加州大学伯克利分校、马里兰州大学和华盛顿大学六所大学展开合作，为其计算机专业学生和研究人员提供硬件、软件和服务支持。Google-IBM 云将会提供由数百台计算机组成的数个集群，这些计算机包括 Google 的定制机器、IBM 的 BladeCenter 和 System X 服务器。

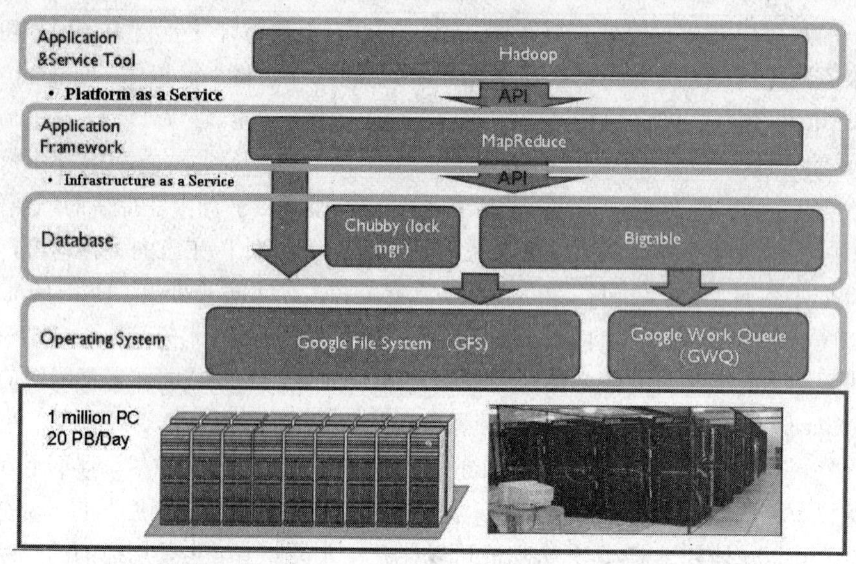

图 5-15　Google 的云计算

4. IBM 的“云”

除了与 Google 合作，为美国高校提供相应云服务，推动云计算的研究，IBM 在 2007 年也推出其云计算计划，即蓝云计划(Blue Cloud)，如图 5-16 所示。它基于由 IBM 软件、系统技术和服务支持的开放标准和开源软件，包括一系列的云计算产品。而且，IBM 还计划将大多数服务器产品都升级为支持蓝云的产品，将蓝云渗透到 IBM 的软件、硬件以及服务之中。

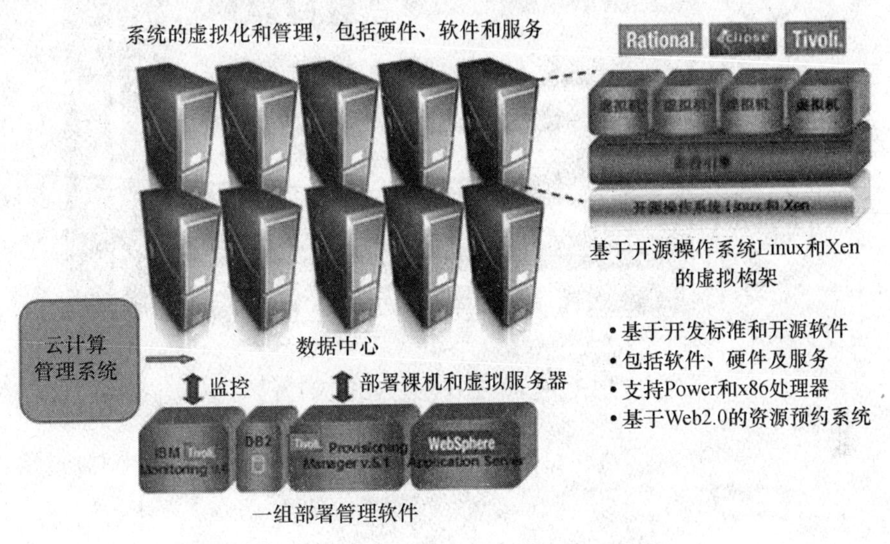

图 5-16　IBM 的云计算

在云计算领域，IBM 有着许多得天独厚的优势，如在其产品线中，应用服务器、存储和管理软件样样具备。此外，IBM 还可以绕开数据从本地转移到互联网过程中的安全问题这一障碍，通过向客户出售云计算方案与终端，为企业建立属于自己的云计算数据中心来发展这一计划。

IBM 已拥有了最为完整的包括硬件、软件与服务的云计算解决方案，来帮助企业客户利用云实现成本与效率的优势。IBM 最新软件产品可管理并确保云计算环境安全；IBM 全球服务部(Global Services)不仅为企业提供可安全测试应用的全新 IBM 云环境，还将通过云为企业提供数据保护方面的软件服务；IBM 与 Juniper Networks 联手合作混合云能力，演示“溢流云(Overflow Cloud)”。

5. 微软的“云”

在 PDC2008 的主题演讲中，微软首席软件架构师 Ray Ozzie 宣布了微软的云计算战略以及云计算平台——Windows Azure(微软的云)。如图 5-17 所示，Windows Azure 提供了一个基于 Windows 的虚拟计算环境和存储，可以把 Windows Azure 理解为云端的操作系统。它的底层是数据中心中数量庞大的 Windows 64 位服务器。Windows Azure 通过底层的结构控制器(Fabric Controller)有效地将这些服务器组织起来，给前端的应用提供计算和存储能力，并保证其可靠性。

在 Windows Azure 之上，Azure Services Platform(云服务平台)提供了很多针对不同用途的服务，如图 5-18 所示。

(1) Live 服务：微软将 Windows Live 的很多功能和资源，通过 Live 服务器封装以后提供给软件厂商和开发人员使用。通过 Live Services，可以存储和管理 Windows Live 用户的信息和联系人，将 Live Mesh 中的文件和应用同步到用户的不同设备上去。

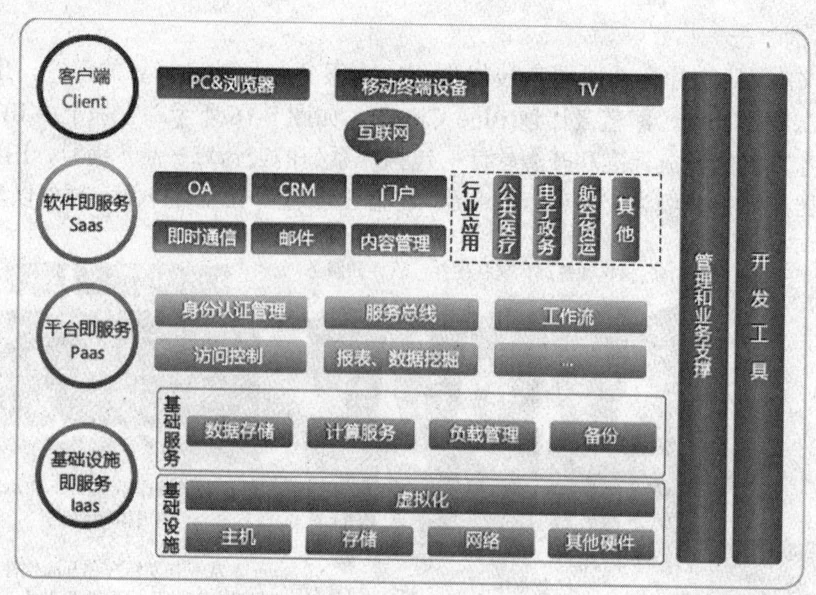

图 5-17 Windows Azure 的云计算

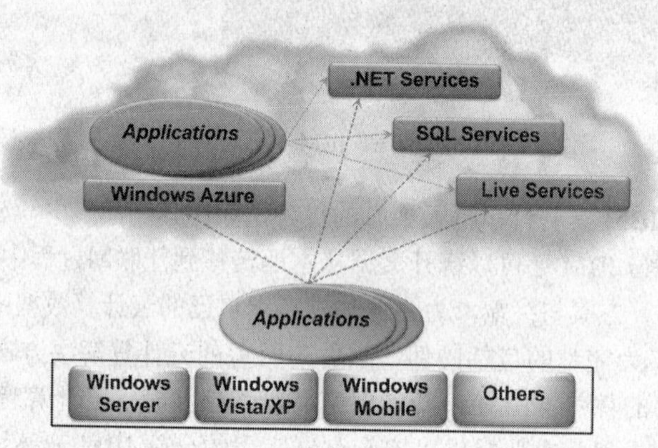

图 5-18 Azure 服务平台

(2) NET 服务：最初被命名为 BizTalk 服务，它提供了一个基础架构，来构建基于 Internet 的分布式应用，初步实现了 Internet 服务总线的一些功能。不仅可以提供给云计算平台使用，同时企业自由的服务器程序也可以使用。.NET Services 由访问控制、服务总线和工作流三个模块组成。

(3) SQL 服务：是一个云计算平台之上的数据库服务。现在，提供了类似于 SQL Server 的数据存储、查询能力。不久的将来，会提供报表、数据分析、数据同步等功能。SQL 服务构建在企业级的 SQL Server 数据库和 Windows 服务器之上。

总体而言，微软、Oracle、IBM、Sun、英特尔等 IT 巨头都面临着云计算的挑战，而 Google 则依靠其搜索引擎后来居上，在此领域一枝独秀。Google 能有与微软等软件巨头竞风流的实力，有如下几个重要的客观理由：

1) 数据是实现云计算的根本

有了“数据”的云，才有计算的云。搜索引擎就是从海量数据中寻找信息的技术。随着信息量的增多，用户的增加，搜索引擎技术只有将更多的硬件和软件组成集群，才能支撑如此规模的计算。这就是云计算的雏形。

全球数以亿计的用户和 Google 的搜索平台形成了这样的关系：用户只需要通过 IE 这种简单的客户端就能享受 Google 提供的搜索服务。这正是“云计算”的软件服务模型，也形成了 Google 现在的商业服务模式。相对而言，微软、Oracle、Sun 等专注于功能软件的研发，这些功能软件必须依靠单台 PC 或者服务器，给用户带来了一种复杂和冗余的体验。

2) 应用是云计算得以普及和发展的催化剂

Google 的搜索引擎现在成了每个人都需要的工具，并成为全球最大的搜索引擎平台，拥有全球的用户。谷歌通过运营搜索引擎，能分析出网民最关心什么，最感兴趣的是什么以及这些人的生活范围，这样也更容易推出受关注和喜欢的应用。反观微软、Oracle、Sun 等长期专注于某一功能软件的研发，他们的产品不是在寻找信息、搜索信息，而是用于产生信息、输出电子文档，就人的需要程度而言远远比不上 Google 的搜索平台。

3) 微软、Sun 等云计算技术与 Google 的差别

微软在 1998 年之前就提出了 Windows DNA，即基于 Windows 平台的网络分布式应用体系结构，还在 COM(组件对象模型)上提出了 DCOM，COM+，也就是分布式的组件对象模型。后来微软又提出了.NET，.NET 的思想是扩展服务器和客户端模型为松耦合服务的、丰富的、分布式计算范例；今天的 Live 也是基于这样的一种考虑。由上可见，微软的分布式是一种基于组件之间的分布式，重点在于应用程序之间的协同和调用。与此类似，Sun、IBM 等所谓的“云计算”也与此类似。

微软、Sun、IBM 的云计算之所以局限于应用程序的层次上，主要是因为它们长期依靠这样的商业模式：客户通过购买软件介质安装在 PC 上实现用户端服务，软件功能越强大价值就越高。这让用户体验过程变得复杂、繁琐，也不是软件即服务的简洁模式。因此不论从概念上，还是技术上，他们的云计算与 Google 的云计算存在层次上的差别。

5.3 物联网

5.3.1 物联网的基本概念

物联网是新一代信息技术的重要组成部分。其英文名称是“The Internet of things”。由此，顾名思义，“物联网就是物物相连的互联网”。这有两层含义：①物联网的核心和基础仍然是互联网，是在互联网基础上的延伸和扩展的网络；②其用户端延伸和扩展到了任何物品与物品之间，进行信息交换和通信，如图 5-19 所示。

物联网的概念最早由麻省理工学院的专家于 1999 年提出，随后得到广泛的发展和应用，目前对物联网的定义并无定论，常见的有以下几种定义：

1. MIT 的最初定义

将各种信息传感设备，如射频识别(RFID)装置、红外感应器、全球定位系统、激光扫描器等种种装置与互联网结合起来而形成的一个巨大的网络。其目的是让所有的物品都与网络连接在一起，方便识别和管理。

2. 欧盟的定义

将现有的互联的计算机网络扩展到互联的物品网络。

图 5-19　物联网示意图

3. 国际电信联盟的定义

对于任何人，任何时间，任何地点，都可以将任何物品联系起来。

4. 我国的定义

2010 年，温家宝总理在第十一届人大第三次会议上所作的《政府工作报告》中对物联网的定义：物联网是指通过信息传感设备，按照约定的协议，把任何物品与互联网连接起来，进行信息交换和通信，以实现智能化识别、定位、跟踪、监控和管理的一种网络。它是在互联网基础上延伸和扩展的网络。

图 5-20 给出了物联网的概念模型。

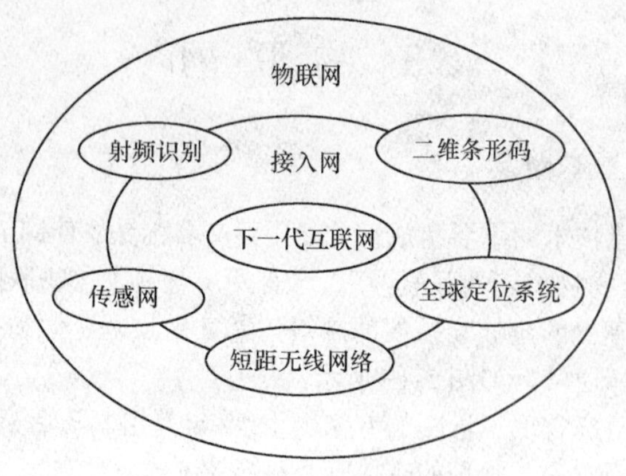

图 5-20　物联网的概念模型

5.3.2　物联网的主要特点

和传统的互联网相比，物联网有其鲜明的特征。

1. 物联网是各种感知技术的广泛应用

物联网上部署了海量的多种类型传感器，每个传感器都是一个信息源，不同类别的传感器所捕获的信息内容和信息格式不同。传感器获得的数据具有实时性，按一定的频率周期性的采集环境信息，不断更新数据。

2. 物联网是建立在互联网上的泛在网络

物联网技术的重要基础和核心仍旧是互联网，通过各种有线网络和无线网络与互联网融合，将物体的信息实时准确地传递出去。在物联网上的传感器定时采集的信息需要通过网络传输，由于其数量极其庞大，形成了海量信息，在传输过程中，为了保障数据的正确性和及时性，必须适应各种异构网络和协议。

3. 物联网的智能性

物联网不仅仅提供了传感器的连接，其本身也具有智能处理的能力，能够对物体实施智能控制。物联网将传感器和智能处理相结合，利用云计算、模式识别等各种智能技术，扩充其应用领域。从传感器获得的海量信息中分析、加工和处理出有意义的数据，以适应不同用户的不同需求，发现新的应用领域和应用模式。

5.3.3 物联网的关键技术

1. 射频识别(RFID)技术

RFID(Radio Frequency IDentification)技术，又称电子标签、无线射频识别，是一种通信技术，可通过无线电讯号识别特定目标并读写相关数据，而无需识别系统与特定目标之间建立机械或光学接触。

RFID 技术是 20 世纪 90 年代开始兴起的一种自动识别技术，利用射频信号通过空间耦合(交变磁场或电磁场)实现无接触信息传递并通过所传递的信息达到识别目的。

RFID 技术的原理是这样的：标签进入磁场后，如果接收到阅读器发出的特殊射频信号，就能凭借感应电流所获得的能量发送出存储在芯片中的产品信息(Passive Tag，无源标签或被动标签)，或者主动发送某一频率的信号(Active Tag，有源标签或主动标签)，阅读器读取信息并解码后，送至中央信息系统进行有关数据处理。RFID 系统组成包括两个核心部分：读写器和电子标签(也称射频卡、应答器)。另外还包括天线、主机等。在具体的应用中，根据不同的应用目的和应用环境，RFID 系统的组成会有所不同，但一般都由信号发射机、信号接收机、发射接收天线等部分组成。图 5-21 给出了射频识别系统的示意图。

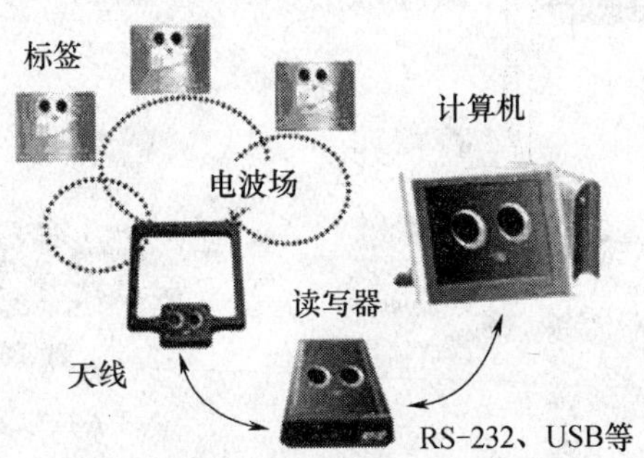

图 5-21 RFID 系统示意图

目前，RFID 技术在物流和供应管理、生产制造和装配、航空行李处理、邮件/快运包裹处理、文档追踪/图书馆管理、动物身份标识、运动计时、门禁控制/电子门票、道路自动收费等方面都有广泛的应用。

RFID 技术的典型应用案例——中国 2010 年上海世博会门票。如图 5-22 所示。

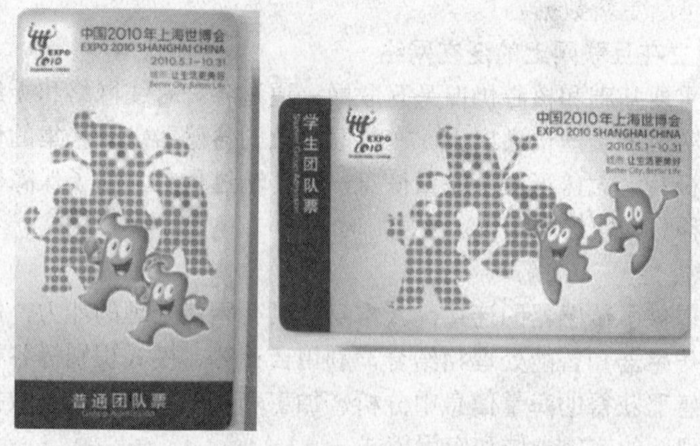

图 5-22　中国 2010 年上海世博会门票

2010 年世博会在上海举办，对主办者、参展者、参观者、志愿者等各类人群有大量的信息服务需求， 包括人流疏导、交通管理、信息查询等，RFID 系统正是满足这些需求的有效手段之一。世博会的主办者关心门票的防伪。参展者比较关心究竟有哪些参观者参观过自己的展台，关心内容和产品是什么以及参观者的个人信息。参观者想迅速获得自己所要的信息，找到所关心的展示内容。而志愿者需要了解全局，去帮助需要帮助的人。这些需求通过 RFID 技术能够轻而易举的实现，如图 5-23 所示。参观者凭借嵌入 RFID 标签的门票入场，并且随身携带。每个展台附近都部署有 RFID 读取器，这样对参展者来说，参观者在展会中走过哪些地方，在哪里驻足时间较长，参观者的基本信息是什么等就了然于胸了，当参观者走近时，可以更精确地提供服务。同时，主办者可以在会展上部署带有 RFID 读取器的多媒体查询终端，参观者可以通过终端知道自己当前的位置及所在展区的信息，还能通过查询终端追踪到走失的同伴信息。

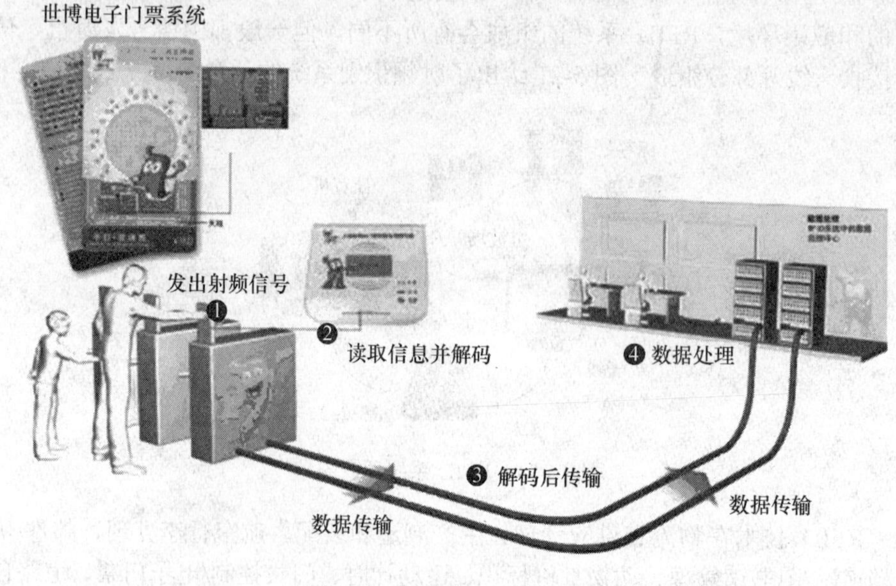

图 5-23　世博电子门票系统

2. 无线传感器网络技术

传感器是各种信息处理系统获取信息的一个重要途径。在物联网中传感器的作用尤为突出，是物联网中获得信息的主要设备。

传感器网络是一种由传感器结点组成的网络，其中每个传感器结点都具有传感器，微处理器，以及通信单元，结点之间通过通信联络组成网络，共同协作来监测各种物理量和事件。如图 5-24 所示。

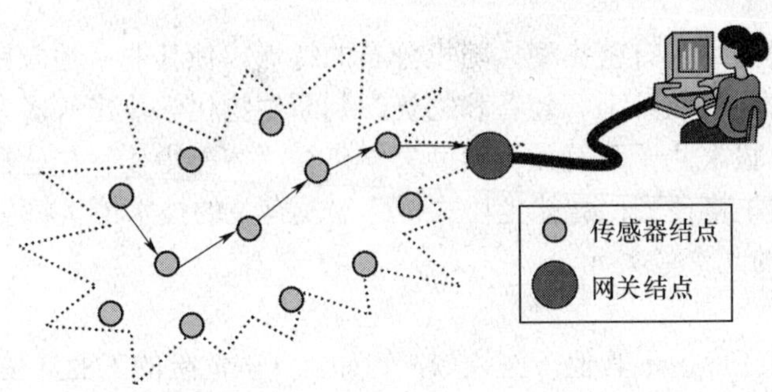

图 5-24　无线传感器网络示意图

目前，已经出现的传感器网络使用各种不同的通信技术，其中又以无线传感器网络(Wireless Sensor Network，WSN)发展最为迅速，被列为 21 世纪最有影响的 21 项技术和改变世界的 10 大技术之一，受到了普遍的重视。

无线传感器网络是一种全新的信息获取平台，能够实时监测和采集网络分布区域内的各种检测对象的信息，并将这些信息发送到网关结点，以实现复杂的指定范围内目标检测与跟踪，具有快速展开、抗毁性强等特点，有着广阔的应用前景。

无线传感器网络所具有的众多类型的传感器，可探测包括地震、电磁、温度、湿度、噪声、光强度、压力、土壤成分、移动物体的大小、速度和方向等周边环境中多种多样的现象。基于 MEMS 的微传感技术和无线联网技术为无线传感器网络赋予了广阔的应用前景。这些潜在的应用领域可以归纳为:军事、航空、反恐、防爆、救灾、环境、医疗、保健、家居、工业、商业等领域。

目前，无线传感器网络的应用主要集中在以下领域。

1) 环境的监测和保护

随着人们对于环境问题的关注程度越来越高，需要采集的环境数据也越来越多，无线传感器网络的出现为随机性的研究数据获取提供了便利，并且还可以避免传统数据收集方式给环境带来的侵入式破坏。比如，英特尔研究实验室研究人员曾经将 32 个小型传感器连入互联网，以读出缅因州“大鸭岛”上的气候，用来评价一种海燕巢的条件。无线传感器网络还可以跟踪候鸟和昆虫的迁移，研究环境变化对农作物的影响，监测海洋、大气和土壤的成分等。此外，它也可以应用在精细农业中，来监测农作物中的害虫、土壤的酸碱度和施肥状况等。

2) 医疗护理

无线传感器网络在医疗研究、护理领域也可以大展身手。罗彻斯特大学的科学家使用无线传感器创建了一个智能医疗房间，使用微尘来测量居住者的重要征兆(血压、脉搏和呼吸)、睡觉姿势以及每天 24h 的活动状况。英特尔公司也推出了无线传感器网络的家庭护理技术，该技术是作为探讨应对老龄化社会的技术项目 CAST(Center for Aging Services Technologies)的一个环节开发的。该系统通过在鞋、家具以家用电器等家中道具和设备中嵌入半导体传感器，帮助老龄人士、阿尔茨海默氏病患者以及残障人士的家庭生活。利用无线通信将各传感器联网可高效传递必要的信息从而方便病人接受护理，而且还可以减轻护理人员的负担。英特尔主管预防性健康保险研究的董事 Eric Dishman 称:“在开发家庭应用护理技术方面，无线传感器网络是非常有前途的领域”。

3) 军事领域

由于无线传感器网络具有密集型、随机分布的特点，使其非常适合应用于恶劣的战场环境中，包括侦察敌情、监控兵力、装备和物资，判断生物化学攻击等多方面用途。美国国防部远景计划研究局已投资几千万美元，帮助大学进行“智能尘埃”传感器技术的研发。哈伯研究公司总裁阿尔门丁格预测：智能尘埃式传感器及有关的技术销售将从 2004 年的 1000 万美元增加到 2010 年的几十亿美元。

4) 其他用途

无线传感器网络还应用于其他一些领域，例如，一些危险的工业环境如井矿、核电厂等，工作人员可以通过它来实施安全监测，也可以用在交通领域作为车辆监控的有力工具。此外还可以应用在工业自动化生产线等诸多领域，Intel 正在对工厂中的一个无线网络进行测试，该网络由 40 台机器上的 210 个传感器组成，这样组成的监控系统将可以大大改善工厂的运作条件。它可以大幅降低检查设备的成本，同时由于可以提前发现问题，因此将能够缩短停机时间，提高效率，并延长设备的使用时间。尽管无线传感器技术目前仍处于初步应用阶段，但已经展示出了非凡的应用价值，相信随着相关技术的发展和推进，一定会得到更大的应用。

5.4 移动互联网

5.4.1 移动互联网的基本概念

移动互联网是一个全国性的、以宽带 IP 为技术核心的，可同时提供话音、传真、数据、图像、多媒体等高品质电信服务的新一代开放的电信基础网络，是国家信息化建设的重要组成部分。简单的说，能让用户在移动中通过移动设备(如手机等移动终端)随时、随地访问因特网，获取信息，进行商务、娱乐等各种网络服务，就是移动因特网。它是将移动通信和互联网这两大技术融合而产生的新的互联网模式。如图 5-25 所示。

移动通信和互联网成为当今世界发展最快、市场潜力最大、前景最诱人的两大业务。它们的增长速度都是任何预测家未曾预料到的。迄今，全球移动用户已超过 15 亿，中国移动通信用户总数超过 3.6 亿。这一历史上从来没有过的高速增长现象反映了随着时代与技术的进步，人类对移动性和信息的需求急剧上升。越来越多的人希望在移动的过程中高速地接入互联网，获取急需的信息，完成想做的事情。所以，现在出现的移动与互联网相结合的趋势是历史的必然。当前移动互联网正逐渐渗透到人们生活、工作的各个领域，短信、铃图音乐、手机游戏、视频应用、商城服务、位置服务等移动互联网应用迅猛发展，正在深刻改变信息时代的社会生活。打个比方，移动互联网目前的状况就好比 1996 年 PC 接入互联网的阶段，很相似，但这次可能面临更大的用户产业。

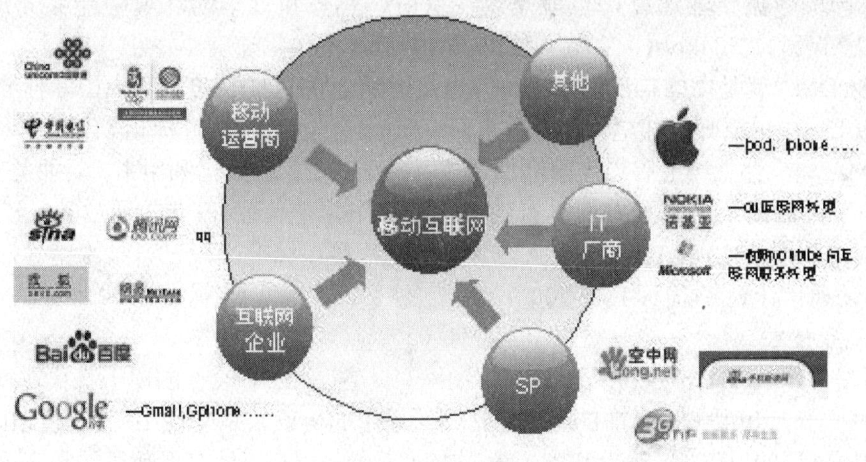

图 5-25　移动互联网的组成

移动互联网为何在中国能得到重视发展？首先是终端在趋向于融合。特别是随着具有操作系统的智能手机的问世，手机跟互联网越来越趋向于融合。第二是网络。由于整个移动通信网络逐步演进，这跟现有的互联网结构也越来越呈现出一种融合趋势。第三是内容和应用趋向于一致。目前互联网的大部分应用在手机上都可以得以实现，同时手机又进一步促进了互联网新业务形式的诞生，如图 5-26 所示。

图 5-26　手机是移动互联网的核心

5.4.2　移动互联网的关键技术

1. 3G 技术

3G(3rd Generation)是指第三代移动通信技术。相对第一代模拟制式手机(1G)和第二代 GSM、TDMA 等数字手机(2G)，第三代手机一般地讲，是指将无线通信与国际互联网等多媒体通信结合的新一代移动通信系统。它能够处理图像、音乐、视频流等多种媒体形式，提供包括网页浏览、电话会议、电子商务等多种信息服务。为了提供这种服务，无线网络必须能够支持不同的数据传输速度，也就是说在室内、室外和行车的环境中能够分别支持至少2Mb/s(兆字节/秒)、384kb/s(千字节 / 秒)以及 144kb/s 的传输速度。

TD-SCDMA 就是中国自己的3G标准，也是国际电联(ITU)认可的三大国际标准之一，1999年 6 月 29 日，中国原邮电部电信科学技术研究院(大唐电信)向 ITU 提出。该标准将智能无线、同步 CDMA 和软件无线电等当今国际领先技术融于其中，在频谱利用率、对业务支持具有灵活性、频率灵活性及成本等方面具有独特优势。国际电信联盟(ITU)在 2000 年 5 月确定W-CDMA、CDMA2000 和 TD-SCDMA 三大主流无线接口标准，写入 3G 技术指导性文件《2000年国际移动通信计划》(简称 IMT-2000)。

2. IPv6 技术

IPv6 是“Internet Protocol version 6”的缩写，它是 IETF 设计的用于替代现行版本 IP 协议 IPv4 的下一代 IP 协议。目前的全球因特网所采用的协议族是 TCP/IP 协议族。IP 是 TCP/IP 协议族中网络层的协议，是 TCP/IP 协议族的核心协议。IPv6 正处在不断发展和完善的过程中，它在不久的将来将取代目前被广泛使用的 IPv4。每个人将拥有更多 IP 地址。

目前我们使用的第二代互联网 IPv4 技术，核心技术属于美国。它的最大问题是网络地址资源有限，从理论上讲，编址 1600 万个网络、40 亿台主机。但采用 A、B、C 三类编址方式后，可用的网络地址和主机地址的数目大打折扣，以至目前的 IP 地址近乎枯竭。其中北美占有 3/4，约 30 亿个，而人口最多的亚洲只有不到 4 亿个，截止到 2010 年 6 月，中国 IPv4 地址数量达到 2.5 亿，落后于 4.2 亿网民的需求。地址不足，严重地制约了我国及其他国家互联网的应用和发展。一方面是地址资源数量的限制，另一方面是随着电子技术及网络技术的发展，计算机网络将进入人们的日常生活，可能身边的每一样东西都需要连入全球因特网。在这样的环境下，IPv6 应运而生。IPv6 所拥有的地址容量是 IPv4 的约 8×10^{28} 倍，达到 2^{128}(算上全零的)个。这不但解决了网络地址资源数量的问题，同时也为除计算机外的设备连入互联网在数量限制上扫清了障碍。但是与 IPv4 一样，IPv6 一样会造成大量的 IP 地址浪费。准确得说，使用 IPv6 的网络并没有 2^{128} 个能充分利用的地址。首先，要实现 IP 地址的自动配置，局域网所使用的子网的前缀必须等于 64，但是很少有一个局域网能容纳 2^{64} 个网络终端；其次，由于 IPv6 的地址分配必须遵循聚类的原则，地址的浪费在所难免。但是，如果说 IPv4 实现的只是人机对话，而 IPv6 则扩展到任意事物之间的对话，它不仅可以为人类服务，还将服务于众多硬件设备，如家用电器、传感器、远程照相机、汽车等，它将是无时不在，无处不在地深入社会每个角落的真正的宽带网。而且它所带来的经济效益将非常巨大。当然，IPv6 并非十全十美、一劳永逸，不可能解决所有问题。IPv6 只能在发展中不断完善，也不可能在一夜之间发生，过渡需要时间和成本，但从长远看，IPv6 有利于互联网的持续和长久发展。目前，国际互联网组织已经决定成立两个专门工作组，制定相应的国际标准。

自从业内有人提出 IPv6 的概念以来，它就是和移动互联网紧紧联系在一起的，诸如诺基亚、爱立信、阿尔卡特、西门子这样的移动通信厂家在推广移动互联网的同时，一刻也没有放弃对于 IPv6 的追求。为什么会出现这种情况呢？专家认为，IPv6 是建设移动互联网的重要基石，它能够使用户在移动状态下以多种接入方式享受移动服务。IPv6 技术将引发一场移动互联网革命，基于 IPv6 的移动互联网带给用户和企业的好处包括：

1) 海量地址空间

这是把 IPv6 推向市场的最主要动力。下一代无线接入和服务的引入估计将使地址需求呈指数级上升，尤其是在欧洲和亚洲。采用 IPv6 后，地球上的每一个人可以拥有 100 万个具有唯一地址和位于不同地方的 IP 设备。有了这样的能力，我们就有了可以为任何数量和品种的设备提供无线接入的可能。这意味着世界上每一个智能 IP 设备将有自己唯一的地址。地址壁垒消失了，使运营商能够提供总是在线的个性化服务，通过无缝连接的移动无线互联网迅速增加收入。IPv6 的海量地址空间可以把目前互联网上使用的临时地址方法变为永久地址。所谓的临时地址方法，是指用户只有在他们联网并分配到 IP 地址后才能上网在线，并且必须通过提取(pull)的过程请求网络把信息和服务送给他们。采用永久地址后，内容提供商可以把根据用户需要专门定制的信息推送(push)给用户。服务方式由提取演进为推送，是多媒体服务进入成熟期的一个标志。这不仅给用户寻找信息与服务带来很大方便，而且还将使运营商能够取得更多的投资回报，进一步刺激网络投资。

2) 移动性

在 IPv6 网中，设备接入网络时通过自动配置可自动获取 IP 地址和必要的参数，实现即插即用，简化了网络管理，便于支持移动结点。IPv4 虽然也允许用户在网络内移动，但效率很低。随着在公路上使用 IP 设备的人越来越多，移动业务量将大大增加，要求路由器不断更新它们的数据库，以便将信息送到用户当前所在地。IPv6 则把数据库更新和分级的选路捆绑在一起，所以工作起来不仅更加有效，而且更加安全，在黑客假装成已经移向新地点的合法用户时，可以防止黑客劫持信息。IPv6 还能保证私密性，使通信结点(用户与之发生互动的人、服务器与设备)无法根据分组地址决定用户的位置。

3) 服务质量

IPv6 利用报头中的流类别和流标记通过路由器的配置可以实现优先级控制和 QoS 保证，网络运营商能更好地控制分组流，使用户可以获得更有保证的服务水平，极大地改善了网络向用户提供高质量服务的能力。因此运营商可以实现优质优价。

效率与最优化 IPv6 增加了提高网络效率的机理，从而使网络的容量更大，可靠性更高，设备与人力成本更低。这些机理包括 IP 地址的自动分配与配置(这将减少为把用户或设备与网络相连所需的消息开销)、支持任何播送方式(这允许把分组送至能处理它们的最佳地点)、报头压缩(这将减少在诸如无线接口等低带宽链路上的消息量)等。

5.4.3 移动互联网的主要应用

移动互联网的主要应用必须具备移动的特点，目前常见的应用有以下几类。

1. 结合 LBS 的应用

LBS (Location Based Service，基于位置的服务)，它是通过电信移动运营商的无线电通信网络(如 GSM 网、CDMA 网)或外部定位方式(如 GPS)获取移动终端用户的位置信息(地理坐标或大地坐标)，在 GIS(Geographic Information System，地理信息系统)平台的支持下，为用户提供相应服务的一种增值业务。

结合 LBS 技术，主要有以下几种移动互联网服务类型。

1) 生活服务类

可以具有 LBS 功能模块，提供基于位置的生活信息；可以有个性化推荐；可以有基于位置的广告；可以有地图导航。这类应用的典型代表有大众点评网、街旁网等等。

图 5-27 给出的是大众点评网手机版的示意图。大众点评网是中国最大的本地搜索和城市消费门户网站，也是国内最典型的 web2.0 网站之一，由国际顶尖风险基金投资。网站覆盖上海、北京、广州等全国 30 多个主要城市，首创并领导了消费者点评模式，以餐饮为切入点，

全面覆盖购物、休闲娱乐、生活服务、活动优惠等城市消费领域。

大众点评网首创并领导的第三方评论模式已成为互联网的一个新热点。在这里，几乎所有的信息都来源于大众，服务于大众。每个人都可以自由发表对商家的评论，好则誉之，差则贬之。每个人都可以向大家分享自己的消费心得，同时分享大家集体的智慧。

2) 移动搜索类

包括周边搜索、图像搜索、二维码搜索、移动问答等，主要应用有谷歌地图查询等。如图 5-28 所示。

图 5-27　大众点评网手机版

图 5-28　谷歌地图查询

谷歌地图(Google Maps)是 Google 公司提供的电子地图服务，包括局部详细的卫星照片。能提供三种视图：一是矢量地图(传统地图)，可提供政区和交通以及商业信息；二是不同分辨率的卫星照片(俯视图，跟 Google Earth 上的卫星照片基本一样)；三是地形视图，可以用以显示地形和等高线。它的姐妹产品是 Google Earth。

3) 移动支付类

包括手机软件支付，手机硬件支付等。

4) 移动社区类

包括基于通信录或基于位置的各种社区，内容可以是心情、图片、视频分享等，主要应用有新浪微博手机版等，如图 5-29 所示。

2. 结合二维码，条形码的应用

这是移动互联网和电子商务结合的产物，可以直接利用手机扫描二维码或条形码，获取相关信息。比较典型的应用如 iphone 上的“我查查”，如图 5-30 所示。

图 5-29 新浪微博手机版

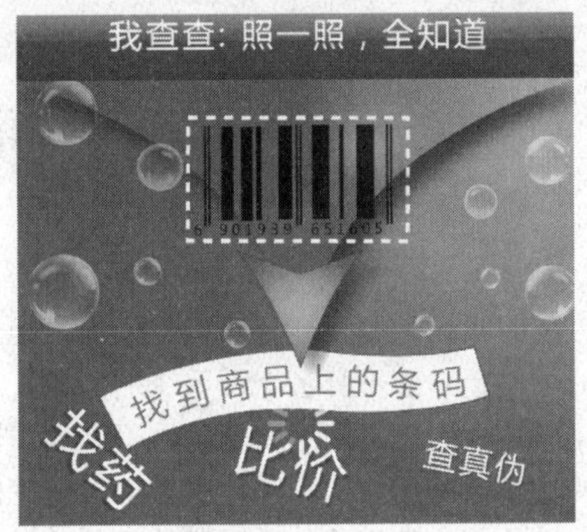

图 5-30 “我查查”

我查查(Wochacha)是一款以条形码来查询商品各类相关信息的生活实用软件。其信息精准、更新及时，是精打细算一族日常购物比较价格的必备软件。“我查查”可以让 iPhone 变身超级条形码识别器。通过“我查查”，在买东西时照一照商品条码，之后该商品相关信息即刻显示在手机屏幕上，包括哪家店有卖、售价多少、店家的电话地址、营业时间、网址等所有信息。

3. 工具类应用

这类应用的定位是解决人们某个时候在某一方面的特定需求的。比如路上想查询天气预报，租房子，路上选了好几家，还是不太满意，想继续找找；开车想找个加油站，停车位；或者交换名片的应用等，这些都是在某些时候可能会偶然用到的，而且不容易被卸载的应用，工具类应用的特点就是有需要才会去用。

4. 平台类型的应用

平台类型的应用如苹果的 App store、Android 市场等。

第 6 章　网络安全与管理

随着应用的普及，计算机和计算机网络的功能越来越强，而系统和软件也越来越复杂。一般网络用户都不具备全面系统的知识，用户不知道漏洞的存在，而攻击者却别有用心地进行了学习，因此，网络安全问题不断地暴露出来，且越演越烈。要改善这一状况，必须先行一步去学习网络安全和管理的知识，正确的网络安全观念并不是一味的购置网络安全产品，更重要的是主动正视安全漏洞的问题，做好预防，并且实时做好漏洞修补的工作，让黑客根本就不得其门而入。

6.1　网络安全基础

6.1.1　网络安全的概念

网络安全(Network Security)是指计算机网络系统的硬件、软件和数据受到保护，不因偶然和恶意的原因而遭到破坏、更改和泄露，系统继续正常运行。

从本质上来讲网络安全就是网络上的信息安全，是对信息的保密性、完整性、可用性和不可抵赖性的保护，包括物理安全、网络系统安全、数据安全、信息内容安全和信息基础设施安全等，这些特性是保障网络信息安全的目标,如图 6-1 所示。

图 6-1　信息与网络安全的目标

(1) 保密性是指信息不运行被非授权访问，即使非授权用户得到信息也无法知晓信息内容，因而不能使用。通常通过访问控制阻止非授权用户获得机密信息，通过加密变换阻止非授权用户获知信息内容。保密性是防止信息泄漏给非授权个人或实体，只允许授权用户访问的特性。

(2) 完整性是指信息在未经合法授权时不运行被改变的特性，是维护信息的一致性，即信息在生成、传输、存储和使用过程中不应发生人为或非人为的非授权篡改。信息的完整性包括两个方面，数据完整性，数据没有被未授权篡改或者损坏；系统完整性，系统未被非法操纵，按既定的目标运行。

(3) 可用性是指信息资源随时可提供服务的能力特性，即授权用户根据需要可以随时访问所需信息。可用性是信息资源服务功能和性能可靠性的度量，涉及到物理、网络、系统、数据、应用和用户等多方面的因素，是对信息网络总体可靠性的要求。

(4) 不可抵赖性也称不可否认性，即在网络信息系统的信息交互过程中所有参与者都不可能否认或抵赖曾经完成的操作特性。

信息安全的概念与技术是随着人们的需求，随着计算机、通信与网络等信息技术的发展而不断发展的。它是一门交叉学科，广义上，信息安全涉及多方面的理论和应用知识，除了数学、通信、计算机等自然科学外，还涉及法律、心理学等社会科学。狭义上，也就是通常说的信息安全，只是从自然科学的角度研究信息安全，总体上可以分成五个层次：安全的密码算法、安全协议、网络安全、系统安全以及应用安全。

网络安全是信息安全学科的重要组成部分。是一门涉及计算机科学、网络技术、通信技术、密码技术、信息安全技术、应用数学、数论、信息论等多种学科的综合性科学。

从用户角度上分类，网络安全分为个人网络安全和企业网络安全。从产品角度上分类，网络安全分为防火墙、反病毒软件、反恶意软件、入侵监测系统及其他。从服务角度上分类，网络安全分为网络安全硬件、网络安全软件和网络安全服务三大类。

要保障网络安全，必须研究网络安全面临的威胁的主要类型、网络攻击的手段、网络安全技术以及信息安全评价标准等方面的内容。

目前常用的网络安全工具包括：防火墙、入侵检测工具、端口扫描工具、系统管理工具、网络嗅探器及其他综合工具。有代表性的工具软件：Nessus、Netcat、Snort、Saint、Ethereal、Whisker、Abacus Portsentry、Dsniff。国内外知名的网络安全站点给研究者提供了一个个交流平台，例如绿盟科技 http://www.nsfocus.net、绿色兵团 http://www.vertarmy.org、网络安全评估中心 http://www.cnns.net、安全焦点 http://www.xfocus.net、网络安全响应中心 http://www.cns911.com 等，以及国外的 http://www.cert.org、http://www.sans.org、http://www.securityfocus.org、http://www.securiteam.org 等。

6.1.2 网络安全的相关法规

美国和日本是计算机网络安全比较完善的国家，一些发展中国家和第三世界国家的计算机网络安全方面的法规还不够完善。

欧洲共同体是一个在欧洲范围内具有较强影响力的政府间组织。为在共同体内正常地进行信息市场运作，该组织在诸多问题上建立了一系列法律，具体包括：竞争(反托拉斯)法；产品责任、商标和广告规定；知识产权保护；保护软件、数据和多媒体产品及在线版权；数据保护；跨境电子贸易；税收；司法问题等。这些法律若与其成员国原有国家法律相矛盾，则必须以共同体的法律为准。

目前，网络安全方面的法规已经写入《中华人民共和国宪法》，1982 年 8 月 23 日，写入《中华人民共和国商标法》，1984 年 3 月 12 日，写入《中华人民共和国专利法》，1988 年 9 月 5 日，写入《中华人民共和国保守国家秘密法》，1993 年 9 月 2 日，写入《中华人民共和国反不正当竞争法》。2005 年 4 月，我国颁布并执行了《中国电子支付签名法》，同时信息产业部发布了《电子认证服务管理办法》，以及央行发布并执行的《电子支付指引和支付清算组织管理办法》已经成为我国网络金融的法律依据。

6.1.3 网络安全的评价标准

1. 美国的网络安全橙皮书

为了加强计算机系统的信息安全，1985 年美国国防部发表了《可信计算机标准评估准则》

(Trusted Computer Standards Evaluation Criteria，TCSEC)，也就是网络安全橙皮书，将安全的级别从低到高分成四个类别(D、C、B 和 A)和 7 个级别(D、C1、C2、B1、B2、B3、A)，见表 6-1 所列。

表 6-1　TCSEC 安全级别

类别	级别	名称	主要特征	功　　能	产品
D	D	低级保护	没有安全保护	系统已经被评估，但不满足 A 到 C 级要求的等级，最低级安全产品	DOS 和 Windows98 等
C	C1	自主安全保护	自主存储控制	该级产品提供一些必须要知道的保护，用户和数据分离	Unix 系统
	C2	受控存储控制	单独的可查性，安全标识	该级产品提供了比 C1 级更细的访问控制，可把注册过程、审计跟踪和资源分配分开	Unix、Novell 3.X 以上、Windows NT、Windows 2000 和 Windows 2003
B	B1	标识的安全保护	强制存取控制，安全标识	除了需要 C2 级的特点外，该级还要求数据标号、目标的强制性访问控制以及正规或非正规的安全模型规范	国防部和国家安全局的计算机系统
	B2	结构化保护	面向安全的体系结构，较好的抗渗透能力	该级保护建立在 B1 级上，具有安全策略的形式描述，更多的自由选择和强制性访问控制措施，验证机制强，并含有隐蔽通道分析。通常，B2 级相对可以防止非法访问	
	B3	安全区域	存取监控、高抗渗透能力	该级覆盖了 B2 级的安全要求，并增加了下述内容：传递所有用户行为，系统防篡改，安全特点完全是健全的和合理的。安全信息之中不含有任何附加代码或信息。系统必须要提供管理支持、审计、备份和恢复方法。通常，B3 级完全能够防止非法访问	
A	A	验证设计	形式化的最高级描述和验证	A1 级与 B3 级的功能完全相同，但 A1 级的安全特点经过了更正式的分析和验证。通常，A1 级只适用于军事计算机系统	

橙皮书也存在不足。TCSEC 是针对孤立计算机系统，特别是小型机和主机系统。假设有一定的物理保障，该标准适合政府和军队，不适合企业，这个模型是静态的。

2. 我国的网络安全评价标准

我国信息安全主管部门有公安部、信息产业部、国家技术标准局等，网络安全与否是由信息安全测评认证体系来评价的，这个体系由三个层次的组织和功能构成：国家信息安全测评认证管理委员会、国家信息安全测评认证中心、若干个产品或信息系统的测评分支机构(实验室，分中心等)。中国国家信息安全测评认证中心 CNISTEC 对外开展 4 种认证业务：产品形式认证，产品认证，信息系统安全认证，信息安全服务认证。

20 世纪 90 年代以来，国内信息安全技术标准陆续颁布，包括《计算机信息系统安全专用产品分类原则》(GA163—1997)，《信息处理系统开放系统互连基本参考模型第二部分安全体系结构》(GB/T9387.2—1995)，《信息处理数据加密实体鉴别机制第一部分：一般模型》(GB

15834.1—1995)，《信息技术设备的安全》(GB 4943—1995)，《计算机信息系统安全保护等级划分准则》(GB17859—1999)等。

国家质量技术监督局批准发布的《计算机信息系统安全保护等级划分准则》将计算机安全保护划分为五个级别。第一级为用户自主保护级，它的安全保护机制使用户具备自主安全保护的能力，保护用户的信息免受非法的读写破坏。第二级为系统审计保护级，除具备第一级所有的安全保护功能外，要求创建和维护访问的审计跟踪记录，使所有的用户对自己行为的合法性负责。第三级为安全标记保护级，除继承前一个级别的安全功能外，还要求以访问对象标记的安全级别限制访问者的访问权限，实现对访问对象的强制保护。第四级为结构化保护级，在继承前面安全级别安全功能的基础上，将安全保护机制划分为关键部分和非关键部分，对关键部分直接控制访问者对访问对象的存取，从而加强系统的抗渗透能力。第五级为访问验证保护级，这一个级别特别增设了访问验证功能，负责仲裁访问者对访问对象的所有访问活动。实际上，国家标准是将 TCSEC 的最低级 D 级和最高级 A1 级取消，余下的分为五级，第三级与 TCSEC 的 B1 级对应。

6.1.4 实验环境配置

网络安全是一门实践性很强的学科，安全法规和接入条件等方面限制了学习者一般不能直接在 Internet 上做实验，自己若构建一个网络做实验又需要较高的成本，但是，个人还是可以通过较少的硬件和软件搭建一个网络安全的实验平台。网络安全实验配置最少应该有两台独立的主机，而且两台主机可以通过以太网进行通信，可以借助一台主机和虚拟主机软件来实现。

1. 安装主机的操作系统并配置网络

准备一台实验主机，因为需要装两套操作系统来模拟两台主机，所以内存应该比较大，例如，安装 Windows 2000 Server，内存应该大于 1GB。

在计算机上安装 Windows 2000 Server，并且打上相关的补丁，设置 IP 地址，如图 6-2 所示。

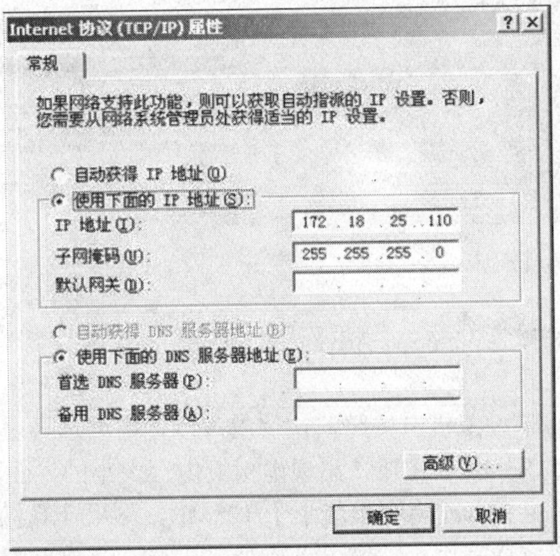

图 6-2 本机的 IP 地址配置

2. 安装 VMware 虚拟机软件，并在虚拟机上安装操作系统

在计算机上安装一个虚拟机软件 VMware。装完虚拟机软件以后，就如同多了一台计算机，这台计算机需要安装操作系统。选择菜单栏“File”→“New”→“New Virtual Machine”。如图 6-3 所示。

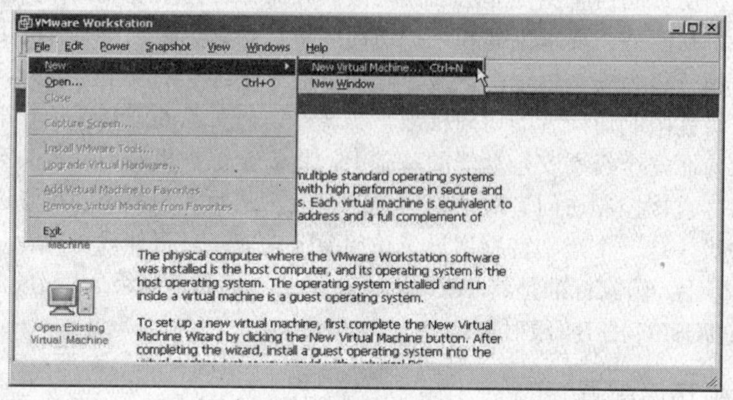

图 6-3　新建虚拟机

出现新建虚拟机向导，这里有许多设置需要说明，不然虚拟机可能无法和外面系统进行通信。单击向导界面的“下一步”按钮，出现安装选项。如图 6-4 所示。

选择“Custom”，单击“下一步”按钮，设置要安装的操作系统类型。如图 6-5 所示。

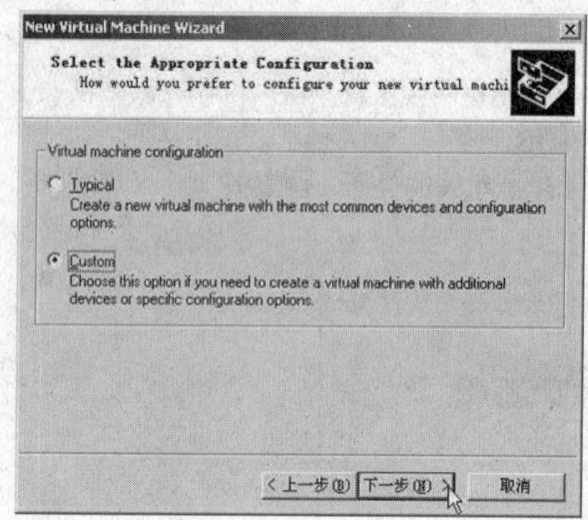

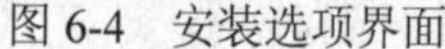
图 6-4　安装选项界面

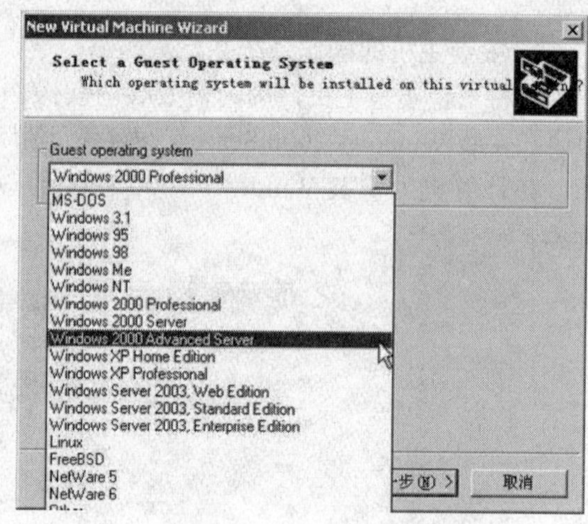

图 6-5　选择安装的操作系统

在操作系统列表中选择“Windows Advanced Server”，单击“下一步”按钮进入安装目标选择界面，如图 6-6 所示。

在安装目录界面，对于虚拟机名按照默认值就可以，需要选择虚拟操作系统安装路径。选择好路径以后，单击“下一步”按钮，出现虚拟机内存大小的界面，如图 6-7 所示。要安装 Windows 2000 Advanced Server 内存不能小于 128MB，如果计算机内存比较大可以分配的多一些，但是不能超过真实内存大小，这里设置为 128MB，单击按钮“下一步”按钮进入网络连接方式选择界面，如图 6-8 所示。

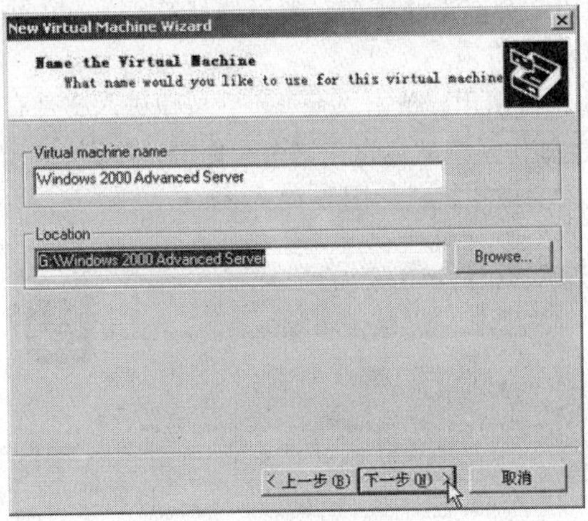

图 6-6　选择安装目录界面

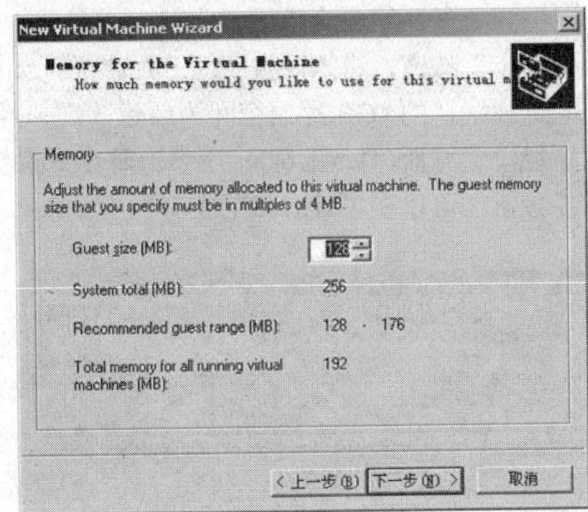

图 6-7　设置虚拟机内存大小

VMware 常用的是两种联网方式，如果选择“Used Bridged networking”，虚拟机操作系统的 IP 地址可设置成与主机操作系统在同一网段，虚拟机相当于网络内的一台独立主机，网络内其他主机可访问虚拟机，虚拟机也可访问网络内其他主机。如果选择“User network address translation(NAT)”，可以实现主机与虚拟机的双向访问，但网络内其他主机不能访问虚拟机，虚拟机可通过主机的 NAT 协议访问网络内其他主机。

一般来说，Bridged 方式最方便好用，这种连接方式使虚拟机就像是一台独立的计算机一样。选择第一种方式使用网桥方式联网。单击“下一步”按钮，出现创建磁盘的选择界面，如图 6-9 所示。

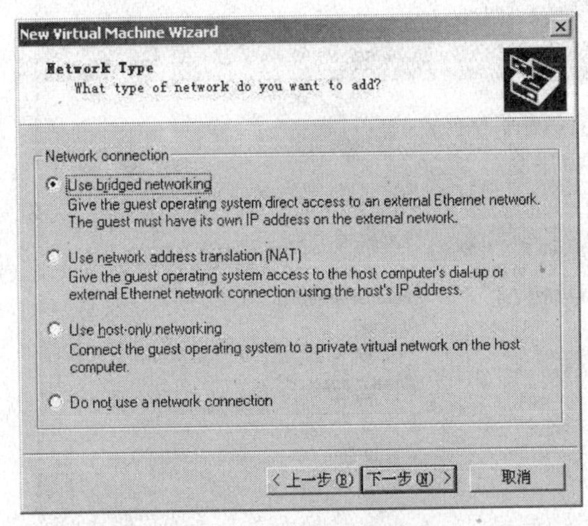

图 6-8　网络连接方式选择界面

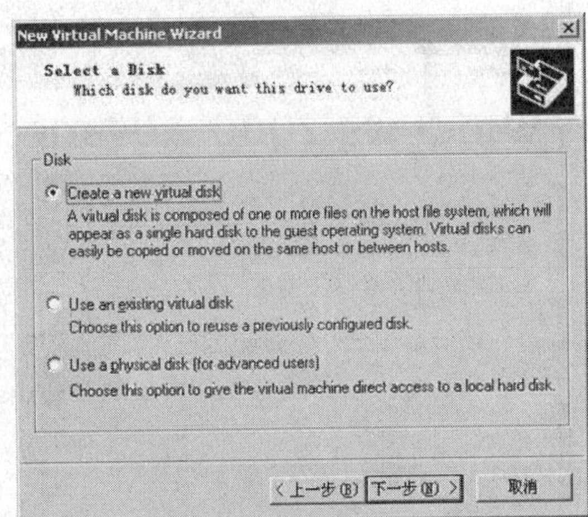

图 6-9　选择安装的磁盘

这时有三种选择，如果选择“Create a new virtual disk”，虚拟机将重新建立一个虚拟盘，该磁盘在实际计算机操作系统上就是一个文件，而且这个文件还可以随意的拷贝。选择“Use an existing virtual disk”，是使用已经建立好的虚拟磁盘。选择“Use a physical disk”，则使用实际的磁盘，这样虚拟机可以方便地和主机进行文件交换，但是虚拟机上的操作系统受到损害的时候会影响外面主机的操作系统。

因为要做网络安全方面的实验，尽量让虚拟机和外面系统隔离，所以选择第一项。单击“下一步”按钮，进入硬盘空间分配界面，如图 6-10 所示。

选择默认的 4GB 存储空间为新建的虚拟操作系统所用。单击“下一步”按钮进入文件存放路径设置界面，如图 6-11 所示。整个虚拟机上操作系统就包含在这个文件中，单击 “完成”按钮，可以在 VMware 的主界面看到刚才配置的虚拟机，如图 6-12 所示。

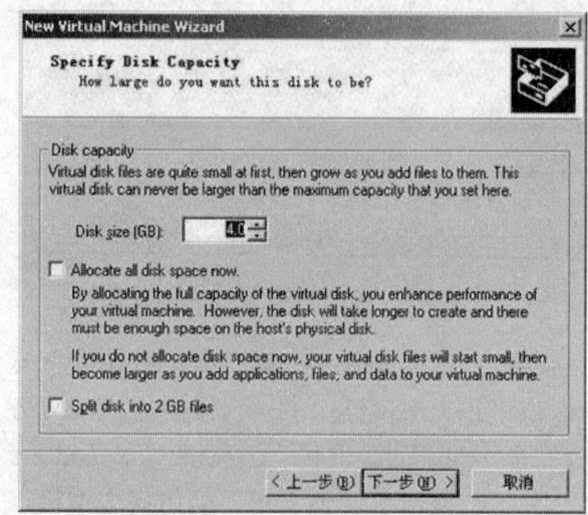

图 6-10　分配磁盘空间

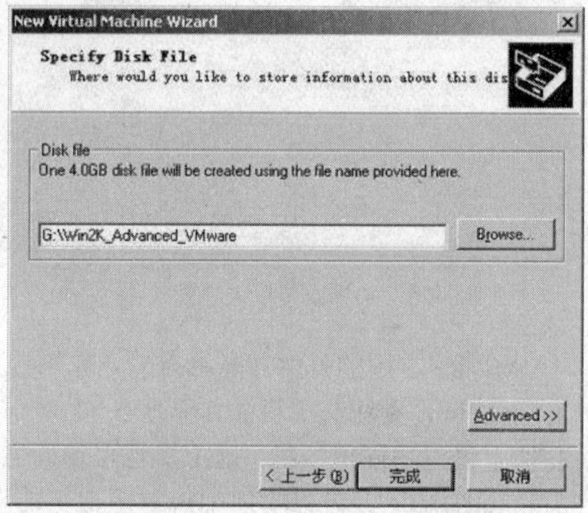

图 6-11　设置路径

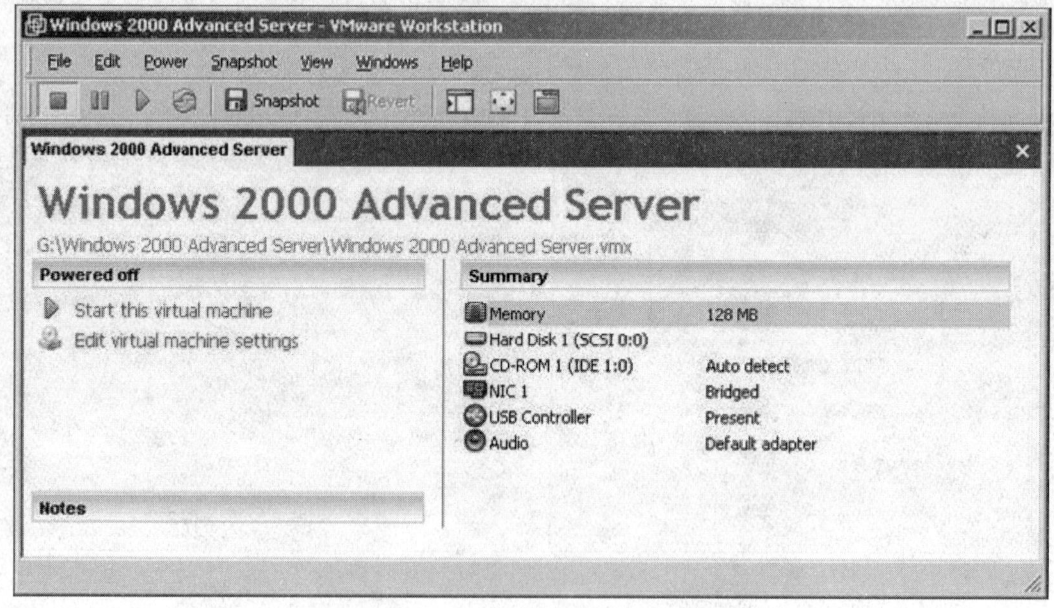

图 6-12　配置好的虚拟机

单击绿色的启动按钮来开启虚拟机，可以看到 VMware 的启动界面，如图 6-13 所示，相当于是一台独立的计算机。启动时，按 F2 功能键可以进入虚拟机 BIOS 设置界面，如图 6-14 所示，设置启动方式为先光驱后硬盘，保存设置。

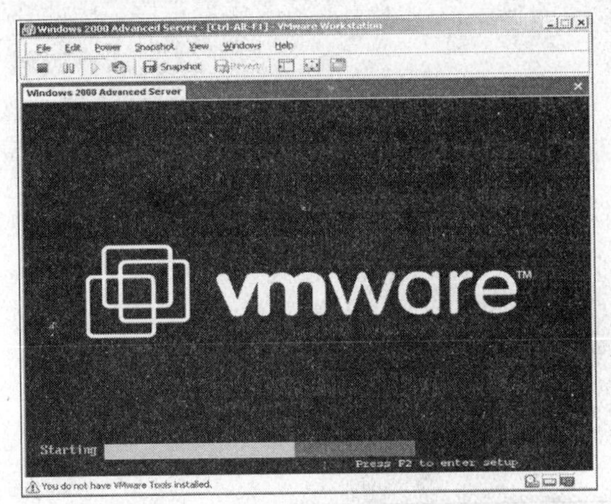

图 6-13　虚拟机启动界面图

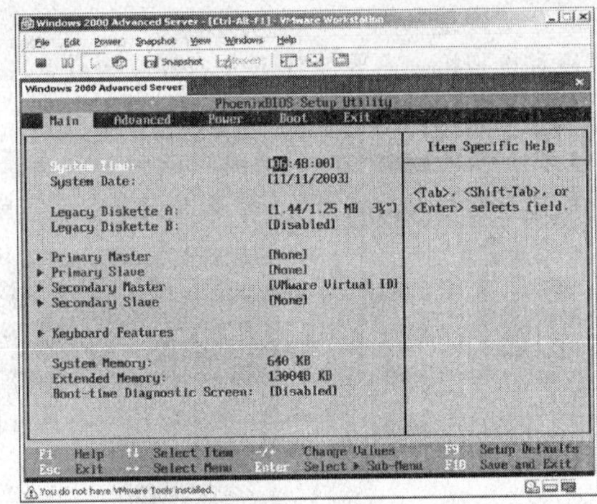

图 6-14　虚拟机 BIOS 设置界面

在光驱中放入 Windows Advanced Server 2000 的安装盘，则与在普通计算机上安装操作系统的步骤完全一样。此处略过操作系统安装过程。

为了配合网络攻击实验，在虚拟上安装没有打过任何补丁的 Windows Advanced Server 2000。安装完毕后，虚拟机开机后如图 6-15 所示。

图 6-15　虚拟机上的操作系统

主机和虚拟主机的两套操作系统安装完毕。启动虚拟机，配置 IP 地址与主机的 IP 地址在同一网段。利用 Ping 指令来测试网络是否连通，如图 6-16 所示。

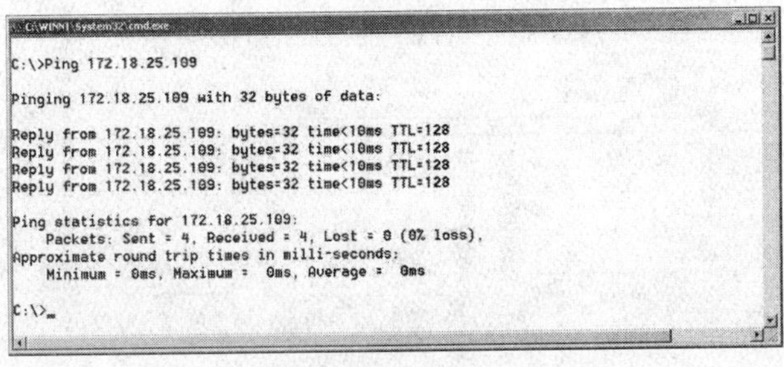

图 6-16　测试主机和虚拟机是否连通

一个虚拟网络环境就构建起来了。由于实验中的很多程序属于木马或病毒程序，因此在主机和虚拟机上不要加载防火墙或反病毒软件。

3. 网络抓包软件 Sniffer

在主机上安装一个工具软件，就可以捕获网络中的协议数据包并加以分析。目前最流行的抓包软件是 Sniffer Pro。安装 Sniffer Pro 程序，按默认选项完成安装，如图 6-17 所示。

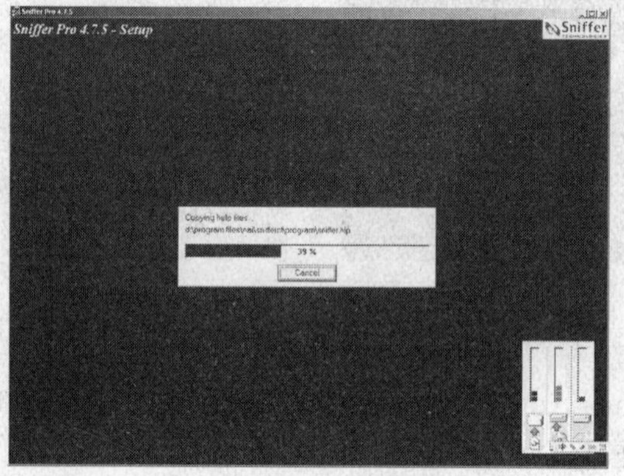

图 6-17　Sniffer 的安装过程

4. 使用 Sniffer 捕获网络数据包

运行 Sniffer 进入主界面，抓包之前必须先设置要捕获的数据包类型。选择菜单“Capture”→“Define Filter”，如图 6-18 所示。

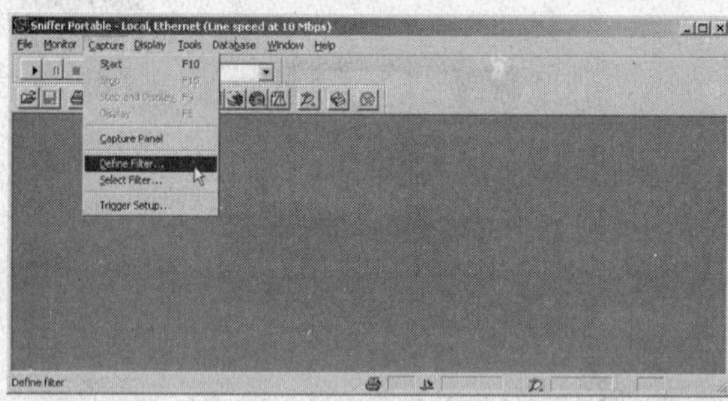

图 6-18　Sniffer 主界面

在出现的“Define Filter”对话框中，选择“Address”选项卡，如图 6-19 所示。

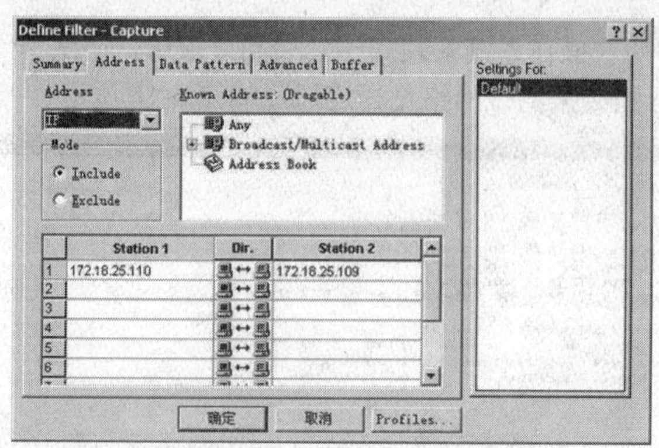

图 6-19　选择抓包的类型和地址

在“Address”下拉列表中，选择包的类型为 IP，在“Station1”下面输入主机的 IP 地址，在“Station2”下面输入虚拟机的 IP 地址。

设置完毕后，单击 Advanced 选项卡，选中 IP 和 ICMP，将 TCP 和 UDP 选中，再把 TCP 下面的 FTP 和 Telnet 两个选项选中，选中 UDP 下面的 DNS，如图 6-20 所示。这样 Sniffer 的抓包过滤器就设置完毕了，后面的实验也采用这样的设置。

Define Filter - Capture
Summary
Address
Data Pattern
Advanced
Buffer
Settings For:
Default
IBM NM
IBM SNA
IEEE802.11
IP
EGP
GGP
HELLO
ICMP
IGMP
Packet Size
All
All sizes
Packet Type
Normal
CRC Error
Jabber
确定
取消
Profiles...

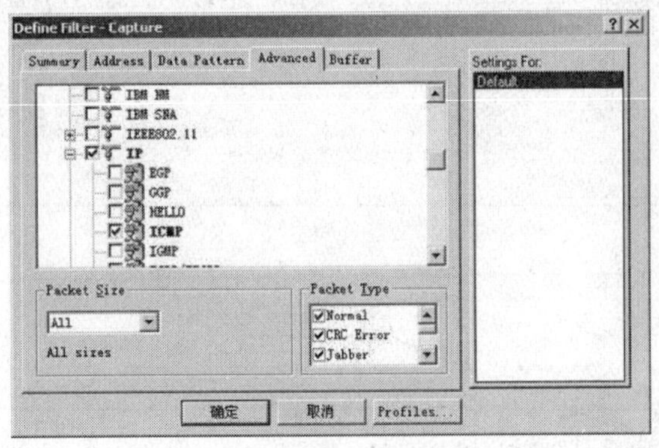

图 6-20　选择 IP 和 ICMP

选择菜单栏“Capture”→“Start”，开始抓包，同时要准备网络通信数据包供 Sniffer 捕获，可以在主机的 DOS 窗口中 Ping 虚拟机，如图 6-21 所示。

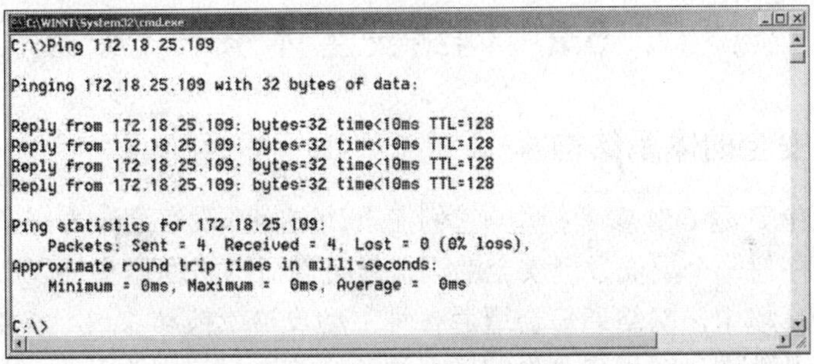

C:\WINNT\System32\cmd.exe
C:\>Ping 172.18.25.109
Pinging 172.18.25.109 with 32 bytes of data:
Reply from 172.18.25.109: bytes=32 time<10ms TTL=128
Reply from 172.18.25.109: bytes=32 time<10ms TTL=128
Reply from 172.18.25.109: bytes=32 time<10ms TTL=128
Reply from 172.18.25.109: bytes=32 time<10ms TTL=128
Ping statistics for 172.18.25.109:
Packets: Sent = 4, Received = 4, Lost = 0 (0% loss),
Approximate round trip times in milli-seconds:
Minimum = 0ms, Maximum = 0ms, Average = 0ms
C:\>

图 6-21　从主机向虚拟机发送数据包

等 Ping 指令执行完毕后，单击 Sniffer 工具栏上的“停止并分析”按钮，如图 6-22 所示。

Sniffer Portable - Local, Ethernet (Line speed at 10 Mbps)
File
Monitor
Capture
Display
Tools
Database
Window
Help
Default
Stop and Display
停止并分析
Expert
Layer
Service
First Time
Duration
Description
Stop and display capture

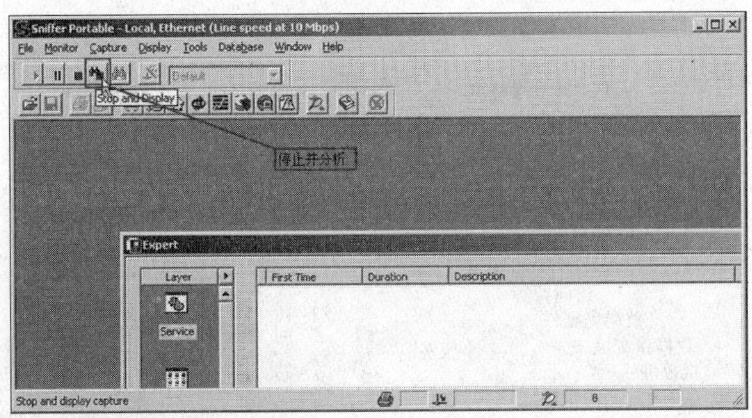

图 6-22　停止抓包并显示

在出现的窗口选择 Decode 选项卡，可以看到数据包在两台计算机间的传递过程，如图 6-23 所示。Sniffer 已将 ping 命令发送的数据包成功捕获并进行了解码分析。

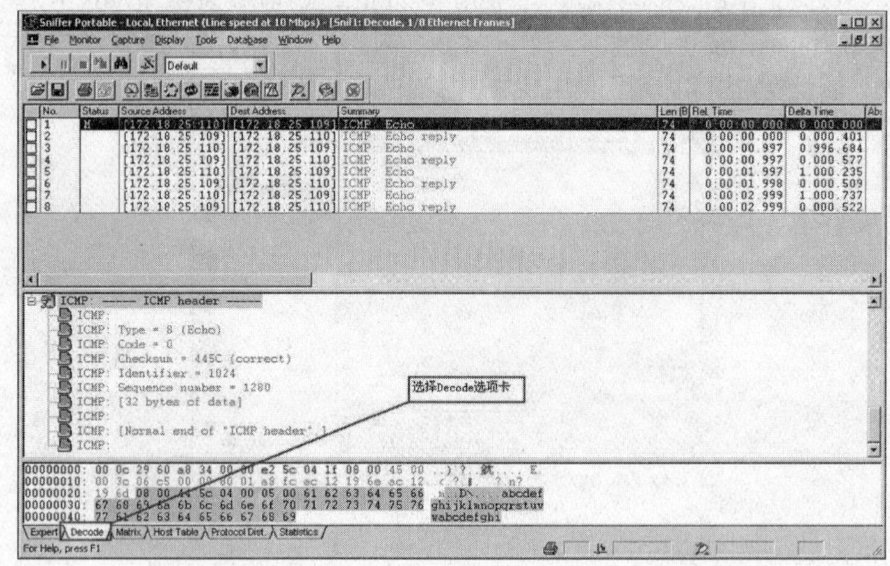

图 6-23　分析数据包

6.2　网络安全体系

6.2.1　网络安全的体系结构

无论是 TCP / IP 还是 OSI 参考模型，它们在设计之初都没有充分考虑安全的问题。因此，只要在参考模型的任何一个层面发现安全漏洞，就可以对网络通信实施攻击。

在开放式网络环境中，网络通信会遭遇各种主动攻击或被动攻击。主动攻击包括对用户信息的篡改、删除及伪造，对用户身份的冒充和对合法用户访问的阻止。被动攻击包括对用户信息的窃取，对信息流量的分析等。因此，需要从体系结构上解决或改善网络安全的问题。图 6-24 中是 TCP/IP 体系结构中添加的安全服务和安全机制。

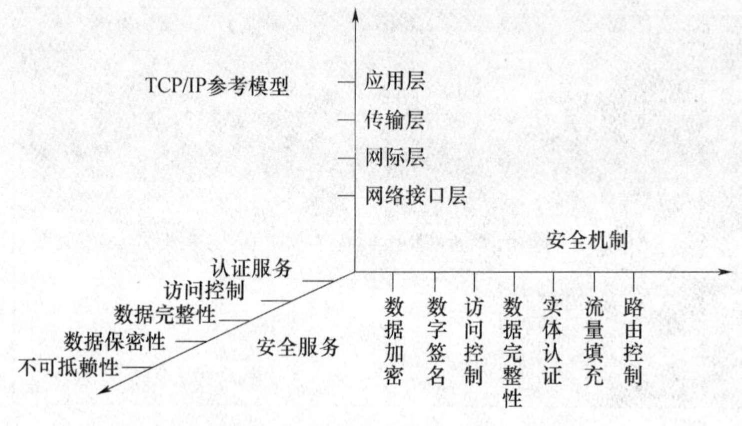

图 6-24　TCP/IP 参考模型的安全服务与安全机制

表 6-2 中列出了 TCP/IP 参考模型的安全协议分层。

表 6-2 TCP/IP 参考模型的安全协议分层

协议层	针对的实体	安全协议	主要实现的安全策略
应用层	应用程序	S-HTTP	信息加密、数字签名、数据完整性验证
		SET	信息加密、身份认证、数字签名、数据完整性验证
		PGP	信息加密、数字签名、数据完整性验证
		S/MIME	信息加密、数字签名、数据完整性验证
		Kerberos	信息加密、身份认证
		SSH	信息加密、身份认证、数据完整性验证
传输层	端进程	SSL/TLS	信息加密、身份认证、数据完整性验证
		SOCKS	访问控制、穿透防火墙
网际层	主机	IPSec	信息加密、身份认证、数据完整性验证
网络接口层	端系统	PAP	身份认证
		CHAP	身份认证
		PPTP	传输隧道
		L2F	传输隧道
		L2TP	传输隧道
		WEP	信息加密、访问控制、数据完整性验证
		WPA	信息加密、身份认证、访问控制、数据完整性验证

1. 网络接口层的主要安全协议

网络接口层的安全服务是向高层提供一条无差错的、高可靠的传输线路，传输时进行身份认证，对数据加密保护、封装和隧道传送，从而保证数据通信的正确性。网络接口层的安全协议主要有三类：建立在 PPP 上的口令验证协议、隧道协议和无线局域网上的安全协议(WEP 和 WPA)。

建立在 PPP 上的口令验证协议包括密码认证协议(Password Authentication Protocol，PAP)、SPAP、挑战握手认证协议(Challenge Handshake Authentication Protocol，CHAP)、MPPE 和 EAP。

隧道技术是一种通过使用 Internet 的基础设施在网络之间传递数据的方式。使用隧道传递的数据可以是不同的协议数据包，隧道协议将这些其他协议数据包封装在新的包头中发送。新的包头提供了路由信息，从而使封装的数据能够通过 Internet 传递。被封装的数据包在隧道的两个端点之间通过因特网进行路由。被封装的数据包在 Internet 上传递时所经过的逻辑路径称为隧道。一旦到达目的网络，数据将被解包并交付最终目的主机。隧道技术是指包括数据封装，传输和解包在内的全过程。早期的隧道技术包括 IP 网络上的 SNA 隧道技术和 Novell NetWare IPX 隧道技术。目前主要隧道协议有：点对点隧道协议(Point-to-Point Tunneling Protocol，PPTP)、第二层转发协议(Level 2 Forwarding protocol，L2F)、第二层隧道协议(Layer 2 Tunneling Protocol，L2TP)、安全(IPSec，IP)隧道模式。

无线局域网上的安全协议主要有有线等效保密(Wired Equivalent Privacy，WEP)和 Wi-Fi 网络保护访问(Wi-Fi Protected Access，WPA)。WEP 是 802.11 标准安全机制的一部分，用来对无线传输的 802.11 数据帧进行加密，在链路层提供保密性和数据完整性的功能。WEP 协议有三个主要目标：网络访问控制(Access Control)，防止他人在没有被授权的情况下访问网络；数据传输的私密性(Confidentiality)，防止他人截获密文之后破译出明文；数据传输的完整性(Data Integrity)，防止他人更改网络上传输的数据而不被发现。WEP 的安全性实际并不理想，它很难实现最初提出的这三个目标，究其原因，既包括 RC4 算法存在的问题，也包括 WEP 自身的缺陷。

WPA 是 Wi-Fi 联盟 WFA 为了弥补 WEP 缺陷采用的最新安全标准。WPA 实现了 IEEE 802.11i 标准的部分内容，是在 IEEE 802.11i 完善之前替代 WEP 的过渡方案。WPA 采用了暂时密钥完整性协议 TKIP(Temporal Key Integrity Protocol)和 IEEE 802.1x 来实现 WLAN 的访问控制、密钥管理和数据加密，针对 WEP 出现的安全问题加以改进。WPA 改进了数据完整性校验，使用了称为“Michael”的更安全的信息校验码——信息完整性编码 MIC(Message Integrity Code)，一个 MIC 就是一段密文摘要。Michael 算法允许 WPA 系统检查攻击者是否修改了数据包企图欺骗系统。WPA 还使用 802.1x 标准弥补了 WEP 认证方面的缺陷，为移动客户机提供了相互认证功能。802.1x 标准在两个终端间定义了可扩展认证协议 EAP(Extensible Authentication Protocol)来实现用户到网络的认证。

2. 网际层的主要安全协议

网际层的安全协议以 IP 安全协议(IP Security，IPSec)为主。IPSec 是因特网工程任务组 IETF(Internet Engineering Task Force)的 IPSec 小组建立的一套安全协作密钥管理方案，目的是尽量使下层的安全与上层的应用程序及用户独立，使应用程序和用户不必了解底层运用什么样的安全技术和手段，就能保证数据传输的可靠性及安全性。IPSec 是集多种安全技术为一体的安全体系结构，是一组 IP 安全协议集。IPSec 定义了在网际层的安全服务，其功能包括数据加密、对网络单元的访问控制、数据源地址验证、数据完整性检查和防止重放攻击。

IPSec 的数据加密服务由封装安全载荷算法(Encapsulating Security Payload，ESP)提供，算法采用加密块链接(Cipher Block Chaining，CBC)方式，这样确保了即使信息在传输过程中被窃听，非法用户也无法得知信息的真实内容。IPSec 使用哈希消息认证编码(Hash-Base Message Authentication Code，HMAC)进行数据验证。HMAC 是使用单向散列函数对包中源 IP 地址、数据内容等在传输过程中不变的字段计算出来的，具有唯一性。数据如果在传输过程中发生改动，在接收端就无法通过验证。IPSec 使用认证头(Authentication Header，AH)为每个安全关联(Security Association，SA)建立系列号，而接收端采用滑动窗口技术，丢弃所有的重复的包，因此可以防止重放攻击。

IPSec 有两种工作模式：传输模式(Transport Mode)和隧道模式(Tunnel Mode)，AH 和 ESP 均可应用于这两种模式。

3. 传输层的主要安全协议

安全套接字层(Secure Socket Layer，SSL)协议是网景公司(Netscape)推出的基于 Web 应用的安全协议。SSL 是使用公钥和对称密钥技术的安全网络通信协议。SSL 指定了一种在应用层协议(如 HTTP、Telnet、NNTP 和 FTP 等)和 TCP 协议之间进行数据安全性分层的机制，它为 TCP/IP 连接提供数据加密、服务器认证、消息完整性验证以及可选的客户机认证，主要用于提高应用程序之间数据的安全性，对传送的数据进行加密和隐藏，确保数据在传送中不被改变，即确保数据的完整性。

SSL 结合使用了对称密码和公开密码技术，可以实现如下三个目标：数据加密、完整性验证、身份认证。选中浏览器菜单 “Internet 选项”→“使用 SSL”就可以使用这一安全协议，如图 6-25 所示。

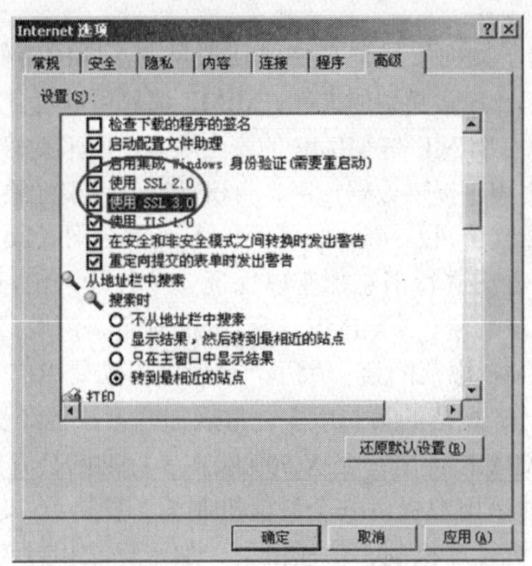

图 6-25　Internet 选项中 SSL 的设置

防火墙安全会话转换协议(Protocol for sessions traversal across firewall securely，SOCKS)是一种基于传输层的网络代理协议。它基于 TCP 和 UDP 传输服务的客户/服务器应用程序提供了一个框架，可以方便且安全来使用网络防火墙的服务。SOCKS 利用网络防火墙将内部网络与外部网络(如 Internet)有效地隔离开来。这些防火墙系统通常以应用层网关的形式工作在网络之间，提供受控的 TELNET、FTP、SMTP 等接入服务。SOCKS 提供通用框架使这些协议安全透明地穿过防火墙。SOCKS 代理与应用层代理、HTTP 层代理不同，SOCKS 代理只是简单地传递数据包，而不必关心传输的是何种应用协议(比如 FTP、HTTP 和 NNTP)的数据。所以，SOCKS 代理比其他应用层代理要快得多，通常绑定在代理服务器的 1080 端口上。

传输层的安全协议还有安全传输层(Transport Layer Security，TLS)。

4. 应用层的主要安全协议

应用层的安全并不是独立的，它依赖于操作系统下层平台所提供的运行环境的安全，即保证应用层程序本身必须是安全的。应用层安全协议都是为特定的应用提供安全性服务，其中使用比较广泛的有：安全外壳协议(Secure Shell Protocol，SSP)、安全的通用因特网电子邮件扩充协议(Secure/Multipurpose Internet Mail Extensions，S/MIME)、Kerberos、安全超文本传输协议(Secure Hyper Text Transfer Protocol，S-HTTP)、安全电子交易(Secure Electronic Transaction，SET)、和(Pretty Good Privacy，PGP)。

PGP 是一种相当完整的电子邮件安全包，能够实现数据保密、完整性鉴别、数字签名甚至压缩功能。它采用了现有的加密算法和成熟的技术，因此 PGP 总体性能比较稳定。PGP 使用块密码算法(International Data Encryption Algorithm，IDEA)来加密数据。该算法使用 128 位密钥，它是在瑞士被设计出来的，当时 DES 已经被认为不够安全了，而 AES 尚未发明。从概念上讲，IDEA 非常类似于 DES 和 AES，它也运行许多轮，在每一轮中将数据位尽可能地混合起来，但是，它的混合函数与 DES 和 AES 中的不同。PGP 的密钥管理使用 RSA 算法，数据完整性使用 MD5 算法。PGP 支持 4 种 RSA 密钥长度。它可以由用户来选择一种最为合适的长度，384 位的临时密码很容易被破解，512 位的商用密码也可以被破解，1024 位的军用密码被认为地球人无法破解，而 2048 位的星际密码则被认为任何其他行星上的人也无法破解。

MIME 协议主要说明了如何安排消息格式使消息在不同的邮件系统内进行交换。MIME 的格式灵活，允许邮件中包含任意类型的文件。MIME 消息可以包含文本、图像、声音、视频及其他应用程序的特定数据。S/MIME 是 MIME 的安全版本，用来支持邮件的加密。S/MIME 基于 MIME 标准为电子消息应用程序提供数据加密、身份认证、完整性验证等安全服务。S/MIME 已成为广泛认可的协议，如微软公司、Netscape 公司、Novell 公司、Lotus 公司等都支持该协议。

S/MIME 使用了混合方法进行消息加密以保证安全传输：消息使用对称加密方法加密，对称密钥用非对称加密方法加密。S/MIME 规范强制规定，所有厂商必须支持至少一个常规的对称加密方法。在 S/MIME 规范的第一版里，使用的方法是 RC2 算法，密钥长度是 40 位，简称为 RC2-40。在 S/MIME 规范的第二版里，常规加密方法已经变成了 3 DES，这个算法至少使用 112 位的密钥。S/MIME 使用符合 X.509 版本 3 标准的公开密钥证书。

S-HTTP 是为 HTTP 通信用户提供安全通信机制的一种协议。S-HTTP 的设计目标是提供多种角度的操作模式、密钥管理机制、信任模型、加密算法和封装格式，让通信各方通过协商灵活选择。S-HTTP 的安全服务包括 Web 文档的加密、数字签名和消息完整性验证，其通信方式如图 6-26 所示。

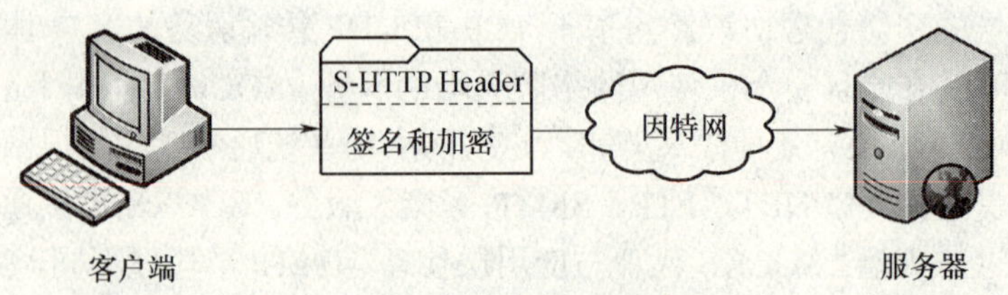

图 6-26　S-HTTP 协议通信方式

SET 是一个通过开放网络进行安全资金支付的技术标准，由国际信用卡联盟 Visa Master Card 联合 IBM、RSA、Microsoft 等公司在 1996 年共同制定，并于 1997 年联合推出。由于它得到了 IBM、HP、Microsoft 等很多大公司的支持，已成为事实上的工业标准，目前已获得 IETF 的认可。这是一个为因特网上进行在线交易而设立的一个开放的、以电子货币为基础的电子付款规范。

SET 协议是众多可以实现的电子支付手段中发展比较完善、使用广泛的一种电子交易模式。主要是为了解决用户、商家和银行之间通过信用卡支付的交易而设计的，以保证支付信息的机密、支付过程的完整、商户及持卡人的合法身份以及可操作性。SET 中的核心技术主要有公开密钥加密、电子数字签名、电子信封和电子安全证书等。SET 协议使用对称密钥算法 DES 和非对称密钥算法 RSA 来提供数据加密、数字签名和数字信封等功能，为信息在网络中的传输提供安全性保护，保证了数据的一致性和完整性，并可预防交易抵赖。SET 协议的主要目标是防止数据被非法用户窃取，保证信息在因特网上安全传输。

SET 中使用了一种双签名技术保证电子商务参与者信息的相互隔离。客户的资料加密后通过商家到达银行，但是商家不能看到客户的账户和密码信息。SET 要解决多方认证问题，不仅对客户的信用卡认证，而且要对在线商家认证，实现客户、商家和银行间的相互认证。SET 可以保证网上交易的实时性，使所有的支付过程都是在线的。SET 提供了一个开放式的标准、规范协议和消息格式，促使不同厂家开发的软件具有兼容性和互操作功能。可在不同的软硬件平台上执行并被全球广泛接受。典型的 SET 交易过程如图 6-27 所示。

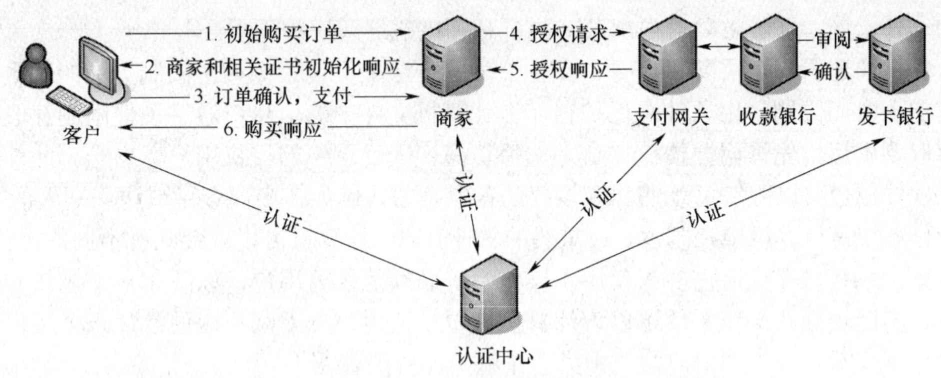

图 6-27　典型的 SET 交易过程

SET 的优点是保证了商家的合法性，并且用户的信用卡号不会被窃取，SET 对于参与交易的各方定义了互操作接口，一个系统可以由不同厂商的产品构筑，SET 可以用在系统的一部分或者全部。SET 的主要缺陷在于协议过于复杂，对商户、用户和银行的要求比较高，处理速度慢，支持 SET 的系统费用较大。

SET 与 SSL 都是很常用的网络安全协议，二者相比，SSL 协议提供了两个端点之间的安全链接，能对信用卡和个人信息提供较强的保护；大部分 Web 浏览器和 Web 服务器都内置了 SSL 协议，使用方便。SET 比 SSL 复杂，在理论上安全性也更高，因为 SET 协议不仅加密两个端点间的连接，还可以加密和认定三方的多个信息，而这是 SSL 协议未能解决的问题。SET 标准的安全程度很高，它结合了 DES、RSA 和 S-HTTP，为每一项交易都提供了多层加密。总的来说，SET 与 SSL 相比主要有以下四个方面的优点：SET 对商家提供了保护自己的手段，使商务免受欺诈的困扰，使商家的运营成本降低；对消费者而言，SET 保证了商家的合法性，并且用户的信用卡号不会被窃取；SET 使得信用卡网上支付具有更低的欺骗概率，使得它比其他支付方式具有更大的竞争力；SET 对于参与交易的各方定义了互操作接口，一个系统可以由不同厂商的产品构筑。

6.2.2　网络安全的层次体系

从计算机和网络系统的层次体系上，可以将网络安全分成四个层次：物理安全、逻辑安全、操作系统安全和联网安全。

物理安全主要包括五个方面：防盗、防火、防静电、防雷击和防电磁泄漏。偷窃计算机硬件所造成的损失可能远远超过硬件本身的价值，因此必须采取严格的防范措施，以确保计算机设备不会丢失。计算机机房发生火灾一般是由于电气原因、人为事故或外部火灾蔓延引起的。计算机显示器会产生很强的静电，如果未能释放而保留在物体内，会有很高的电位，从而产生静电放电火花，造成火灾，还可能不知不觉造成大规模集成电器损坏。利用引雷机理的传统避雷针防雷，不但增加雷击概率，而且产生感应电，而感应电是电子信息设备被损坏的主要杀手，也是易燃易爆品被引燃起爆的主要原因。雷击防范的主要措施是，根据电气、微电子设备的不同功能及不同受保护程序和所属保护层确定防护要点作分类保护；根据雷电和操作瞬间过电压危害的可能通道从电源线到数据通信线路都应做多层保护。计算机和其他电子设备一样，工作时会产生电磁发射。电磁发射包括辐射发射和传导发射。这两种电磁发射可被高灵敏度的接收设备接收并进行分析、还原，造成计算机的信息泄露。屏蔽是防电磁泄漏的有效措施，屏蔽主要有电屏蔽、磁屏蔽和电磁屏蔽三种类型。

计算机的逻辑安全需要用口令、文件许可等方法来实现。例如，限制登录的次数或对试探操作加上时间限制；用软件来保护存储在计算机文件中的信息；通过硬件限制存取，在接收到存取要求后，先询问并校核口令，然后访问列于目录中的授权用户标志号。此外，有一些安全软件包也可以跟踪可疑的、未授权的存取企图，例如，多次登录或访问别人的文件。

操作系统是计算机中最基本、最重要的软件。同一计算机可以安装几种不同的操作系统。如果计算机系统可提供给许多人使用，操作系统必须能区分用户，以防相互干扰。一些安全性较高、功能较强的操作系统可以为计算机的每一位用户分配账户，通常，一个用户一个账户，操作系统不允许一个用户修改由另一个账户产生的数据。

联网的安全性一般是通过两方面的服务来实现的，一个是用来保护计算机和联网资源不被非授权使用的访问控制服务；另一个是用来认证数据机要性与完整性以及各通信的可信赖性的通信安全服务。

6.2.3 网络安全的攻防体系

从对立的两个方面来看，可以把网络安全分成攻击和防御两大体系。如果不知道如何攻击，再好的防守也是经不住考验的。攻击技术主要包括网络监听、扫描、入侵、后门和网络隐身五个方面。网络监听是攻击者去监听目标计算机与其他计算机通信的数据的技术。网络扫描则是利用程序去扫描目标计算机开放的端口或者存在的漏洞，为入侵该计算机做准备。当探测发现对方存在漏洞以后，攻击者会入侵到目标计算机实施越权访问或其他攻击。成功入侵目标计算机后，为了保佑对“战利品”的长期控制权，攻击者往往会在目标计算机中种植木马等后门。入侵完毕退出被攻击主机后，攻击者将入侵的痕迹清除，

防止被对方管理员发现。网络隐身技术也会被攻击者用在最初的阶段，从一开始就防范攻击被发现。

防御技术包括四大方面：操作系统的安全配置、加密技术、防火墙技术、入侵检测。操作系统的安全是整个网络安全的基础。数据进行加密防止被监听和盗取。防火墙可用来对限制网络访问，从而防止被入侵。而入侵检测技术可以用来保证网络内部的安全，发现有入侵行为时会及时发出警报，做出反应。

为了进行网络安全监控和管理，在软件方面可以有两种选择，一种是使用已经成熟的工具，比如网络数据包捕获和分析软件 Sniffer、网络扫描工具 X-Scan 等，另一种是自己编制程序，目前网络安全编程常用的计算机语言为 C、C++或者 Perl 语言。不论是使用工具还是编制程序，都必须熟悉两方面的知识：一是两大主流的操作系统，UNIX 家族和 Window 系列操作系统；另一方面是网络协议，例如 TCP、IP、UDP、SMTP、POP、FTP 等。

6.3 网络攻击

6.3.1 网络安全面临的威胁

网络安全问题的根源来自于计算机网络的脆弱性，主要体现在体系结构、网络通信、网络操作系统、网络应用系统和网络管理这五个方面都存在的脆弱性。

网络体系结构要求上层调用下层的服务，当下层提供的服务出错时，会使上层的工作受

到影响。网络安全通信是实现网络设备之间、网络设备与主机结点之间进行信息交换的保障，然而通信协议或通信系统的安全缺陷往往危及到网络系统的整体安全。目前的操作系统，无论是 Windows、UNIX 还是 Netware 都存在安全漏洞，这些漏洞一旦被发现和利用将对整个网络系统造成巨大的损失。随着网络的普及，网络应用系统越来越多，其中存在的安全漏洞一旦被发现和利用，将可能导致数据被窃取或破坏，应用系统瘫痪，甚至威胁到整个网络的安全。在网络管理中，常常会出现安全意识淡薄、安全制度不健全、岗位职责混乱、审计不力、设备选型不当和人事管理漏洞等，这种人为造成的安全漏洞也会威胁到整个网络的安全。

网络安全面临的威胁多种多样，如图 6-28 所示，主要包括：物理威胁；系统漏洞造成的威胁；身份鉴别威胁；线缆连接威胁；有害程序等方面威胁。

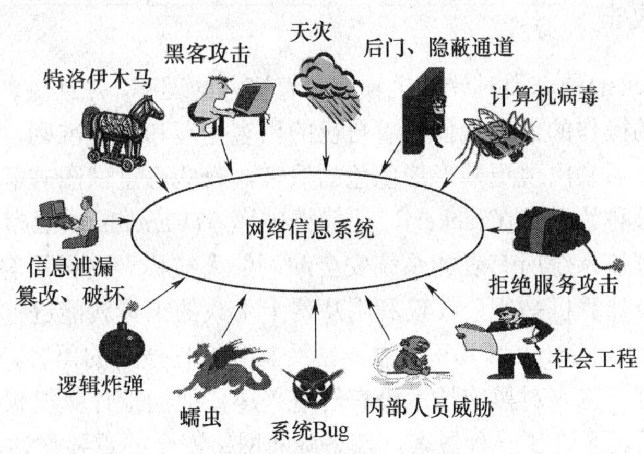

图 6-28　网络安全面临的威胁

1) 物理威胁

物理威胁包括两个方面：火灾、静电、雷击以及电磁泄漏等造成的损失；攻击者通过偷窃、搜寻废物、间谍行为和身份冒充等方式非法获取信息。非法获取信息的行为对网络完全构成了巨大的威胁，攻击者可以通过非法建立文件或记录、伪造身份特征物品等黑客技术手段来达到目的，也可以通过社会工程学攻击非法获利。

2) 系统漏洞威胁

系统漏洞造成的威胁包括三个方面：乘虚而入、不安全服务和配置与初始化错误。例如，用户 A 停止了与某个系统的通信，但由于某种原因仍使该系统上的一个端口处于激活状态，这时，用户 B 通过这个端口开始与这个系统通信，这样就不必通过任何申请使用端口的安全检查了。有时操作系统的一些服务程序可以绕过机器的安全系统，因特网蠕虫就利用了 UNIX 系统中三个可绕过的机制。系统重新初始化时，安全系统没有正确的初始化，也会留下安全漏洞，类似的问题在木马程序修改了系统的安全配置文件时也会发生。

3) 身份鉴别威胁

口令攻击会对身份鉴别造成威胁，例如：口令圈套、口令破解、算法考虑不周、编辑口令。在一些攻击入侵案例中，入侵者采用超长的字符串破坏了口令算法，成功地进入了系统。

4) 线缆连接威胁

线缆连接造成的威胁包括三个方面：窃听、拨号进入和冒名顶替。对通信过程进行窃听可达到收集信息的目的安装在电缆上窃听设备，或检测从连线上发射出来的电磁辐射。可以使用加密手段来防止信息被解密。利用调制解调器试图通过远程拨号访问网络，尤其是拥有所期望攻击的网络的用户账户时，就会对网络造成很大的威胁。使用别人的密码和账号时，获得对网络及其数据、程序的使用能力。这种办法实现起来并不容易，而且一般需要有机构内部的、了解网络和操作过程的人参与。

5) 有害程序威胁

有害程序造成的威胁包括病毒、逻辑炸弹和特洛伊木马等多种类型。逻辑炸弹不必像病毒那样四处传播，程序员将逻辑炸弹写入软件中，使其产生了一个不能轻易地找到的安全漏洞，一旦该逻辑炸弹被触发后，或者任程序瘫痪，或者花钱请程序员回来修复，这种高技术敲诈的受害者很难知晓他们被敲诈了。

6.3.2 黑客攻击

早期的黑客(Hacker)是一类对计算机领域有着深入的理解，并且热衷于潜入他人的计算机进行各种未经允许的操作的人，他们有着自己的黑客伦理和黑客准则，这群人中不乏计算机革命的主角和英雄。后来出现更多形形色色的黑客，一些恶意试图破解或破坏某个程序、系统及网络安全的人被称为骇客(Cracker)、计算机破坏者(Vandals)或黑帽黑客，一些试图破解某系统或网络以提醒该系统所有者的系统安全漏洞的人被称做白帽黑客或思匿客(Sneaker)，甚至一些不具备多少计算机知识，仅仅利用从网上下载的工具就能进行黑客攻击，这些人被称为脚本小子(Script Kiddies)。而真正有着丰富经验和编程技巧的黑客，则开发黑客程序发布到网站或论坛。还有一些人对黑客技术没有丝毫兴趣，他们把计算机仅仅当做窃取金钱、商品和服务的辅助工具。无论哪一种黑客，都是威胁网络安全的重要群体。

一般黑客完成网络攻击分为隐蔽、踩点扫描、获得权限、入侵、植入后门、隐身等步骤。黑客首先会通过隐藏 IP 地址等方式充分地伪装或隐蔽自己，然后通过网络扫描、监听等途径对所要攻击的目标进行多方面的了解，探察对方的漏洞和薄弱环节，确定攻击的策略和时机。一般黑客会通过口令破解或社会工程学攻击等技术来获得被攻击系统和网络系统管理员权限，这样就能以最高权限成功入侵并为所欲为。网络后门是保持对目标系统长久控制的关键策略，黑客会通过建立服务端口、植入木马和克隆管理员账号等方式来植入网络后门。清除日志是黑客入侵的最后的一步，黑客能做到来无踪去无影，这一步起到决定性的作用。攻击过程中黑客使用手段有：

1) 物理破坏

攻击者可以直接接触到信息与网络系统的硬件、软件和周边环境设备。通过对硬件设备、网络线路、电源、空调等的破坏，使系统无法正常工作，甚至导致程序和数据无法恢复。

2) 窃听

攻击者侦听网络数据流，获取通信数据，造成通信信息外泄，甚至危及敏感数据的安全。其中的一种较为普遍的是 Sniffer 攻击(Sniffer Attack)。Sniffer 是指能解读、监视、拦截网络数据交换并且阅读数据包的程序或设备。

3) 数据阻断攻击

在不破坏物理线路的前提下，通过干扰、连接配置等方式，阻止通信各方之间的数据交换。

4) 数据篡改攻击

攻击者在非法读取数据后，进行篡改数据，以达到通信用户无法获得真实信息的攻击目的。

5) 数据伪造攻击

攻击者在了解通信协议的前提下，伪造数据包发给通信各方，导致通信各方的信息系统无法正常的工作，或者造成数据错误。

6) 数据重放攻击

攻击者尽管不了解通信协议的格式和内容，但只要能够对线路上的数据包进行窃听，就可以将收到的数据包再度发给接收方，导致接收方的信息系统无法正常的工作，或者造成数据错误。

7) 盗用口令攻击(Password-based Attacks)

攻击者通过多种途径获取用户合法账号进入目标网络，攻击者也就可以随心所欲地盗取合法用户信息以及网络信息；修改服务器和网络配置；增加、篡改和删除数据等。

8) 中间人攻击(Man-in-the-middle Attack)

中间人攻击是指通过第三方进行网络攻击，以达到欺骗被攻击系统、反跟踪、保护攻击者或者组织大规模攻击的目的。中间人攻击类似于身份欺骗，被利用作为中间人的主机称为Remote Host(黑客取其谐音称为“肉鸡”)。网络上大量的计算机被黑客通过这样的方式控制，将造成巨大的损失，这样的主机也称作僵尸主机。

9) 缓冲区溢出攻击

缓冲区溢出(又称堆栈溢出)攻击是最常用的黑客技术之一。攻击者输入的数据长度超过应用程序给定的缓冲区的长度，覆盖其他数据区，造成应用程序错误，而覆盖缓冲区的数据恰恰是黑客的入侵程序代码，黑客就可以获取程序的控制权。

10) 分发攻击

攻击者在硬件和软件的安装配置期间，利用分发过程去破坏；或者是利用系统或管理人员向用户分发账号和密码的过程窃取资料。

11) 口令攻击

口令攻击包括字典攻击和穷举攻击。字典攻击是使用常用的术语或单词列表进行验证，攻击取决于字典的范围和广度。由于人们往往偏爱简单易记的口令，字典攻击的成功率往往很高。如果字典攻击仍然不能够成功，入侵者会采取穷举攻击。穷举攻击采用排列组合的方式生成密码。一般从长度为1的口令开始，按长度递增进行尝试攻击。

12) SQL 注入攻击

攻击者利用被攻击主机的 SQL 数据库和网站的漏洞来实施攻击，入侵者通过提交一段数据库查询代码，根据程序返回的结果获得攻击者想得知的数据，从而达到攻击目的。

13) 恶意代码攻击

利用病毒、木马、蠕虫等各种恶意代码攻击受害主机。

14) 后门攻击(Backdoor Attack)

后门攻击是指攻击者故意在服务器操作系统或应用系统中制造一个后门，以便可以绕过正常的访问控制。攻击者往往就是设计该应用系统的程序员。

15) 欺骗攻击

欺骗攻击可以分为地址欺骗、电子信件欺骗、Web 欺骗和非技术类欺骗。攻击者隐瞒个人真实信息，欺骗对方，以达到攻击的目的。

16) 拒绝服务攻击(Denial of Service，DoS)和分布式拒绝服务攻击(Distributed Denial of Service，DDoS)

拒绝服务攻击的目的是使计算机或网络无法提供正常的服务。常见的方式是：使用极大的通信量冲击网络系统，使得所有可用网络资源都被消耗殆尽，最后导致网络系统无法向合法的用户提供服务。如果攻击者组织多个攻击点对一个或多个目标同时发动 DoS 攻击，就可以极大地提高 DoS 攻击的威力，这种方式称为分布式拒绝服务攻击。

6.3.3 密码分析

网络用户或管理员通常会利用加密技术对通信过程或信息进行保护，密码分析是攻击者在不知道解密密钥及通信者所采用的加密体制的细节条件下，对被加密信息进行分析试图获取机密信息的技术。密码分析在外交、军事、公安、商业等方面都具有重要作用，也是研究历史、考古、古语言学和古乐理论的重要手段之一。黑客常常利用密码分析技术破解用户口令来获取用户访问权限，或者将截获的加密文件解密成可读的文件。

密码设计和密码分析是共生的、又是互逆的，两者密切有关但追求的目标相反。密码设计是利用数学来构造密码，而密码分析除了依靠数学、工程背景、语言学等知识外，还要靠经验、统计、测试、眼力、直觉判断能力等，有时还靠点运气。密码分析过程通常经历统计截获的报文、假设密码、推断和证实等步骤。

破译(Break)或攻击(Attack)密码的方法一般有穷举破译法和分析法两种。穷举破译法又称作蛮力法，是对截收的加密报文依次用各种可解的密钥试译，直到得到有意义的明文；或在不变密钥下，对所有可能的明文加密直到得到与截获密报一致为止，此法又称为完全试凑法。只要有足够多的计算时间和存储容量，原则上穷举破译法总是可以成功的。但实际中，任何一种能保障安全要求的实用密码在设计时都会力求使穷举破译法无效，起码在有意义的时间段内，密码不会被蛮力破解。表 6-3 列出对于不同密钥长度穷举法破解需要的时间。

表 6-3　蛮力攻击 PK 密钥长度

口令长度	要猜测的口令数	所需时间
1	36	36s
2	1296	21min
3	46656	12.96h
4	1679616	19.44d
5	60466176	1.9y
6	2176782236	69y
7	78364164096	2484y
8	2821109907456	89456y

分析法有确定性和统计性两类。确定性分析法利用一个或几个已知量(比如，已知密文或明文—密文对)用数学关系式表示出所求未知量(如密钥等)。已知量和未知量的关系视加密和解密算法而定，寻求这种关系是确定性分析法的关键步骤。例如，以 n 级线性移存器序列作为密钥流的流密码，就可在已知 2n bit 密文下，通过求解线性方程组破译。统计分析法利用明文的已知统

计规律进行破译的方法。密码破译者对截收的密文进行统计分析，总结出其间的统计规律，并与明文的统计规律进行对照比较，从中提取出明文和密文之间的对应或变换信息。

密码分析之所以能够破译密码，最根本的是依赖于明文中的冗余度，这是 Shannon 1949 年用他开创的信息论理论第一次透彻地阐明密码分析的基本问题。根据密码分析者可获取的信息量来分类，可将破译密码的类型分为下四种，唯密文攻击(Cipher Text Only Attack)，攻击者只有密文串，想求出明文或密钥；已知明文攻击(Known Plaintext Attack)，攻击者知道明文串及对应的密文串，想求出密钥或解密变换；选择明文攻击(Chosen Plaintext Attack)，攻击者不仅知道明文串及其对应密文串，而且可选择用于加密的明文，想求出密钥及解密变换；选择密文攻击(Chosen Cipher Text Attack)，攻击者不仅知道明文串及对应密文串，且密文串由攻击者选择，想求出密钥及解密变换。

黑客破解口令密码时常常用到字典法，这是结合了秘密分析的原理和用户设置口令的习惯来获取口令的方法，尝试的口令不是一个字符空间中的所有组合，而是从口令字典里读取单词进行尝试。字典攻击能否成功，很大因素上取决于字典文件设置是否合理。

6.3.4 恶意代码

恶意代码(Malicious Codes)的定义是随着计算机网络技术的发展逐渐丰富，Grimes 将恶意代码定义为：经过存储介质和网络进行传播，从一台计算机系统到另外一台计算机系统，未经授权认证破坏计算机系统完整性的程序或代码。

恶意代码主要类型包括：计算机病毒(Computer Virus)、蠕虫(Worm)、木马程序(Trojan Horse)、后门程序(Backdoor)、逻辑炸弹(Logic Bomb)、病菌(Bacteria)、用户级 RootKit、核心级 RootKit、脚本恶意代码(Malicious Scripts)和恶意 ActiveX 控件 等。

1. 计算机病毒(Computer Virus)

计算机病毒是指编制或者在计算机程序中插入的破坏计算机功能或者毁坏数据影响计算机使用，并能自我复制的一组计算机指令或者程序代码。它具有以下特性：传染性、非授权可执行性、隐蔽性、潜伏性、破坏性、可触发性。病毒具有多层感染途径，如图 6-29 所示。

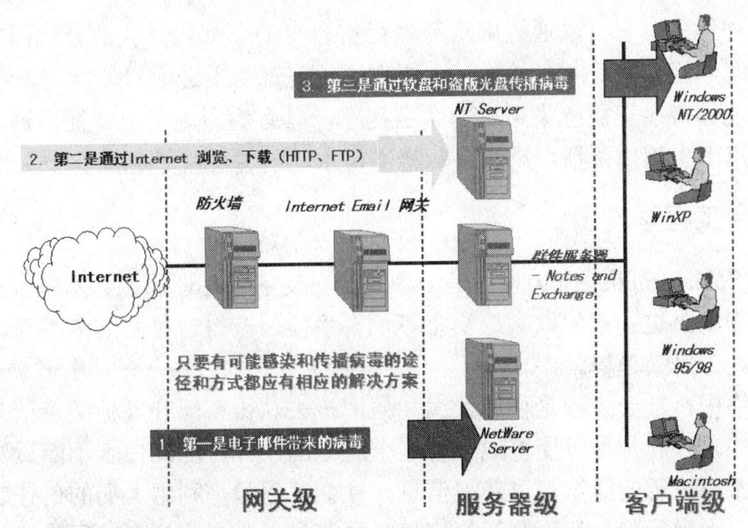

图 6-29 病毒的多层感染途径

按照寄生方式，计算机病毒可以分为四种类型：引导型、文件型、复合型和宏病毒。按照传染方式，计算机病毒可以分为三种类型：存储介质病毒、网络病毒和电子邮件病毒。按照破坏能力，计算机病毒可以分为两种类型：良性病毒、恶性病毒。

计算机病毒带来了巨大的危害，所有计算机都需要做好病毒的防御措施。这些措施包括：安装操作系统和应用系统补丁，防止病毒利用系统漏洞进行传染；安装防火墙软件，防止黑客和病毒利用系统服务和设置的漏洞入侵系统；安装防病毒软件，定时更新病毒资料库和扫描系统，杀除发现的病毒程序。

防病毒软件主要根据病毒的静态或动态特征来检测病毒。除了一些自变体病毒可以通过加密(加壳)手段来修改自己的代码外，大多数的病毒都有相对固定的“特征字”。防病毒软件可以通过扫描这些静态“特征字”来发现病毒，并结合对病毒的“程序活性”分析以减少误报的几率。这种方法的缺点是难以识别新出现的病毒，因此防病毒软件需要不断地更新病毒特征库。病毒一旦运行，就可能发生一些感染行为或破坏行为。防病毒软件需要检测和分析到这些行为，制止这些行为的实施，并向管理员发出警告，这就是根据病毒的动态特征进行检测的方法。

选购防病毒产品需要考虑的是：防毒解毒能力，这是最重要的基本能力；管理能力；针对中国用户的病毒库升级服务。选择的依据包括：厂商提供的比较表，这是最不可靠的；单一产品评比，因为产品版本不断更新，这个依据仅在一段时间内有效；专业防毒认证，防病毒软件需要持续送测，所得到的认证具有公信力。

计算机安全产品认证单位主要有 ICSA、Check-Mark 和 Virus Bulletin，ICSA 可做基本认证，Check-Mark Level 2 认证能确保修复能力，Virus Bulletin 认证时最严格的。

2. 特洛伊木马(Trojan Horse)

特洛伊木马简称木马，它由服务器程序和控制器程序两部分组成，当主机被装上服务器程序，攻击者就可以使用控制器程序通过网络来控制主机。木马通常是利用蠕虫病毒、黑客入侵或者使用者的疏忽将服务器程序安装到主机上的。

3. 蠕虫(Worm)

蠕虫也是一种程序，它可以通过网络等途径将自身的全部代码或部分代码复制、传播给其他的计算机系统，但它在复制、传播时，不寄生于病毒宿主之中。

蠕虫病毒是能够寄生于被感染主机的蠕虫程序，具有病毒的全部特征，通常利用计算机系统的漏洞在网络上大规模传播。杀蠕虫和特洛伊木马的方法就是删除整个文件。

6.3.5 社会工程学攻击

社会工程学(Social Engineering)攻击是一种通过对受害者心理弱点、本能反应、好奇心、信任、贪婪等心理陷阱进行诸如欺骗、伤害等危害手段，取得自身利益的手法，近年来已经迅速上升甚至出现滥用的趋势。

在计算机网络中，社会工程是使用计谋和假情报去获得密码和其他敏感信息的科学。研究一个站点的策略之一就是尽可能多地了解这个组织的个体，因此黑客不断试图寻找更加精妙的方法从他们希望渗透的组织那里获得信息。社会工程师是利用人们的信任、乐于助人的愿望和同情心使人上当受骗，从而获得他们想要的信息。典型的社会工程学攻击手段有打电话询问密码、伪造 E-mail、网络钓鱼(Phishing)等。

6.4 网络安全防护

网络安全防护机制包括：数据加密机制、访问控制机制、数据完整性控制机制、数字签名机制、实体认证机制、业务填充机制、路由控制机制和公证机制等。

数据完整性机制是保护数据，以免未授权的数据乱序、丢失、重放、插入和篡改。数据完整性机制包括两个方面：单个数据单元或字段的完整性，如图 6-30 所示，这种机制不能防止单个数据单元的重放攻击，数据单元串或字段串的完整性。

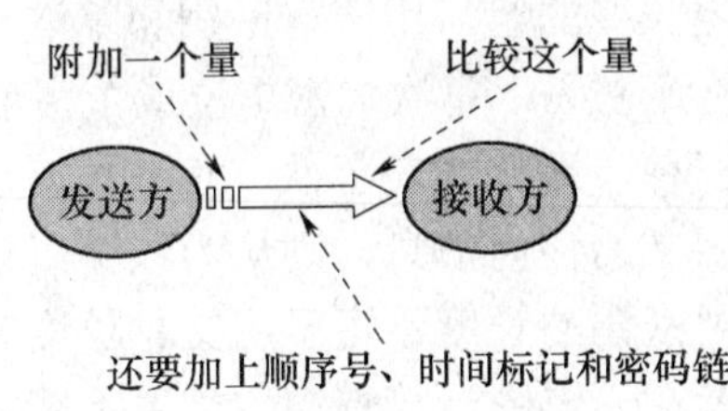

图 6-30　单个数据单元或字段的完整性

业务填充机制是在业务闲时发送无用的随机数据，增加攻击者通过通信流量获得信息的困难，是一种制造假的通信，产生欺骗性数据单元，或在数据单元中产生数据的安全机制。该机制可用于提供对各种等级的保护，用来防止对业务进行分析，同时也增加了密码通信的破译难度。发送的随机数据应具有良好的模拟性能，能够以假乱真。该机制只有在业务填充受到保密性服务时才有效。可利用该机制不断地在网络中发送伪随机序列，使非法者无法区分有用信息和无用信息。

路由控制机制可使信息发送者选择特殊的路由，以保证连接、传输的安全。其基本功能为路由选择、路由连接和安全策略。路由可以动态选择，也可以预定义，以便只用物理上安全的子网、中继或链路进行连接、传输。在监测到持续的操作攻击时，端系统可能通知网络服务提供者另选路由，建立连接。携带某些安全标签的数据可能被安全策略禁止通过某些子网、中继或链路。连接的发起者可以提出有关路由选择的警告，要求连接或传输时回避某些特定的子网、中继或链路。

有关在两个或多个实体之间通信的数据的性质，如完整性、原发、时间和目的地等能够借助公证机制而得到确保。这种保证是由第三方公证人提供的。公证人为通信实体所信任，并掌握必要信息以一种可证实方式提供所需的保证。每个通信实例可使用数字签名、加密和完整性机制以适应公证人提供的服务。当这种公证机制被用到时，数据便在参与通信的实体之间经由受保护的通信和公证方进行通信。

6.4.1 密码学

密码学是一门古老的科学，大概自人类社会出现战争便产生了密码，以后逐渐形成一门独立的学科。时至今日，密码学除了用在政治、外交、军事等方面外，已经运用到普通用户的身份认证、理财、购物等方方面面，在网络安全防护方面也是一个重要的基础理论和核心技术。

密码学包括密码编码学(Cryptography)和密码分析学(Cryptanalytics)两个方面。密码编码学是研究对数据进行变换的原理、手段和方法的技术和科学。密码分析学是为了取得秘密信息，而对密码系统及其流动的数据进行分析，是对密码原理、手段和方法进行分析、攻击的技术和科学。

加密变换之前的原始信息称为明文(Plain Text)，伪装之后的信息称为密文(Cipher Text)。把明文伪装成密文的过程称为加密(Encryption)，该过程使用的数学变换就是加密算法。将密文还原为明文的过程称为解密(Decryption)，该过程使用的数学变换称为解密算法。加密与解密通常需要参数控制，该参数称为密钥或密码。

按照保密的内容加密体制分为：基于算法的加密方法，数据保密性基于保持算法的秘密；基于密钥的加密方法，数据保密性基于对密钥的保密。按照对明文的处理方式加密体制分为：分组密码算法，将明文分成固定长度的组，用同一密钥和算法对每一块加密，输出是固定长度的密文；序列密码算法，又称流密码，每次加密 1 位或 1 字节明文。

密码体制的安全性可分为三种：无条件安全性、有条件安全性和加密算法的安全性。无条件安全性是指若密文中不含明文的任何信息，则认为该密码体制是安全的，否则就认为是不安全的。已经证明，仅当所用密钥的长度不短于明文总长度时才有可能达到这样高等级安全性。有条件安全性是指攻击者在一定的计算资源条件下不能从密文恢复出明文。加密算法的安全性是指破译该密码的成本超过被加密信息的价值，或者破译该密码的时间超过该信息有用的生命周期。

1883 年 Kerchoffs 第一次明确提出了编码的原则：加密算法应建立在算法的公开不影响明文和密钥安全的基础上。这一原则已得到普遍承认，成为判定密码强度的衡量标准，实际上也成为古典密码和现代密码的分界线。

古典密码体制中加密算法和密钥的保密性同样重要。传统基础加密方法包括置换密码(Substitution Cipher)和换位密码(Transposition Cipher)。在置换密码中，每个字母或每一组字母被另一个或一组字符来取代，从而将明文的信息掩盖起来。福尔摩斯探案集中的《跳舞的小人》可以说是使用了典型的置换密码。换位密码又称代换密码，它不更改明文的字母，但是重新对字母进行排序，形成新的密文序列。藏头诗和美国南北战争时期军队中使用的“栅栏”式密码(Rail Fence Cipher)都是典型的置换密码。

现代加密体制中加密算法是公开的，需要保密的是密钥。现代加密体制又分为对称密钥体制、非对称钥码体制和混合密钥体制。加/解密密钥相同时称为对称型密钥或单密钥，不同时就称为不对称或双钥型密钥。对称密钥体制的优点是加解密速度快，但是，网络规模扩大后，密钥管理很困难，无法解决消息确认问题，缺乏自动检测密钥泄露的能力。非对称密钥体制又称为公开密钥密码体制，加密密钥与解密密钥不同，而且从其中一个密钥不可能导出另外一个密钥，其优点是可以适用网络的开放性要求，密钥管理相对简单，可以实现数字签名功能，使用选择明文攻击不能破解出加密密钥，缺点是算法复杂，加解密速度慢。混合密钥体制是将对称密钥和非对称密钥的优化运用体制，如图 6-31 所示。数据发送者 A 用对称密钥把需要发送的数据加密。A 用接收者 B 的公开密钥将对称密钥加密，形成数字信封，然后一起把加密数据和数字信封传给 B。B 收到 A 的加密数据和数字信封后，用自己的私钥将数字信封解密，获取 A 加密数据时的对称密钥，B 使用该密钥把收到的加密数据还原为明文。

数据加密标准、国际数据解密算法是现代对称密钥体制中常用的加密算法，即加密和解密用的是同一个算法。数据加密标准 DES(Data Encryption Standard)是由 IBM 公司研制的加密算法，美国国家标准局于 1977 年把它作为非机要部门使用的数据加密标准，经过不断的改进，形成一套较为完整的密码标准被广泛运用。

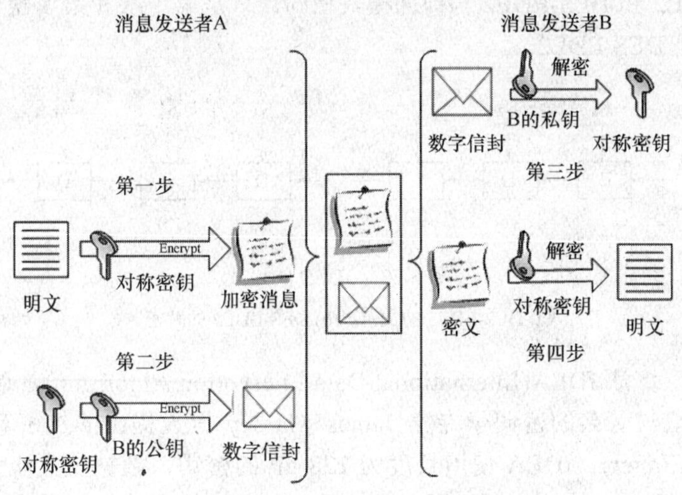

图 6-31　混合密钥体制

DES 使用的密钥长度是 56 位。算法对明文进行分组加密，64 bit 作为一个分组 M，M 经过初始转置运算被分成左半部分 L_1 和右半部分 R_0，两部分都是 32 bit。然后使用函数 f 对两部分进行 16 轮完全相同的迭代运算，在运算过程中将数据与密钥相结合。经过 16 轮迭代运算后，再将左、右两部分合在一起经过一个末置换，就产生了密文，如图 6-32 所示。

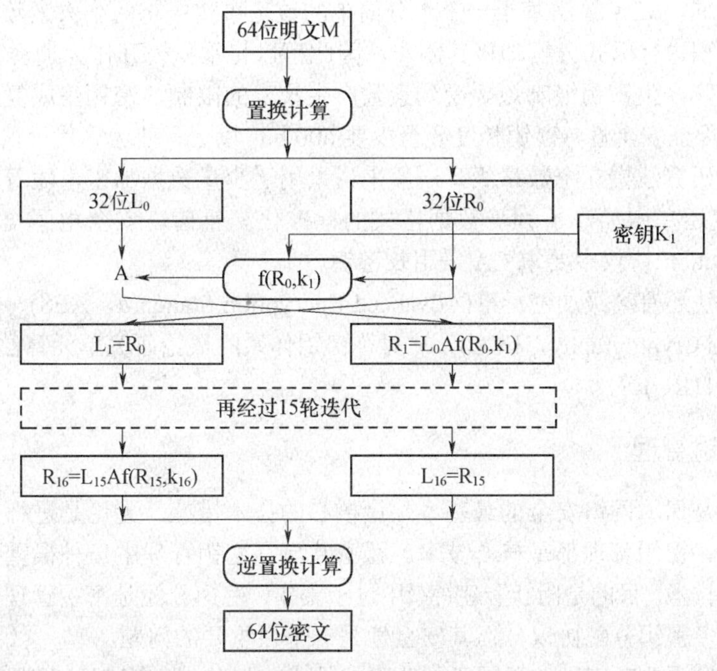

图 6-32　DES 算法

64 bit 的 DES 分组长度比较短，仅 56 bit 的密钥长度更短，可以通过穷举攻击的方法在较短时间内破解。1978 年初，IBM 设计了 3DES 算法，利用三重加密，将密钥长度有效扩展到 128 bit 或 192 bit，从而增强加密强度。3DES 有三种不同的模式，如图 6-33 所示，DES-EEE3

使用 3 个不同的密钥进行加密；DES-EDE3 使用 3 个不同的密钥，对数据进行加密、解密、再加密；DES-EEE2 和 DES-EDE2 与前面模式相同，只是第 1 次和第 3 次使用同一个密钥。最常用的 3DES 是 DES-EDE2。

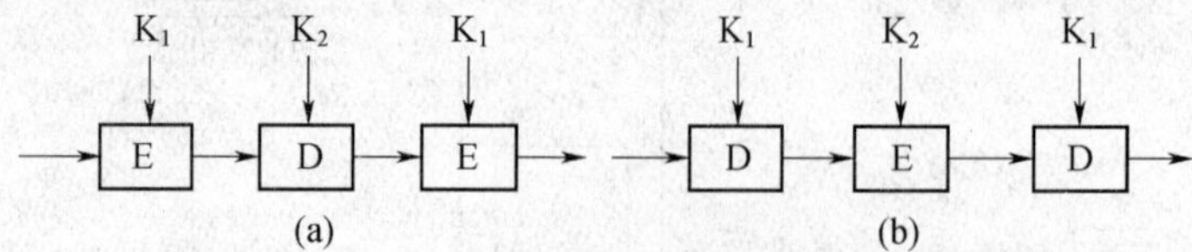

图 6-33　3DES 的模式

(a) DES-EDE2 的加密；(b) DES-EDE2 的解密。

国际数据解密算法 IDEA(International Data Encryption Algorithm)是瑞士联邦理工学院的中国学者赖学嘉与著名的密码学专家 James Massey 等人提出的加密算法，属于数据块加密算法(Block Cipher)。IDEA 使用长度为 128 bit 的密钥，数据块大小为 64 bit。从理论上讲，IDEA 属于强加密算法，至今还没有出现对 IDEA 进行有效攻击的算法。IDEA 已由瑞士的 Ascom 公司注册专利，以商业目的使用 IDEA 算法必须向该公司申请许可，因此其推广受到限制。

现代非对称加密体制的代表性算法是公钥加密算法 RSA，RSA 是 1977 年由 Ron Rivest、Adi Shamirh 和 LenAdleman 在美国麻省理工学院 MIT 开发的，1978 年首次公布。RSA 是目前最有影响的公钥加密算法，它能够抵抗到目前为止已知的所有密码攻击，已被 ISO 推荐为公钥数据加密标准。RSA 算法基于一个十分简单的数论事实：将两个大素数相乘十分容易，但是想要对其乘积进行因式分解却极其困难，因此可以将乘积公开作为加密密钥。RSA 的缺点是运行速度慢，产生密钥很麻烦。受到素数产生技术的限制，密钥生成复杂，因而难以做到一次一密。为保证安全性，密钥长度 n 至少要 600 bits 以上，使运算代价很高，尤其是速度较慢，较对称密码算法慢几个数量级，一般来说只用于少量数据加密，随着大数分解技术的发展，这个长度还在增加，不利于数据格式的标准化。目前，安全电子交易 SET(Secure Electronic Transaction)协议中要求 CA 采用长密钥。

其他加密算法还有高级加密标准(Advanced Encryption Standard，AES)、椭圆曲线密码算法(Elliptic Curves Cryptography，ECC)、非对称密钥体系的数论研究单元算法(Number Theory Research Unit，NTRU)等。

6.4.2　密钥管理

现代密码学是保障网络安全的最基本、最核心的技术措施。无论是进行信息加密，还是运用到其他方面，密钥管理都是核心技术。秘密共享是密钥管理中一种很重要的技术，它是一种分割秘密的技术，目的是阻止秘密(密钥)过于集中。密钥分配是密钥管理中的一个关键因素，目前已有很多密钥分配协议，但其安全性是一个很重要的问题。

密钥管理体制主要有三种：适用于封闭网的技术，以传统的密钥管理中心为代表的 KMI 机制；适用于开放网的 PKI 机制；适用于规模化专用网的 SPK 机制。

密钥管理基础设施(Key Management Infrastruture，KMI)提供统一的密钥管理服务，涉及密钥生成服务器、密钥数据库服务器和密钥服务管理器等组成部分。KMI 经历了从静态分发到动态分发的发展历程，是密钥管理的主要手段。无论是静态分发或是动态分发，都基于秘密通道(物理通道)进行,适用于封闭网的技术。

公开密钥基础设施(Public Key Infrastructure，PKI)是一种遵循既定标准的密钥管理平台，能够为所有网络应用提供加密和数字签名等密码服务及所需的密钥和证书管理的体系。PKI 利用公钥理论和技术建立提供安全服务，它是由公开密钥密码技术、数字证书、CA 和关于公开密钥的安全策略等基本成分共同组成的。PKI 基础设施采用证书管理公钥，通过 CA 将用户的公钥和用户的其他标识信息捆绑在一起，在 Internet 网上验证用户的身份。PKI 基础设施把公钥密码和对称密码结合起来，在 Internet 网上实现密钥的自动管理，保证网上数据的安全传输。

一个典型、完整、有效的 PKI 应用系统至少应具有以下功能：管理证书的版本信息；黑名单的发布和管理；密钥的备份和恢复；自动更新密钥；自动管理历史密钥；支持交叉认证。PKI 功能模块分为四个部分：X.509 格式的证书(X.509v3)和证书撤销列表 CRL(X.509v2)；CA/RA 操作协议；CA 管理协议；CA 政策制定。因此，PKI 应用系统的组成部分包括：认证中心 CA、X.500 目录服务器、具有高强度密码算法(SSL)的安全 WWW 服务器。CA 是 PKI 的核心，CA 负责管理 PKI 结构下的所有用户(包括各种应用程序)的证书，把用户的公钥和用户的其他信息捆绑在一起，在网上验证用户的身份，CA 还要负责用户证书的黑名单登记和黑名单发布。X.500 目录服务器用于发布用户的证书和黑名单信息，用户可通过标准的 LDAP 协议查询自己或其他人的证书和下载黑名单信息。

授权管理基础设施(Privilege Management Infrastructure，PMI)是国家信息安全基础设施(National Information Security Infrastructure，NISI)的一个重要组成部分。建立在 PKI 基础上的 PMI，以向用户和应用程序提供权限管理和授权服务为目标，主要负责向业务应用系统提供与应用相关的授权服务管理，提供用户身份到应用授权的映像功能，实现与实际应用处理模式相对应的、与具体应用系统开发和管理无关的访问控制机制，极大地简化应用中访问控制和权限管理系统的开发与维护，并减少管理成本和降低其复杂性。PMI 实际提出了一个新的信息保护基础设施，能够与 PKI 和目录服务紧密地集成，并系统地建立起对认可用户的特定授权，对权限管理进行了系统的定义和描述，完整地提供了授权服务所需过程。

PMI 以资源管理为核心，对资源的访问控制权统一交由授权机构统一处理，即由资源的所有者来进行访问控制。同公钥基础设施 PKI 相比，两者主要区别在于：PKI 证明用户是谁，而 PMI 证明这个用户有什么权限，能干什么。PMI 需要 PKI 为其提供身份认证。PMI 与 PKI 在结构上是非常相似的。信任的基础都是有关权威机构，由他们决定建立身份认证系统和属性特权机构。在 PKI 中，由有关部门建立并管理根 CA，下设各级 CA、RA 和其他机构；在 PMI 中，由有关部门建立授权源 SOA，下设分布式的 AA 和其他机构。

6.4.3 数字水印与消息摘要

加密技术保证了网络信息的安全性，同样是基于密码学原理的数字水印和信息摘要技术，以不同方式保障了信息的完整性。

1. 数字水印

数字水印(Digital Watermark)是指永久镶嵌在其他数据中可鉴别的数字信号或数字模式。数字水印技术基于密码学原理使用一个或多个密钥以确保数据安全、防止修改或擦除，对数据可起到双重加密作用。数字水印的工作过程如图 6-34 所示。

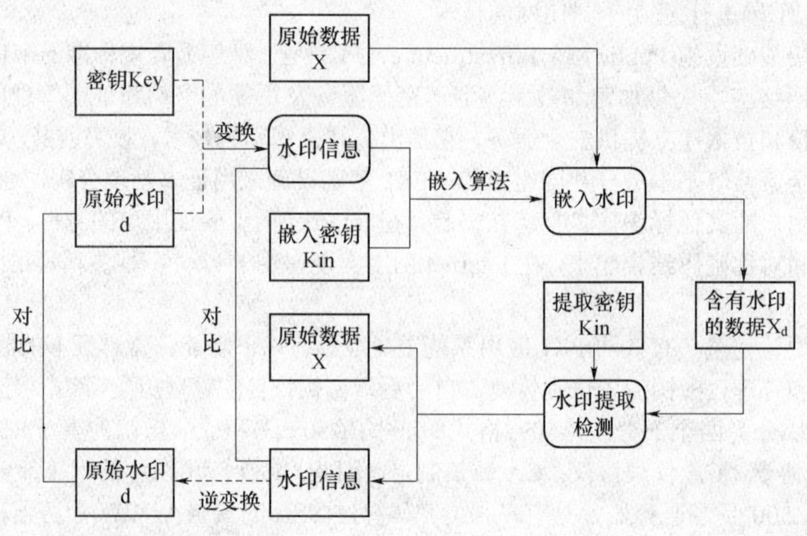

图 6-34　数字水印的工作过程

数字水印的主要特征有：不可感知性(Imperceptible)、鲁棒性(Robustness)、可证明性、自恢复性和安全保密性。不可感知性包括视觉上的不可见性和水印算法的不可推断性。鲁棒性是指嵌入水印必须难以被一般算法清除，也就是说多媒体信息中的水印能够抵抗各种对数据的破坏，如 A/D 转换、D/A 转换、重量化、滤波、平滑、有失真压缩以及旋转、平移、缩放及分割等几何变换和恶意的攻击等。可证明性指对嵌有水印信息的图像，可以通过水印检测器证明嵌入水印的存在。自恢复性指含水印的图像在经受一系列攻击后，图像可能有较大的破坏，水印信息也经过了各种操作或变换，但可以通过一定的算法从剩余的图像片段中恢复出水印信息，而不需要整个原始图像的特性。

2. 消息摘要

在网络安全目标中，要求信息在生成、存储或传输过程中保证不被偶然或蓄意地删除、修改、伪造、乱序、重放、插入等破坏和丢失，因此需要一个较为安全的标准和算法，消息摘要就是保证数据的完整性的安全技术。

常见的消息摘要算法有 Ron Rivest 设计的消息摘要标准 MD(Standard for Message Digest)算法和 NIST 设计的安全散列算法 SHA(Secure Hash Algorithm)。

消息摘要算法采用单向散列(Hash)函数从明文产生摘要密文。摘要密文又称为哈希函数、数字指纹(Digital Fingerprint)、压缩(Compression)函数、紧缩(Contraction)函数、数据认证码 DAC(Data Authentication Code)、篡改检测码 MDC(Manipulation Detection Code)。

哈希函数的输出值有固定的长度，该散列值是消息 M 的所有位的函数并提供错误检测能力，消息中的任何一位或多位的变化都将导致该散列值的变化。从散列值不可能推导出消息 M，也很难通过伪造消息 M'来生成相同的散列值,这就是哈希函数的抗碰撞性，这一特性体现出哈希函数对抗生日攻击和伪造的能力。根据安全水平哈希函数分为两类：弱抗碰撞性(Weak Collision Resistance)哈希函数和强抗碰撞性(Strong Collision Resistance)哈希函数，后者含前者。

根据是否使用密钥哈希函数分为两类：带秘密密钥的哈希函数和不带秘密密钥的哈希函数。前者消息的散列值由只有通信双方知道的秘密密钥来控制，此时散列值称作消息认证码

(Message Authentication Code，MAC)；后者消息的散列值的产生无需使用密钥，此时散列值称作消息检测码(Message Detection Code，MDC)。

如果报文不加密传输，报文的哈希值加密传输，攻击者可以通过一种基于生日悖论的攻击，精心伪造一个报文，使其哈希值与原报文的哈希值相同，就能使用替代报文来欺骗接收者。因此，要使哈希函数能对抗生日攻击，哈希值必须足够长，例如 128 bit、160 bit、224 bit、256 bit 等。

1989 年，Merkle 提出哈希函数模型，1990 年 Ron Rivest 提出 MD4 算法，1992 年，Ron Rivest 提出 MD5(RFC 1321)算法。在最近数年之前，MD5 是最主要的哈希算法，现行美国标准 SHA-1 是以 MD5 的前身 MD4 为基础。MD5 算法的输入是任意长度消息，输出是 128 bit 消息摘要，处理时是以 512 bit 输入数据块为单位运算。

另一种常用的安全散列算法 SHA 是 NIST 于 1992 年制定的，1993 年，SHA 成为标准(FIPS PUB 180)，1994 年修改产生 SHA-1(160 bit)，1995 年，SHA-1 成为新的标准，作为 SHA-1(FIPS PUB 180-1/RFC 3174)，为兼容 AES 的安全性，NIST 发布 FIPS PUB 180-2，标准化 SHA-256，SHA-384 和 SHA-512。SHA 输入的消息长度小于 264 bit，输出的则是 160 bit 消息摘要，运算时是以 512 bit 输入数据块为单位处理的。其基础思路来源于 MD4。

运用消息摘要可以实现认证，但消息认证存在一些局限性。消息认证可以保护信息交换双方不受第三方的攻击，但是它不能处理通信双方的相互攻击。因为，信源方产生一条消息时，使用和信宿方共享的密钥产生认证码，并将认证码附于消息之后。信宿方可以伪造消息，所以无法证明信源方确实发送过该消息。在收发双方不能完全信任的情况下，引入数字签名来解决上述问题。

6.4.4 数字签名

在公钥密码体制中，用接受者的公钥加密消息得到密文，接受者用自己的私钥解密密文得到消息。加密过程任何人都能完成，解密过程只有接受者能够完成。考虑一种相反的过程，发送者用自己的私钥加密消息得到密文，接收者利用公钥解密密文得到消息。很显然，加密只有发送者能够完成，而解密任何人都可以完成。 所以，任何人都可相信是特定的发送者产生了该消息，这就相当于“签名”，证明一个消息的所属。

随着计算机网络的发展，人们希望通过电子设备实现快速、远距离的交易，数字签名法应运而生，并开始用于商业通信系统，如电子邮递、电子转账和办公自动化等系统，保证信息的抗抵赖性。过去依赖于手书签名的各种业务都可用这种电子数字签名代替，它是实现电子贸易、电子支票、电子货币、电子购物、电子出版及知识产权保护等系统安全的重要保证。

数字签名是传统签名的数字化，也要具备传统签名的特点，即能与所签文件绑定，签名者不能否认自己的签名，签名不能被伪造，容易被自动验证。数字签名与传统手书签名的区别在于，手书签名是模拟的，且因人而异。数字签名是 0 和 1 的数字串，因消息而异。

数字签名与消息认证的的区别在于，消息认证使接收方能验证消息发送者及所发消息内容是否被窜改过。当收发者之间没有利害冲突时，这对于防止第三者的破坏来说是足够了。但当收者和发者之间有利害冲突时，就无法解决他们之间的纠纷，此时须借助数字签名技术。

数字签名与消息加密区别在于，消息加密和解密可能是一次性的，它要求在解密之前是安全的；而一个签名的消息可能作为一个法律上的文件，如合同等，很可能在对消息签署多年之后才验证其签名，且可能需要多次验证此签名。因此，签名的安全性和防伪造的要求更高些，且要求证实速度比签名速度还要快，特别是联机在线实时验证。

根据签名的内容可以把数字签名分为两类：对整体消息的签名、对压缩消息的签名。按明文、密文的对应关系可以把数字签名分为确定性(Deterministic)数字签名和随机性(Randomized)数字签名两类。进行确定性数字签名时，明文与密文一一对应，对同一消息的签名是不变的。

数字签名常见算法有普通数字签名算法、盲签名算法和群签名算法。普通数字签名算法包括 RSA、ElGamal /DSS/DSA、ECDSA 等。

1991 年，美国国家标准与技术研究所 NIST 提出联邦信息处理标准 FIPS186，1994 年 12 月 1 日，FIPS186 被采纳为数字签名标准(Digital Signature Standard，DSS)，2000 年 DSS 的扩充版 FIPS 186-2 发布。DSS 是 ElGamal 和 Schnorr 签名方案的改进，使用的是由 D. W. Kravitz 设计的 DSA(Digital Signature Algorithm)算法。DSS 和 DSA 是不同的，前者是一个标准，后者是标准中使用的算法。DSS 只能用于数字签名，不能用于加密或密钥分配，安全性基于离散对数难题。DSS 是一个产生签名比验证签名快得多的方案，验证签名速度太慢。

一般数字签名中，总是要先知道文件内容而后才签署。但有时需要某人对一个文件签名，但又不让他知道文件内容，称此为盲签名(Blind Signature)。盲签名是由 Chaum 在 1983 年提出的，适应于电子选举、数字货币协议中。

1987 年 Desmedt 提出了群体密码学，群签名是群体密码学中的一个课题，由 Chaum 和 Van Heyst 于 1991 提出，群签名特点是：只有群体成员才能代表群体签名；接收到签名的人可以用公钥验证群签名，但不可能知道由群体中哪个成员所签；发生争议时可由群体中的成员或可信赖机构识别群签名的签名者。

群签名实际上很有用，例如在电子投标中，所有公司应邀参加投标，这些公司组成一个群体，且每个公司都匿名地采用群签名对自己的标书签名。事后当选中了一个满意的标书，就可识别出签名的公司，而其他标书仍保持匿名。中标者若想反悔已无济于事，因为在没有他参加下仍可以正确识别出他的签名。群签名也可以由可信赖中心协助执行，中心掌握各签名人与所签名之间的相关信息，并为签名人匿名签名保密；在有争执时，可以由签名识别出签名人。

6.4.5 身份认证和数字证书

1. 身份认证

按照作用实体不同认证分为消息认证和实体认证。消息认证是对通信数据的认证，目的是验证消息在传送或存储过程中是否被篡改，一般用消息摘要的方法。实体认证是对通信主体的认证，目的是识别通信方的真实身份，防止假冒。

常见的实体认证方法包括：生物特征认证、口令机制、一次性口令、智能卡和身份认证协议。目前已有的生物特征认证方法包括：视网膜扫描、声音验证、指纹和手型识别器、人脸识别等，这些识别系统能够检测指纹、签名、声音、人脸等生物特征。一次性口令系统允许用户每次登录时使用不同的口令。系统在用户登录时给用户提供一个随机数，用户将这个随机数送入口令发生器，口令发生器以用户的密钥对随机数加密，然后用户再将口令发生器输出的加密口令送入系统。系统再进行同样方法计算出一个结果，比较两个结果决定是否该身份有效。使用物理智能卡进行尸体认证的系统在允许进入之前需要检查其智能卡，智能卡内有微处理器和存储器，其中以加密的形式保存卡的 ID 及其他身份认证数据。身份认证协议指的是通过网络协议对通信主体进行身份认证，常用的身份认证协议有PAP、CHAP、Kerberos、X.509等，不同的身份认证协议对于窃听、窜扰、重放和冒充等攻击手段具有不同的防御能力。

常见的基于共享密钥的认证协议有质询—回应协议和使用密钥分发中心的认证协议，认证方式是通信双方以共享密钥作为相互通信的依据。质询—回应协议的工作过程是：A 向 B 发送一个消息 TA，表示想和 B 通话。B 回应一个质询 RB，RB 是一个随机数。A 用与 B 共享的密钥 KAB 加密 RB，得到密文 KAB(RB)发送给 B；B 收到密文 KAB(RB)，用自己同样拥有的 KAB 加密 RB，对比结果，如果相同就确认了 A 的身份。此时 B 已完成了对 A 的单向认证。通过同样的方法 A 确认了 B 的身份后才完成了双向认证。

使用密钥分发中心的认证协议的工作过程如图 6-35 所示，通信双方 A 和 B 依靠密钥分发中心(Key Distribution Center，KDC)实现身份认证。KDC 拥有 A 的密钥 K_A 和 B 的密钥 K_B。A 准备一个会话信息，其中指明了 B 的身份标识及会话密钥 K_S，使用 A 的密钥 K_A 对会话信息进行加密，然后再连同 A 的身份标识一起发给 KDC。KDC 收到消息后，根据 A 的身份标识找出 A 的密钥 K_A，解开会话信息获得 B 的身份标识及会话密钥 K_S。KDC 将 A 的身份标识及会话密钥 K_S 产生一个新会话信息，使用 B 的密钥 K_B 对会话信息进行加密，然后发给 B。B 收到会话密钥 K_S 后，使用 K_S 直接和 A 进行安全加密通信。该协议的缺点是不能防范重放攻击。

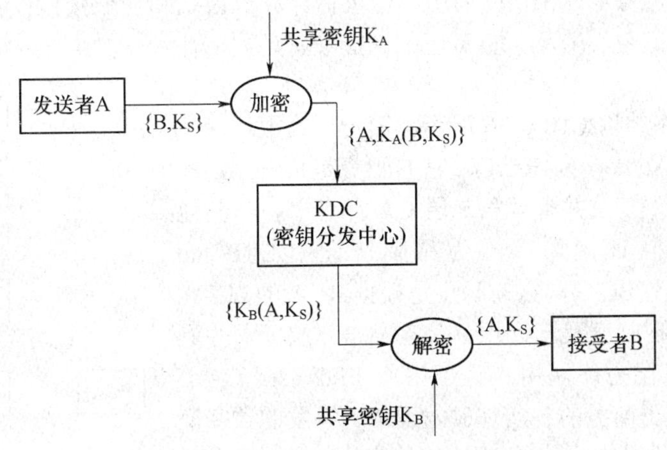

图 6-35　使用密钥分发中心的认证协议

防范重发攻击的一种方案是在每条消息中包含一个过期时间戳。接收者检查消息中的时间戳，如果发现过期，则将消息丢弃。但是在网络上的时钟从来都不是精确同步的，所以时间戳的定义不好把握。定得太宽松，则容易遭受重放攻击；定得太紧凑，则消息容易过期。

防范重发攻击的另一种方案是在每条消息之中放置一个临时值。每一方必须要记住所有此前出现过的临时值，如果某条消息中再次包含了以前用过的临时值，则丢弃该消息。但是这样需要保存大量的临时值，而且机器有可能因某些原因丢失所有的临时值信息，从而遭受重发攻击。可以采用将时间戳和临时值结合起来，以便减少需要记录的临时值，但协议实现稍微有些复杂。

防范重发攻击的第三种方式是采用较为复杂的多路质询—回应协议，其中的典型是 Needham-Schroeder 认证协议。

2. 数字证书

任何的密码体制都不是坚不可摧的，公开密钥体制也不例外。由于公开密钥体制的公钥是对所有人公开的，从而免去了密钥的传递，简化了密钥的管理。但是这个公开性在给人们带来便利的同时，也给攻击者冒充身份篡改公钥有可乘之机。所以，密钥也需要认证，在拿到某人的公钥时，需要先辨别一下它的真伪。这时就需要一个认证机构，将身份证书作为密钥管理的载体，并配套建立各种密钥管理设施。

数字证书(Digital Certificate)又称为数字标识(Digital ID)。它提供一种在因特网上验证身份的方式，是用来标志和证明网络通信双方身份的数字信息文件。数字安全证书是由权威公正的第三方机构即认证中心(Certificate Authority，CA)签发的。它是在证书申请被认证中心批准后，通过登记服务机构将其发放给申请者。

最简单的证书包含一个公开密钥、名称以及证书授权中心的数字签名。一般情况下证书中还包括密钥的有效时间，发证机关(证书授权中心)的名称，该证书的序列号等信息，证书的格式遵循 ITU-T X.509 国际标准。

CA 作为权威的、可信赖的、公正的第三方机构，专门负责发放并管理所有参与网上交易的实体所需的数字证书。它作为一个权威机构，对密钥进行有效地管理，颁发证书证明密钥的有效性，并将公开密钥同某一个实体(消费者、商户、银行)联系在一起。CA 主要由三个部分组成：注册服务器(RS)，面向用户，包括计算机系统和功能接口；注册中心(RA)，负责证书的审批；认证中心(CA)，负责证书的颁发，是被信任的部门。

CA 的三层体系结构如图 6-36 所示。第一层为根认证中心(Root Certificate Authority，RCA)，它的职责是负责制定和审批 CA 的总政策，签发并管理第二层 CA 的证书，与其他根 CA 进行交叉认证。第二层为品牌认证中心(Brand Certificate Authority，BCA)，它的职责是根据 RCA 的规定，制定具体政策、管理制度及运行规范、签发第三层证书并进行证书管理。第三层为终端用户认证中心(End user CA，ECA)，它为参与电子商务的各实体颁发证书。签发的数字证书可分为三类：分别是支付网关(Payment Gateway)、持卡人(Cardholder)和商家(Merchant)签发的证书，签发这三种证书的 CA 对应的可称之为 PCA、CCA 和 MCA。

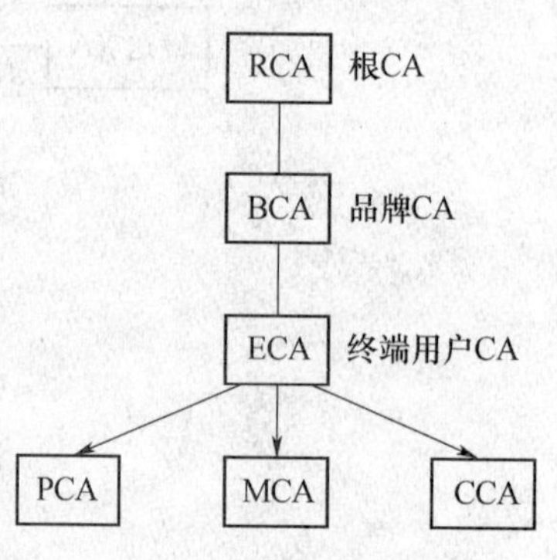

图 6-36　CA 的三层体系结构

6.4.6　访问控制

访问控制的目的是防止对网络资源的非授权访问和非授权使用。它允许用户对其常用的信息库进行适当权限的访问，限制他随意删除、修改或拷贝信息文件。访问控制技术还可以使系统管理员跟踪用户在网络中的活动，及时发现并拒绝黑客的入侵。

访问控制采用最小特权原则：即在给用户分配权限时，根据每个用户的任务特点使其获得完成自身任务的最低权限，不给用户赋予其工作范围之外的任何权力。

自主访问控制(DAC)、强制访问控制(MAC)和基于角色的访问控制(RBAC)是访问控制机制的主要技术。

6.4.7 防火墙

防火墙是加载于可信网络与不可信网络之间的部件，是网络安全的有机组成部分，它根据制定的安全策略通过控制和监测网络之间的信息交换和访问行为来实现对网络安全的有效管理。防火墙有许多种形式，有的以软件形式运行在普通计算机之上，有的以硬件形式单独实现，也有的以固件形式设计在路由器之中。

防火墙技术包括：防火墙的位置部署、包过滤技术、状态检测技术、应用代理技术等。

防火墙的主要功能是：过滤进出网络的数据、管理进出网络的访问行为、封堵某些禁止的业务、记录通过防火墙的信息内容和活动、对网络攻击进行检测和报警。防火墙的控制能力包括：服务控制，确定哪些服务可以被访问；方向控制，对于特定的服务，可以确定允许哪个方向能够通过防火墙；用户控制，根据用户来控制对服务的访问；行为控制，控制一个特定的服务的行为。合理地设计并部署防火墙才能使这些功能得以实现。防火墙设计规则是保持设计的简单性，并计划好防火墙被攻破时的应急响应。部署防火墙时要避免一些误区：最全的就是最好的，最贵的就是最好的；软件防火墙部署后不对操作系统加固；一次配置，永远运行；测试不够完全；审计是可有可无的。此外，防火墙的部署应考虑双机热备、安全的远程管理、入侵监测的集成、数据保护功能等问题，如图 6-37 所示。

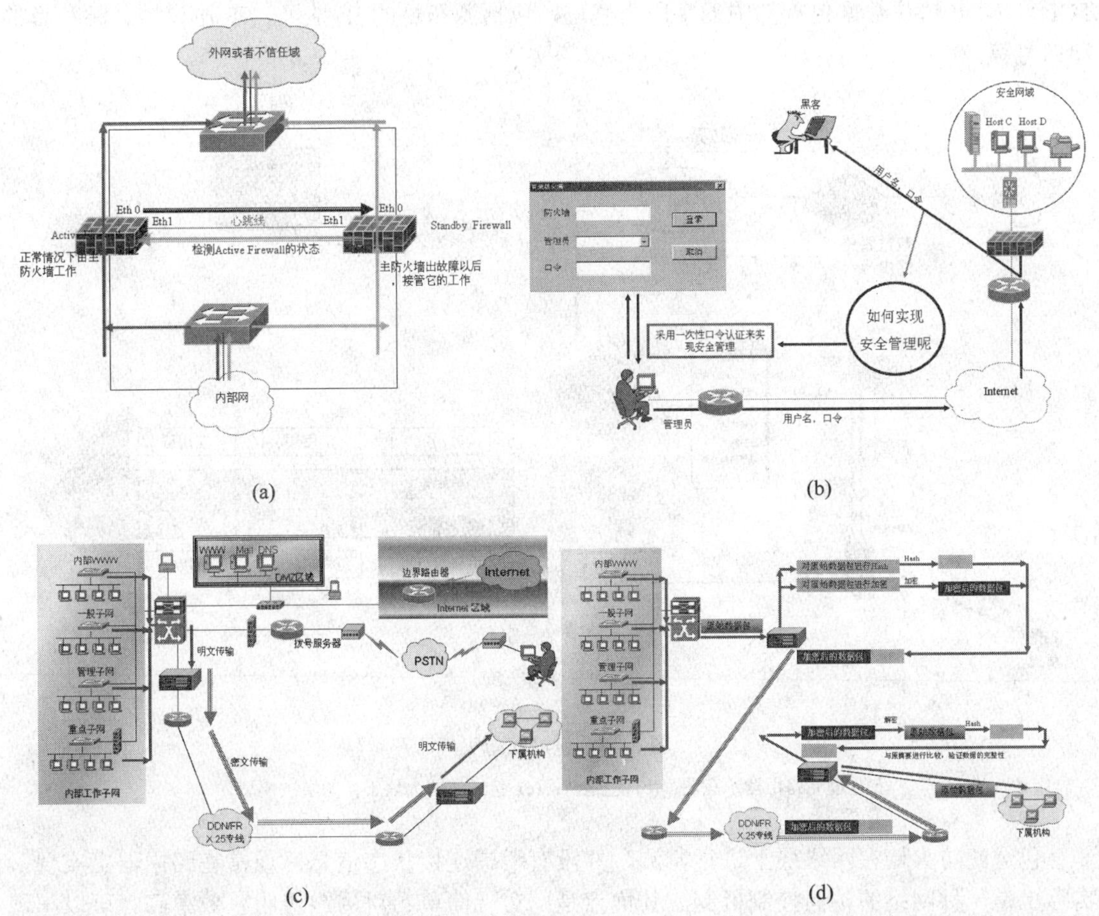

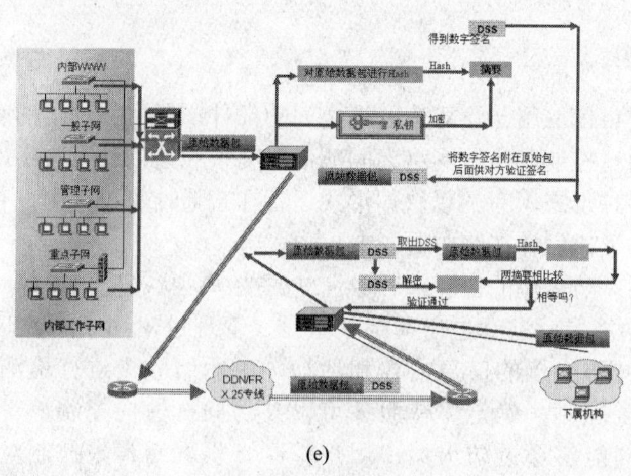

(e)

图 6-37 防火墙的部署应考虑的问题

(a) 双机热备；(b) 安全的远程管理；(c) 数据的机密性保护；(d) 数据的完整性保护；(e)数据源身份验证。

从防火墙的发展历程来看，陆续出现了简单包过滤防火墙、应用代理防火墙、状态检测防火墙等类型，最新的技术是具有数据流过滤功能的防火墙。

包过滤防火墙的基本思想很简单，过滤器往往先建立一组规则，对于每个进来的包，依据规则来决定转发或者丢弃该包，如图 6-38 所示。这种过滤规则往往配置成双向的，以 IP、TCP 和 UDP 协议数据包首部中的字段为基础，包括源和目的 IP 地址、IP 协议域、源和目的端口号等。

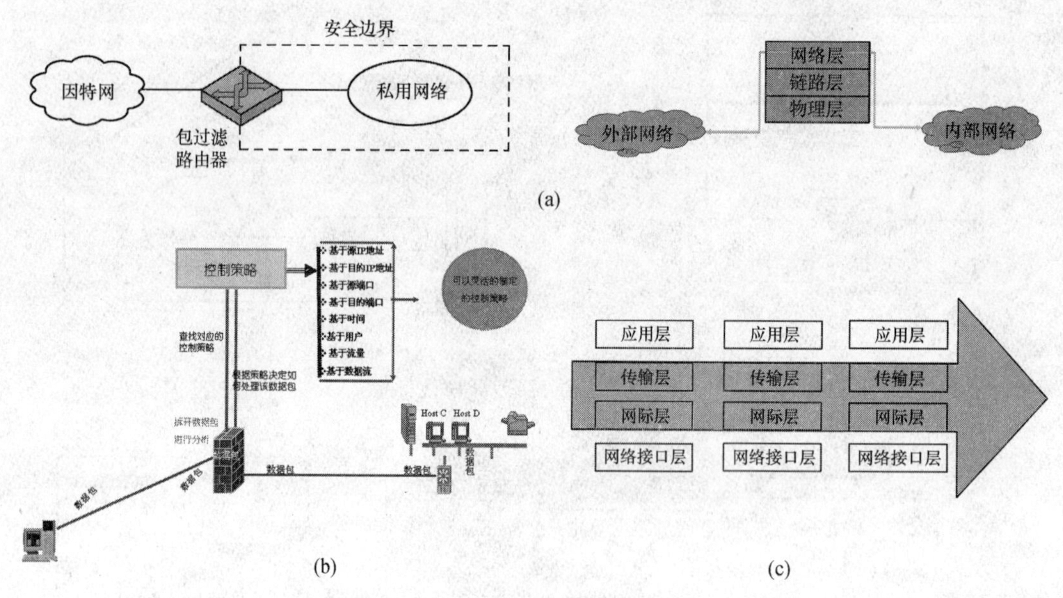

图 6-38 包过滤防火墙

(a)包过滤路由器示意图；(b) 包过滤；(c) 包过滤防火墙工作的层次模型。

包过滤防火墙在网络层上进行监测，并没有考虑连接状态信息，通常在路由器上实现，实际上是一种网络的访问控制机制。其优点是：实现简单、对用户透明、效率高。可以与现有的路由器集成，也可以用独立的包过滤软件来实现，而且数据包过滤对用户来说是透明的，成本低、速度快、效率高。缺点是：正确制定规则并不容易、不可能引入认证机制。包过滤技术的主要依据是包含在IP报头中的各种信息，可是IP包中信息的可靠性没有保证，IP源地址可以伪造，通过内部合谋，入侵者轻易就可以绕过防火墙；并非所有的服务都与静态端口绑定，包过滤只能够过滤IP地址，所以它不能识别相同IP地址下不同的用户，从而不具备身份认证的功能；工作在网际层和传输层，不能检测那些对高层进行的攻击；如果为了提高安全性而使用很复杂的过滤规则，那么效率就会大大降低；对每一个数据包单独处理，不具备防御DoS攻击和DDoS攻击的能力。

一般针对包过滤防火墙的攻击类型有：IP地址欺骗，例如假冒内部的IP地址；源路由攻击；小碎片攻击，利用IP分片功能把TCP头部切分到不同的分片中；利用复杂协议和管理员的配置失误进入防火墙，例如利用FTP协议对内部进行探查。针对IP地址欺骗，可在防火墙的外部接口上禁止内部地址，针对源路由攻击可以设置防火墙禁止这样的选项，针对碎片攻击，可设置防火墙丢弃过小的分片。

应用代理防火墙工作在应用层，它针对专门的应用层协议制定数据过滤和转发规则，其核心技术是代理服务器技术，如图6-39所示。应用代理防火墙的实现是基于软件的，主要包含三个模块：客户代理模块、服务器代理和过滤模块。客户代理模块负责处理客户的访问请求，由过滤模块分析和决定是否接受该请求；如果允许，则由服务器代理模块建立与服务器的连接，转发请求；服务器代理模块将服务器的应答传递给客户代理模块，再转发给客户。

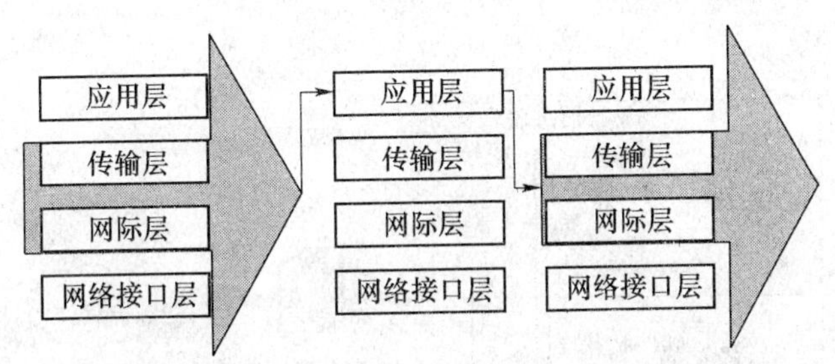

图6-39　应用代理防火墙工作的层次模型

应用代理防火墙作为网关，所有的连接都通过防火墙，因此防火墙可以实现身份认证，例如最常见的用户和密码认证；可以进行内容过滤，防止一些应用层攻击(例如溢出攻击)，还可过滤一些应用层数据(例如，Java Applet、Java Script、ActiveX、电子邮件的MIME类型等)；可以记录非常详尽的应用层日志记录，比如记录进入防火墙的数据包中有关应用层的命令以及命令的完成情况等。缺点是工作效率较低，对不同的应用层服务都可能需要定制不同的应用代理防火墙软件，缺乏灵活性，不易扩展，开销比较大，新的服务不能及时地被代理，每个被代理的服务都要求专门的代理软件，客户软件需要修改，重新编译或者配置，有些服务要求建立直接连接，无法使用代理，代理服务不能避免协议本身的缺陷或者限制。

状态检测防火墙是一种动态包过滤防火墙，也称为自适应防火墙，它在基本包过滤防火墙的基础上增加了状态检测的功能，如图6-40所示。状态检测防火墙记录和跟踪所有进出数据包的信息，对连接状态进行动态维护和分析。一旦发现异常的流量或连接，就动态生成过滤规则，制止可能的攻击行为。因此，状态检测防火墙具有较强的对DoS攻击和DDoS攻击的防御能力。

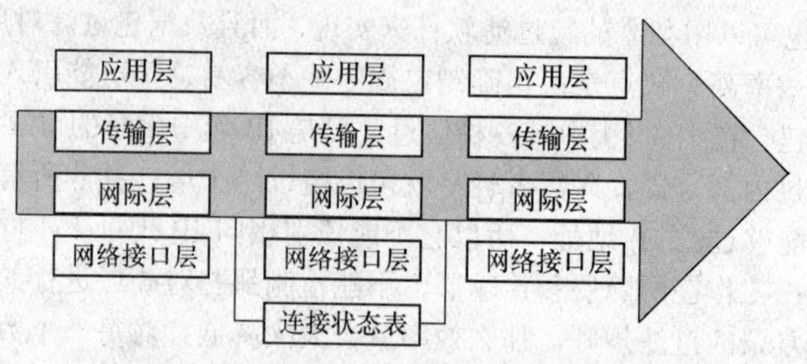

图 6-40 状态检测防火墙工作的层次模型

状态检测防火墙具备包过滤防火墙的一切优点，能够灵活地动态地生成过滤规则，自动适应网络的工作状态，具备较好的对 DoS 攻击和 DDoS 攻击防御能力，与应用代理防火墙相比，状态检测防火墙工作在协议栈的较低层，通过防火墙的所有数据包都在底层处理，减少了高层协议栈的开销，执行效率较高，具有较好的可伸缩性和易扩展性，应用范围广。缺点是不能对应用层数据进行控制，不能记录高层次的日志。

防火墙的部署方式有很多种，在设计时需要依据网络安全的具体建设目标来确定网络结构。常见的防火墙部署有以下几种：

1) 屏蔽路由器防火墙

屏蔽路由器防火墙网络是最简单的一种防火墙网络，如图 6-41 所示。屏蔽路由器是指具有包过滤防火墙功能的路由器，它可以设置各种过滤规则，并根据网络地址和端口号进行流量过滤。

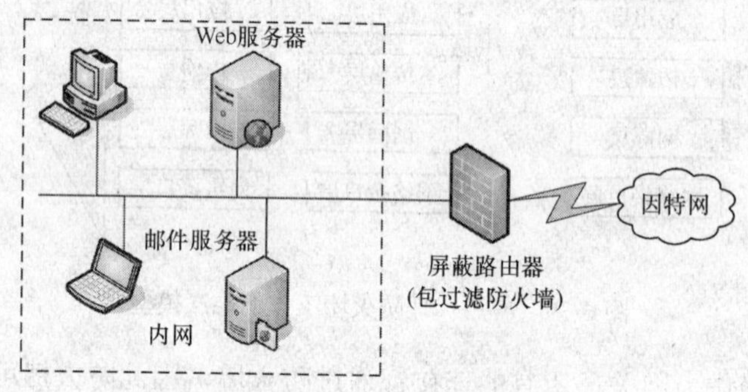

图 6-41 屏蔽路由器防火墙网络的结构图

屏蔽路由器防火墙的特点：只使用一个屏蔽路由器，网络结构简单。屏蔽路由器可以具有简单的包过滤防火墙功能，也可以具有稍高级的状态检测防火墙的功能。外网访问内网时，屏蔽路由器可以只开放若干个特定的地址和端口(如对外开放的 Web 服务和邮件服务)。内网访问外网时，屏蔽路由器通常不做任何限制。但是，如果黑客能够入侵并控制了对外开放的服务器，就可以借机攻击内网其他计算机。如果屏蔽路由器被入侵，则整个内部网络彻底暴露，对内网主机用户缺乏控制能力。

2) 屏蔽主机防火墙+堡垒主机

屏蔽路由器防火墙+堡垒主机的部署是在屏蔽路由器防火墙部署的基础上增加了一台堡垒主机(Gat eKeeper)，通常有两种使用形式：以服务器保护为主的使用形式；以内网用户管理为主的使用形式。如图 6-42 所示。

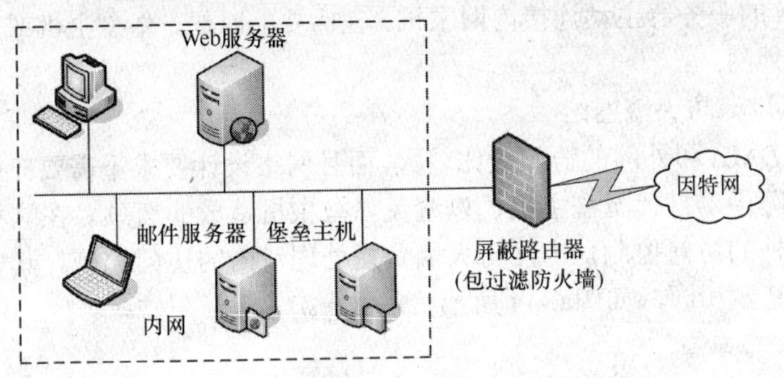

图 6-42　屏蔽主机防火墙+堡垒主机网络的结构图

如果是以保护服务器为主要目的，堡垒主机的任务是作为内网服务器的应用代理防火墙。屏蔽路由器禁止外网直接访问内网服务器，所有外网对服务器的访问必须通过堡垒主机做代理。内网用户访问服务器时，不需要通过堡垒主机的代理。这种部署的优点是增加了黑客从外网直接攻击内网主机的难度。缺点是缺乏对内网主机的控制功能，黑客可以利用内网用户的疏忽，设法将木马程序安装在内网主机上；木马以反向连接的方式接受黑客的控制，再通过内网主机间接入侵内网服务器。

如果是以内网用户管理为主，则堡垒主机的任务是作为内网用户的应用代理服务器。屏蔽路由器禁止内网主机(对外开放的服务器除外)直接访问外网，内网用户必须设置堡垒主机为其代理服务器，通过代理服务器访问外网。优点：可以加强对内网用户的管理。代理服务器可以在一定程度上减少内外网通信的数据量，优化外网访问速度。缺点：内网服务器没有得到堡垒主机的保护。

3) 屏蔽路由器防火墙+双宿主堡垒主机

屏蔽路由器防火墙+双宿主堡垒主机网络结构又称屏蔽子网防火墙结构，是对前一种防火墙部署的改进，将前一种网络结构中的单宿主堡垒主机改为双宿主堡垒主机，如图 6-43 所示。在这种防火墙网络结构中，堡垒主机和屏蔽路由器之间形成了一个特殊的网段，这个网络成为了内外网之间的隔离带，故称为 DMZ(DeMilitarized Zone，非军事化区)。

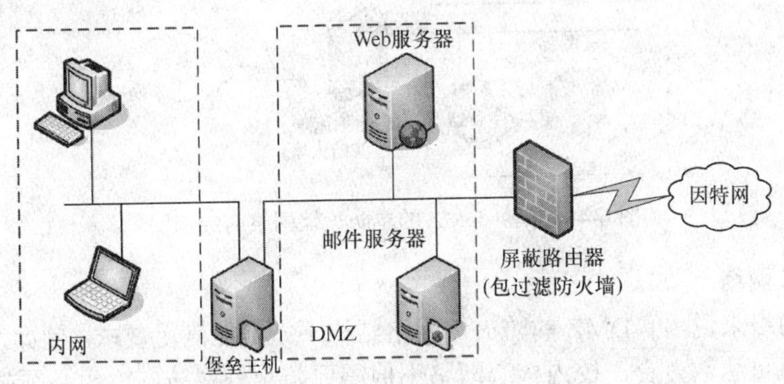

图 6-43　屏蔽主机防火墙+双宿主堡垒主机网络的结构图

DMZ 的特点：屏蔽路由器只允许外网访问 DMZ 内的服务器和堡垒主机，屏蔽非开放地址和端口。内网的主机需要通过堡垒主机的代理才能访问 DMZ 中的服务器。内网的主机需要通过堡垒主机的代理后，才能通过屏蔽路由器访问外网。堡垒主机禁止外网主动连接内网主机，也禁止 DMZ 的服务器主动连接内网主机。在需要的时候，堡垒主机或屏蔽路由器可以禁止内网主机访问外网。

4) 内外网包过滤防火墙网络

如果内网对 DMZ 和外网的访问量比较大，而且网络设计要求不需要应用层级别的安全保护，可以用屏蔽路由器替代堡垒主机，以避免堡垒主机造成的瓶颈。在这种结构中，外网防火墙负责处理对外的访问控制，内网防火墙负责处理对内的访问控制。其安全设计原则与前一种防火墙网络基本相同，如图 6-44 所示。

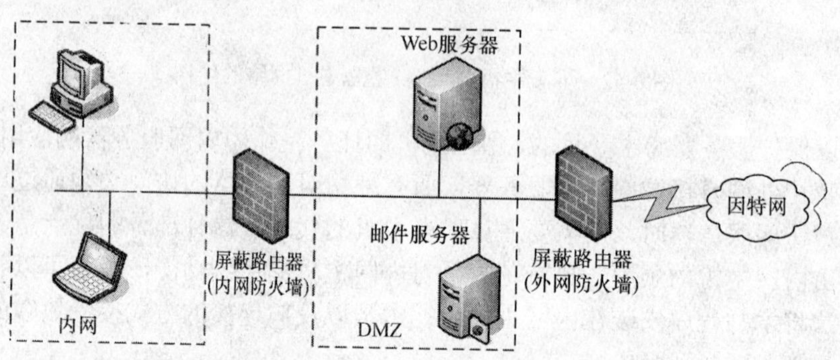

图 6-44　内外网包过滤防火墙网络的结构图

5) 提供 DMZ 的单防火墙

有些防火墙同时提供内网防火墙和 DMZ 功能，以降低造价，简化网络结构，如图 6-45 所示。

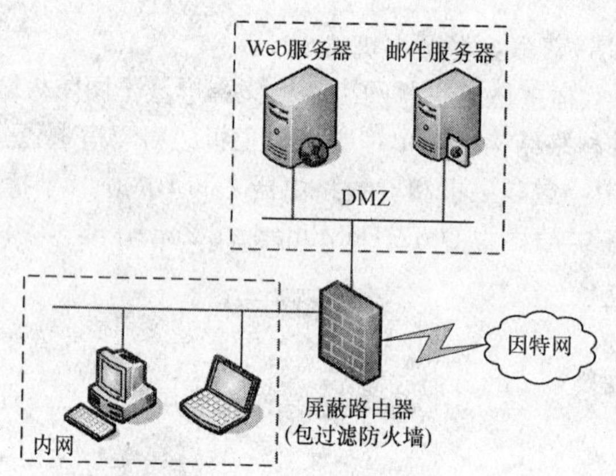

图 6-45　提供 DMZ 的单防火墙网络的结构图

6) 双 DMZ 网络

对于大型网络来说，单 DMZ 的防火墙网络结构不一定能满足要求。例如，一个大学的校园网的入网主机可达数万台，校内核心网络不但需要防止外网访问，也必须限制内部网络的访问，因此需要建立双 DMZ 结构，如图 6-46 所示。

防火墙也有不足之处，它无法防护内部用户之间的攻击，无法防护基于操作系统漏洞的攻击，无法防护内部用户的其他行为，无法防护端口反弹木马的攻击，无法防护病毒的侵袭，无法防护非法通道的出现。这些问题需要入侵检测和漏洞扫描等其他的网络安全防护措施来解决。

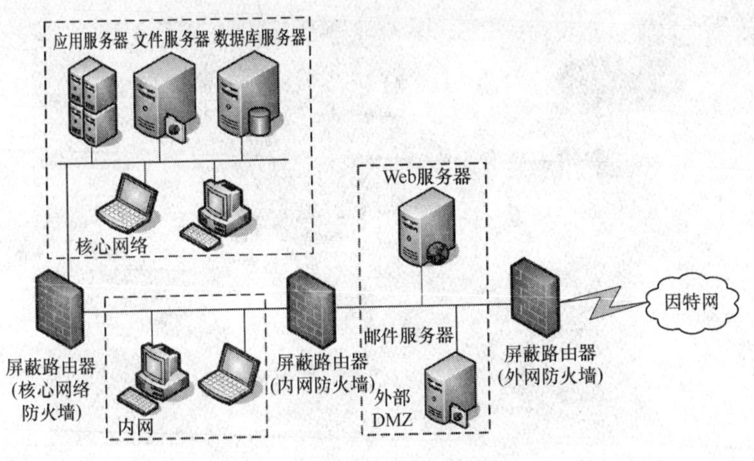

图 6-46 双 DMZ 网络的结构图

6.4.8 入侵检测

入侵检测 ID(Intrusion Detection)是通过对计算机网络或计算机系统中的若干关键点收集信息并对其进行分析，从中发现是否有违反安全策略的行为和被攻击迹象的技术。入侵检测系统(Intrusion Detection System，IDS)处于防火墙之后，对网络活动进行实时的检测，它通过抓取网络上的所有报文，分析处理后报告异常和重要的数据模式和行为模式，使网络安全管理员清楚地了解网络上发生的事件，并能够采取行动阻止可能的破坏。在许多情况下，由于可以记录和禁止网络活动，所以可以把入侵检测系统看作是防火墙的延续，它们可以配合防火墙和路由器工作。例如，IDS 可以重新配置规则，禁止从防火墙外部进入的恶意流量。形象得说，IDS 就是网络摄像机和保安员，能够监控网络异常，对入侵行为自动地进行反击，与防火墙联动阻断连接、关闭道路，如图 6-47 所示。

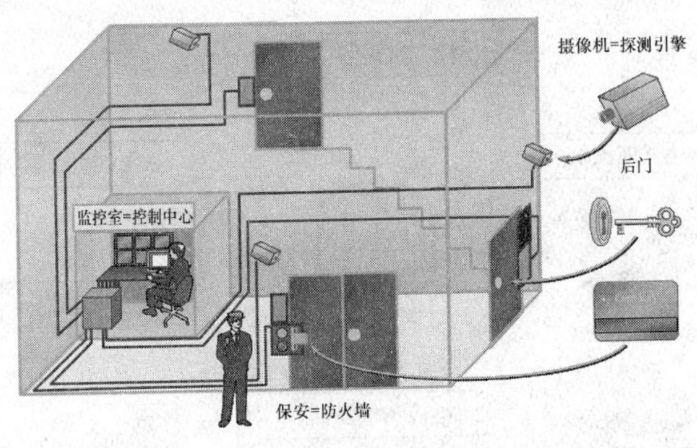

图 6-47 IDS

IDS 一般分为 IDS 信息的收集和预处理、入侵分析引擎与响应和恢复系统三个部分，如图 6-48 所示。IDS 信息的收集和预处理部件是对来自网络系统不同结点隐藏的网络入侵行为数据进行采集，如系统日志、网络数据包、文件与用户活动的状态和行为。入侵分析引擎是 IDS 运用模式匹配、异常检测和完整性分析等技术，对数据进行分析以寻找入侵。响应和恢复系统是一旦发现入侵，IDS 就会马上进入响应过程，并在日志、警告和安全控制等方面作出反应。

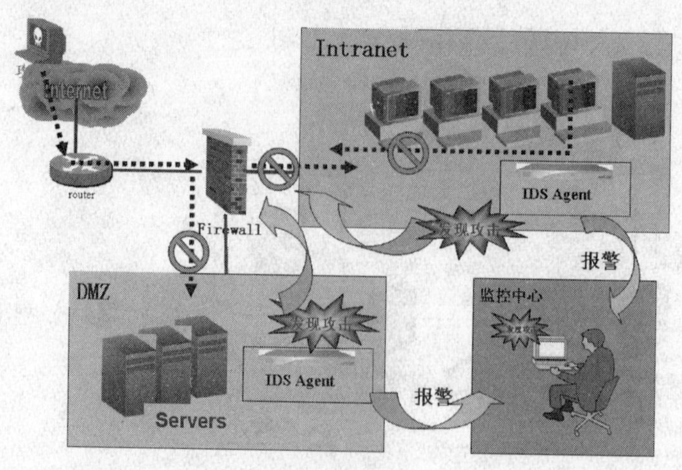

图 6-48　IDS 组成

根据采用的分析方法，可以把 IDS 划分为异常检测型 IDS 和误用检测型 IDS。异常检测(Anomaly Detection)假定入侵行为与正常行为明显不同。因此，可首先建立正常行为的轮廓，当检测到的行为不符合预定义轮廓时，将其视为入侵。该方法的关键是异常阈值的选择，其优点是能够发现未知入侵行为，对攻击的变种和新的攻击非常有效，缺点是由于识别能力不足容易产生误报。误用检测(Misuse Detection)又称为特征分析检测，这种方法假定所有入侵都能够表达为一种模式或特征，并直接根据该特征检测入侵行为。其关键是如何表达入侵特征，将入侵行为与正常行为区分开来。该方法误报率低、准确率高，但它只能发现已知的入侵方式、漏报率高、特征库的维护与实时更新困难。

异常检测和误用检测各有优劣，具有优势互补的特点，所以比较完整的 IDS 应该是两者的结合体，如图 6-49 所示。但是，由于误报率高的原因，异常检测大多作为研究系统，而实用的 IDS 主要采用误用检测方法。

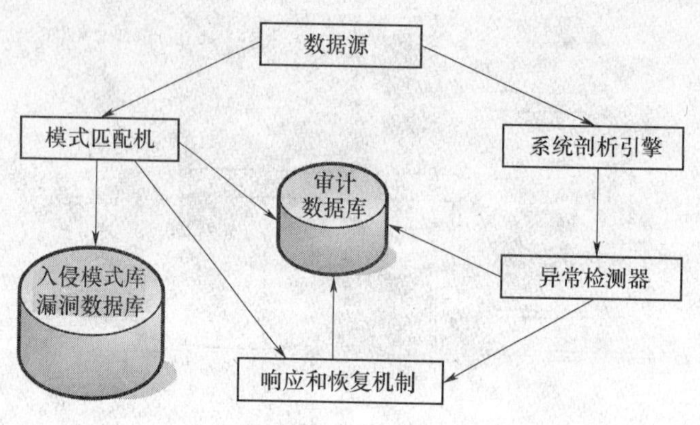

图 6-49　IDS 的模型

根据 IDS 在网络中的位置一般分为基于主机的 IDS 和基于网络的 IDS 两种类型。基于主机的 IDS 直接将检测代理安装在受监控的主机系统上，IDS 的数据来源是主机系统，通过对系统日志和审计记录等不间断的监控和分析来发现攻击或误操作。基于网络的 IDS 则可以在图 6-50 中各种位置安装，其数据来源是网络上的数据流，IDS 能够截获网络中的数据包，以检测和分析入侵行为。

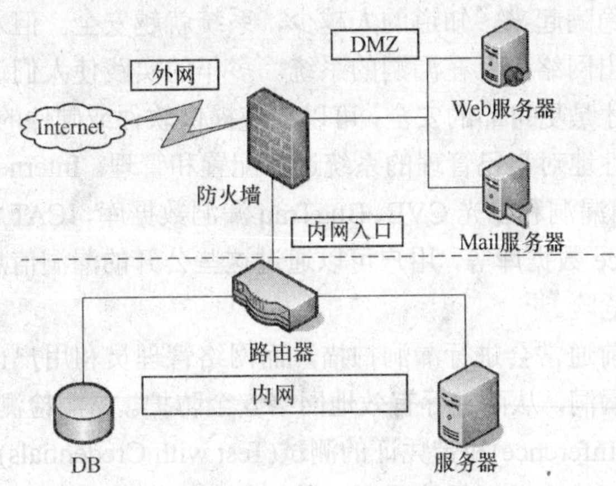

图 6-50　IDS 在网络中的位置

典型 IDS 的安装位置分为外网、DMZ、内网入口和内网部署几种。外网的感应器将负责检测来自外部的所有入侵企图，通过分析这些攻击将帮助管理员完善系统，并决定要不要在系统内部部署 IDS。对于一个配置合理的防火墙来说，这些攻击企图不会带来严重的问题，因为只有进入内部网络的攻击才会对系统造成真正损失。DMZ 是黑客的首要攻击目标，因此需要部署检测引擎。内网入口是 IDS 防御已突破防火墙的黑客攻击的最佳位置，需要部署 IDS 检测引擎。在内网部署 IDS 检测引擎，可以检测内网的异常举动，防范黑客从内部进行攻击，IDS 典型部署如图 6-51 所示。

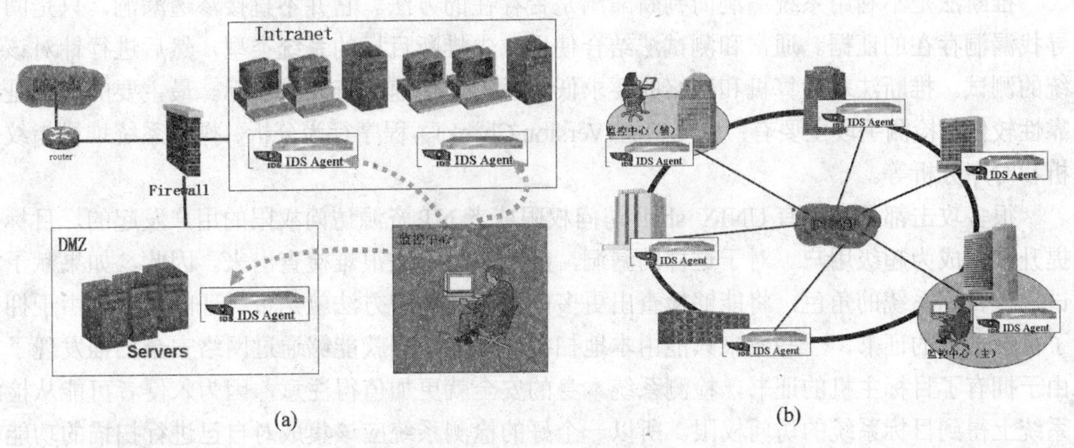

图 6-51　IDS 典型部署

(a) 企业内部安装；(b) 广域网应用。

6.4.9　漏洞扫描

安全漏洞(Security Hole)是系统的一组特性，恶意的主体(攻击者或者攻击程序)能够利用这组特性，通过已授权的手段和方式获取对资源的未授权访问，或者对系统造成损害。这里的漏洞包括单个计算机系统的漏洞和计算机网络系统的漏洞。

漏洞本身不会对系统造成损坏，只是为入侵者侵入系统提供了可能。因此，早期很多人认为应该把发现的漏洞隐瞒起来，知道的人越少，系统就越安全。但入侵者总有办法获知漏洞信息，也总有办法找出网络上存在漏洞的系统。多年的实践使人们逐渐认识到，建立在漏洞公开基础之上的安全才是更可靠的安全，可以促使提供软件或硬件的厂商更快地解决问题，让系统管理员更有针对性地对自己管理的系统进行配置和管理。Internet 上比较权威的漏洞信息资源数据库包括：通用漏洞和曝光 CVE、BugTraq 漏洞数据库、ICAT 漏洞数据库、CERT/CC 漏洞信息数据库、X-Force 数据库等，用户可以通过这些公开的漏洞信息清楚地了解系统如果存在这些漏洞将面临的危险。

黑客在发动攻击之前通常会进行漏洞扫描，而网络管理员和用户也可以通过漏洞扫描技术来掌握系统是否存在漏洞，从而进行有效地网络安全防护。漏洞检测的方法主要分为三种：直接测试(TEST)、推断(Inference)和带凭证的测试(Test with Credentials)。

直接测试是利用漏洞特点发现系统漏洞，使用针对漏洞特点设计的脚本或者程序检测漏洞，试图渗透漏洞是最显而易见的方法，这种方法的测试代码和黑客使用的渗透攻击代码类似，不同的是测试代码返回与“风险等级”对应的提示，而渗透攻击代码直接向入侵者返回具有超级权限的执行环境。总之进行漏洞扫描之前一定要确认已获得目标网络对其进行扫描的授权，因为漏洞扫描有可能对目标造成危害。

直接测试法通常用于对 Web 服务器漏洞、DoS 漏洞进行检测，能够准确地判断系统是否存在特定漏洞，对于渗透所需步骤较多的漏洞速度较慢，攻击性较强，可能对存在漏洞的系统造成破坏，对于 DoS 漏洞，测试方法会造成系统崩溃，不是所有漏洞的信息都能通过测试方法获得。

推断法是不利用系统漏洞而判断漏洞是否存在的方法。它并不直接渗透漏洞，只是间接寻找漏洞存在的证据。通常和测试法结合使用，先推断目标的系统类型，然后进行针对该系统的测试。推断法对计算机和网络的要求低，适用于快速检查大量目标。最主要的缺点是可靠性较低。检测手段主要有：版本检查(Version Check)、程序行为分析、操作系统堆栈指纹分析和时序分析等。

很多攻击都是由拥有 UNIX shell 访问权限或者 NT 资源访问权限的用户发起的，目标是提升权限成为超级用户。对于这样的漏洞，前面两种方法很难检查出来。因此，如果赋予测试进程目标系统的角色，将能够检查出更多的漏洞，这种方法就是带凭证的测试。由于拥有了目标主机的证书，一些原来只能由本地扫描发现的漏洞就能够通过网络安全扫描发现了。由于拥有了目标主机的证书，检测系统本身的安全就更加值得注意，因为入侵者可能从检测系统上得到目标系统的访问权限。所以一个好的检测系统应该集成对自己进行扫描的功能，否则，漏洞扫描有可能变得很危险。

基于网络的安全评估工具从入侵者的角度评估系统，这类工具叫做远程扫描器或者网络扫描器。基于主机的安全评估工具从本地系统管理员的角度评估系统，这类工具叫做本地扫描器或者系统扫描器，这两类扫描器的主要目的都是发现系统或网络潜在的安全漏洞。然而由于其着眼点和实现方式不同，两者的特点也各有千秋。网络扫描的一些常用工具包括 Hobbit 编写的 Netcat、网络映射程序 Nmap、网络分析的安全管理工具 SATAN、Nessus 以及由“安全焦点”开发的免费漏洞扫描工具 X-scan，这些软件都可以从 Internet 上免费获得的。

6.5 网络应用安全

6.5.1 网络用户应用安全

所谓网络用户应用安全是指使用个人计算机的网络用户保护所使用的计算机网络系统硬件、软件和数据，不因偶然和恶意的原因而遭到破坏、更改和泄露，系统连续正常运行。

个人网络安全的主要威胁来自恶意软件(Malware)和无所不在的黑客攻击。随着电子邮件、网页浏览、即时通信、网络游戏、下载等网络应用形式的丰富，可供恶意程序传播利用的途径越来越复杂。其中恶意软件主要包括：间谍软件(Spyware)、广告软件(Adware)、浏览器劫持(Hijacker)、木马程序等。而黑客攻击往往也利用了植入个人主机的各种恶意软件，结果是个人资料、游戏账号、银行账号以及 QQ 号等个人信息资源被窃取造成损失，以及沦为傀儡机硬件被滥用。

网络软件和网络应用复杂而脆弱，病毒、恶意软件侵入计算机的途径增多。随着迅雷下载、BT 下载、网络视频等新兴软件和网络应用的兴起，其用户群变得几乎与传统的 QQ 聊天用户、网络游戏用户一样庞大，而这些软件的某些功能在先天设计上违背了软件安全的原则，从而导致病毒、恶意软件通过这些软件侵入用户计算机的概率增大。因特网上有许多小网站通过“挂马”的方式来传播木马，未打补丁的计算机极易被感染。目前，网络用户的升级系统漏洞补丁的意识还非常淡薄。在下载某一款共享软件的时候，一不小心就容易被捆绑的恶意软件感染。这些恶意软件入侵计算机之后，还会在后台偷偷下载更多的木马、病毒到用户计算机上，危害性极大。

病毒、木马的趋利性不断增强，木马程序成为生财工具。偷、骗、抢已成为个人网络安全的三大威胁，以盗号木马、黑客后门和下载木马为代表的木马程序已经成为大多数职业病毒生产者的生财工具，木马程序背后的巨大的灰色产业链已经给整个因特网带来了更加严峻的考验，灰色产业链已将木马程序制作真正引领为一种产业。利益的驱动促使木马程序产业链的形成。不管是网银中真实的钱，还是虚拟财产，都成为木马程序瞄准的对象，目前在我国已经基本形成了制造木马、传播木马、盗窃账户信息、第三方平台销赃、洗钱，分工明确的木马程序产业链。

随着个人网络安全威胁产品趋利性的不断增强，建立在因特网交易平台上的账号、密码成为木马程序的直接窃取目标，导致以 QQ 号、游戏账号和银行账号为基础的网络应用也成为木马程序传输、黑客攻击的主要渠道，因而即时通信、网络游戏和网络金融行业自然而然地成为网络安全的重灾区。

即时通信已经成为中国网络用户最常使用的软件工具之一，同时也成为病毒重要的传播渠道。黑客主要通过窃取 QQ 账号和密码，以及 QQ 虚拟财产(QQ 币，QQ 游戏装备等)在现实生活中获利。据 360 安全卫士的调查显示，将近七成 QQ 用户的密码曾被盗过。发送钓鱼网站的网址，骗取用户的银行账号、支付宝账号等信息病毒利用 IM 软件自动发送带毒网址，用户浏览这些网站后就会中毒， IM 软件程序本身可能出现漏洞，安装之后可能破坏系统的整体安全。黑客可以编写“QQ 尾巴”类病毒，通过 IM 软件传送病毒文件、广告消息等。黑客可以通过病毒或其他手段截取 IM 软件聊天的信息。IM 软件群文件共享、IM 软件用户空间中往往带有恶意文件和恶意网址。修改版 IM 软件(如珊瑚虫版、去广告版、显 IP 版等)也存在安全威胁。

虽然目前 IM 厂商在安全性上做出了一定的改善,但由于 IM 软件本身所具有的高传播性已经使广大网络用户对病毒和木马程序防不胜防，广大网络用户除了要加强使用 IM 软件时的安全保护意识之外，更要在技术上有所防范，比如安装专业的杀毒软件和反恶意软件等。

网络游戏的账号和装备是在因特网上可以任意交易的重要物品，网络游戏装备、虚拟财产由于可换来丰厚的利润，已经成为黑客窥测的主要目标，但目前大部分网游玩家缺乏基本的安全意识和技能，而且网游厂商也缺乏安全保护的专业技术，导致网络游戏是黑客和病毒侵害的重灾区。根据瑞星的统计数据显示，在 2007 年上半年截获的新病毒中，木马和后门病毒超过 11 万个，这些病毒绝大多数与网络游戏有关。在 2007 年上半年十大病毒中，游戏相关病毒占据了 3 个。密码失窃、装备被盗卖，已经成为网游玩家最为头疼的问题。

为解决网络游戏的安全问题，网游厂商采取了一定的安全举措，例如开发针对本游戏的木马专杀工具，使用硬件随机密码生成器，加大人工投诉的处理速度等。但是，这些措施在本质上并不能保证用户的安全。

近年来，网络用户的安全意识和安全防护能力在逐步提高，逐步在改善个人网络应用安全。首先可以使用专业的木马专杀工具来对付植入的木马。目前偷窃网游账号密码的病毒和木马程序非常多，游戏厂商开发的木马专杀工具不可能涵盖如此庞大的病毒库，在病毒、木马等恶意程序的分析和处理能力上较弱，无法起到有效的用户保护作用，广大用户可以配合使用专业厂商生产的专业反恶意软件工具。

升级改造密码生成器也是保护网络账号的有效方法。硬件密钥比单纯的网络密码要安全许多，但还是存在一定的安全风险，建议游戏厂商能在技术上有所改进，将风险降低到最低，此外硬件密码生成器的价格长期居高不下，很多用户出于省钱的考虑而放弃此种类型保护。

由于电子商务的发展，黑客窃取账号、装备、虚拟货币之后，可以在极短的时间之内出售获利，人工处理往往会迟滞很久。政府监管部门能够进一步规范电子商务市场尤其是虚拟货币或装备的网上销售规范，可以从源头上杜绝盗取网游账号获利的可能性。但对于个人网络用户来说，一方面依靠法律与规范的保障，另一方面还要借助技术防范手段。技术防范大多不是部署在一般网络用户的客户端，但个人用户也可以安装恶意程序检测工具，选择安全协议进行网络通信和网上交易。

6.5.2 Windows XP 用户安全上网设置

1. 安装操作系统或应用程序时不要使用默认值

几乎所有的操作系统或应用程序的厂商都会提供用户快速安装的功能,虽然方便了用户，但是在绝大多数用户不知情的情况下，系统却同时安装了许多不必要的功能。而这种所谓采默认值安装的操作系统或应用程序，往往是造成安全漏洞的祸首。主要原因是因为用户通常不会去注意那些从来不用的功能，而且有许许多多的用户，包含系统管理人员，根本就不知道自己在使用中的操作系统或应用程序上到底安装了哪些东西。一旦这些不明的功能出现漏洞，而偏偏用户又一无所知，且未实时加以修补的话，那往往会成为黑客入侵的最佳通道。

2. 使用个人网络安全软件并及时修补程序的漏洞

安装防火墙对进出入的网络数据包进行过滤，防火墙过滤规则设定原则是：禁止接收来源地址是内部网络的任何网络数据包，设置任何进入个人网络或个人主机的网络数据包的目的地址必须是内部网络的地址，任何离开个人网络的数据包的源地址必须是内部网络的地址，任何离开个人网络的数据包的目的地址不允许是内部网络的地址，任何进入或是离开个人网络的数据包的来源或是目的地址不允许是虚拟 IP 地址或是 RFC1918 所列的保留 IP 地址。以上所提的 IP 地址包含 10.x.x.x/8, 172.16.x.x/12, 192.168.x.x/16 以及本机 127.0.0.1/8。

安装防病毒软件和查杀木马的软件，安装具有漏洞扫描功能的软件，对这些个人网络安全软件要及时升级，并经常使用这些软件对个人主机进行安全检测，发现有漏洞时要马上修补，发现有病毒或木马时要立即清除。

可以通过软件开发商的主页或者开发者提供的补丁程序修补漏洞，也通过修改配置文件或者参数修补漏洞。网络安全一直无法落实的主因就在于，不知道漏洞的存在，甚至不去实时修补漏洞，而黑客比一般用户更清楚如何利用它。正确的网络安全观念并不是一味地购置网络安全产品，更重要的是主动正视安全漏洞的问题，做好入侵预防，并且实时做好漏洞修补的工作，让黑客根本就不得其门而入。

3. 关闭不必要的网络通信端口

网络通信端口是合法用户连接至主机获得服务的通道口，同样地，黑客也是利用同样的途径来入侵。所以说，主机上开放的通信端口越多，他人就越容易与该主机系统联机。因此，减少系统上开放的通信端口数目是网络安全最有效的防范措施之一，除了有必要对外提供服务的通信端口之外，其他通信端口应予以关闭。

21、23、25 和 80 等端口是提供 FTP、Telnet、E-mail 和 HTTP 等服务的服务器端默认端口，一般个人用户上网都不提供这些服务，因此这些端口应当关闭。可以在命令行窗口运行 services.msc，在计算机管理窗口的“服务”中关掉相应服务即可，如图 6-52 所示。一些服务不常用到，最好关闭它们，这些服务包括 NetMeeting Remote Desktop Sharing，Remote Desktop Help Session Manager，Remote Registry，Routing and Remote Access，SSDP Discovery Service，telnet，Universal Plug and Play Device Host 等。

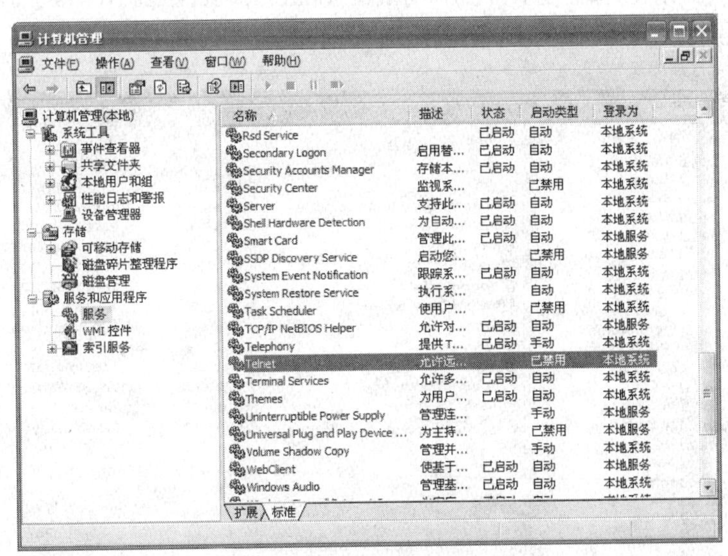

图 6-52 停止服务关闭相应端口

139 端口是为“NetBIOS Session Service”服务提供的，主要用于提供 Windows 文件和打印机共享以及 Unix 中的 Samba 服务。在 Windows 中要在局域网中进行文件的共享，必须使用该服务。开启 139 端口虽然可以提供共享服务，但是常常被攻击者所利用进行攻击，比如使用流光、SuperScan 等端口扫描工具，可以扫描目标计算机的 139 端口，如果发现有漏洞，可以试图获取用户名和密码，这是非常危险的。 如果不需要提供文件和打印机共享，应关闭该端口。从“Internet 协议(TCP/IP)属性”窗口打开“高级(TCP/IP)设置”，选中“禁用 TCP/IP 上的 NetBIOS”，则关闭了 139 端口，如图 6-53 所示。

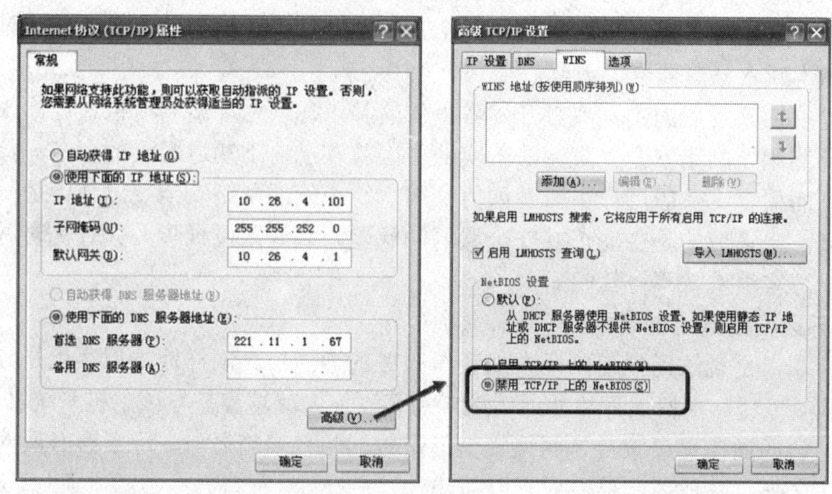

图 6-53　关闭 139 端口

通过 445 端口可以获得在局域网中轻松访问各种共享文件夹或共享打印机的服务，但也正是因为有了它，黑客们才有了可乘之机，他们能通过该端口偷偷共享用户的主机硬盘，甚至会在悄无声息中将硬盘格式化。想办法不让黑客有机可乘就需要封堵住 445 端口漏洞。可以通过编辑注册表来关闭 445 端口。在命令行窗口运行 regedit，如图 6-54 所示，在注册表项“[HKEY_LOCAL_MACHINE\SYSTEM\CurrentControlSet\Services\NetBT\Parameters]”中新建名为“SMBDeviceEnabled”的 DWORD 值，并将其设置为 0。

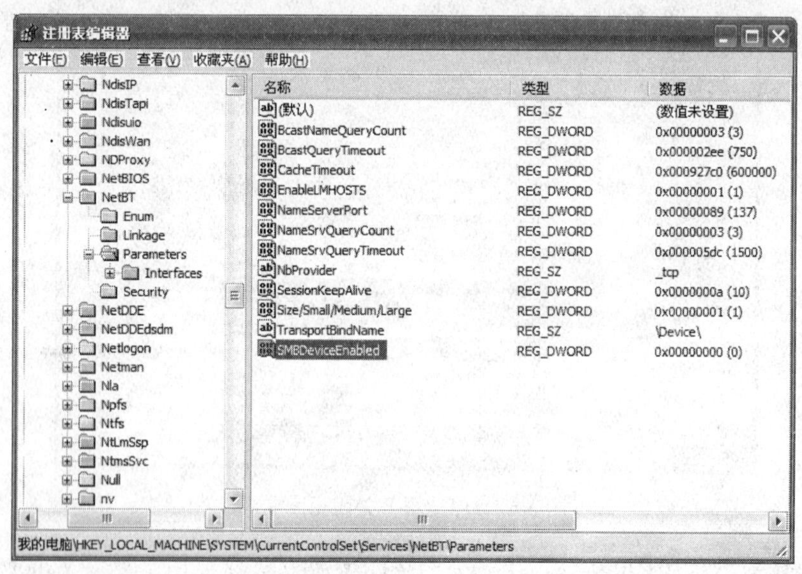

图 6-54　关闭 445 端口

135 端口主要用于 RPC(Remote Procedure Call，远程过程调用)协议并提供 DCOM(分布式组件对象模型)服务。通过 RPC 可以保证在一台计算机上运行的程序可以顺利地执行远程计算机上的代码；使用 DCOM 可以通过网络直接进行通信，能够跨包括 HTTP 协议在内的多种网络传输。“冲击波”病毒就是利用 RPC 漏洞来攻击计算机的。该漏洞会影响到 RPC 与 DCOM 之间的一个接口，该接口侦听的端口就是 135。建议关闭该端口。

137、138、139、445 等与 NetBios 协议相关的端口也可以通过直接停止协议来关闭，如图 6-55 所示。

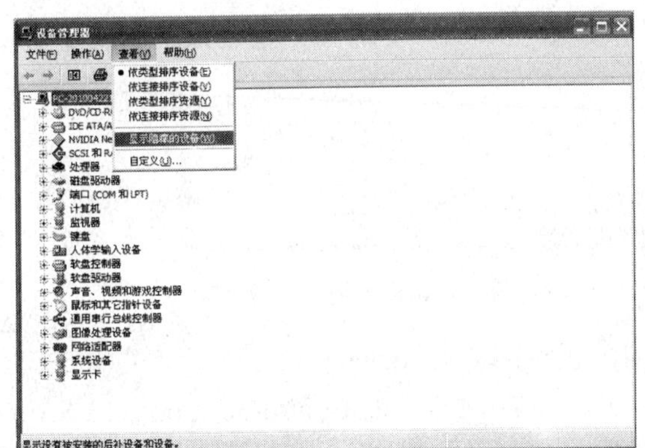

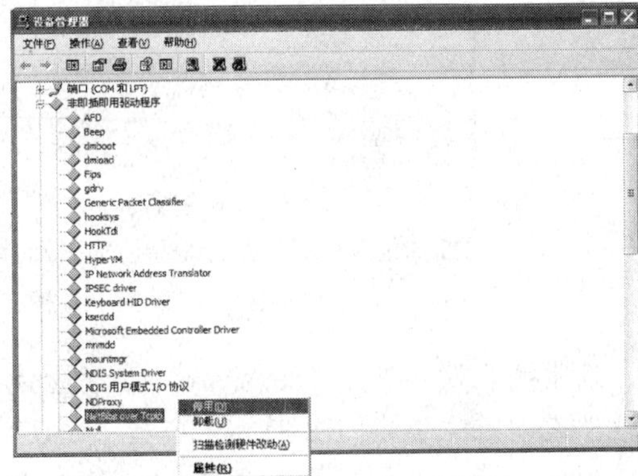

图 6-55　停止 NetBios 协议关闭相关端口

与设备即插即用服务相关的 1900 端口也可以通过停止相关服务来关闭，如图 6-56 所示。

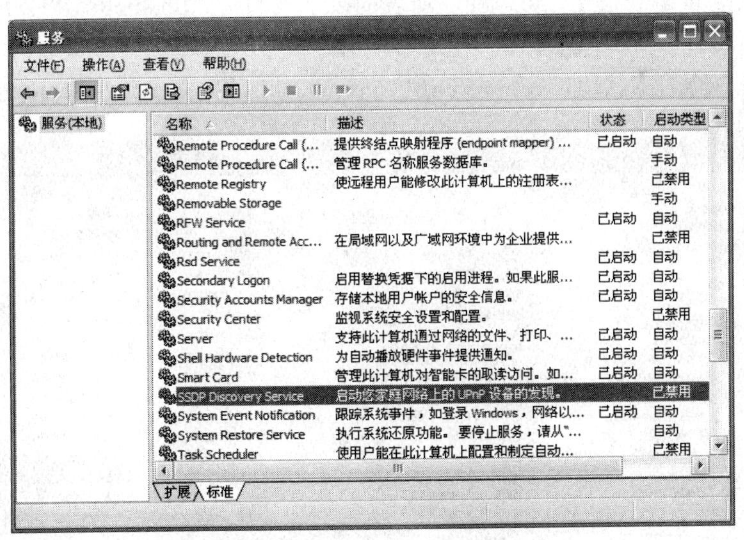

图 6-56　关闭 1900 端口

4. 注册表的安全设置

在注册表中可以从以下表项查找并清除木马等恶意程序的启动，如图 6-57 所示。

［HKEY_CURRENT_USER\Software\Microsoft\Windows\CurrentVersion\Run 或 RunServers］

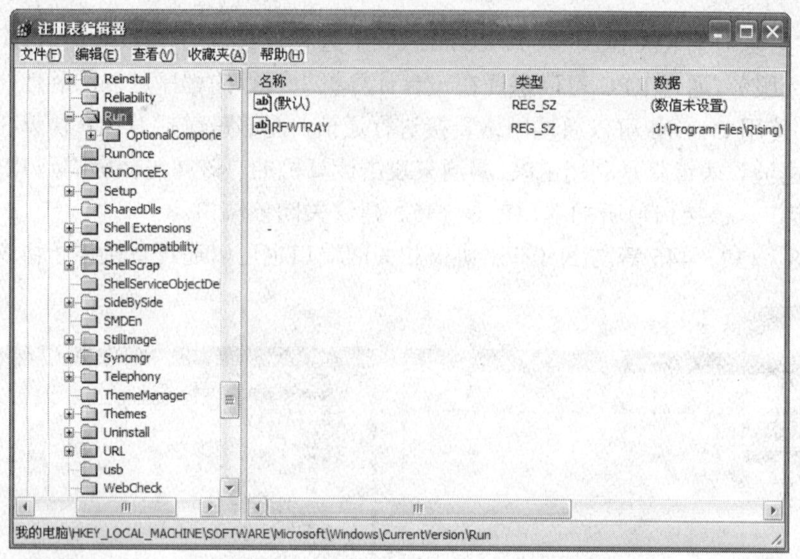

图 6-57 注册表中查找并清除木马等恶意程序的启动

通常的隐藏共享用“net share”命令显示，用“net share d$ /delete”命令删除。关闭 IPC$，在注册表中首先要将[HKEY_LOCAL _MACHINE\SYSTEM\CurrentControlSet\Control\LSA 的 RestrictAnonymous］项设置为“1”，就能禁止空用户连接。然后打开注册表的［HKEY_LOCAL_MACHINE\SYSTEM\CurrentControlSet \Services\ LanmanServer\Parameters ］项。如果是服务器，添加键值“AutoShareServer”，类型为“REG_DWORD”，值为“0”；对于客户机，添加键值“AutoShareWks”，类型为“REG_DWORD”，值为“0”。

要防止 ICMP 重定向报文，可以在注册表的以下表项将“EnableICMPRedirects” 值设为 0，如图 6-58 所示。

［HKEY_LOCAL_MACHINE\SYSTEM\CurrentControlSet\Services\Tcpip\Parameters］

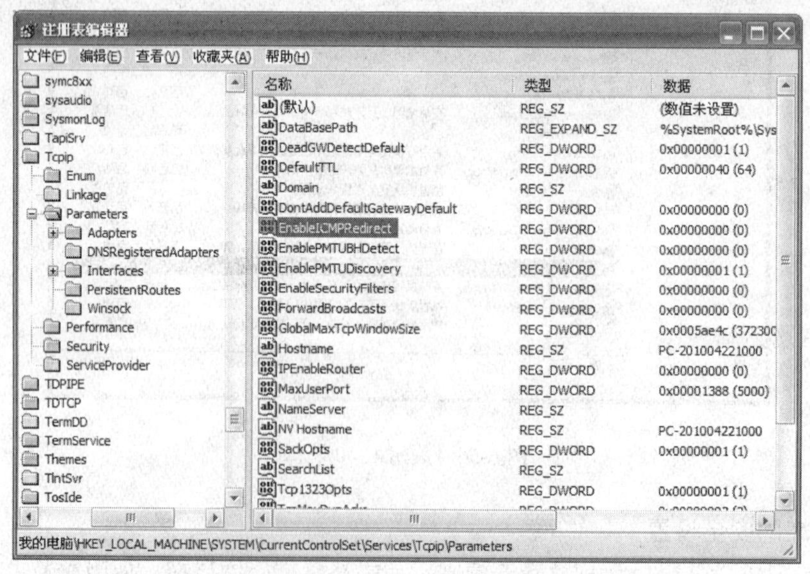

图 6-58 防止 ICMP 重定向报文

禁止远程编辑注册表可以防止黑客通过网络更改主机的系统设置或安全配置，做法是将以下注册表项设置为 1，如图 6-59 所示。

［HKEY_LOCAL_MACHINE\SYSTEM\CurrentControlSet\Control\SecurePipeServers\RemoteRegAccess］

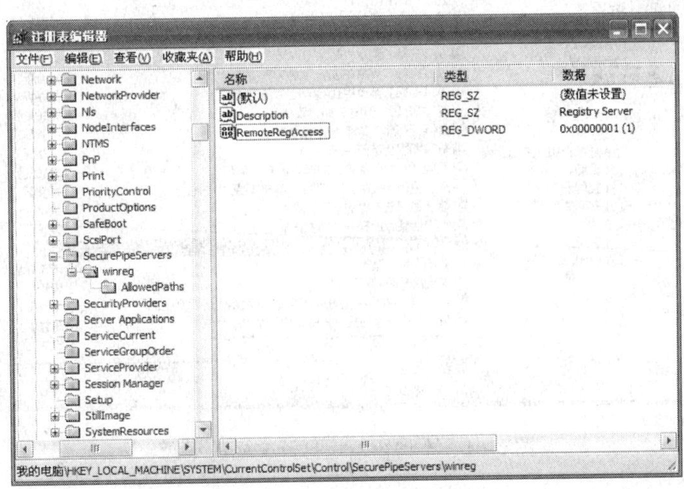

图 6-59　禁止远程编辑注册表

5. 组策略的一些设置

使用先进的用户账号/密码设定与组合策略，来保证系统中的账号安全。一般方法是定时审查系统上使用中与未使用中的账号并予以记录，制定系统用户账号管理政策，详细规范增加用户账号以及删除不再继续使用的账号时应注意事项，定时确认系统上是否出现未经授权的新账号，并且删除不再使用的账号，使用工具来检查用户的密码设定是否安全，不再使用的账号应适时予以删除。

运行 gpedit.msc，打开“组策略”，在此可以进行一些安全设置，例如重命名 Administrator 账号，如图 6-60 所示。

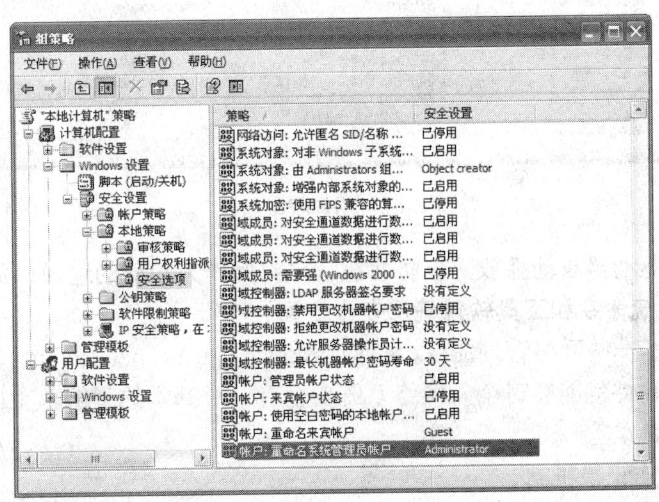

图 6-60　重命名 Administrator 账号

选择不保留最近打开文档的记录策略，如图 6-61 所示。

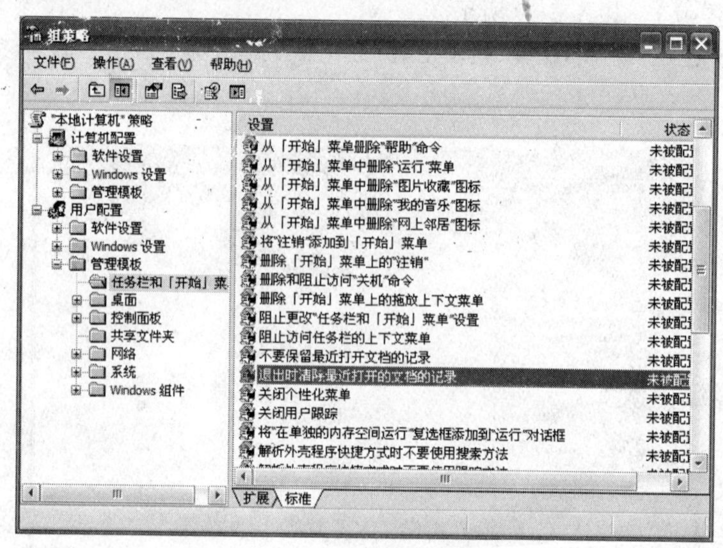

图 6-61　不保留最近打开文档的记录

在“用户权限指派”下仔细分配各个用户的权限，如图 6-62 所示。

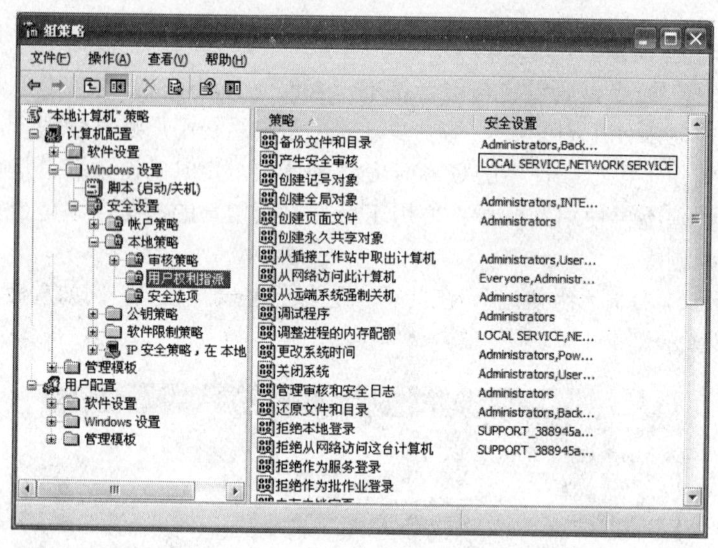

图 6-62　用户权限指派

应该关闭所有驱动器自动播放，以防恶意程序将此作为加载的途径，如图 6-63 所示。

6. 熟练使用系统命令和工具软件确保安全上网

操作系统提供了一些网络管理命令，例如 tasklist、attrib、netstat、net 等，这些命令可以使用户不借助其他软件就能够对个人网络系统安全有一个基本的了解，上网用户应该学习和熟练使用这些命令。

7. 充分利用日志记录机制

一旦对外接入网络允许网络数据包进出个人网络或个人主机，势必就会面临着黑客的入侵与渗透。现在几乎每天都会有新的安全漏洞被发现，而用户更是难以预防黑客去利用这些

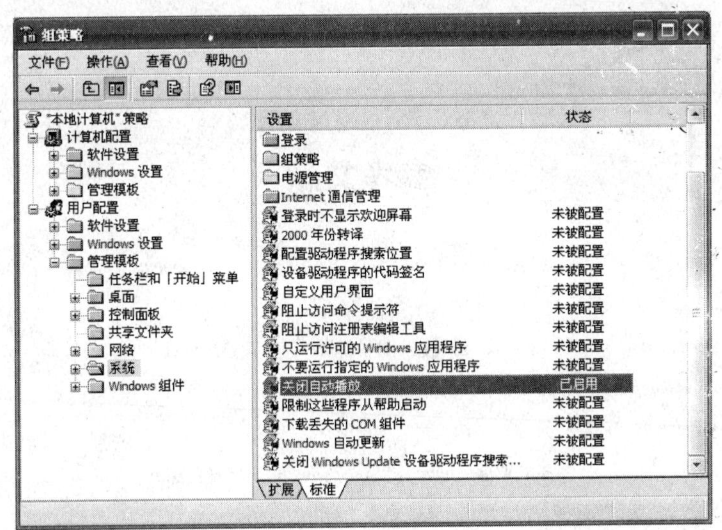

图 6-63 关闭所有驱动器自动播放

新的漏洞来入侵。这时个人网络上或系统上最好建立完善的记录机制，否则在遭受黑客攻击后，不仅将无从得知黑客到底在个人系统上动了哪些手脚，而且相对的网络安全风险也就越高。良好的记录机制可以协助用户追踪已发生过的事件、时间和掌握哪些主机被入侵及其经过。

参考文献

[1] 李海龙，沈贤方，周婕，等. 局域网工程从入门到精通. 北京：电子工业出版社，2008.

[2] 谢希仁. 计算机网络. 第 5 版. 北京：电子工业出版社，2007.

[3] An drew S. Tanenbaum 著. 计算机网络. 第 4 版. 潘爱民，译. 北京：清华大学出版社，2004.

[4] James F. kurose，keith W.Ross 著. 计算机网络——用自顶向下方法描述因特网特色. 陈鸣，等译. 北京：人民邮电出版社，2004.

[5] 郭良. 网络创世纪-从阿帕网到互联网. 北京：中国人民大学出版社，1998.

[6] 李彦. IT 通史：计算机技术发展与计算机企业商战风云. 北京：清华大学出版社，2005.

[7] 朱洪波，傅博阳，吴志忠，等. 无线接入网. 北京：人民邮电出版社，2001.

[8] 李征，王晓宁，金添，等. 接入网与接入技术. 北京：清华大学出版社，2003.

[9] 曹耀钦，幕晓东，郭文普，等. 计算机网络技术及应用. 北京：机械工业出版社，2005.

[10] 关智. 国际 Internet. 成都：西南交通大学出版社，2006.

[11] 中国互联网信息中心. 中国互联网络发展状况统计报告. http：//www.cnnic.cn/research/bgxz/tjbg/201107/ p020110721502208383670 pdf.2007.

[12] http://zh.wikipedia.org/，http://en.wikipedia.org/.

[13] http://www.isblog.cn/user1/1032/archives/2006/3127.html.

[14] 赵志坚，何平，杜方冬，等. 网络信息资源组织和检索. 北京：人民邮电出版社，2004.

[15] 张海涛，等. 信息检索. 北京：机械工业出版社，2006.

[16] 艾瑞市场咨询有限公司. 中国个人网络安全研究报告，http://wenku.baidu.com/view/458c9dlea76e58fafab00371.html.2011.